中文版CorelDRAW平面设计入门系统教程（全彩·视频）

栗青生　主　编

曹晓晓　张　丽　罗志强　副主编
王雪梅　张　莉　赵琳琳

中国水利水电出版社
www.waterpub.com.cn
·北京·

内容提要

《中文版CorelDRAW平面设计入门系统教程（全彩·视频）》根据高等学校新时期人才培养中对“计算机图形绘制及图像处理”的具体要求，从设计、开发和应用的角度，以循序渐进的方式，由浅入深地综合讲述了利用CorelDRAW进行图形绘制及图像处理的方法与技巧。

《中文版CorelDRAW平面设计入门系统教程（全彩·视频）》共11章，主要内容包括平面设计与CorelDRAW工作界面、CorelDRAW的基本操作等，并通过实例向读者介绍平面设计的思路、方法、流程。

《中文版CorelDRAW平面设计入门系统教程（全彩·视频）》语言精练、实例丰富，具有“系统、实用、通俗”的特点，在编写方法上注重对学生的基本技能和创新的培养，突出实用性。对于每一个知识点，都精心设计了相应的综合案例，方便读者灵活、准确、全面地掌握所学知识。书中引用了作者亲身实践的大量实例，还介绍了CorelDRAW在相关专业和领域应用方面的技能、技巧。本书配有多媒体教学课件和辅导网站，可以方便教师教学和学生自学。

《中文版CorelDRAW平面设计入门系统教程（全彩·视频）》既可以作为普通高等院校相关专业的“计算机图形绘制及图像处理”课程的教学用书，也可以作为CorelDRAW初学者和CorelDRAW图像设计爱好者的自学参考书，同时本书在图形交互设计、功能实现及操作机理等方面的示例、实例，也可以为智能交互图形设计、软件开发、科研和教学工作者等提供有价值的参考。

图书在版编目（CIP）数据

中文版 CorelDRAW 平面设计入门系统教程：全彩·视频 / 栗青生主编 .— 北京：中国水利水电出版社，2024.1

ISBN 978-7-5226-0339-1

Ⅰ.①中… Ⅱ.①唯… Ⅲ.①平面设计—图形软件—教材Ⅳ.① TP391.412

中国版本图书馆 CIP 数据核字 (2021) 第 266976 号

书　　名	中文版CorelDRAW平面设计入门系统教程（全彩·视频） ZHONGWENBAN CorelDRAW PINGMIAN SHEJI RUMEN XITONG JIAOCHENG
作　　者	栗青生　主编 曹晓晓　张　丽　罗志强　王雪梅　张　莉　赵琳琳　副主编
出版发行	中国水利水电出版社 （北京市海淀区玉渊潭南路1号D座 100038） 网址：www.waterpub.com.cn E-mail：zhiboshangshu@163.com 电话：（010）62572966-2205/2266/2201（营销中心）
经　　售	北京科水图书销售有限公司 电话：（010）68545874、63202643 全国各地新华书店和相关出版物销售网点
排　　版	北京智博尚书文化传媒有限公司
印　　刷	北京富博印刷有限公司
规　　格	203mm×260mm　16开本　11.75印张　424千字　4插页
版　　次	2024年1月第1版　2024年1月第1次印刷
印　　数	0001—3000册
定　　价	59.00元

FAMILY

6

bedroom

THE family OF

My family is just like a little haven, comfort my young mind, make me feel the warmth of the family, make me for the next work is full of confidencelt has done me good, because of the color of the wheat fields. Go and look again at the roses. You will understand now that yours is unique in all the world what is essential is the eyes

Home harbor

Home is a part of our life, a long and wonderful life. It is under our everything. When our heart trauma, frustrated, we don't have to be sad, because home become our partners, our friends. Long night, sitting alone at home to whisper, lets the home to listen to our story, our song. Home is the best place to heal wounds, it will be smooth for us is difficult to heal the wound. the pain is only stay in yesterday, today let us more exciting.Life is the endless sea, was a leaf boat on the sea. Did not calm the sea, so, people always have joy also have sad. When unknown trouble strikes, every nerve To me, you are still nothing more than a little boy who is just like a hundred thousand other little boys. And I have no need of you. And you, on your part, have no need of me. To you, I am nothing more than a fox like a hundred thousand other foxes. But if you tame me, then we shall need each other. To me, you will be unique in all the world. To you, I shall be unique in all the world.The wheat fields have nothing to say to me. And that is sad. But you have hair that is the color of gold. Think how wonderful that will be when you have tamed me! The grain, which is also golden, will bring me back the thought of you. And I shall love to listen to the wind in the wheat. It is your own fault. I never wished you any sort of harm, but you wanted me to tame you... but now you are going to cry! Then it has done you no good at all!

FADING IS TRUE

WHILE FLOWERING IS PAST

PROMISEDB

TRUST

THE 1 break

whole audience

- Butterfly
- Sophisticated
- Enthusiasm

TOUGHIE PUFFY CAT

LITTLE CRITTER HEADS

THE MEANING
OF THE
CRAZY
TRAVEL
GOES
BACK
TO NATURE
ll have it if it belongs to you, whereas you don't kveth for it if it doesn't appear in your life.

GALAXY
GAIN
COSMOPOLITAN
GRACE
FLABBERGASTED
CITY
METROPOLIS LANG
ABIGAIL
MOMENT
BUMBL
EBEE
ACCATTONE
PASOLINI
When keeping the ambiguity with you, I fear I will fall in love with you, and I fear I will cry after your laving
When alive, we may probably offend some people.However, we must think about whether they are deserved offended.
You will have it if it belongs to you,whereas you don't kveth for it if it doesn't appear in your life.
SWEETHEART
SWEETHEART
ACCATTONE
PASOLINI
Promises are often like the butterfly, which disappear after beautiful hover.
RAINBOW
CHRONICLE
OF A SUMMER
If you weeped for the missing sunset,you would miss all the shining stars.
GALAXY
GATTACA
NICCOL
There are no trails of the wings in the sky, while the birds has flied away.
METROPOLIS LANG
GAIN
GATTACA
NICCOL
GRACE
GALAXY
GAIN
COSMOPOLITAN
GRACE
FLABBERGASTED

Music city
in the seaside
2016-06-04
95.1

跨界
融合

“禅意图形”与“极简山水”
创 想 双 人 展

2026/7/16
9:00–12:00
日落大路266号
创想艺术馆

L SERENDIPIT

GAIN COSMOPOLITAN GRACE FLABBERGASTED LULLABY

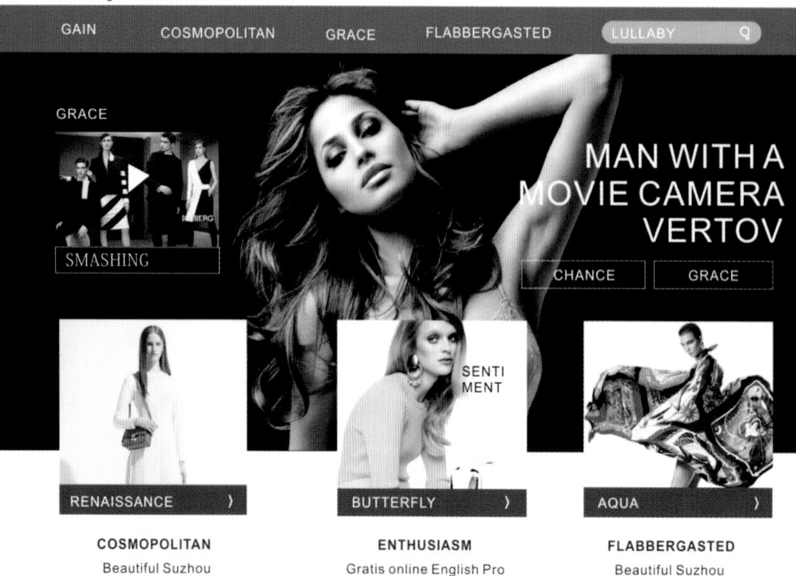

COSMOPOLITAN

Beautiful Suzhou
couplet English is to think that the

ENTHUSIASM

Gratis online English Pro
ficiency Test; And online spoken
English study about

FLABBERGASTED

Beautiful Suzhou
couplet English is to

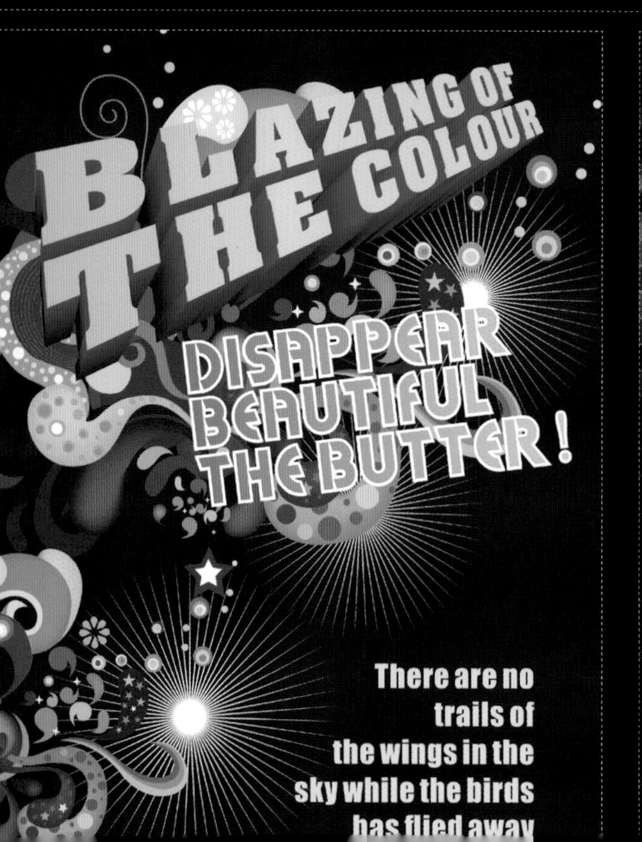

MILKY WAY
FREEDOM
NOW
TWINKLE

贝壳那年
散文诗集
那年贝壳
散文诗集
NANIAN
2026/6/7
Purple shells
The corner spray
Wutong town

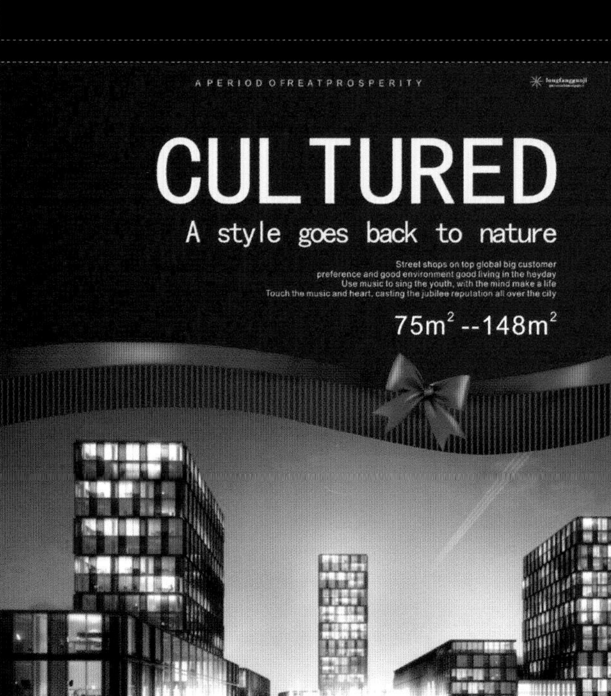
A PERIOD OFREATPROSPERITY
CULTURED
A style goes back to nature
Street shops on top global big customer
preference and good environment good living in the heyday
Use music to sing the youth, with the mind make a life
Touch the music and heart, casting the jubilee reputation all over the city
75m² --148m²

518
全网最低
够实力
才敢来
2000人
已预订
包邮
数码家电一站式购物
会员积分做好礼·超值折扣享不停

TOFFEE

DISCUSS BUSINESS
DISCUSS BUSINESS
There are no official figures on how much new debt is being issued merely to repay existing borrowings, but Mr Emmerich has calculated from some 6,800 corporate bond prospectuses issued since 2010 that the proportion is growing fast.
DISCUSS BUSINESS
BUSINESS
The world's second-largest economy is currently using four units of credit to generate a single unit of GDP growth (see chart).
According to data research by Brandon Emmerich, general manager for North America at Wind Information, a data provider.
At that time, a sharp external
DISCUSS BUSINESS
There are no official figures on how much
DISCUSS BUSINESS
The difference in impact is clear in headline numbers. In 2009, GDP growth accelerated from 6.1 per cent in the first quarter to a full year rate of 9.2 per cent.
Thus much of the new financing is not going into investment, but is rather being used to repay debts built up since the 2009/2010 stimulus.
Of an estimated Rmb14.3tn in

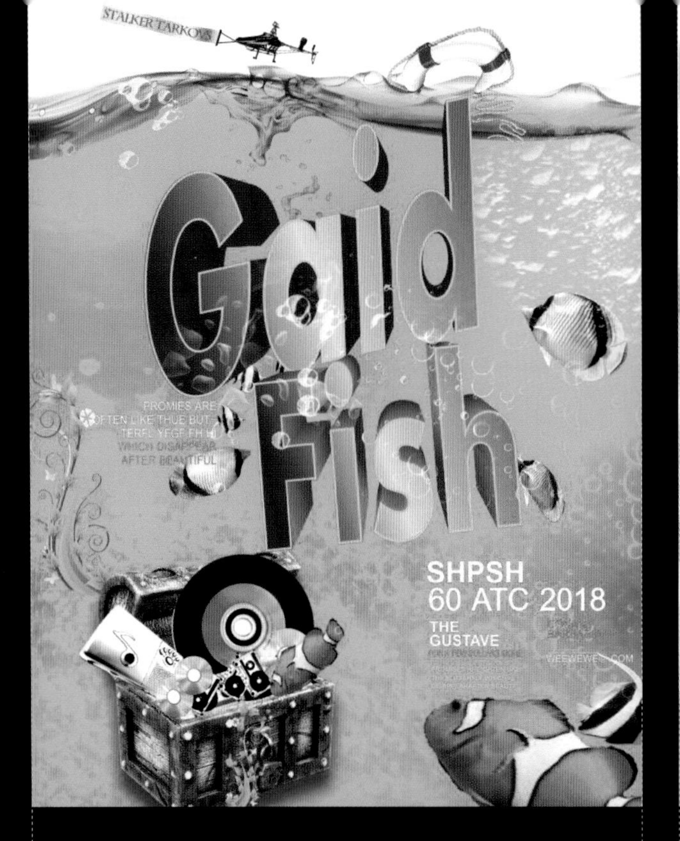
STALKER TARKOVS
Gaid
Fish
SHPSH
60 ATC 2018
THE
GUSTAVE

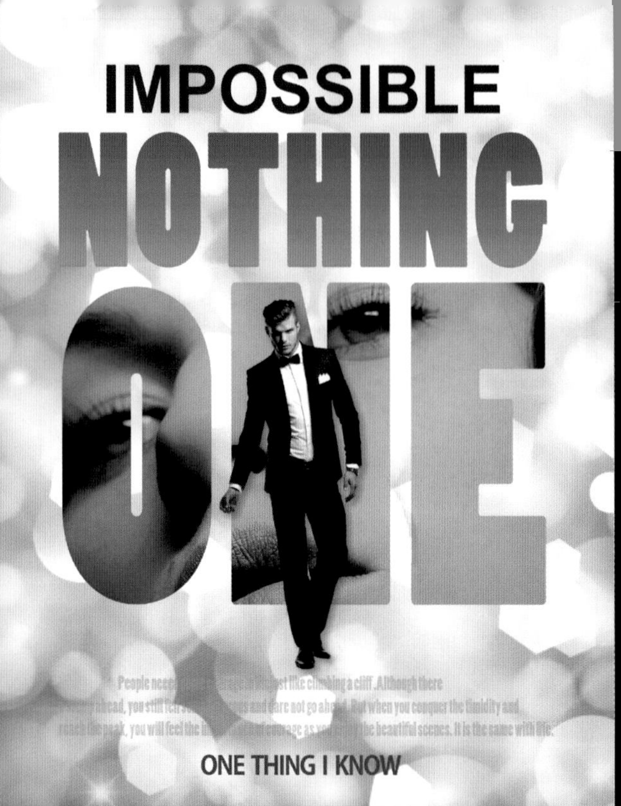
IMPOSSIBLE
NOTHING
ONE
ONE THING I KNOW

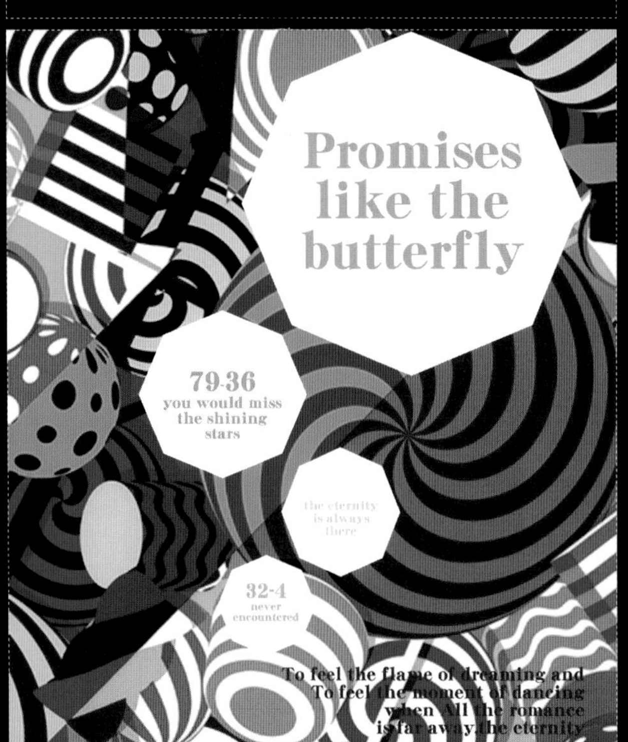
Promises
like the
butterfly
79-36
you would miss
the shining
stars
the eternity
is always
there
32-4
never
encountered
To feel the flame of dreaming and
To feel the moment of dancing
when All the romance
is far away.the eternity

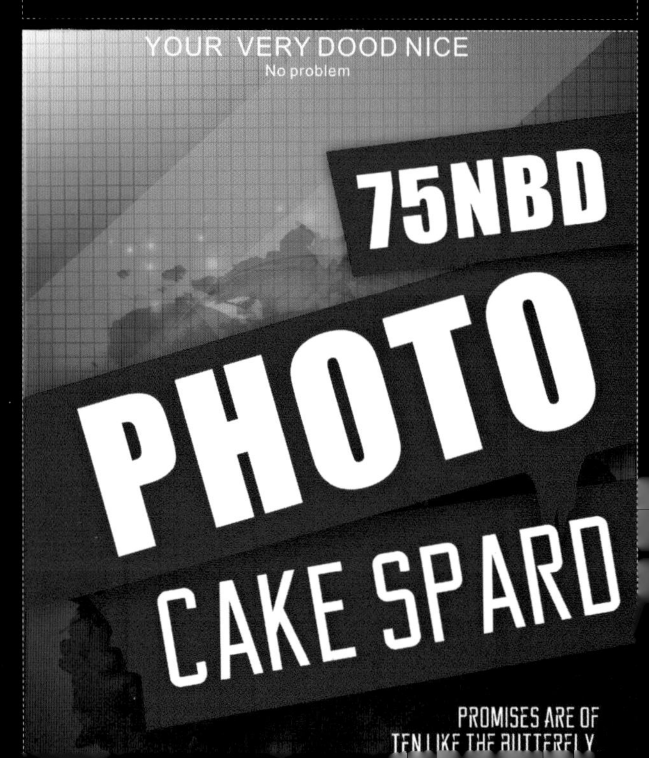
YOUR VERY DOOD NICE
No problem
75NBD
PHOTO
CAKE SPARD
PROMISES ARE OF

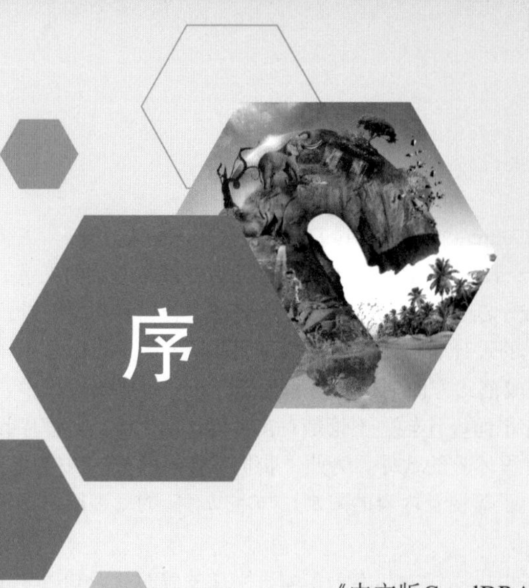

序

《中文版CorelDRAW平面设计入门系统教程（全彩·视频）》终于和读者见面了，我（主编栗青生）从事了二十多年计算机图形软件系统设计和开发工作，对CorelDRAW平面设计软件系统的交互和设计效果仰慕已久，它不但为平面广告、装帧、包装和印刷行业的设计创作者提供了无与伦比的矢量图形设计工具，同时也为从事图形程序设计软件开发的软件工程师提供了不可多得的设计交互体验的原型参考。

我在2005首次将CorelDRAW平面设计软件应用于科研和教学工作，当时我正在读研究生，一位在日本工作的朋友找到我说，他的合作伙伴在日本经营了一家印刷材料门店，很多用户想要设计制作类似国内横幅的广告作品，因此让我帮忙推荐一款软件，要求该软件的操作要尽可能简单，用户不需要专门学习就可以使用。当时我就给他推荐了CorelDRAW平面设计软件，结果日本的用户反馈过来的意见是CorelDRAW平面设计软件太专业，作为印刷材料门店，如果要购买这款软件并赠送给用户使用，成本太高，最后还是确定需要我来设计。基于这一用户需求，我开始搬着孙家广老师的计算机图形学教材，带领计算机专业的几名本科生，从基本的图元开始一行一行地编写代码，很快便完成了基本图元直线、圆形、矩形和贝塞尔曲线图形的原生类的设计，并选择当时最优秀的GUI设计开发软件完成了包括挑选、橡皮擦、缩放、平移等图形变换的交互设计，顺利地完成了这次软件开发任务。如果没有CorelDRAW平面设计软件在用例、功能、输入和输出方面的参考，我的团队很难在较短的时间内完成这次软件外包的开发任务。

自2006年开始，我的团队在图形设计软件开发方面积累了一定的经验，很快推出了电子教鞭式的课堂板书软件“E媒体画笔”“E视通课堂视频录播软件”“E媒体课堂软件包”等多个软件系统，用“E媒体”系列命名，主要目的是突出软件系统的电子信息应用领域和数字化应用场景。从2006年到2010年的几年间，我们携手这一系列软件多次参加了省软件创新比赛，并取得了不菲的成绩。

CorelDRAW平面设计软件给从事软件程序设计与开发等相关工作的工作者的启迪不仅仅是技术上的创新，而且还有UI及设计方面的领先与潮流，更有在人才培养、科学研究方面的重大收获。我的团队中有多名同学考取了包括北京大学软件学院在内的名校研究生。2007年，我出版了《CorelDRAW基础教程》教材，向更多从事艺术设计和图形类软件开发的学者分享了我的成果。2020年，我主持的用矢量图元对古汉字进行编码研究的《甲骨文编辑与编码技术研究》（No：60973051）得到了国家自然科学基金面上项目的资助。2012年，《甲骨文图文编辑系统》开发完成并在古汉字设计和研究领域规模化应用，荣获河南省科技进步三等奖。2015年，《笔画汉字编辑系统》开发完成并在对外汉字教学领域规模化应用，荣获河南省科技进步二等奖。一路走来，CorelDRAW平面设计软件在图形设计、科学研究和团队人才培养方面起到了图形设计认知及图形程序设计认知方面的启蒙师的作用。

2016年，我怀揣多年的成果积累，带着科技与艺术融合的梦想，来到了浙江杭州，从浙江丰富的文化遗产数字化保护和美丽乡村的数字化建设开始进行了多角度、多方位的研究探索。近年来，生成式人工智能AIGC（Artificial Intelligence Generated Content）技术得到了快速发展，利用A I绘画、大模型生成的方式进行设计和创作已经成为设计行业的从业者一项必备的技能，设计领域的AIGC对图形图像的基本概念的理解、基本工具的应用提出了更高的要求。2021年初到2023 年年底，我主持完成了浙江省重点研发项目”诗路文化带乡村文化遗产特色旅游服务平台关键技术研究与应用示范”，项目实施过程中，智能化的设计、自动化的生成是团队研究的焦点，从中，我再一次认识到有关图形图像设计的基本概念、基本方法在AIGC内容生成范式方面的重要性和意义。在平台研发过程中，理解图形在交互设计方面的操作和机理至关重要，在这方面，CorelDRAW平面设计软件不论是对艺术设计创作还是对程序设计来讲，都是一款最好的在交互设计、功能实现及操作机理等方面进行过程体验的软件。为此，我们在较短的时间内完成了《中文版CorelDRAW平面设计入门系统教程（全彩・视频）》的编写，由于篇幅及内容的限制，与本书对应的《多用户图形软件程序设计教程》将另行出版。

本书可以作为从事艺术创作和图形软件开发者的入门教材，同时也可以作为与本书主编有同样梦想的科研和教学工作者在图形设计、程序开发方面的参考书。

编　者

2023年11月

软件介绍

CorelDRAW是一款集矢量绘图、版面设计、位图编辑等多种功能以及绘图工具于一体的图形设计应用软件，在平面广告设计、企业形象策划、室内外建筑装潢设计、产品包装设计、网页设计、多媒体创作和印刷制版等领域发挥着重要的作用。特别地，CorelDRAW在矢量绘图方面具有强大的功能，是矢量绘图的首选软件。它可以导入Office、 Photoshop、Illustrator以及AutoCAD等软件输入的文字和绘制的图形，并对其进行处理，最大程度地方便了用户，帮助用户轻松地制作出非常专业的设计作品。

CorelDRAW最新版保持了包括CorelDRAW 2021和CorelDRAW 2020在内的以前几个版本的优秀功能和工作界面，使设计者在设计过程中尽可能减少操作步骤，更加精确、快捷地完成图形设计工作项目。

本书特色

1.内容全面，强调系统性

《中文版CorelDRAW平面设计入门系统教程（全彩·视频）》包括平面设计与CorelDRAW简介、CorelDRAW 基本操作、图形绘制与编辑工具、图形填充及轮廓工具、文本工具、对象的操作、特殊效果工具及命令、位图的处理、滤镜应用、版面控制等内容。使读者能一书在手，轻松学会CorelDRAW。

本书的目录详细地列出了各知识点，方便读者随时查阅相关知识，是平面设计人员必备的案头书。

2.由浅入深，强调易读性

《中文版CorelDRAW平面设计入门系统教程（全彩·视频）》是一本由浅入深的CorelDRAW基础教程。从一开始的对平面设计的理解，到对CorelDRAW软件的详细学习，再到最后的进阶设计、完整设计，带领读者一步一步地走进平面设计领域。

3.广域设计，强调适应性

《中文版CorelDRAW平面设计入门系统教程（全彩·视频）》的内容构建充分考虑了不同层次的读者的需求。不仅可以让初学者迅速入门和提高，也可以帮助中级用户提高矢量绘图技能，还可以在一定程度上协助高级用户更全面地了解CorelDRAW的新增功能和高级技巧。

4.结合案例，强调实用性

《中文版CorelDRAW平面设计入门系统教程（全彩·视频）》采用了将案例融入每个知识点的编写方式，使读者在了解理论知识的同时，动手能力也能得到同步提高。

在全面介绍CorelDRAW的基本操作方法和应用技巧的同时，本书结合大量典型案例，列举了大量的产品设计、包装设计、图案组合等案例，可以解决读者在动手操作软件时遇到的问题，按照步骤体会CorelDRAW的强大功能。各章内容的讲解都以案例操作为主，每个案例都有详尽的操作步骤，突出对学生实际操作能力的培养。在每章的最后都设有练习题，使读者能够检验并巩固各章所学知识。

5.配套视频，强调易学性

《中文版CorelDRAW平面设计入门系统教程（全彩·视频）》针对难点配备了同步教学视频，如同教师在身边手把手教授，让学习更轻松、更高效。读者通过扫描书中的二维码，即可随时随地看视频。

6.作者尽心，强调专业性

本书作者栗青生为浙江传媒学院教授，长期从事智能媒体信息处理研究，在图形图像领域精耕细作多年，教学经验丰富，且将大量的经验和技巧融于书中，以经验案例帮助读者少走弯路，提高学习效率。

本书在语言上力求通俗易懂，既可以作为各类高校“计算机图形绘制及图像处理”课程的教材，也可以作为CorelDRAW初学者和CorelDRAW图像设计爱好者的自学参考书。

关于本书的服务

1.配套资源

本书配有电子教案、教学课件、视频教学课件，需要的读者可以直接同作者联系，作者的电子邮箱为aylqs@163.com 。

2.QQ群交流学习

加入本书学习QQ群：833908080（加群时请注意提示，根据提示加群），在线交流学习。

关于作者

《中文版CorelDRAW平面设计入门系统教程（全彩·视频）》由栗青生主编，曹晓晓、张丽、罗志强、王雪梅、张莉、赵琳琳任副主编，参与本书编写和教学视频录制工作的还有郑珺、陈莉、刘翔宇、姜春竹、姜婳婳、栗宁、柴祯晖、杨红、付兴红、王欣、刘佳欣、季亚茹、罗欣、李艳艳等，全书的统稿工作由栗青生完成。

由于时间仓促以及作者水平有限，书中难免有不妥之处，恳请读者与同行批评指正。

编　者

2023年6月1日

目 录

Contents

目 录

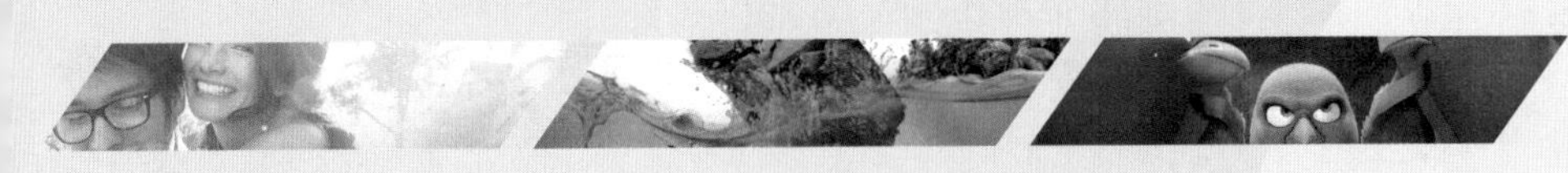

平面设计与CorelDRAW工作界面

教学目标

本章主要介绍平面设计、图形与图像的基本概念，包括设计的基本元素、颜色与色彩的基本属性等，同时对CorelDRAW工作界面的相关概念作了简单的介绍。通过本章的学习，读者可以了解计算机绘图的基本知识，掌握CorelDRAW工作界面中各部分的名称和作用，为后面的学习奠定理论基础。

重点与难点

- 平面设计的基本概念
- 图形与图像
- 文本与文字
- 颜色与色彩
- CorelDRAW 的工作界面

1.1 平面设计简介

设计是时代的艺术。当代社会工业发展已经进入了高科技阶段，手工业、机械工业、高科技工业已融为一体，可持续发展、关注自然、与环境和谐相处被空前关注，信息化技术已迅速被应用到人类生活的各个层面。数字化时代的到来，使设计处于不断被重新构造的状态。

20世纪前，西方社会通常把一些装饰物体表面的过程称为设计。进入20世纪后，随着大工业发展的深入，各类产品不断涌现，对这些产品的机能、结构、加工技术和总体设计都包括在“设计”的概念中，因此设计涵盖的内容相当广泛，平面设计便是其中之一。

平面设计的基本元素是图形、文字和色彩等。下面分别来介绍它们。

1.1.1 图形与图像

在各类设计中，很多情况下要制作和使用各种图案，按照图案形成方式可以分为两类：一类是使用数学方法，按照点、线、面的方式绘制的矢量图形；另一类是使用物理方法，按照点阵的方式绘制的位图图像。

1. 矢量图形

在计算机中，矢量图形是用一系列计算机指令来描绘的图形，如画点、画线、画曲线、画圆、画矩形等。这种方法实际上是使用数学方法来描述一幅图，然后将其变成许多数学表达式，再进行编程，用语言来表达。绘制和显示这种图形的软件通常称为绘图软件，如在本教材中学习的CorelDRAW就是一个非常优秀的矢量绘图软件。

矢量图形有许多优点。例如，当需要管理每一小块图形时，矢量图形法非常有效；目标图形的移动、缩小、放大、旋转、复制、属性的改变(如线条粗细的调整、颜色的改变)也很容易做到；对于相同的或类似的图形，可以把它们当作图形的构造块，并把它们存到图库中，这样不仅可以加速图形的生成，而且可以减小矢量图文件的大小。

然而，当图形变得很复杂时，计算机就要花费很长的时间去执行绘图指令。此外，对于一幅复杂的彩色照片(如一幅真实世界的彩照)，就很难用数学来描述了，因而就不用矢量图形法表示，而是采用位图图像法表示。

矢量图形中的组成元素称为“对象”，对象为数学上定义的由线连接的点。每个对象都是一个自然、独立的实体，具有各自的颜色、形状、轮廓、大小以及屏幕位置等相关属性。

既然每个对象都是一个独立的实体，那么就可以在维持其原有清晰度的同时，变换其形状和大小、填充或改变其颜色设置、处理其特效，而不影响其他对象的属性。

由外部轮廓线条(从点、线、面到三维空间)构成的矢量图形(黑白或彩色几何图)由专门的软件将描述图形的指令转换成屏幕上的形状和颜色。图形描述轮廓不是很复杂、色彩不是很丰富的矢量图形有几何图形、工程图纸等，专门的绘图软件有CAD、3D造型软件等。

2. 位图图像

图像是由扫描仪、摄像机等输入设备捕捉实际画面产生的。位图图像也称点阵图像，是由称作“像素”的点阵组成的。位图图像的大小取决于像素的多少；位图图像的颜色取决于像素的颜色。扩大位图尺寸其实就是增多像素点阵，从而使线条和形状显得参差不齐。缩小位图尺寸也会使原位图图像变形，因为此举是通过减少像素点阵来使整个位图图像变小的。同样，其他的操作也只是对像素点的操作。

由于每一个像素都是单独染色的，用户可以通过以每次一个像素的频率操作选择的区域，从而产生近似照片的逼真效果，如加深阴影和加重颜色等。

图像的属性还与分辨率有关，分辨率是指一个位图图像所包含的细节的量，或者输入设备、输出设备、显示设备所能产生的细节的量。分辨率是用dpi(每英寸的点数)或ppi(每英寸的像素数)来衡量的。低分辨率位图图像会显示为颗粒状；高分辨率位图图像虽然质量较高，但文件会很大。

分辨率有两种：显示分辨率和图像分辨率。

(1) 显示分辨率：显示分辨率是指显示设备上能够显示出的像素数目。例如，显示屏分辨率为640×480表示显示屏被分成480行，每行显示640个像素，整个显示屏就含有307200个显像点。显示屏能够显示的像素越多，说明其分辨率越高，显示的图像质量也就越好。

(2) 图像分辨率：图像分辨率是一种度量图像的像素密度的方法。对于大小相同的图像，如果组成该图像的图像像素数目越多，则说明图像的分辨率越高，看起来就越逼真；否则，图像显得越粗糙。

如果图像要表现含有大量细节(如明暗变化、场景复杂、轮廓色彩丰富)的对象，如照片、绘图等，则可以通过图像软件进行复杂图像的处理，以得到更清晰的图像或产生更特殊的效果。

3. 矢量图形与位图图像的比较

矢量图形与分辨率无关，矢量图形在放大时，计算机会根据现有的分辨率重新计算出新的图像，因此不会影响它的质量和效果。矢量图形的编辑十分灵活，其基本元素是对象，每个对象都是自成一体的实体，某个对象的改变不会影响到未与其关联的对象。图1-1(a)所示是一幅图的矢量图形局部区域放大后的效果。

位图图像的质量取决于分辨率。一幅位图图像放大几倍后，就会明显地出现“马赛克”现象。位图图像的编辑受到限制。位图图像是点(像素)的排列，局部移动或改变就会影响到其他部分的点。同一幅图的位图图像局部区域放大后的效果如图 1-1(b)所示。

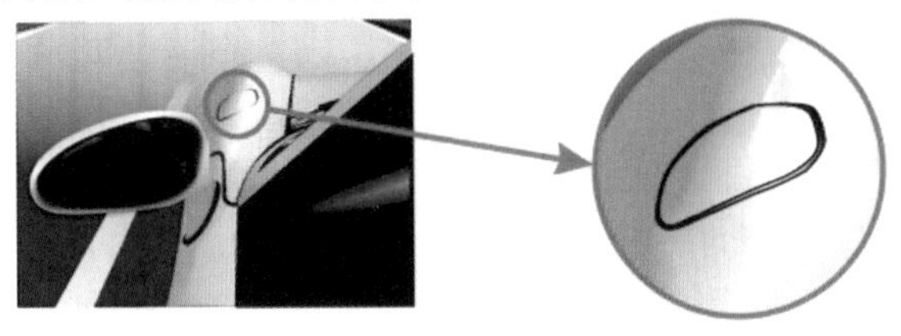

（a）矢量图形局部区域放大后的效果

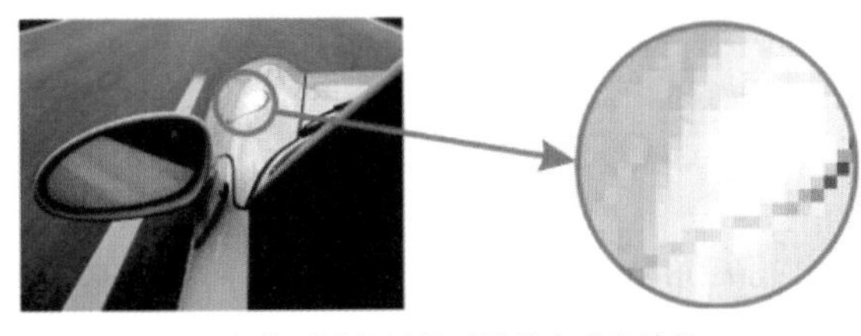

（b）位图图像局部区域放大后的效果

图 1-1　同一幅图的矢量图形与位图图像局部区域放大后的比较

温馨提示：

到底是用矢量图形还是位图图像，应该根据绘图的需要而定，通常采用两者结合起来的办法制作出非凡的效果。

1.1.2　文本与文字

1. 字符集

字母、数字和其他符号的集合，称为字符集。目前有多种不同类型的字符集，不同的字符集包含的字符内容不一样，字符范围不一样，每个字符对应的编码也不一样，但是它们都遵循唯一性、规范性和兼容性原则。

文本文件被编码后，将按照编码标准保存。编码标准是一系列规则，它会为文件中的每个文本字符指定一个数字值。目前国际上有许多不同的编码标准用于表示不同语言所用的字符集。其中使用最多的是ASCII码字符集，它用7位二进制数对一些常用字符进行编码，一个字符占用一个字节。有些编码标准仅支持用于特定语言。例如，以简体中文书写的文本文件可能使用GB2312-80编码标准，而以繁体中文书写的文本文件可能使用Big5编码标准。

Unicode是现在通用的一种字符编码标准，它使用16位代码和65000 多个字符为世界上的所有书面语言定义了字符集。Unicode编码标准可以让用户更高效地处理文本，而无须考虑文本的语言、操作系统或所使用的应用程序。

在使用CorelDRAW绘图软件时，通常使用文本创建文档或注释绘图。当然，这些文本可以根据需求设置字体、大小和颜色等格式，以适应不同的绘图需要。

2. 美术字

可以添加到图形中的文字除了文本之外还可以是美术字。美术字是用“文本工具”创建的一种艺术化的“文本”，用于为短行文本添加各种应用效果，如阴影、旋转、立体、适合路径等。

3. 字体

平面设计中的文本的效果经常用到不同的字体。在Windows 环境中，有两种类型的字体，一种是点阵字体，另一种是True Type 字体。点阵字体是采用点阵组成每个字符。这种字体在放大、缩小、旋转或打印时会产生失真，只有几种特定尺寸的字体才有很小的失真。True Type 字体是矢量字体，它的每一个字符是通过存储在计算机中的指令绘制出来的。因此这种字体在放大、缩小和旋转时，一般在4～128个点阵之间都不会产生失真。在Windows的Fonts文件夹下有各种True Type字体文件，如图1-2所示。

图 1-2　Windows 中的字体文件

操作系统中提供的字体很多，各种字体都可以被方便地加入到Windows系统中，供各种软件使用，这样，可以使文本的表述更多样化和更生动。更多的字体需要用户使用字体设计软件进行设计，如CorelDRAW，它也是一种很实用的字体设计软件。

1.1.3　颜色与色彩

1. 颜色的基本概念

颜色是视觉系统对可见光的感知结果。颜色可用亮度、色调和饱和度来描述，人眼看到的任一颜色都是这三个特性的综合效果。

亮度：是光作用于人眼时引起人对明亮程度的感觉。从图形的角度来定义，亮度是从特定像素发送或反射的光的量。在HSB颜色模式中，亮度是一个衡量一种颜色包含多少白色的参数。例如，亮度值为 0 就会变成黑色(或照片中的阴影)；亮度值为 255 就会变成白色(或照片中的高光部分)。

色调：是一种或多种波长的光作用于人眼所引起的彩色感觉，是黑白之间的一种颜色的各种变化或灰色的范围。

饱和度：是指颜色的纯度，即掺入白光的程度，或者说是指颜色的深浅程度。

三基色(RGB)原理：自然界中的任何一种颜色都可以由红(R)、绿(G)、蓝(B)三种色光按不同比例调配而成，它们构成一个三维的RGB矢量空间。也就是说，RGB的数值不同，混合得到的颜色就不同。同样，自然界绝大多数颜色也可以分解成红、绿、蓝三种色光，这就是色度学中的最基本原理。

2. 颜色模型

在图形设计中，需要一种精确定义颜色的方法。颜色模型提供了各种定义颜色的方法，每种模型都是通过使用特定的颜色组件来定义颜色的。在创建图形时，有多种颜色模型可供选择。

(1)CMYK 颜色模型。CMYK 颜色模型定义颜色的组件包括青色(C)、品红(M)、黄色(Y)、黑色(K)。

青色、品红、黄色和黑色组件为 CMYK 颜色包含的青色、品红、黄色和黑色墨水量，用 0 ~ 100的值来测量。

CMYK 颜色模型(即减色颜色模型)用于生成印刷资料。减色颜色模型使用反射光来显示颜色。组合青色、品红、黄色和黑色时，如果每一组件的值都为 100，则结果为黑色；如果每一组件的值都为 0，则结果为纯白。

(2)RGB 颜色模型。RGB 颜色模型定义颜色的组件包括红色(R)、绿色(G)、蓝色(B)。

红色、绿色和蓝色组件为 RGB 颜色包含的红光、绿光和蓝光的量，用 0 ~ 255 的值来测量。

RGB 颜色模型为加色颜色模型。加色颜色模型使用透色光来显示颜色。监视器使用 RGB 颜色模型。将红光、绿光和蓝光添加在一起时，如果每一组件的值都为 255，则结果为白色；如果每一组件的值都为 0，则结果为纯黑色。

(3)HSB 颜色模型。HSB 颜色模型定义颜色的组件包括色度(H)、饱和度(S)、亮度(B)。

色度描述颜色的色素，用 0度 ~ 359 度来测量(例如，0 度为红色，60 度为黄色，120 度为绿色，180 度为青色，240 度为蓝色，300 度为品红)。饱和度描述颜色的鲜明度或阴暗度，用 0% ~ 100% 来测量(百分比越高，颜色就越鲜明)。亮度描述颜色包含白色的量，用 0% ~ 100% 来测量(百分比越高，颜色就越明亮)。

(4)灰度颜色模型。灰度颜色模型只使用一个组件(即亮度)来定义颜色，用 0 ~ 255 的值来测量。在RGB颜色模型中，每种灰度颜色的红光、绿光和蓝光组件值相等。将彩色照片更改为灰度设置可创建黑白照片。

温馨提示：

如果经常利用计算机来处理图像或照片，可能会发现监视器上显示的颜色与扫描生成图像的颜色或打印机输出的颜色不匹配。这是因为每个设备所用的颜色都有一定的范围，即颜色空间。因此，在屏幕上可以看见一些不能打印出来的颜色。在 CorelDRAW 中，可以使用颜色管理系统实现设备间的颜色转换。

1.2 CorelDRAW 简介

CorelDRAW是由加拿大Corel公司开发的基于矢量作图和图形设计的、专业的、功能强大的绘图软件。CorelDRAW 自 1989 年推出 1.0 版本以来，已经发展了多个版本，每一个版本的功能都比先前版本的功能更强大。这个绘图软件给我们提供了一种非常直观的图形设计方法，与其他绘图软件相比，CorelDRAW 的表现力和专业设计效果是无与伦比的。在精美的图形设计、制作领域，其优势地位无可争辩。

1.2.1 CorelDRAW的启动

CorelDRAW 中文版是 CorelDRAW GRAPHICS SUITE 软件包里的矢量绘图软件。下载安装包，之后单击进行解压，运行主程序进行安装。若安装时出现如图 1-3 所示的界面，显示“安装尚未完成”，原因是当前的计算机已安装过其他版本的 CorelDRAW，只需要卸载之前安装过的版本或者清理注册表里的 CorelDRAW 文件就可以继续安装了。正确安装了 CorelDRAW GRAPHICS SUITE 应用程序软件包后，CorelDRAW 便可以使用了。

图 1-3　安装失败界面

安装成功后，双击启动软件，将出现如图1-4所示的系统“启动”界面，在颇为艺术的“启动”界面消失之后，系统打开，首先出现在用户面前的是CorelDRAW很经典的“欢迎”界面，如图1-5所示。

图 1-4　CorelDRAW 的系统“启动”界面

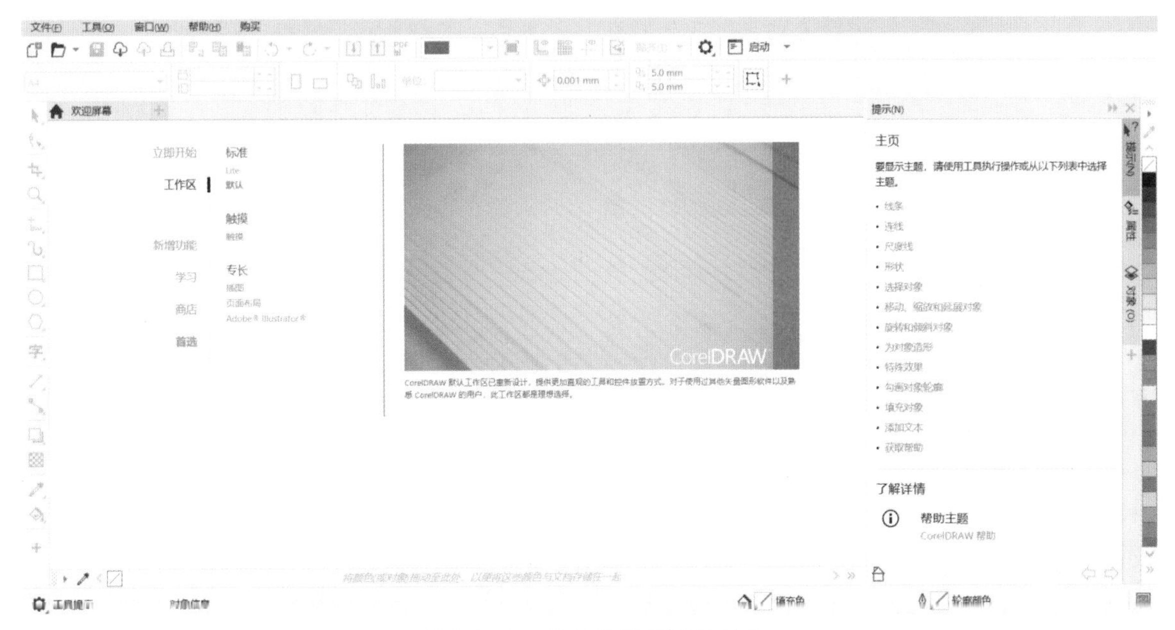

图 1-5　CorelDRAW 的“欢迎”界面

在“欢迎”界面中可以看到五项内容，分别是立即开始、工作区、新增功能、学习、商店，可以单击相应的选项开始工作。

- 立即开始：新建一个空白文档、打开文件、从模板中新建。
- 工作区：默认工作空间、触摸工作空间、插图工作空间等。
- 新增功能：关于 CorelDRAW 新增功能的介绍。
- 学习：这是 CorelDRAW 自带的教程，用于帮助读者一步步学会 CorelDRAW 的基本使用方法。
- 商店：可以购买 CorelDRAW 附加的功能包，以提升配置。

1.2.2　CorelDRAW的工作界面

当启动CorelDRAW后，在“欢迎”界面中单击“新文档”图标选项，就会出现如图1-6所示的“创建新文档”对话框。在该对话框中，可以自定义文档的一些常规选项、尺度、颜色设置等。

CorelDRAW 的工作界面

创建新文档

常规

名称(N)：未命名 -1

预设(E)：CorelDRAW 默认

页码数(N)：1

页面视图(P)

原色模式(C)：CMYK　RGB

尺度

页面大小(A)：A4

宽度(W)：210.0 mm　毫米

高度(H)：297.0 mm

方向(O)

分辨率(R)：300　dpi

颜色设置

不再显示此对话框(A)　OK　取消

图 1-6　“创建新文档”对话框

设置好新文档的参数后单击OK按钮，便可以看到如图1-7所示的操作界面窗口。

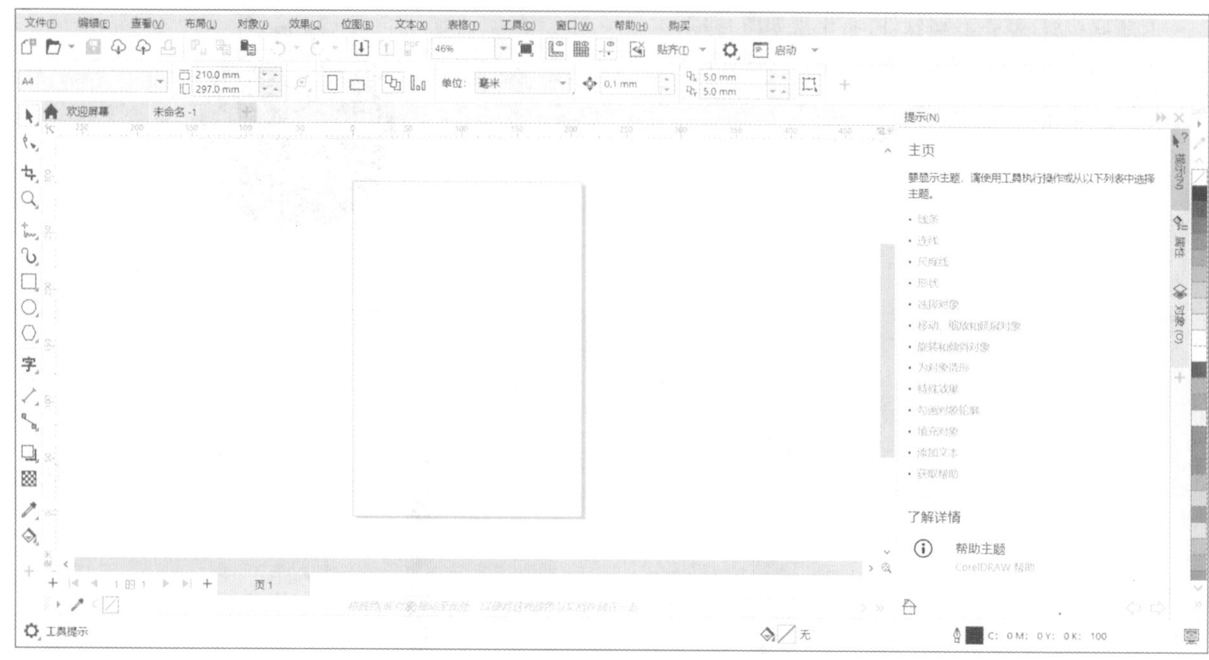

图 1-7　操作界面窗口

操作界面窗口由标题栏、菜单栏、标准工具栏、属性工具栏、绘图工具箱、标尺、绘图页、绘图窗口、泊坞窗、调色板、状态栏、文档导航器、导航器、滚动条和提示泊坞窗组成。

1.标题栏

标题栏位于界面窗口顶部，显示当前运行的程序名称和用户正在编辑的文件名称。

2.菜单栏

菜单栏集成了几乎所有的命令和选项，是进行图形编辑、特效处理、视图管理等操作的基本方式，如图1-8所示。

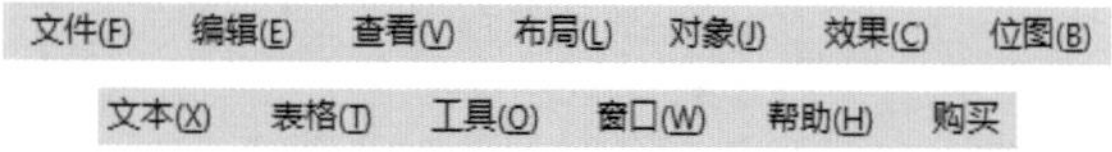

文件(F)　编辑(E)　查看(V)　布局(L)　对象(J)　效果(C)　位图(B)

文本(X)　表格(T)　工具(O)　窗口(W)　帮助(H)　购买

图 1-8　菜单栏

3.标准工具栏

标准工具栏是一组可视化按钮，提供常用命令的快捷方式。右击，可在弹出的快捷菜单中定制工作界面，如图1-9所示。

图 1-9　标准工具栏

4.属性工具栏

属性工具栏提供当前所使用的工具、所进行的操作的相应属性，用于调整对象属性以及对图形对象进行精确定位。右击，在弹出快捷菜单可定制工作界面，如图1-10所示。

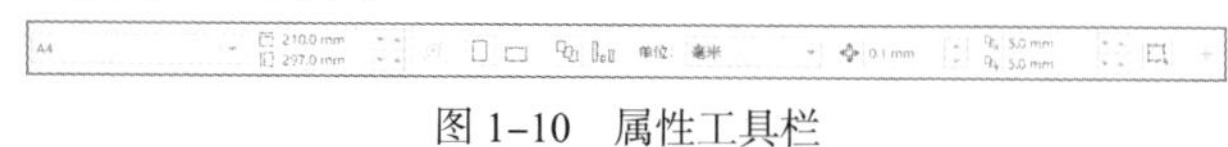

图 1-10　属性工具栏

5.绘图工具箱

绘图工具箱位于界面窗口的左侧，提供了最为快捷的图形工具、效果工具和文本工具，如图1-11所示。

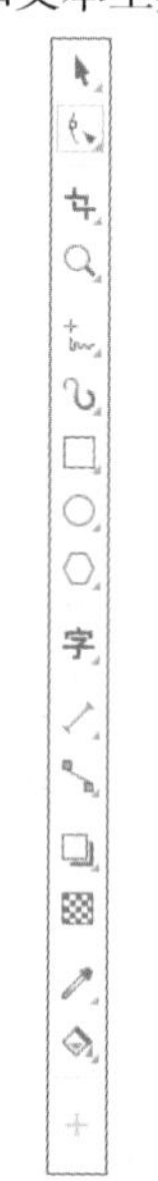

图 1-11　绘图工具箱

6.标尺

标尺是一组精确定位的工具，提供横向和纵向尺度，用于定位图形位置，如图1-12所示。

7. 绘图页

绘图页是绘图窗口中的矩形区域，它是窗口中可打印的区域。

8. 绘图窗口

绘图窗口是绘图页之外的区域，以滚动条和应用程序控件为边界。绘图页和绘图窗口如图 1–13 所示。

图 1–12　标尺　　　图 1–13　绘图页和绘图窗口

9. 泊坞窗

泊坞窗位于界面窗口右侧，是一个活动窗口，其中包含了与特定工具或任务相关的可用命令和设置，如图 1–14 所示。

10. 调色板

调色板是包含色样的泊坞栏，为图形提供着色。单击颜色块用以填充闭合图形，右击颜色块用以填充闭合图形轮廓色，如图 1–15 所示。

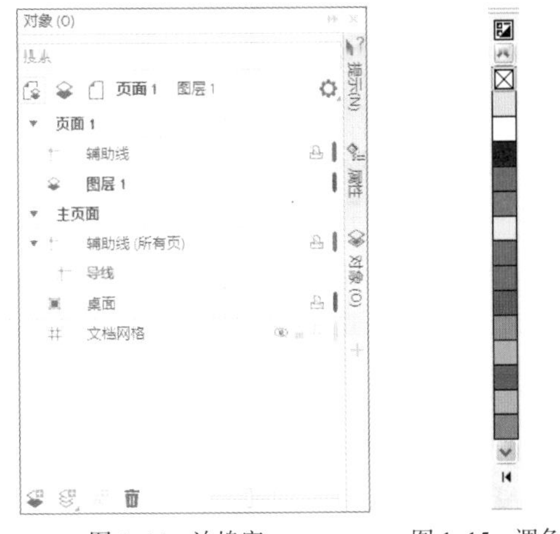

图 1–14　泊坞窗　　　图 1–15　调色板

11. 状态栏

状态栏位于应用程序窗口的底部区域，包含类型、大小、颜色、填充和分辨率等关于对象属性的信息。状态栏还可以显示光标的当前位置，如图 1–16 所示。

图 1–16　状态栏

12. 文档导航器

文档导航器位于应用程序窗口左下方的区域，包含用于页间移动和添加页的控件，如图 1–17 所示。

图 1–17　文档导航器

13. 导航器

导航器位于绘图窗口的右下角，是垂直和水平滚动条交叉处的一个正方形按钮，如图 1–18 所示。用于打开一个较小的显示屏，以帮助用户在绘图区上移动。

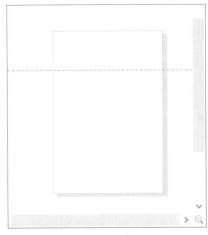

图 1–18　导航器

14. 滚动条

滚动条位于图像编辑区的右侧和底部，提供页面滚动功能。

15. 提示泊坞窗

提示泊坞窗可以帮助我们更好地使用 CorelDRAW。CorelDRAW 的帮助很灵活，当选择一种工具时，具有帮助功能的提示泊坞窗就会自动显示该工具的使用方法，如图 1–19 所示。

图 1–19　“提示”泊坞窗

1.2.3 CorelDRAW的基本功能和应用

1. CorelDRAW 的基本功能

作为一个功能强大的图形处理及平面排版软件，CorelDRAW 为用户提供了以下功能：

(1) 轻松绘制各种图形对象，对图形对象进行不同的操作与处理。

(2) 在编辑图形时能够灵活地对图形进行拉伸、压缩、旋转、修剪、擦除、焊接、合并、拆分等操作。

(3) 多样的填充方式、丰富多彩的填充方案为用户的作品带来生动的质感，如纹理、网格等。填充工具可以生成非常自然的色彩效果。

(4) 各种平面效果图的制作。文本嵌合路径可以使文本沿任意形状分布，利用扭曲变形工具能轻松获得锯齿、花瓣等图形，强力剪切更是赋予用户将任意图片撕碎的力量，透镜效果能使作品如同蒙上一层神秘的面纱。

(5) 强大的三维设计功能。虽然CorelDRAW是一个平面设计软件，但它提供了强大的三维设计功能。使用“立体化”工具可以制作带导角的立体对象；使用“调和”工具可以制作出精彩的立体效果；使用“斜角”工具可以使立体化更加简捷；另外，可以在CorelDRAW中导入3D模型文件，从而获得更加逼真的三维效果。

(6) 强大的位图处理功能。作为一个矢量图形处理软件，CorelDRAW还提供了大量的位图处理功能，如色彩调整、应用滤镜等。CorelDRAW中滤镜的类型非常丰富，许多要在Photoshop外挂滤镜里实现的效果，在CorelDRAW中直接就能获得。大多数时候，只需使用CorelDRAW就可以完成全部的图像处理工作。

(7) 方便的图形对象管理功能。在处理复杂图形时，图形对象管理提供了强大的处理手段，使得绘图得心应手。

2. CorelDRAW 的应用

CorelDRAW的应用范围很广，已经不仅仅局限于绘图和美术创作，从专业的广告公司到普通的家庭，都在用CorelDRAW来制作自己需要的作品。

(1) 广告设计。CorelDRAW作为当前流行的一款图形软件，日益受到用户的喜爱，实用快捷的交互绘图工具、强大的位图和图文处理功能，使它成为最受广告设计人员青睐的图形软件之一。

(2)VI设计。CorelDRAW凭借强大的绘图功能在企业视觉识别系统(Visual Identity，VI)的设计中得到了广泛的应用。

(3) 包装设计。在做包装设计时，需要绘制平面图、两面视图、三面视图或最终的效果图。CorelDRAW在这方面可以大显身手。

(4) 书籍装帧设计。CorelDRAW可以独到地集成ISBN生成组建，可以轻松制作条形码。此外，CorelDRAW集合了方便快捷的导线，其精确的定位功能可以轻松完成书籍装帧的设计。

(5) 字体设计。利用CorelDRAW绘图软件的强大曲线处理功能，可以进行字体设计，制作特效字体。常运用于企业VI标准字体设计、灯箱字体特效以及户外广告文案设计等方面。

(6) 排版应用。CorelDRAW支持对段落文字的编辑排版。对美术字的编辑可达32000 个字符，并且可以无限制地缩放文字的大小，所以很多公司都用它来进行最后的版式设计和文字处理。

(7) 漫画绘图。CorelDRAW可以结合Flash等矢量动画软件进行网页动画以及漫画的绘制。

1.3 CorelDRAW 快速入门

在了解了CorelDRAW的工作界面、基本功能和应用之后，可以先体会一下CorelDRAW给我们带来的设计“快乐”，即使你是一个初学者，也可以制作一幅近似专业的图。

图1-20所示是一幅“闪闪的红星”图。如果让你用CorelDRAW设计，你能做到吗？

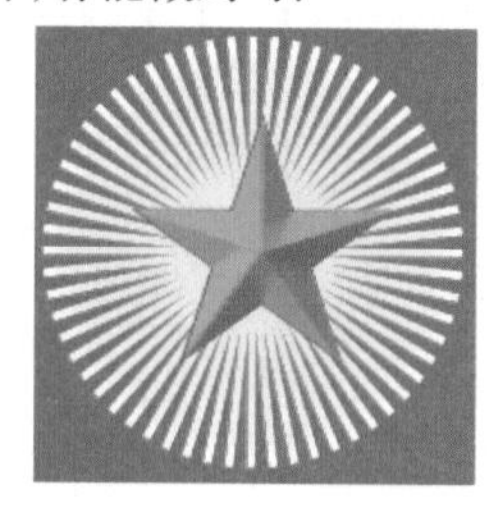

图 1-20　闪闪的红星

分析：利用CorelDRAW制作这样的图形很简单。制作之前，首先要分析这幅图的组成部分。很显然组成这幅图的基本元素分别是背景、光束和五角星三个部分。首先分别画出这三个部分，然后组合就可以了。具体的制作步骤如下。

1. 背景的制作

(1) 在侧边工具栏中选择“矩形”工具按钮□，在绘图区按下鼠标左键从左上角向右下角拉出一个矩形(按住Shift键可拉出正方形)，如图1-21所示。

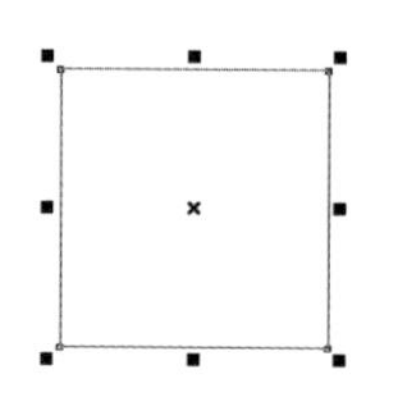

图 1-21　绘制矩形

(2) 在侧边工具栏中选择“填充”工具按钮，在属性工具栏中单击“均匀填充”按钮，再单击“填充色”按钮，选择蓝色进行填充，如图 1–22 所示。形成蓝色背景，如图 1–23 所示。

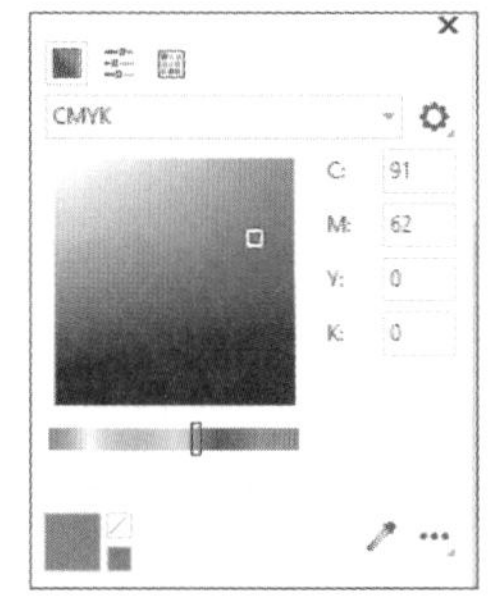

图 1–22　设置填充色

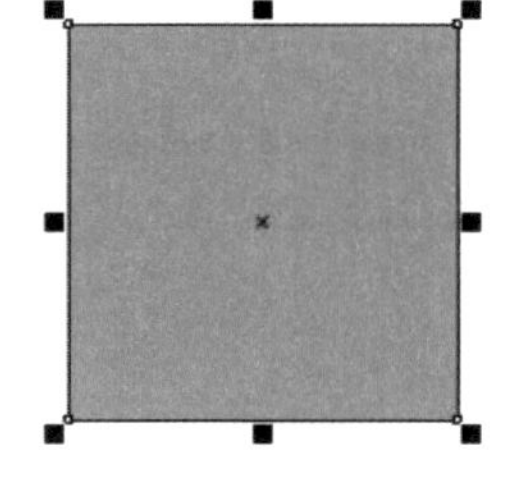

图 1–23　矩形蓝色背景

2. 光束的制作

(1) 选择“矩形”工具按钮，在绘图区绘制一个较窄的长方形，如图 1–24 所示。

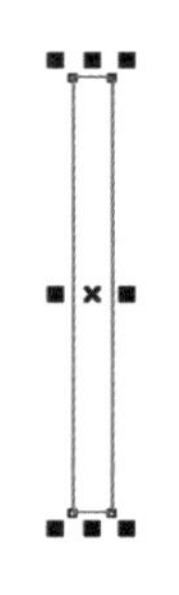

图 1–24　窄长方形

(2) 单击“填充”工具按钮，再单击“属性”泊坞窗中的“渐变填充”按钮。选择颜色，如图 1–25 所示。在长方形内部拉动光标，对长方形进行填充，效果如图 1–26 所示。

图 1–25　“属性”泊坞窗

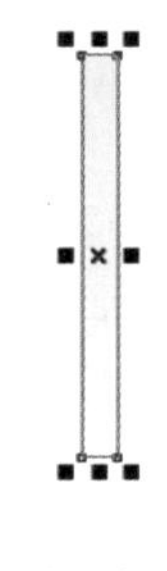

图 1–26　填充渐变色后的效果

(3) 在“属性”泊坞窗中选择“轮廓”工具按钮，在宽度下拉列表中选择“无”，如图 1–27 所示。还可以通过将宽度设置为“细线”，颜色设置为“白色”达到同样的效果。将长方形的边框去除，如图 1–28 所示。

图 1–27　“轮廓”属性框

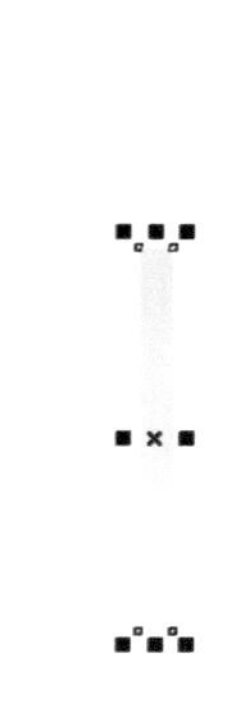

图 1–28　去除边框后的效果

(4) 执行“窗口 / 泊坞窗 / 变换 / 旋转”命令，打开“变换”泊坞窗中的“旋转”属性框。设置旋转的角度、旋转中心和副本个数，如图 1–29 所示。形成一个圆形的黄色背景，效果如图 1–30 所示。

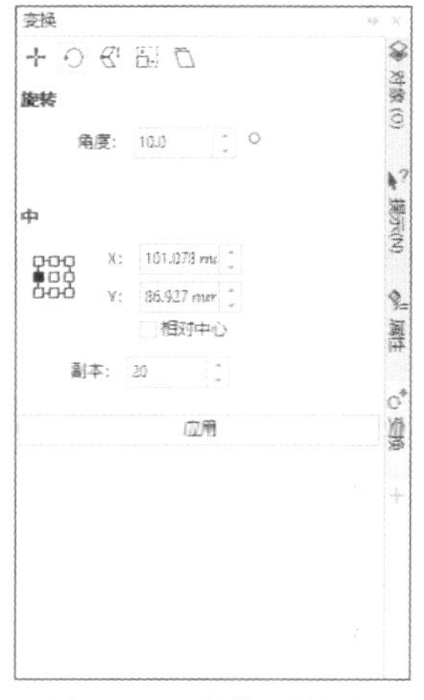

图 1–29　“旋转”属性框

图 1–30　旋转长方形后的效果

(5) 在工具栏中选择“选择”工具按钮，在步骤 (4) 形成的图形的左上角按下鼠标左键向右下角拉出一个选区，将图形全部选中，如图 1–31 所示。

(6) 右击，单击“组合”选项，使所有的黄色线条成为一个整体图形(这时单击图形选中的是整个图形，而不是单独的线条)。这样就完成了光束的制作，如图 1–32 所示。

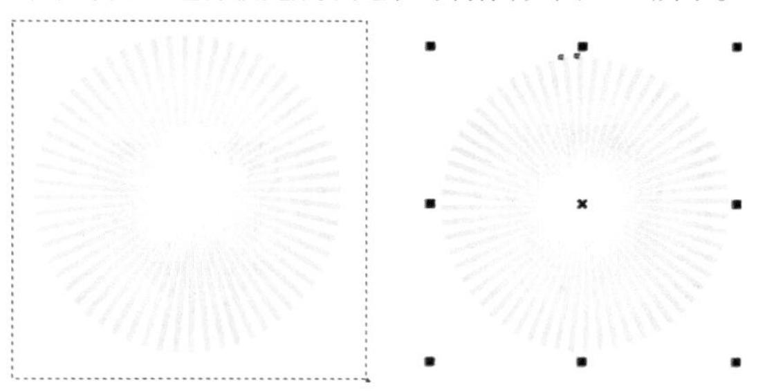

图 1–31　全部选中　　图 1–32　组合后选择

3. 五角星的制作

(1) 在工具箱中选择“星形”工具按钮☆，绘制一个五角星，如图1–33所示。

(2) 参照背景的制作方法，将五角星填充为红色，如图1–34所示。

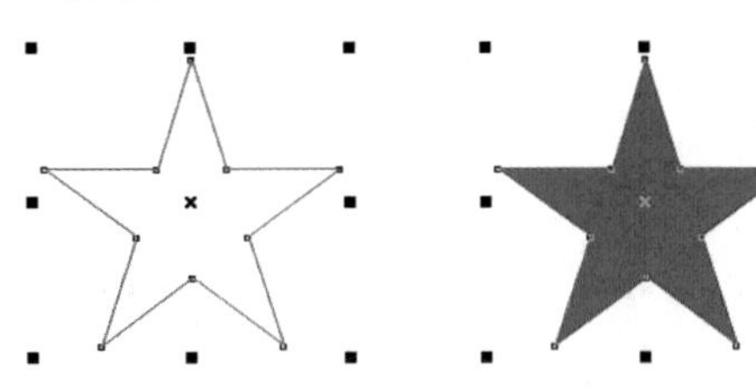

图 1–33　绘制的五角星　图 1–34　填充红色后的五角星

(3) 执行“窗口/泊坞窗/效果/斜角”命令，打开“斜角”泊坞窗。在“斜角偏移”中选择“到中心”(还可对颜色、强度、方向、高度等选项进行设置)，如图1–35所示。单击“应用”按钮，得到如图1–36所示的五角星效果。

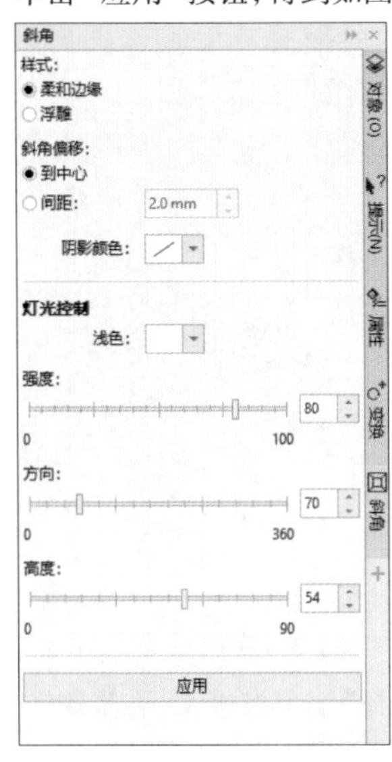

图 1–35　“斜角”泊坞窗

图 1–36　应用“斜角”样式后的效果

4. 调整和组合

(1) 将步骤2形成的黄色光束移动到步骤1形成的蓝色背景上，调整大小，如图1–37所示。对五角星也进行同样的操作，最终效果如图1–38所示。

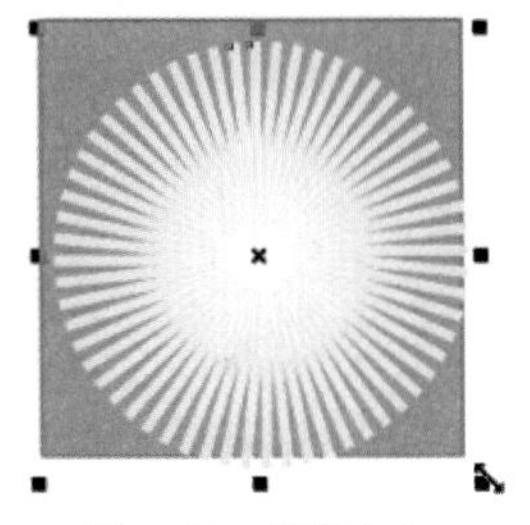

图 1–37　调整大小

图 1–38　最终效果

(2) 参照光束的制作，将三个图形对象进行组合，使三个图形成为一个整体(若单击图形则同时选中整体图形)。

这样一幅“闪闪的红星”图就制作好了，是不是很专业呢?

温馨提示：

在移动图形对象时，若图形不能按照期望显示在上面，这是图层的次序不同造成的，可以先选中图形，右击，选择“顺序”→“到图层前面”，将隐藏图形显示到最上层。

1.4 本章小结

本章重点讲解了平面图像设计的基本概念和CorelDRAW的基础知识。介绍了矢量图形和位图图像的基本概念以及它们的区别。同时对文本与文字、颜色与色彩、CorelDRAW的启动界面、操作界面窗口的组成以及基本功能作了简单的介绍。

矢量图形是用一系列计算机指令来描绘的图形，图形中的组成元素称为“对象”。矢量图形与分辨率无关，在放大时不会影响它的质量和效果，可以十分灵活地对其进行编辑。位图图像称为点阵图像，是由称作“像素”的点阵组成的，位图图像的质量取决于分辨率。一幅位图图像放大几倍后，就会明显地出现“马赛克”现象。因此，位图的编辑受到限制。

文本指各种文字，包括各种字体、尺寸、格式及色彩的文本。文本有表示简单、处理容易、文件很小、表达准确四个特点。

颜色是视觉系统对可见光的感知结果。彩色可用亮度、色调与饱和度来描述，人眼看到的任一彩色光都是这三个特性的综合效果。自然界中的任何一种颜色都可以由红(R)、绿(G)、蓝(B)三种色光按不同比例调配而成，它们构成一个三维的RGB矢量空间(三基色原理)。

颜色模型提供了各种定义颜色的方法，每种模型都是通过使用特定的颜色组件来定义颜色的。在创建图形时，有多种颜色模型可供选择。

1.5 习题一

1. 填空题

(1) 按照形成方式，图形可以分为两类：一类是____________；另一类是____________。

(2) 在图形设计中，需要一种精确定义颜色的方法，这种方法是____________。

(3)在 CorelDRAW 中,可以使用____________实现设备间的颜色转换。

(4)在创建图形时,常用的颜色模型有____________、____________、____________、____________等几种。

2. 简答题

(1)什么是位图图像?什么是矢量图形?二者有什么区别?

(2)什么是RGB颜色模型?什么是CMYK颜色模型?

(3)什么是图像的色调与饱和度?

(4)简述CorelDRAW 的功能和应用。

3. 操作题

熟悉CorelDRAW 的工作界面,了解各部分的功能和作用。

CorelDRAW的基本操作

教学目标

本章主要讲鼠标的基本操作，CorelDRAW的菜单命令和工具栏的操作，CorelDRAW工作环境、菜单、工具按钮和辅助线的设置操作等内容。通过本章的学习，要求读者掌握CorelDRAW菜单和工具栏的基本操作和使用方法，学会CorelDRAW工作环境、菜单、工具按钮和辅助线的相关设置。

重点与难点

- 鼠标的基本操作
- CorelDRAW 菜单命令的使用
- CorelDRAW 工具栏的操作
- CorelDRAW 工作区的定制
- CorelDRAW 辅助线的设定

2.1 鼠标的基本操作

如果你曾经使用过一些图像处理工具(如Windows中的画笔工具等),你一定了解了鼠标的基本操作,如图形对象的选择、移动、旋转、翻转、复制等。在Corel-DRAW中,绘图的基本操作是鼠标和键盘的灵活应用。这里选一个很简单的例子来说明CorelDRAW中鼠标的基本操作。

首先打开一幅图形。执行“文件/从模板新建”命令,打开任意文件,然后打开如图2–1所示的图例。

单击:单击通常用来选中对象。在图例中,用鼠标指针指向眼镜处,快速按下鼠标左键并立即释放它,可以看到部分被选中,如图2–2所示。

图 2–1　图例

图 2–2　对象的选中

右击:右击用来打开快捷菜单。在图例中先用鼠标选中文字,然后快速按下鼠标右键,可以看到如图2–3所示的快捷菜单。在快捷菜单中选择“复制”命令,然后在一个重新建立的新图形中“粘贴”,可以看到眼镜部分被复制了下来,如图2–4所示。

图 2–3　快捷菜单

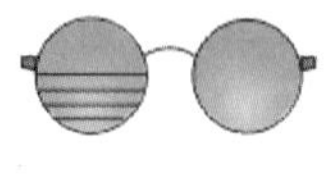

图 2–4　被复制的对象

双击:双击图像可以对图像进行旋转操作,双击文本可以对文本进行编辑。在被复制的眼镜对象中快速按下鼠标右键两次,便可看到如图2–5所示的选中形状。

对准:对准是操作对象的前提,在图2–5中移动鼠标指针到图的左上角,便可以看到如图2–6所示的效果,左上角符号的出现表示可以对对象进行旋转操作了。

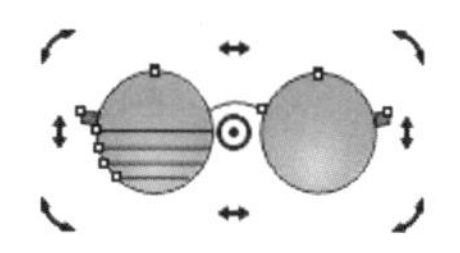

图 2–5　鼠标双击对象出现的旋转标识

图 2–6　左上角旋转标识被“对准”

拖动:拖动的目的是移动或拉伸。不同指向下的拖动效果是不一样的,图2–7(a)是正常的拖动,这一方式也称移动。

拉伸:拉伸有等比例拉伸、横向拉伸、垂直拉伸。

等比例拉伸:指在拉伸过程中,宽和高之间的比例不变。拖动任意一个角上的手柄都可以实现等比例拉伸[见图2–7(b)]。

横向拉伸:图形对象的宽度改变,而高度不变。拖动两边的手柄可以实现横向拉伸[见图2–7(c)]。

垂直拉伸:与横向拉伸相反,只是高度改变,宽度不变。拖动上下的手柄可以实现垂直拉伸[见图2–7(d)]。

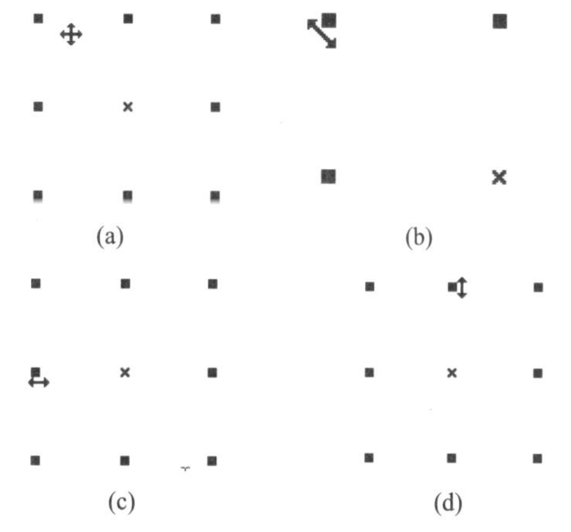

图 2–7　拖动和拉伸

移动:通过拖动对象来改变对象的位置,或者通过键盘上的方向键来改变对象的位置。

旋转:在对象中出现旋转标识时可以对对象进行旋转操作。旋转时按住Ctrl键可以使对象以15° 的旋转幅度进行旋转,如图2–8所示。

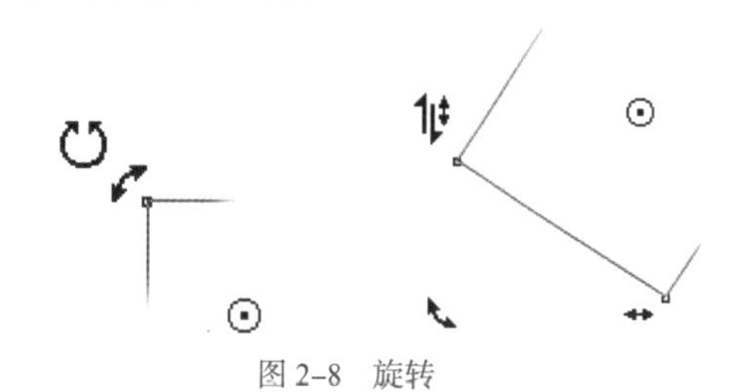

图 2–8　旋转

以上是一些鼠标的基本操作,实际应用中,要注意

鼠标和键盘的配合使用，这样可以快速实现某种特定功能，这些内容将在以后的章节中学习。

温馨提示：

不同对象或不同功能方式下鼠标的操作结果是不同的，读者应该在使用各类工具的过程中掌握多种鼠标的操作特性。

2.2 菜单操作命令

运用CorelDRAW的菜单栏，用户可以进行绝大部分的功能操作。操作过程中，并不是所有的命令项都可以被选择和执行，这取决于用户选择的对象和可以在此对象上进行的操作(显示为浅颜色的命令项是用户当前不能使用的命令项)。CorelDRAW的菜单栏采用分级控制，如果某一命令项之后带有一个黑色的箭头按钮，则表明将打开该命令项的下一级子菜单。

2.2.1 “文件”菜单

“文件”菜单(见图2-9)是最经常使用的菜单，利用它可以新建、打开、保存和关闭文件，导入、导出、打印文件以及查看文档属性和退出系统等。

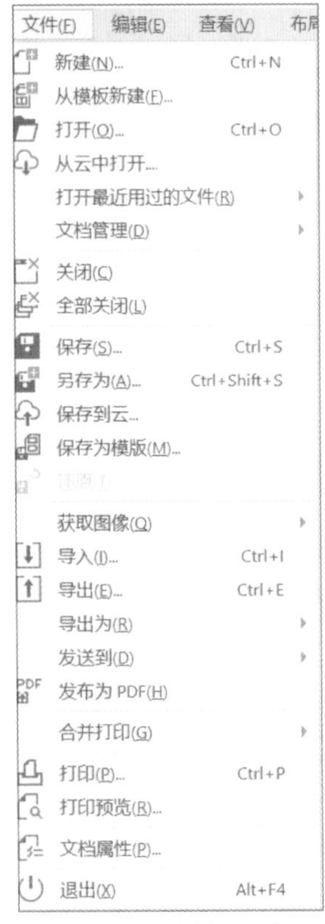

图2-9 “文件”菜单

选择“从模板新建”命令可以启动模板向导，使用户轻松地完成各种文档的创建工作，CorelDRAW附带的模板分为Infographics、信头和书信、信息图、名片、徽标、拼贴、海报、社交媒体和网络、简历、贺卡和邀请。

选择“另存为”命令允许用户选择不同的格式保存文档，使用对话框中的“高级”按钮还可以进一步控制文档保存的其他参数。

选择“获取图像”命令可通过扫描仪获取位图图像。

选择“导入”或“导出”命令可直接导入、导出文本、图形和图像文件。

选择“发布至PDF”命令可使文档在Adobe Acrobat Reader中浏览演示。

2.2.2 “编辑”菜单

使用“编辑”菜单(见图2-10)可以对图形对象进行常规的复制、剪切、粘贴、填充等操作。

图2-10 “编辑”菜单

【选择性粘贴】：类似于“粘贴”命令，与“粘贴”命令不同的是，用户可以指定这些内容所用的格式，甚至可以创建与其源文件的链接。链接是一种在客户应用程序中放置OLE对象的方法。当需要在同一个文件或多个不同文件中多次使用同一OLE对象时，链接最为有用。要修改OLE对象的每个实例，只需修改其源文件即可。

【再制】：将当前选取范围的副本直接添加到绘图中。默认情况下，副本将出现在原始对象之上，并略有偏移，同时副本也被自动选定。如果副本被重新定位，则当用户再次选择“再制”命令时，副本到原始对象的距离就成为新的默认偏移值，这称为“智能再制”。按数字键盘上的“+”键也可以再制对象，此时副本将位于原始对象之上，但没有偏移。

【克隆】：类似于“再制”命令，与“再制”命令不同的是，通过克隆所复制的是图形的所属属性，而不是图形的形状。例如，给两个图形添加了“交互式调和”工具效果，如果想让另外两个图形也应用这样的效果时，就可以应用“克隆”命令。

【全选】：通过“全选”命令，可以对对象、文本、辅助线和节点进行全部选中。

【查找并替换】：在 CorelDRAW 最新版中，查找与替换的功能进一步升级，经过重新设计的“查找并替换”泊坞窗扩展了搜索范围，可以进行查找对象、替换对象、查找与替换文本操作。消除了对同一文件中的多次扫描。利用新增选项的同时查找和替换轮廓或填充的颜色或颜色模型。

【步长和重复】：选择“步长和重复”命令，在泊坞窗中可以看到如图 2-11 所示的界面，可通过设置偏移的间距和份数实现复制的效果。

图 2-11　步长和重复

2.2.3 “查看”菜单

“查看”菜单用于选择查看文档的视图方式、预览方式、显示方式、对象的对齐方式等，如图 2-12 所示。

视图方式有“线框”“像素”“正常”“增强”四种，可以以不同的方式显示图形的线框和轮廓，“线框”方式隐藏填充但显示立体模型、轮廓线以及中间调和形状，如果是位图则显示为单色。

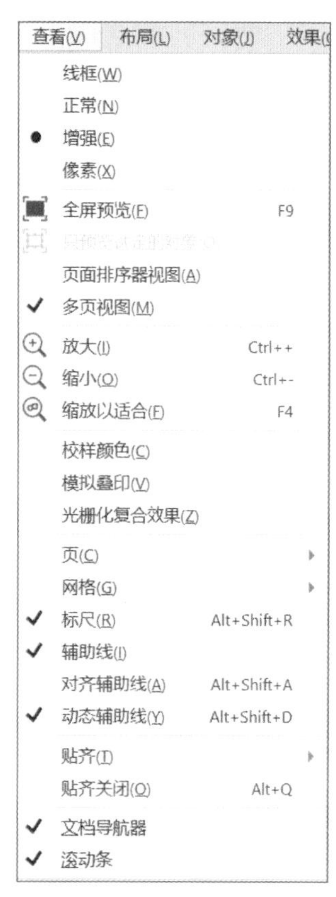

图 2-12　“查看”菜单

预览方式可以全屏预览绘图，以查看图形打印和导出时的样子。在预览绘图时，只显示绘图页面上的对象以及绘图窗口中直接区域内的对象，用户可以查看在对象管理器中设置以进行打印的所有图层。如果想更清楚地查看绘图中的特定对象，也可以选中并预览它们。预览选定对象时，绘图的其他部分将被隐藏起来。预览绘图之前，可以指定预览模式。预览模式会影响预览显示的速度和在绘图窗口中显示的细节量。通过“工具”菜单中的“选项”，可以设置显示方式，详见“工具”菜单项。

显示方式可以设置“页”“网格”“标尺”“辅助线”“对齐辅助线”“动态辅助线”的显示与否，还可以启动翻滚。当然可以在本菜单的最下方对“网格”“标尺”“辅助线”进行设置。

贴齐方式有“文档网格”“辅助线”“基线网格”“对象”四种。

2.2.4 “布局”菜单

“布局”菜单中的选项提供了创建多页面文档时使用的工具，包括页面的插入、再制、删除、重命名、定位、页码设置以及对页面属性的设置，如图 2-13 所示。

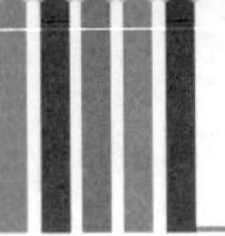

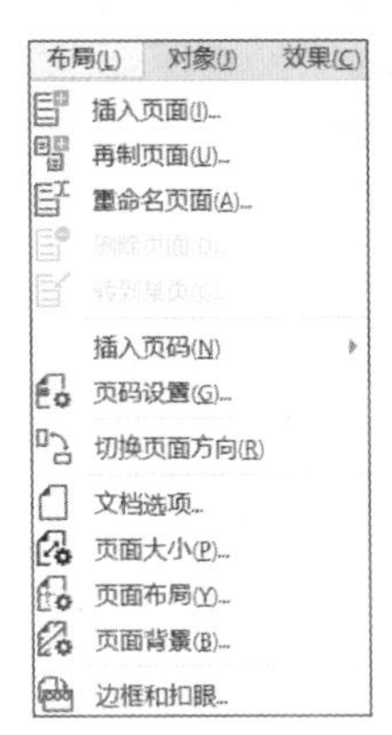

图 2-13　“布局”菜单

2.2.5　“对象”菜单

“对象”菜单提供了丰富的对象排列和变换命令，如图2-14所示。

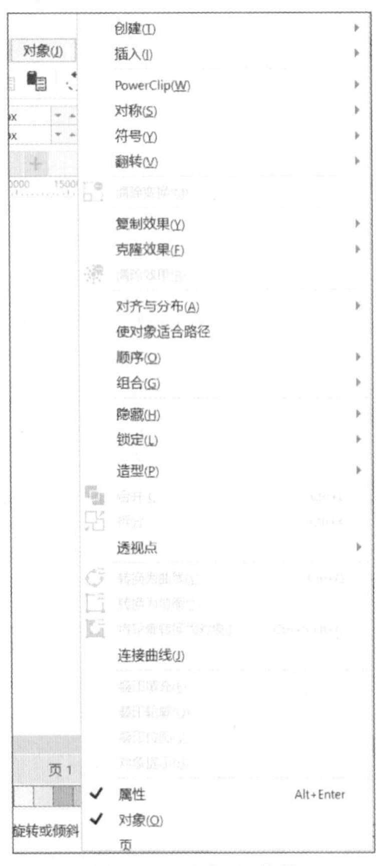

图 2-14　“对象”菜单

在“对象”菜单中可以对对象进行一系列的操作，可以进行创建对象、插入对象、对称、符号、翻转等操作，还可以对对象的效果进行复制和克隆。

“对齐与分布”“使对象适合路径”“顺序”“组合”“隐藏”“锁定”以及“造型”选项提供了文档内部多对象在版面上的位置和层次控制；对于多个对象，既可以将它们组合成一个群组进行统一地操作和管理，也可以锁定其位置，使其不被移动；同时还可以实施对象以及群组的“合并”“拆分”“相交”“修剪”“简化”“边界”“转换为曲线”“转换为位图”，以及“连接曲线”处理。

【合并】：组合选定对象以创建单个曲线对象。若对象有重叠，则删除对象的重叠区域以创建“剪贴孔”。

【拆分】：将选定的组合对象划分为其原来的组件。

【相交】：利用两个或多个对象相重叠的区域来创建新对象。

【修剪】：通过移除对象中覆盖其他对象(或被其他对象覆盖)的区域以创建新对象。

【简化】：在对象路径的相交点将对象结合起来以创建新对象。具体来说，就是用单一轮廓将两个对象组合成单一曲线对象。

【转换为曲线】：将对象转换为曲线对象，可以进行更灵活地编辑。

2.2.6　“效果”菜单

“效果”菜单提供了许多丰富的交互式图形效果工具(见图2-15)。例如，三维效果的调整、色彩效果的调整、艺术笔触调整、模糊、相机、颜色转换、轮廓图、校正、创造性、自定义、扭曲、杂点、鲜明化、底纹和变换，还可以使用“泊坞窗”选项菜单来管理艺术笔、斜角、混合、轮廓图、封套、立体化和透镜等。

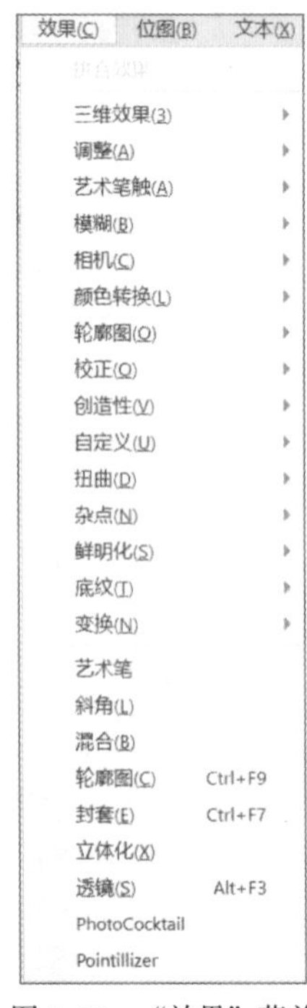

图 2-15　“效果”菜单

特殊效果类型有如下几种：

【三维效果】:用来创建三维纵深感的效果。三维效果包括三维旋转、柱面、浮雕、卷页、挤远/挤近和球面[见图2-16(a)]。

【调整】:可以调整图像的高反差、局部平衡、取样/目标平衡、调和曲线、亮度/对比度/强度、颜色平衡等，还可以进行自动调整[见图2-16(b)]。

【艺术笔触】:使用户可以运用手工绘画技巧。艺术效果的介质和样式包括炭笔画、彩色蜡笔画、蜡笔画、立体派、印象派、调色刀、钢笔画、点彩派等[见图2-16(c)]。

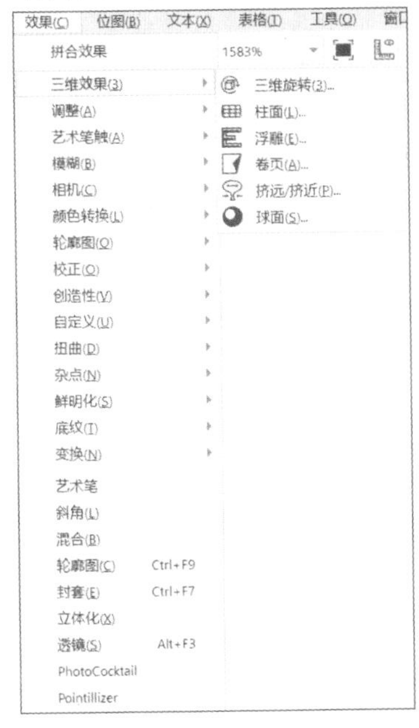

(a)

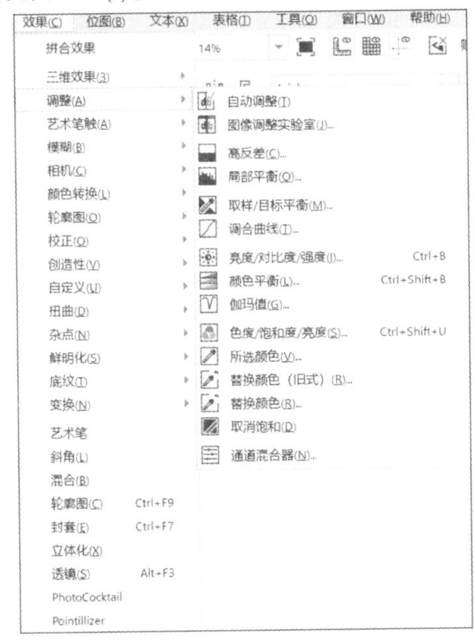

(b)

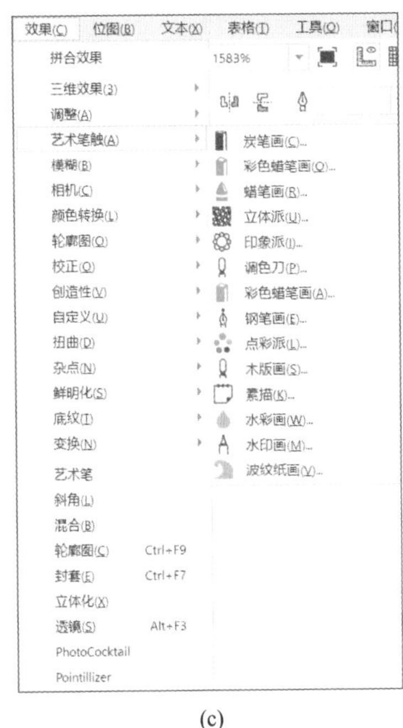

(c)

图 2-16 效果菜单（1）

【模糊】:用来使图像模糊以模拟渐变、移动或杂色效果。模糊效果包括定向平滑、羽化、高斯式模糊、锯齿状模糊、低通滤波器、动态模糊、放射式模糊、智能模糊、平滑、柔和与缩放[见图2-17(a)]。

【相机】:使用户可以模拟由扩散透镜的扩散过滤器产生的效果[见图2-17(b)]。

【颜色转换】:使用户可以通过减少或替换颜色来创建摄影幻觉的效果。颜色转换效果包括位平面、半色调、梦幻色调和曝光效果。

【轮廓图】:用来突出和增强图像的边缘部分。其中包括边缘检测、查找边缘和描摹轮廓。

【校正】:校正中单击尘埃与刮痕，可以通过设置半径和阈值的大小进行校正。

【创造性】:使用户可以对图像应用不同的效果。创造性效果包括艺术样式、晶体化、织物、框架、玻璃砖、马赛克、散开、茶色玻璃、彩色玻璃、虚光和旋涡[见图2-17(c)]。

【自定义】:可以自定义调整凹凸贴图、表面和灯光的参数设置。

【扭曲】:用来使图像表面变形。变形效果包括块状、置换、网孔扭曲、偏移、像素、龟纹、旋涡、平铺、湿笔画、涡流和风吹效果，如图2-17(d)所示。

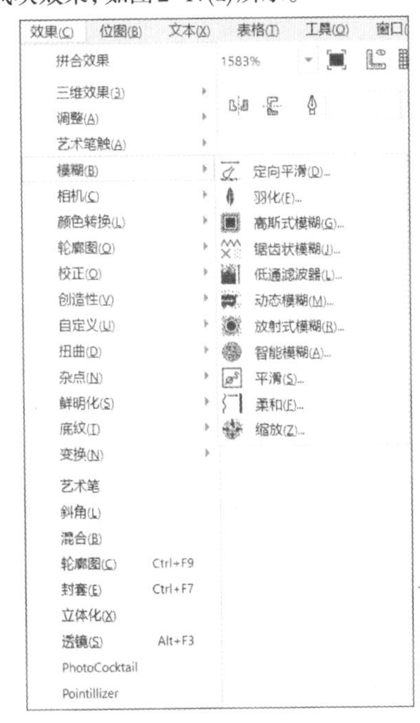

(a)

图 2-17 效果菜单（2）

(b)

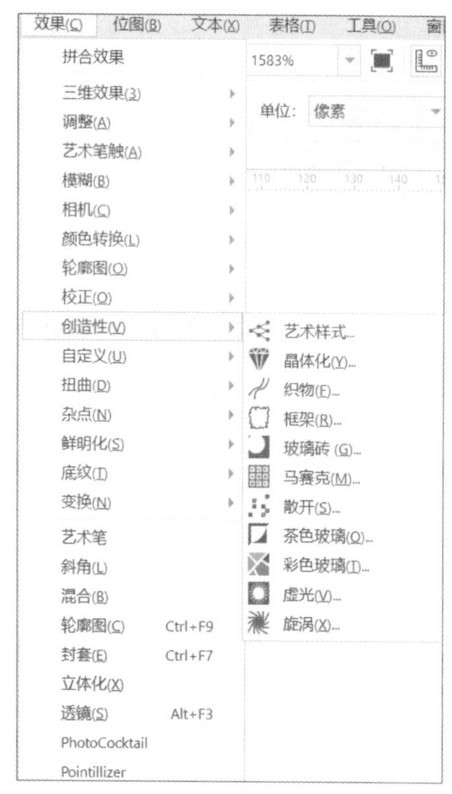

(c)

图 2-17 （续）

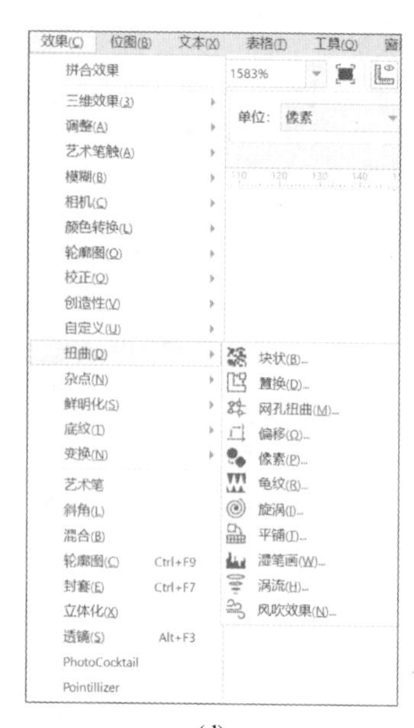

(d)

图 2-17 （续）

【杂点】：用来修改图像颗粒。杂点效果包括添加杂点、最大值、中值、最小、去除龟纹以及去除杂点，如图2-18(a)所示。

【鲜明化】：用来创造鲜明化效果以突出和强化边缘。鲜明化效果包括适应非鲜明化、定向柔化、高通滤波器、鲜明化和非鲜明化遮罩，如图2-18(b)所示。

【底纹】：可以为对象设置不同的底纹，底纹样式包括鹅卵石、折皱、蚀刻、塑料、浮雕和石头，如图2-18(c)所示。

【变换】：包括去交错、反转颜色和极色化，如图2-18(d)所示。

(a)

图 2-18 效果菜单（3）

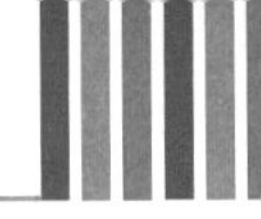

(b)

(c)

图 2–18　（续）

(d)

图 2–18　（续）

使用“泊坞窗”选项菜单可以管理艺术笔、斜角、混合、轮廓图、封套、立体化和透镜。

【艺术笔】: CorelDRAW 允许应用多种预设的画笔笔触，包括带箭头的笔触，填满了色谱图样的笔触等。在绘制预设的画笔笔触时，可以指定该笔触的某些属性。例如，可以更改画笔笔触的宽度，并指定其平滑度；还可以使用一个对象或一组矢量对象创建自定义画笔笔触。在创建自定义画笔笔触时，可以将其保存为预设。

【斜角】: 斜角效果通过使对象的边缘倾斜，将三维深度立体效果添加到图形或文本对象。为对象创造凸起或浮雕的视觉效果。创建出的效果可以随时移除，斜角效果只能应用到矢量对象和美术字，不能应用到位图。

【混合】: 可以创建调和，如直线调和、沿路径调和及复合调和。直线调和显示形状和大小从一个对象到另一个对象的渐变。中间对象的轮廓和填充颜色在色谱中沿直线路径渐变。中间对象的轮廓显示宽度和形状的渐变。创建调和后，可以将其复制或克隆到其他对象。复制调和时，对象具备所有与调和相关的设置，但不包括设置的轮廓和填充属性。克隆调和时，对原始调和(也叫主对象)所做的更改会应用到克隆。可以沿路径形状的部分或全部来适应对象，而且可以给一个调和添加一个或多个对象，以此来创建复合调和。

通过调整调和的中间对象的数量和间距、调和的颜色渐变、调和映射到的节点、调和的路径以及起始对象和结束对象，可以改变调和的外观。另外，可以熔合拆分调和或复合调和的组件来创建单个对象，也可以拆分和移除调和。

【轮廓图】：可以勾画对象的轮廓线，以创建一系列渐进到对象内部或外部的同心线。

CorelDRAW 还允许用户设置轮廓线的数量和距离。勾画对象轮廓线之后，就可以将其轮廓图设置复制或克隆至其他对象。

还可以对轮廓线和轮廓图的轮廓本身之间填充的颜色进行更改。可以在轮廓图效果中设置颜色渐进，将其中一种颜色调和到其他颜色中。颜色渐进可以通过所选颜色范围沿直线、顺时针或逆时针路径进行。

【封套】：通过操纵对象封套(边界框)使对象的形状发生变形。方法是：选择对象，执行“封套”命令，选取封套类型，调节封套手柄，选择“添加新封套”命令，选择“应用”命令。使用“封套”命令来改变对象形状类似于通过向任意方向延展橡皮而使其上的对象发生变形。

【立体化】：通过立体化可以创建矢量立体模型使对象出现三维效果。通过投射对象上的点，再将其连接起来以产生三维幻觉，从而创建矢量立体模型。创建立体模型之后，就可以将其属性复制或克隆到选定对象中。克隆和复制操作可以将立体化对象的立体模型属性复制到其他对象上。但是，不能独立于主对象。

“立体化”泊坞窗内置了立体化相机、立体化旋转、立体化光源、立体化颜色和立体化斜角等多种立体化效果，如图2-19所示。

图 2-19 “立体化”泊坞窗

【透镜】：给当前选取范围添加由各边角手柄组成的边界框，拖动这些手柄(将出现“灭点”，拖动灭点也可以改变对象的透视位置)可以创建对象的透视视图，以便产生对象正在从一个方向(在单点透视方式下)或两个方向(在两点透视方式下)上从视野中消退的视觉效果。

2.2.7 “位图”菜单

“位图”菜单可以将矢量图形转换为位图图像并进一步加工处理，如图2-20所示。可以对位图图像进行处理，如矫正图像、移除JPEG伪影、编辑位图、裁剪位图等，转换时可以采用不同的转换模式；也可以对产生的位图图像进行各种修饰，如扩充位图边框、进行描摹、使用插件、使用位图遮罩等。

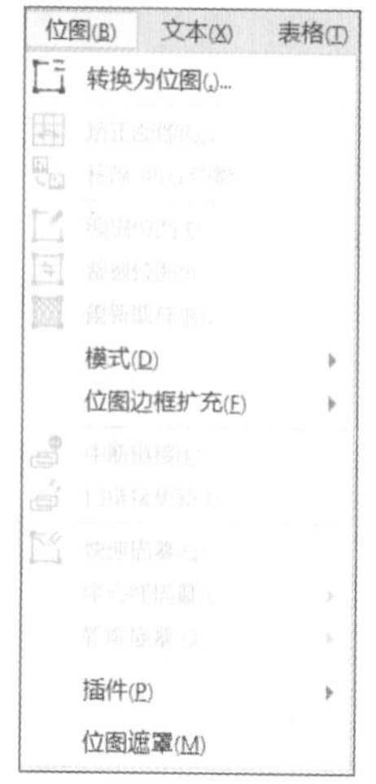

图 2-20 “位图”菜单

2.2.8 “文本”菜单

“文本”菜单提供了常用的文本编辑格式，包括制表位、栏、项目符号和编号、首字下沉、断行规则、文本统计信息、编辑文本、插入格式化代码等，如图2-21所示。

路径文本和文字云

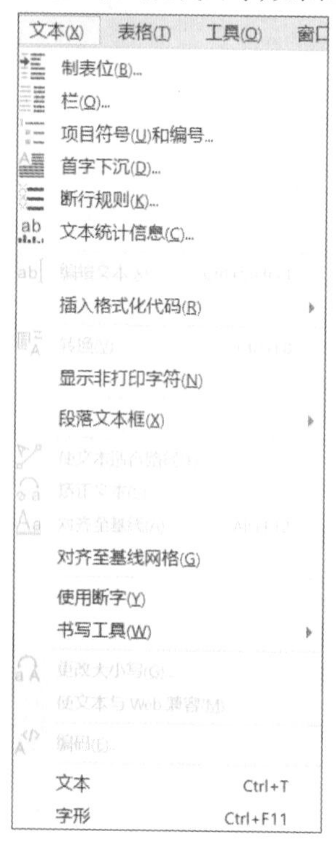

图 2-21 “文本”菜单

【制表位】：打开“制表位设置”对话框，便可以设置制表位的位置，还可以添加制表位。添加之后，即可在项目中看到制表位，该命令通常用来制作目录，如图 2–22 所示。

制表位工具的使用

【栏】：可以设置图文的栏数和宽度，如图 2–23 所示。

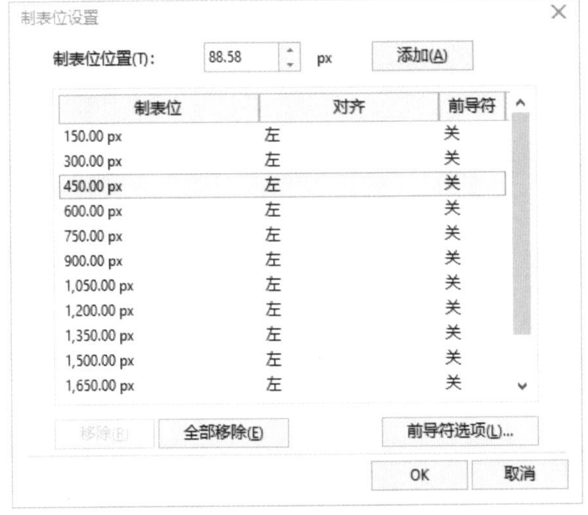

图 2–22　“制表位设置”对话框

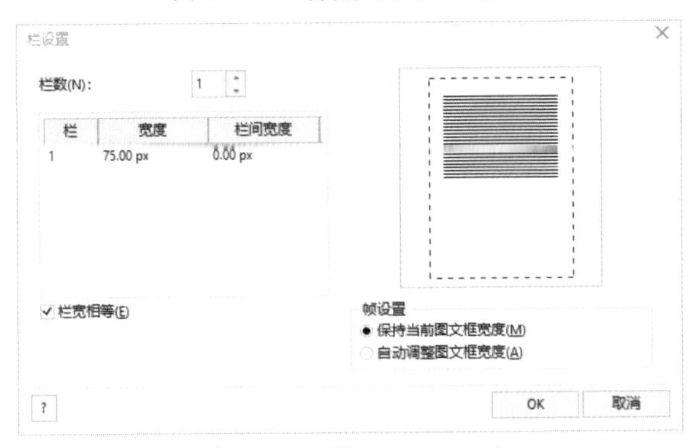

图 2–23　“栏设置”对话框

【项目符号和编号】：可以设置文字的项目符号和编号的类型。

【首字下沉】：可以设置首字下沉的行数，下沉后的空格、缩进。

【断行规则】：可以设置前导字符、下随字符和字符溢值。

【文本统计信息】：用于对文章中的所有文本进行统计，统计的对象包括美术字对象、线条、字、字符、ENU、使用的字体。

【编辑文本】：提供了一个与记事本相似的简易文本编辑器，即使是图形对象，也可以像文本一样进行编辑。

【插入格式化代码】：可以插入不同种类的格式化代码，如图 2–24 所示。

【转换】：可以将文本转换为段落文本，或转换为美术字。

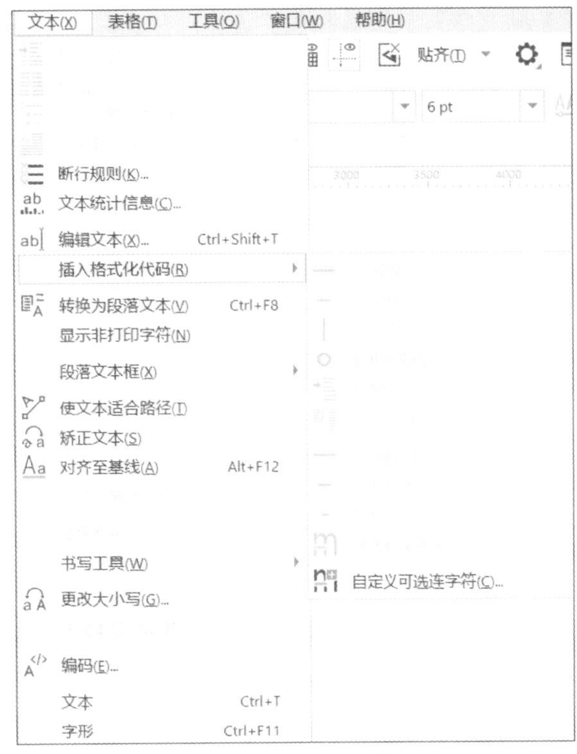

图 2–24　插入格式化代码

【显示非打印字符】：勾选此选项可以显示非打印字符。

【段落文本框】：包括显示文本框、使文本适合框架、插入占位符文本、创建空文本框、链接和断开连接。

【使文本适合路径】：可以使文本沿任一给定的路径进行排列。具体方法是选定文本对象后，单击该项菜单，光标将变成一个指向符，移动该指向符到已经做好的任一路径对象即可。

【矫正文本】：单击矫正文本可对文本进行矫正。

【对齐至基线】和【对齐至基线网格】：可以对文本进行对齐操作。

【使用断字】：将会更改在当前文档中创建的对象的默认对象属性。

【书写工具】：允许用户更正拼写和语法方面的错误，它还可以自动更正错误，并能改进书写样式。

【更改大小写】：无须删除或替换字母就可以更改文本的大小写。

【使文本与 Web 兼容】：顾名思义，单击此选项可使文本与 Web 兼容。

【编码】：可以选择不同种类的编码。

【文本】和【字形】：勾选文本或字形可以在泊坞窗中调出“文本”泊坞窗或“字形”泊坞窗，并进行相关设置，如图 2–25 和图 2–26 所示。

图2-25 “文本”泊坞窗　　图2-26 “字形”泊坞窗

“文本”菜单可以实现精美的图文混排，并提供了HTML与文本格式相互转化的方法，进一步方便了用户设计与制作网页。

2.2.9 “工具”菜单

“工具”菜单提供了包括CorelDRAW常规选项、自定义、工具、全局和工作区等在内的各种变量的选项命令，如图2-27所示。

图2-27 “选项”子菜单

【CorelDRAW】：单击此选项，打开“选项”对话框，可以对CorelDRAW的一些常规选项卡进行设置，如常规、平板电脑模式、显示、编辑、节点和控制柄等选项卡，如图2-28所示。

【自定义】：可以更改外观，更改中心对话框的大小和主题的颜色。菜单栏、状态栏、属性栏和工具箱等均视为命令栏，命令栏可以创建、删除和重命名。在自定义选项中，可以根据自己的需要设置按钮的大小、按钮属性、工具栏属性和菜单栏模式等，以此来自定义应用程序，如图2-29所示。

【工具】：可以对各种工具进行设置，其中包括挑选、橡皮擦、缩放/平移、手绘/贝塞尔曲线、智能绘图、矩形、椭圆形、图纸、螺纹、表格、尺度、角度尺度、连接器和网状填充，如图2-30所示。

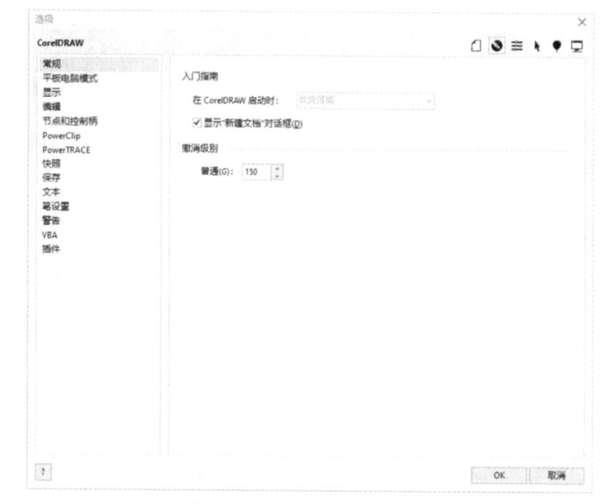

图2-28 CorelDRAW选项

图2-29 “自定义”选项

图2-30 “工具”选项

【全局】：在全局中可以进行常规、打印、文件位置、

文件格式、颜色、用户ID设置，如图2-31所示。

图 2-31　“全局”选项

【工作区】：可以根据自己的实际需要设置不同的工作区，如图2-32所示。

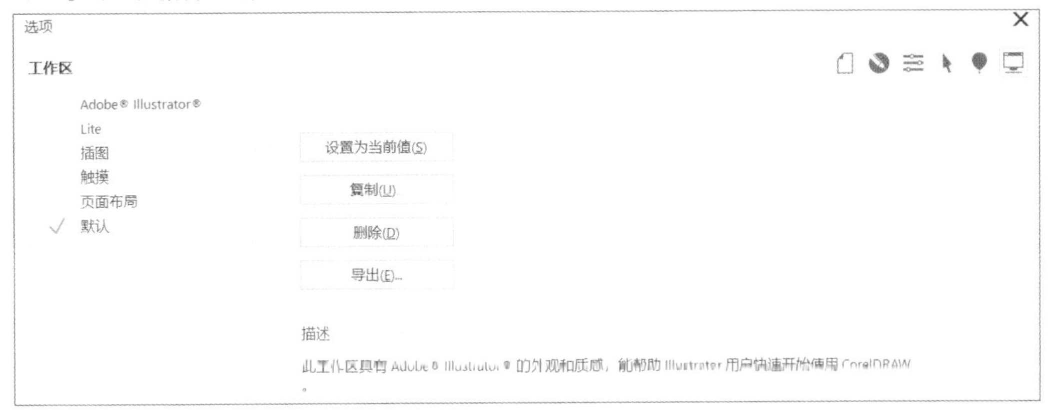

图 2-32　工作区

“工具”菜单除了提供以上选项设置以外，还包括将设置另存为默认值、颜色管理、脚本等。

【将设置另存为默认值】：可以设置新文档的默认值，如图2-33所示。

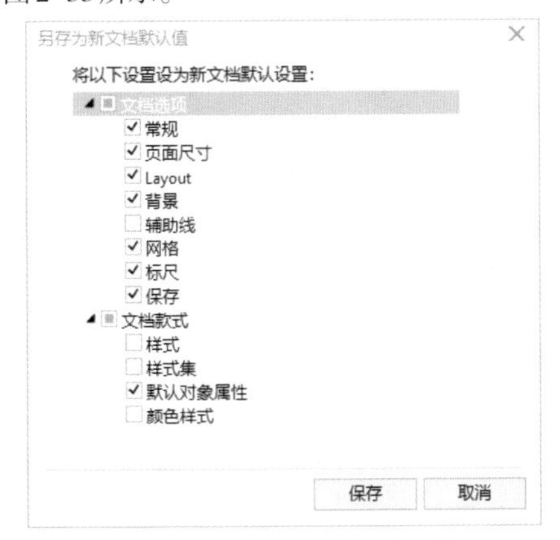

图 2-33　将设置另存为默认值

【颜色管理】：可以对设备(如扫描仪、数码相机、打印机以及监视器)之间的颜色匹配进行管理，可以单击监视器图标、导入/导出图标、内部RGB图标和箭头，选择颜色管理选项和高级设置，如图2-34所示。

【脚本】：可以编辑脚本、运行脚本、记录脚本，如图2-35所示。

图 2-34　颜色管理

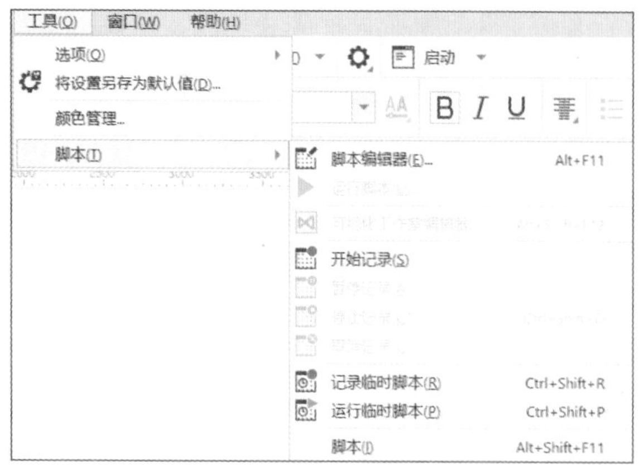

图 2-35 脚本

2.2.10 “窗口”菜单

“窗口”菜单用于对多文档窗口进行控制，如新建、层叠、平铺和关闭窗口，如图2-36所示。其中的“刷新窗口”命令可用于当用户所进行的操作由于某种原因未能产生预期效果时，刷新屏幕以获得真正的显示效果。

“调色板”和“工具栏”选项可以对窗口界面内对应的对象进行显示或隐藏管理。

“泊坞窗”选项用来管理对象属性、变换、对齐与分布、形状、文本、字形、效果、颜色、视图等对象，如图2-37所示。“泊坞窗”是一种与大多数对话框具有类似操作属性的对话框，如命令按钮、选项和列表框等，其示意图如图2-38所示。

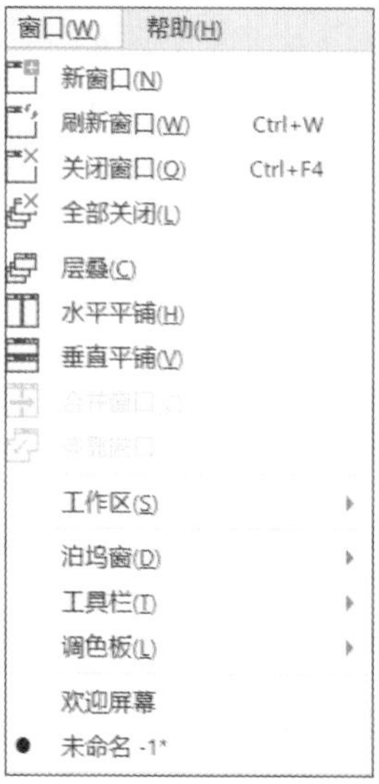

图 2-36 “窗口”菜单

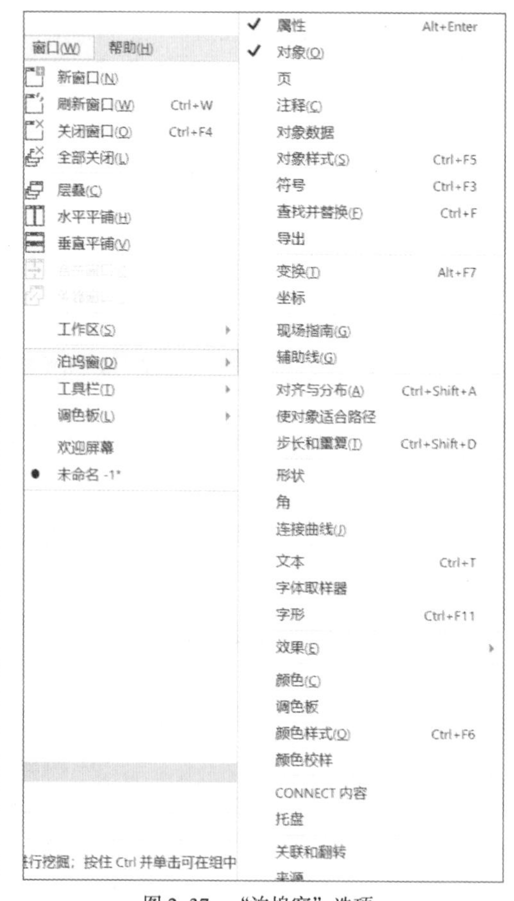

图 2-37 “泊坞窗”选项

图 2-38 泊坞窗

与其他对话框不同的是，在操作文档时可以一直打开泊坞窗以便访问常用的操作，或者试验不同的效果。泊坞窗可以泊于应用程序窗口的边缘，或者可以使其出泊。泊坞窗入泊后，可以将它最小化，这样它就不会占用屏幕空间。

泊坞窗的常用操作有打开、最小化、最大化、出泊、入泊和关闭等，出泊泊坞窗就是将泊坞窗标题栏脱离应用程序窗口边缘，入泊泊坞窗就是将泊坞窗拖动到应用程序窗口内部。

2.2.11 “帮助”菜单

“帮助”菜单联机提供即时的帮助信息，可以通过主题和提示等形式为用户释疑，如图2-39所示。

图 2-39 “帮助”菜单

2.3 绘图工具箱的操作

绘图工具箱如图2-40所示，绘图过程中将大量使用其中的工具。

图 2-40 绘图工具箱

2.3.1 “选择”工具栏

“选择”工具栏在工具箱的最上方，是使用十分频繁的工具之一。用户可以在任何时候通过按空格键在挑选工具与用户正在使用的其他工具之间进行切换。其主要作用是选择和移动对象，同时可调整对象大小。其主要操作与功能是：单击，选择操作对象；单击两次(注意，不是双击)，旋转和扭曲对象；双击(在该工具上双击)，选择页面中的所有对象。用户也可以使用“圈选”的方法，在需要选取的对象周围拖动出一个矩形框线，以选取框线内部的多个对象。

2.3.2 “形状”工具栏

“形状”工具栏主要用于对图形对象的整形操作，如图2-41所示。

【形状】：用于编辑对象的节点和路径，以改变线条、文本、位图、矩形和椭圆的形状，其功能取决于选定对象的类型。

【平滑】：沿着对象边缘进行拖动可以使对象变得平滑。

【涂抹】：在对象上应用涂抹效果。

【转动】：单击对象的边缘，按住鼠标左键转动，直至达到所需大小。要定位转动及调整转动的形状，请在按住鼠标左键的同时进行拖动。

【吸引和排斥】：在选定对象内部或外部靠近边缘处单击，按住鼠标左键以调整边缘形状。若要取得更加显著的效果，请在按住鼠标左键的同时进行拖动。

【弄脏】：在对象上应用涂抹效果。

【粗糙】：在对象上应用粗糙效果，要使选定对象变得粗糙，请指向要变粗糙的轮廓上的区域，然后拖动轮廓使之变形。

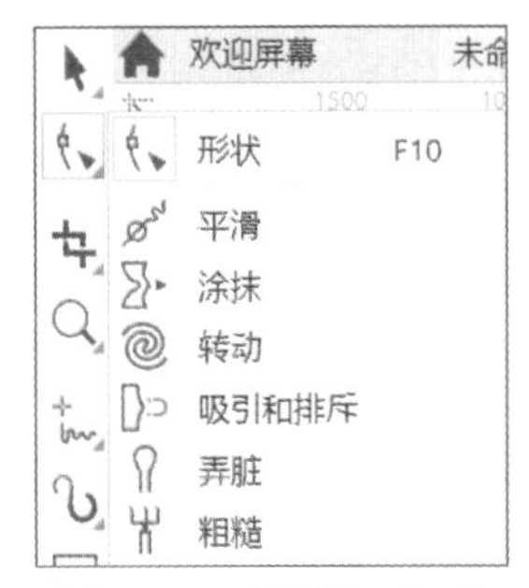

图 2-41 “形状”工具栏

2.3.3 “裁剪”工具栏

“裁剪”工具栏主要用于对图形进行裁剪、切割、擦除和删除，如图2-42所示。

图 2-42 “裁剪”工具栏

【裁剪】：可以对对象进行裁剪。

【刻刀】：允许将一个对象分成若干个独立的对象。例如，当用户将圆形剪切成两块时，就创建了两个独立的饼形对象；用户也可以设置“刻刀”工具，使它可以将对象分为若干子路径而不是独立的对象。

【虚拟段删除】：可以删除操作过程中的虚拟段。

【橡皮擦】：用以擦除图形对象的某一部分或将一个对象分为两个封闭的路径。

2.3.4 “缩放”工具栏

“缩放”工具栏提供了缩小或放大以及移动视图的功能，如图2-43所示。

图 2-43 “缩放”工具栏

【缩放】：可以放大视图以查看细节，或缩小视图以加宽显示。使用“属性”工具栏提供的相关操作可以更方便地进行操作。

【平移】：可以移动“图像编辑区”中的显示内容以改变视点。

2.3.5 “曲线”工具栏

CorelDRAW 在“曲线”工具栏（见图 2-44）中提供了多种绘图工具，通过这些工具可以绘制曲线和直线，以及同时包含曲线和直线的线条。

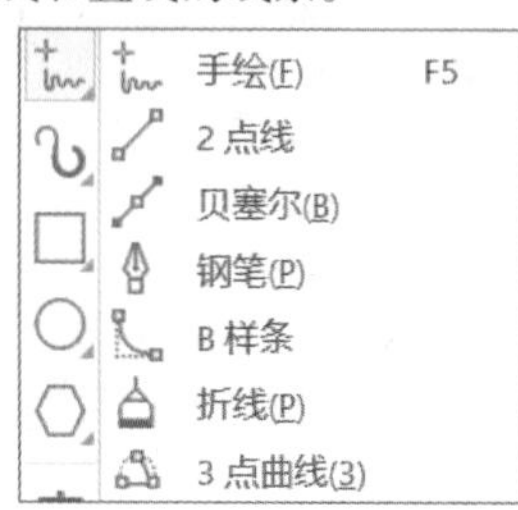

图 2-44 “曲线”工具栏

【手绘】：允许通过单击并拖动的方式手动绘制线条或形状。

(1) 绘制直线时，在起、止点分别单击即可。

(2) 如果按住 Ctrl 键的同时拖动该线条，即可将其限定为水平线或垂直线。

(3) 绘制一系列相连的直线时，方法同上，只需在中间点分别双击。

(4) 绘制既有直线又有手绘线的图形时，一直拖动鼠标，但在绘制直线的起点和终点处需要分别按一下 Tab 键。

(5) 通过属性栏，还可以绘制有固定角度的直线、有方向的线条等。

【2 点线】：通过连接起点和终点来绘制一条直线。操作方法如下：

(1) 选择“2 点线”工具，在页面上单击，会显示一条连接线，这时可以拖动鼠标到指定地方，松开鼠标即完成 2 点线绘制。

(2) 在选项栏里，可以调整线条位置、宽高、缩放比率、旋转角度、镜像效果等，也可以调整线条轮廓大小和样式属性。

【贝塞尔】：用来绘制贝塞尔线，贝塞尔线是由节点连接而成的线段组成的直线或曲线。其特点如下：

(1) 每个节点都有控制手柄，允许用户修改线条的形状。

(2) 贝塞尔工具允许以连点成线的方式绘制图形中的曲线。

(3) 用户可以为要绘制的直线或曲线指定起点和终点，“贝塞尔”工具将自动连接这些点并形成线。

(4) 在节点处按住鼠标并拖动将出现另外两个控制点，控制点与节点之间的距离决定了直线的高度，控制点与节点所形成的角度决定了直线的斜率，用户可以随意改变直线的形状。

【钢笔】：单击并拖动可以创建曲线，单击第一个节点可封闭曲线，配合 Ctrl、Shift 与 Alt 键可打开附加选项（加、减节点，平滑曲线等），可以精确地绘制线条。操作方法如下：

(1) 要绘制曲线段，请在要放置第一个节点的位置单击，然后将控制手柄拖动到要放置下一个节点的位置。松开鼠标左键，然后拖动控制手柄以创建所需的曲线。

(2) 要绘制直线段，请在要开始该线段的位置单击，然后在要结束该线段的位置单击。要完成线条，请双击。

(3) 要添加节点，请指向要添加节点的位置，然后单击。

(4) 要删除一个节点，请指向该节点，然后单击。

(5) 要绘制平行线段，请在开始绘图之前单击属性栏上的平行绘图按钮。

【B 样条】：通过设置构成曲线段形状的控制点来绘制曲线，无须将其分割成多个线段。

【折线】：可以绘制直线段、曲线段、平行直线段或曲线段。

(1) 要绘制直线段，请在要开始该线段的位置单击，然后在要结束该线段的位置单击。

(2) 要绘制曲线段，请在要开始该线段的位置单击，然后在绘图页面中进行拖动。

(3) 要绘制平行直线段或曲线段，请在开始绘图之前单击属性栏上的平行绘图按钮。

(4) 双击可以结束线条绘制。

【3 点曲线】：可以绘制出各种样式的弧线，包括近似圆弧的曲线。

2.3.6 “艺术笔”工具栏

“艺术笔”工具栏中包括艺术笔、LiveSketch 和智能绘图选项，如图 2-45 所示。

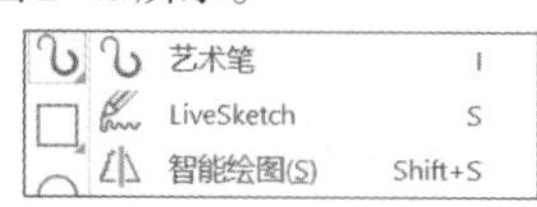

图 2-45 “艺术笔”工具栏

【艺术笔】：选择艺术笔选项下的预设笔刷、画笔笔刷、喷涂笔刷、书法笔刷或压感笔刷等选项，可以绘制丰富的曲线和艺术图案。

- 【预设笔刷】：可以应用多种预设的画笔笔触，包括带箭头的笔触、填满了色谱图样的笔触等。在绘制预设的画笔笔触时，可以指定该笔触的某些属性。例如，可以更改画笔笔触的宽度，并指定其平滑度；还可以使用一个对象或一组矢量对象创建自定义画笔笔触。在创建自定义画笔笔触时，可以将其保存为预设。
- 【画笔笔刷】：提供了方向类、球类、刷子类等几十种填满了色谱图样的笔触。
- 【喷涂笔刷】：可以在线条上喷涂一系列对象，除图形和文本对象外，还可以导入位图和符号来沿线条喷涂。
- 【书法笔刷】：可以模拟书法笔的效果。书法线条的宽度会随着线条的方向和笔尖的角度而改变。在默认情况下，书法线条的形状就像用铅笔绘制的闭合线。通过调整所绘线条与书法角度之间的角度，就可以控制书法线条的粗细。
- 【压感笔刷】：创建粗细变化的压感线条。可以使用鼠标或压感笔和图形输入板来创建这种效果，这两种方法绘制的线条都带曲边，而且线条宽度都沿路径发生变化。使用鼠标时可以用上、下方向键改变笔的压力，压力越大，笔径就越宽。

【LiveSketch】：快捷键是S键，通过调整智能笔触可以自然流畅地绘制草图。

【智能绘图】：可以自动识别手绘的一些形状，进而得到一些特定的形状。

2.3.7 "矩形"工具栏

"矩形"工具栏提供了绘制矩形的工具，包括"矩形"工具和"3点矩形"工具，如图2-46所示。

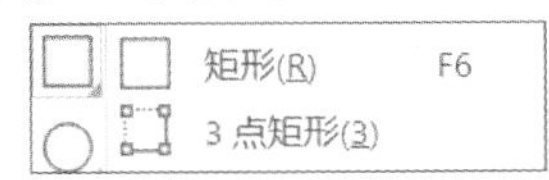

图 2-46　"矩形"工具栏

【矩形】：用于绘制矩形(若同时按住Shift键，将从矩形的中心位置开始绘制)、正方形(同时按住Ctrl键)或圆角矩形(拖动"属性"工具栏上的矩形圆角程度滑块)；双击该工具将创建一个页面图文框，可为文档添加背景。

【3点矩形】：通过拖放创建矩形的基线和单击定义矩形的高度来绘制矩形。

2.3.8 "椭圆"工具栏

"椭圆"工具栏提供了"椭圆形"工具和"3点椭圆形"工具，如图2-47所示。

图 2-47　"椭圆"工具栏

【椭圆形】：绘制椭圆(若同时按住Shift键，将从椭圆的中心位置开始绘制)、圆(同时按住Ctrl键)及其变形，如饼形、弧形等(通过使用"属性"工具栏或双击该工具进行属性设置)。

【3点椭圆形】：通过拖放创建椭圆的基线和单击定义椭圆的宽度和高度来绘制椭圆。

2.3.9 "多边形"工具栏

"多边形"工具栏提供了多边形、星形、螺纹、常见的形状、冲击效果工具和图纸等工具，如图2-48所示。

图 2-48　"多边形"工具栏

【多边形】：在要放置多边形的位置进行拖动可以绘制多边形。若同时按住Ctrl键，将绘制正多边形。要调整选定多边形的边数或点数，请在"属性"工具栏上的多边形、星形和复杂星形上的点数或边数框中输入值。如果要更改多边形形状，请单击"形状"工具。

【星形】：如果要绘制完美星形，可以在要放置完美星形的位置进行拖动。如果要绘制等边完美星形，在拖动时按住Ctrl键。同样地，可以在"属性"工具栏中设置点数、边数、锐度、形状等。

【螺纹】：在"绘图"窗口中要放置螺纹的位置进行拖动可以绘制螺纹。绘制对称式(每圈螺纹的间距固定不变)或对数式(每圈螺纹的间距由内向外渐增)螺旋形。

【常见的形状】：可以绘制一些常见的形状。如果需要绘制基本形状，则单击"常见的形状"工具，从"属性"工具栏上的常用形状挑选器中选择一个形状，然后在"绘图"窗口中拖动，直到形状达到所需大小。

【冲击效果工具】：可以添加冲击的效果。

【图纸】：绘制指定行数和列数的矩形组。若同时按住Ctrl键，将绘制方形图纸。

2.3.10 "文本"工具栏

"文本"工具栏提供了"文本"工具和"表格"工具，如图2-49所示。

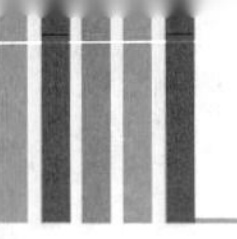

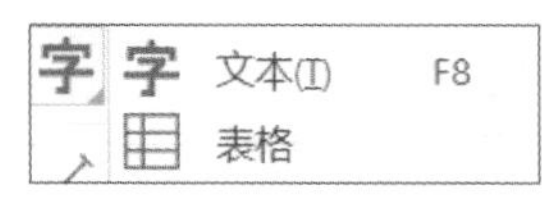

图 2–49 "文本"工具栏

【文本】：在右侧的泊坞窗中可以进行相关的文本设置。该工具通过文本属性，可以直接在屏幕上以"艺术字文本"和"段落文本"的格式编辑多语种文本。

(1) 选择"文本"工具，在页面上单击可以添加"艺术字文本"，单击并拖动可以在形成的文本框中添加"段落文本"。

(2) 以"艺术字文本"格式输入文本时，可以使文本嵌合路径并应用所有的特殊效果，通常用以创建标题或简短的文字说明。

(3) 以"段落文本"格式输入文本时，则可以创建像小册子和报纸这样的文本密集型项目。

(4) 利用"段落文本"的格式编排特性可以使文本在栏之间流动、创建加项目符号的列表以及设置制表位和缩进，还可以选择链接段落文本块以及在其他对象的外部和内部环绕文本等操作。

【表格】：直接在文档上拖动可获得表格，表格的各项参数可以在属性栏进行相关设置。

2.3.11 "平行度量"工具栏

"平行度量"工具栏中包括平行度量、水平或垂直度量、角度尺度、线段度量和2边标注工具，如图2–50所示。

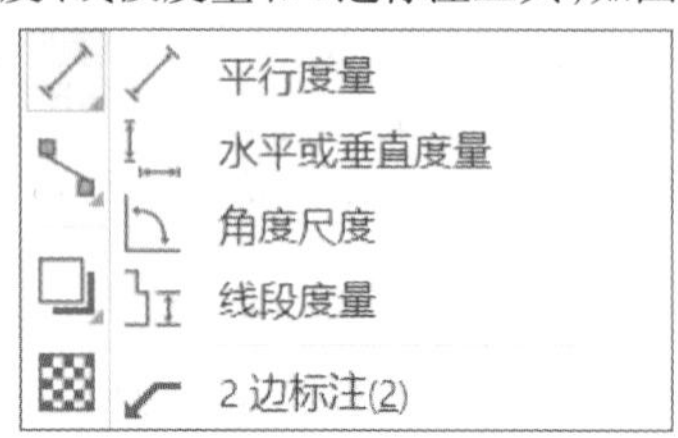

图 2–50 "平行度量"工具栏

【平行度量】：具体操作是要绘制一条平行尺度线，单击确定尺度线的起点，然后拖动至尺度线的终点，松开鼠标，然后沿水平或垂直方向移动指针来确定尺度线的位置，在要放置尺寸文本的位置单击。

【水平或垂直度量】：可以绘制一条水平或垂直尺度线。

【角度尺度】：可以精准地绘制特定的角度。

【线段度量】：如果要绘制一条线段尺度线，单击要测量的线段上的任意位置，将指针移动至要放置尺度线的位置，在要放置尺度文本的位置单击。

【2边标注】："2边标注"工具可以帮助我们快速在页面上标注一些注意事项和色样、色号等信息，该工具是使用两段导航线绘制标注的工具。

2.3.12 "连接器"工具栏

"连接器"工具栏包括连接器和锚点编辑，如图2–51所示。

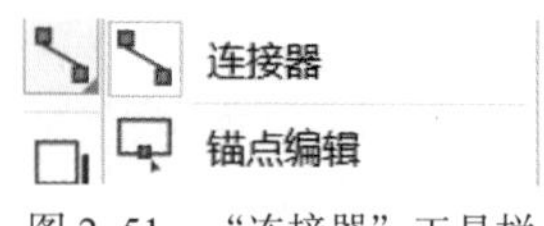

图 2–51 "连接器"工具栏

【连接器】：可以连接不同的对象。如果要绘制直线连线，请从第一个对象上的锚点拖动至第二个对象上的锚点。如果要更改连线的位置，请使用"形状"工具选定连线，然后将节点拖动至新的位置。

【锚点编辑】：可以在对象上增加、移动和删除锚点。

2.3.13 "阴影"工具栏

"阴影"工具栏包括阴影、轮廓图、混合、变形、封套、立体化和块阴影，如图2–52所示。

图 2–52 "阴影"工具栏

【阴影】：阴影是模拟光源从平面、平面右、平面左、平面下和平面上这五种特定透视点照射在对象上的效果。使用"阴影"工具可以在二维绘图中创建纵深感效果。使用"属性"工具栏或"绘图"窗口中的控件可以调整阴影的属性，如羽化、不透明度、边缘样式和颜色等。

【轮廓图】：可以创建一系列向内、向外辐射的同心形状。

【混合】：混合就是通过形状和颜色的渐变使一个对象变换成另一个对象。通过单击和拖动可以调和两个对象。

【变形】：将"推拉"变形、"拉链"变形或"旋风"变形应用于选定对象。在应用了基本的变形效果之后，用户可以使用"属性"工具栏或"绘图"窗口中的控件来改善效果。

【封套】：封套就是可以放置在对象周围以改变对象形状的闭合形状。封套由节点相连的线段组成。一旦在对象周围放置了封套，就可以通过移动各节点来改变对象的形状。封套工具允许通过拖动放置在对象上面的封套节点来使对象变形。

【立体化】：允许创建纵深感效果，以使对象具有三维外观。通过选择立体图的方向和深度、灭点的位置以及立体图的颜色可以改变立体图的属性。

【块阴影】：与阴影不同，块阴影由简单的线条构成，因此是屏幕打印和标牌制作的理想之选。如果要添加块阴影，请单击对象，并朝所需方向拖动，直到块阴影达到所需大小。

2.3.14 “透明度”工具栏

“透明度”工具栏用于设置对象填充色的透明度。实际是将灰阶遮罩应用于对象的当前填充，因此，一旦应用了透明度，为透明对象指定的所有颜色都会失效。如果要将透明度应用于对象，请使用“透明度”工具选择该对象，然后在对象周围拖动。

2.3.15 “颜色滴管”工具栏

“颜色滴管”工具栏包括颜色滴管和属性滴管，如图2-53所示。

【颜色滴管】：可以从“颜色”泊坞窗中选取颜色和从图像的任意位置选取颜色。

【属性滴管】：可以对对象的属性进行取样。

图 2-53 “颜色滴管”工具栏

2.3.16 “填充”工具栏

“填充”工具栏包括交互式填充、智能填充和网状填充，如图2-54所示。

【交互式填充】：可以从“颜色”泊坞窗中选取颜色和从图像的任意位置选取颜色进行填充。

【智能填充】：可以在一个封闭的区域内单击进行填充。

【网状填充】：可以在一个网格的区域内单击进行填充，并且拖动网格的节点也可使填充的颜色进行扩散。

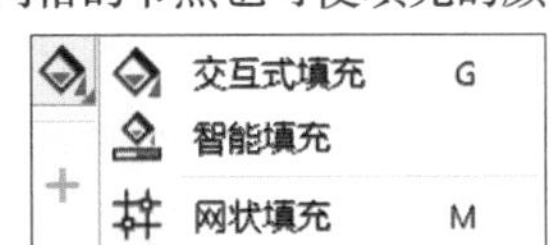

图 2-54 “填充”工具栏

2.3.17 “轮廓”工具栏

“轮廓”工具栏用来向对象添加轮廓和设置轮廓属性，该工具栏包括轮廓笔、轮廓颜色、无轮廓、细线轮廓和颜色等，如图2-55所示。

【轮廓笔】：调整轮廓画笔的颜色、宽度及其样式。

【轮廓颜色】：选择、校正轮廓颜色。

【无轮廓】：从当前对象中删除轮廓。

【细线轮廓】：调整细线轮廓画笔的颜色、宽度及其样式。

【颜色】：开启或关闭“颜色”泊坞窗。

图 2-55 轮廓工具栏

2.4 工作区的定制

CorelDRAW提供了丰富的图形绘制和处理功能，这些功能是通过窗口中的各个菜单、工具栏和泊坞窗等来实现的。在使用CorelDRAW进行图形绘制前应该掌握这些工具的位置、属性的常用操作方法，以及根据自己作图的要求，定制自己的工作区。用户可以把定制好的工作区配置保存下来，应用到其他计算机的CorelDRAW工作区中。

2.4.1 工作区的定制

1. 创建新的工作区

在开始使用CorelDRAW前，要根据自己工作的内容和要求创建一个新的工作区，操作步骤如下：

执行“工具/选项”命令，系统将出现如图2-56所示的子菜单。可以选择CorelDRAW进行常规设置，也可以自定义外观、命令、调色板，以及设置自己的工具、全局和工作区。选择“工作区”命令，系统将出现如图2-57所示的对话框。

图 2-56 “选项”命令子菜单

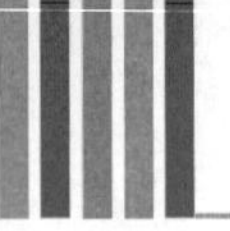

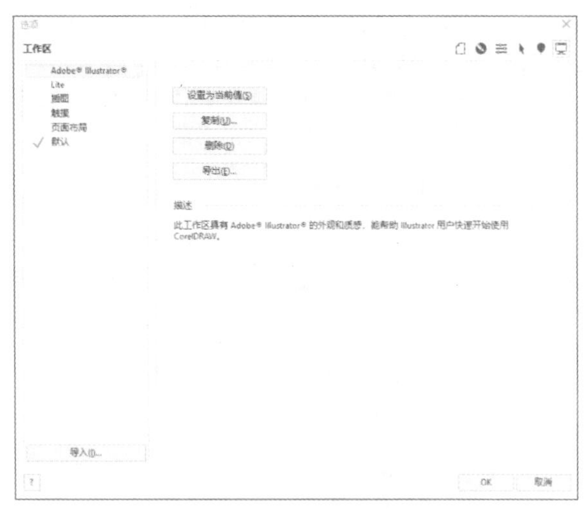

图 2-57 “选项”对话框

在“选项”对话框中可以看到6个可选项，分别是Adobe Illustrator、Lite、插图、触摸、页面布局、默认，“默认”是CorelDRAW默认的工作区。如果选择前几项，可以看到不同的工作区界面。图2-58所示是选择“触摸”后显示的工作区。

2. 导入和导出工作区

利用导出功能，用户可以把定义好的工作区保存起来，并在另一台计算机中利用导入功能导入工作区，这样在两台机器上就有了相同的工作区，方便了用户的使用。

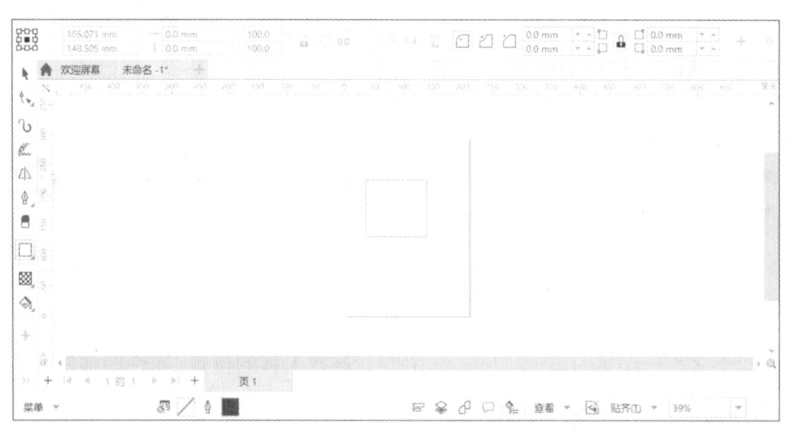

图 2-58 “触摸”选项下的工作区

2.4.2 外观的定制

执行“工具/选项/自定义”命令，打开“选项”对话框，单击“外观”选项，打开“外观”选项卡，如图2-59所示。

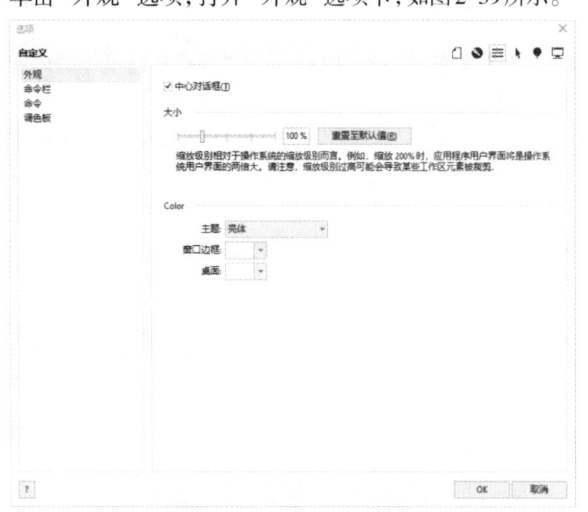

图 2-59 “外观”选项卡

在“外观”选项卡中，可以自由设置CorelDRAW显示的大小、颜色。

2.4.3 命令栏的定制

CorelDRAW提供了命令菜单的定制功能。如果用户需要定制菜单或快捷工具按钮，可以执行“工具/选项/自定义”命令，打开“选项”对话框，在“自定义”栏中打开“命令栏”选项卡，如图2-60所示。

选中相应命令即可完成添加菜单、按钮操作，如果用户需要删除某个菜单按钮，取消选中即可。单击下方的“新建”按钮可以新建一个命令栏。在此处还可以设置全局按钮大小、按钮属性和工具栏属性，可以改变按钮的大小及样式。

图 2-60　“命令栏”选项卡

2.4.4　命令菜单和快捷键的定制

CorelDRAW 提供了命令菜单和快捷键的定制功能。如果用户需要定制菜单或快捷工具按钮，可以执行“工具/选项/自定义”命令，打开“选项”对话框，在“自定义”栏中打开“命令”选项卡，如图 2-61 所示。

图 2-61　“命令”选项卡

在“命令”下拉列表框中可以看到所有的菜单命令选项，如果找不到命令，可以在搜索框中输入命令名称并单击“搜索”按钮 进行查找。

将命令选中，在右侧的“常规”选项卡下可以自定义命令的标题、图标和工具提示，在“快捷键”选项卡下可以自定义命令的快捷键，如图 2-62 所示。

在“新建快捷键”文本框中可以输入用户自定义的快捷键。单击“查看全部”按钮会弹出所有的快捷键列表，用户可以打印此表。设计人员掌握基本的快捷键设置方法可以大大提高工作效率，节省大量的时间和精力。

图 2-62　“快捷键”选项卡

2.4.5　调色板的定制

色彩的选择和应用是设计工作中非常重要的一个方面。在 CorelDRAW 中，调色板的设置非常灵活，通过设置可以实现调色板的隐藏、移动、显示及调整其显示位置。

要对调色板颜色框进行定制首先需要执行“工具/选项/自定义”命令，打开“选项”对话框，对“调色板”选项卡下的参数进行设置，如图 2-63 所示。

图 2-63　“调色板”选项卡

在 CorelDRAW 中，用鼠标左键按住一个颜色块 3 秒左右，在颜色框中的位置上会出现与这一颜色相近的一组颜色。

2.5　辅助线的设定

精确的图形设计离不开辅助线，在 CorelDRAW 中，辅助线的方向可以调整成垂直、水平或倾斜，用以协助对齐所绘制的对象，辅助线可通过设置放在“绘图”窗口中的任一位置。辅助线不能被打印出来，但是可以伴随图片一起保存。

用户可以使对象和辅助线对齐，当对象靠近辅助线时，对象只能位于辅助线的中间，或者和辅助线的任何一端对齐。

执行“查看/辅助线”命令。“辅助线”命令前出现复选标记说明辅助线已经显示，否则说明“辅助线”已经隐藏。同样地，可以设置显示或隐藏“对齐辅助线”和“动态辅助线”。

2.6 综合案例一：制作邮票

1. 制作思路

本案例通过对利用辅助线绘制的矩形进行修改、设计以形成邮票图案。首先建立矩形，然后制作边框，最后设计邮票图案，形成完整的邮票图形。

2. 使用的工具

“辅助线”工具、“造形”工具、“矩形”工具、“椭圆形”工具、“选择”工具、“文本”工具等。

3. 制作步骤

(1) 打开CorelDRAW，新建一个文档，横向摆放。

(2) 从左边和上边的标尺栏中设置四条辅助线，如图2-64所示。

(3) 单击“矩形”工具，使用“矩形”工具沿着制作好的辅助线在页面中绘制一个矩形，如图2-65所示。

图 2-64　设置四条辅助线

图 2-65　绘制矩形

(4) 隐藏辅助线，单击“椭圆形”工具，按快捷键Ctrl+Shift的同时，按住鼠标左键并拖动，在矩形左上角上绘制一个小正圆，如图2-66所示。

(5) 单击选中小正圆，并移动小正圆，同时按下鼠标右键，复制小正圆，然后按快捷键Ctrl+D重复“再制”小正圆，使它们分别分布在矩形的边框上，如图2-67所示。

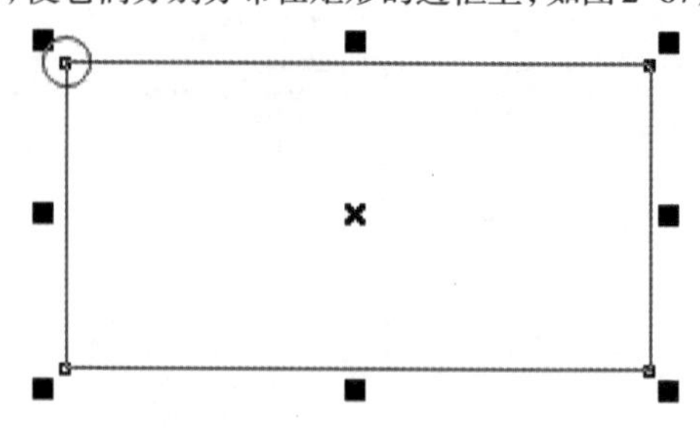

图 2-66　绘制小正圆

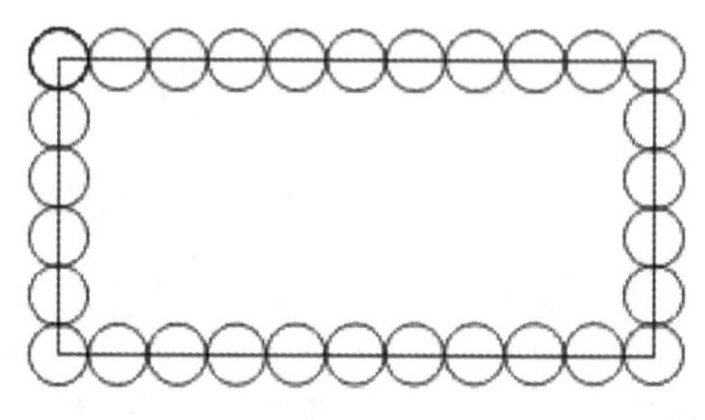

图 2-67　再制小正圆

(6) 使用“选择”工具，全选页面上的图形，按住Shift键的同时，单击矩形，将矩形去掉不选，将所有的正圆全选上。

(7) 单击“属性”工具栏上的“合并”按钮，将选中的所有正圆合并。

(8) 全部选中矩形和正圆形，单击“属性”工具栏上的“修剪”按钮。

(9) 执行修剪命令后，选中正圆形，删除圆形，得到修剪后的效果，如图2-68所示。

图 2-68　修剪后的效果

(10) 执行“文件/导入”命令，在打开的“导入”对话框中，选择一幅图片，单击“导入”按钮，将图片导入到页面中，并调整图片的大小和位置，如图2-69所示。

(11) 单击工具箱的“文本”工具按钮，在图中输入CHINA，在“属性”工具栏中调整字体和字号，用类似的方法在图中输入“中国邮政”和“80分”，如图2-70所示。

(12) 把制作好的图案存盘，这样邮票的图案设计就完成了。

图 2-69　导入图片

图 2-70　设置文字

2.7 综合案例二：制作心形壁画

制作的心形壁画的最终效果如图 2-71 所示。

图 2-71　心形壁画的最终效果

1. 制作思路

(1) 绘制一幅作为“内容”的心形图形。

(2) 利用“矩形”工具制作作为“容器”的衬布，并且填充蓝底小花。

(3) 通过图像精确裁剪形成最终的心形壁画效果。

2. 制作步骤

步骤 1：绘制心形图形。

(1) 在 CorelDRAW 中新建一个文件，选择“常见的形状”工具，在“属性”工具栏中单击“常用形状”按钮，在如图 2-72 所示的下拉菜单中选择心形。

(2) 在页面中绘制一个如图 2-73 所示的心形，单击调色板中的红色色标，填充心形颜色为红色，右击黄色色标填充轮廓色为黄色。

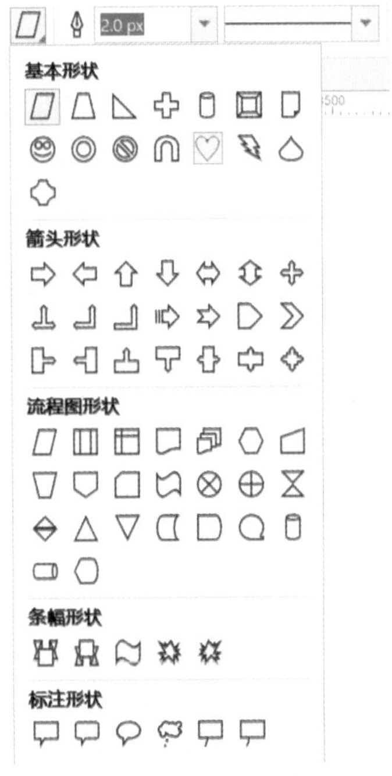

图 2-72　选择心形

图 2-73　给心形填充颜色

步骤 2：制作衬布。

(1) 在工具栏中选择“矩形”工具绘制一个矩形，如图 2-74 所示。

(2) 在工具栏中选择“艺术笔”工具，然后在“属性”工具栏中单击“喷灌”按钮，在其喷涂文件列表下选择蓝色小花图案填充矩形，效果如图 2-75 所示。

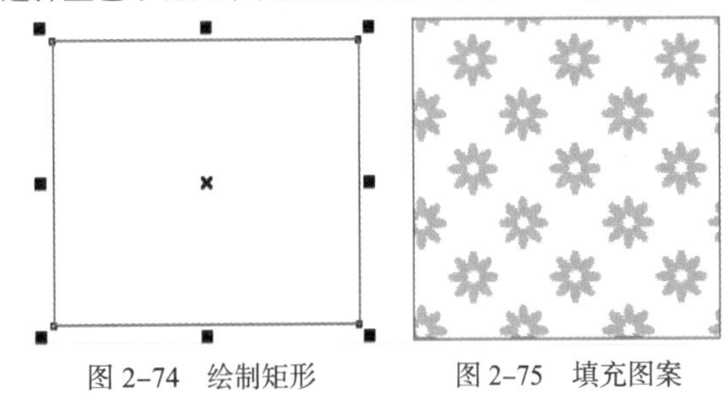

图 2-74　绘制矩形　　图 2-75　填充图案

步骤3：图框精确裁剪。

(1)选中图片，执行“对象/PowerClip/置于图文框内部”命令，当光标变成一个黑色的箭头时，单击心形，如图2-76所示。

(a) (b)

图2-76 进行“图框精确裁剪”

(2)执行“效果/图框精确裁剪/编辑内容”命令，可对图形进行调整，如图2-77所示。

图2-77 编辑内容调整图形

温馨提示：

进入图框空间后即可对里面的图形进行任意编辑，包括移动、拉伸等操作。

(3)编辑完成后，执行“效果/图框精确裁剪/完成编辑这一级”命令，即可退出编辑状态，最终效果如图2-71所示。

2.8 本章小结

在不同对象或不同功能方式下，鼠标的操作结果是不同的，CorelDRAW的基本操作有对准、单击、双击、右击、拖动、拉伸、移动和旋转等。

CorelDRAW对不同的操作提供了多种支持功能，如菜单、快捷按钮和快捷键，有的还提供了多种方式的结合，极大地方便了用户的操作。

CorelDRAW提供了丰富的图形绘制和处理功能，这些功能是通过窗口中的各个菜单、工具栏和泊坞窗等实现的。

精确的图形设计离不开辅助线，在CorelDRAW中，辅助线可以调节成垂直、水平或倾斜方向，用以协助对齐所绘制的对象。

2.9 习题二

1. 填空题

(1)在不同对象或不同功能方式下，鼠标的操作结果是不同的，CorelDRAW的基本操作有________、________、________、________、________、________、________和________等。

(2)用单一轮廓将两个对象组合成单一曲线对象要用到________。

(3)绘制弧形可用________工具。

(4)CorelDRAW附带的模板分为下列类别：________、________、________、________、________。

(5)CorelDRAW在________中提供了多种绘图工具，通过这些工具可以绘制曲线段和直线段，以及同时包含曲线段和直线段的线条。

2. 简答题

(1)什么是再制？它和复制有什么区别？

(2)什么是贝塞尔线？怎样绘制贝塞尔线？

(3)什么是封套？如何使用封套？

(4)什么是翻转？翻转有哪些应用？

3. 操作题

使用辅助线、“椭圆形”工具、“矩形”工具、“封套”工具设计一个如图2-78所示的齿轮图案。

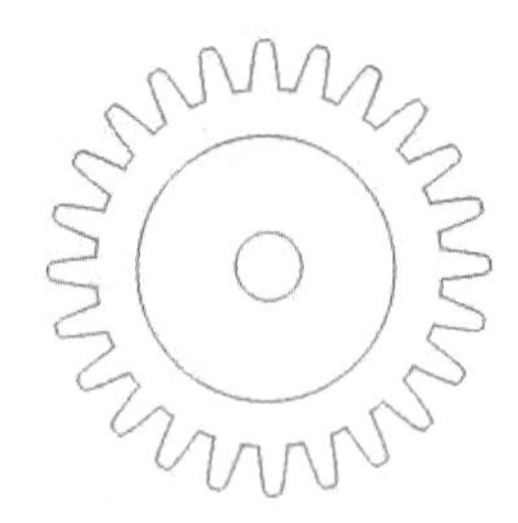

图2-78 齿轮图案

Chapter 03

第3章

CorelDRAW的图形绘制及编辑

教学目标

CorelDRAW中提供了多种绘制图形和曲线的方法。绘制基本图形和曲线是进行图形作品绘制的基础。通过本章的学习，读者可以更好地掌握绘制基本图形和曲线的方法，为以后绘制出更复杂、更美观的作品打下坚实的基础。

重点与难点

- 基本几何图形的绘制
- 线的绘制
- “艺术笔”工具
- “轮廓笔”工具
- “交互式连线”工具
- “度量”工具
- “智能绘图”工具

3.1 基本几何图形的绘制

基本几何图形是在绘图过程中使用的基本元素或对象。对象的创建相对于对象的编辑要简单很多，在CorelDRAW中，对象的创建工作主要由工具箱中的创建工具来完成。

根据对象的不同，CorelDRAW创建几何图形对象的工具主要有两种：用于创建线形的工具和用于创建几何图形的工具。

创建线形的工具有“曲线”工具栏中的各个工具、“多边形”工具栏中的“螺旋形”工具。

创建封闭几何图形的工具有“矩形”工具栏中的“矩形”工具和“3点矩形”工具，“椭圆”工具栏中的“椭圆形”工具和“3点椭圆形”工具，“多边形”工具栏中的“多边形”工具、“星形”工具、“常见的形状”工具、“冲击效果工具”工具、“图纸”工具，“完美形状”工具栏中的基本形状、箭头形状、流程图形状、星形、标注形状等固定形状等。

3.1.1 矩形

1. 绘制矩形

单击工具箱中的“矩形”工具，在绘图页面中按住鼠标左键不放，拖动到需要的位置，松开鼠标左键，即可完成矩形的绘制，如图3-1所示。绘制的矩形的相关属性可以在属性栏中显示，也可以在属性栏直接修改矩形的轮廓、填充、透明度等属性，如图3-2所示。

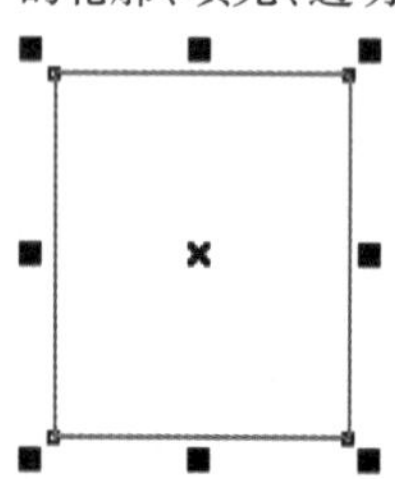

图 3-1 矩形的绘制

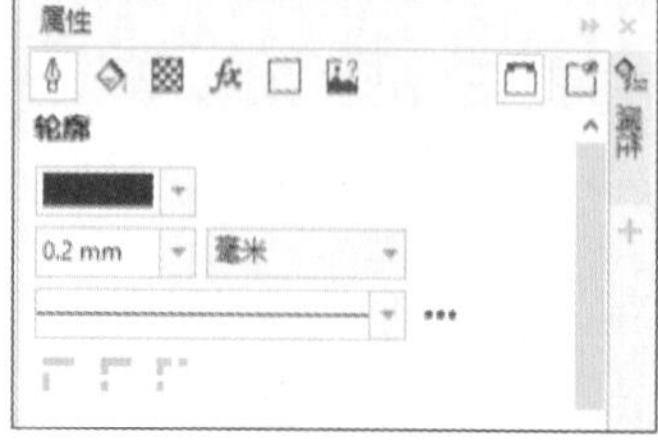

图 3-2 矩形的属性栏

绘制完成后要取消矩形的选取状态，可以用鼠标在空白处单击或按Esc键，效果如图3-3所示。如果要继续选择刚才绘制好的矩形，可以使用“选择”工具在矩形上单击。

图 3-3 矩形的效果

温馨提示：

按F6键可以快速选择“矩形”工具，从而在绘图页面中的适当位置绘制矩形，如图3-4所示。按Ctrl键可以在绘图页面中绘制正方形，如图3-5所示。

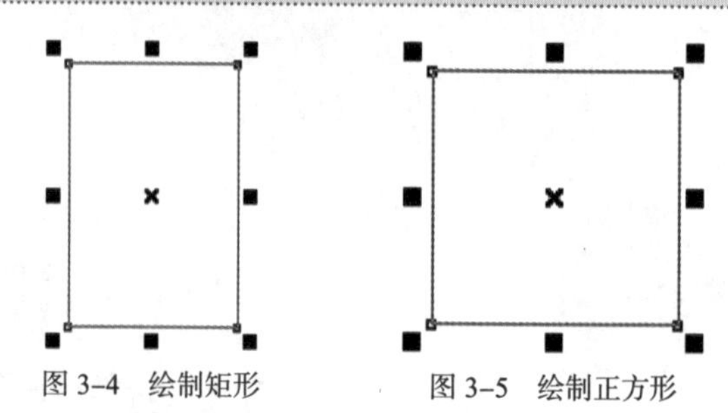

图 3-4 绘制矩形　　图 3-5 绘制正方形

按快捷键Shift +Ctrl可以在绘图页面中以当前点为中心绘制正方形。

双击工具箱中的“矩形”工具，可以绘制出一个与绘图页面大小一致的矩形。

2. 使用“矩形”工具绘制圆角矩形

在绘图页面中绘制一个矩形，如图3-6所示。在绘制矩形的属性栏中，选择圆角形状图标。如果先将4个矩形图案中间的小锁图标选定，则在改变“角圆滑度数值”时，4个角的角圆滑度数值将同时改变。设定“角圆滑度数值”，如图3-7所示。按Enter键，效果如图3-8所示。

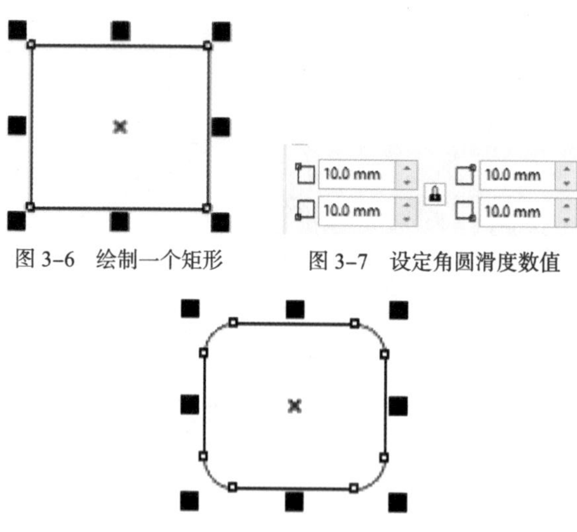

图 3-6 绘制一个矩形　　图 3-7 设定角圆滑度数值

图 3-8 圆角矩形的效果

如果不选定小锁图标，则可以单独改变每一个角的圆滑度数值。在绘制矩形的属性栏中，分别设定“角圆滑度数值”，如图3-9所示。按Enter键，效果如图3-10所示。如果想将圆角矩形还原为原来的直角矩形，可以将“角圆滑度数值”设定为0。

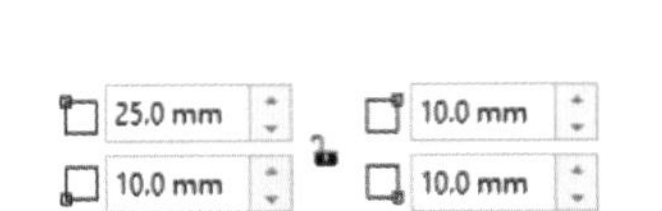

图 3-9　分别设定角圆滑度数值

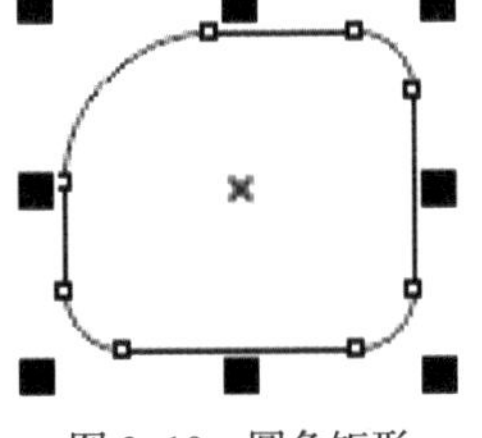

图 3-10　圆角矩形的效果

3. 使用鼠标拖动矩形的节点来绘制圆角矩形

绘制一个矩形，在矩形被选中的情况下，使用“形状”工具选中矩形边角的节点，如图 3-11 所示。

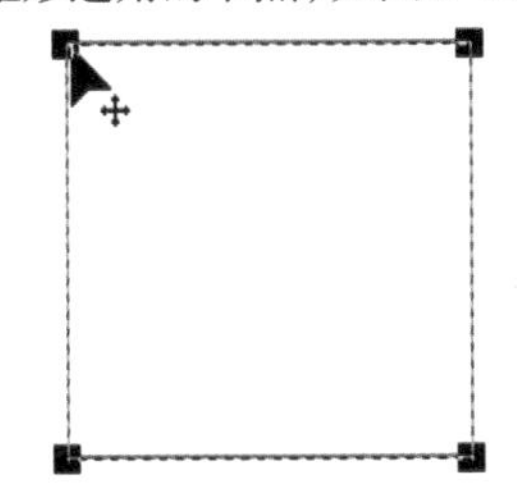

图 3-11　选中矩形边角的节点

按住鼠标左键拖动矩形边角的一点，可以改变矩形边角的圆角程度，如图 3-12 所示。松开鼠标左键，效果如图 3-13 所示。

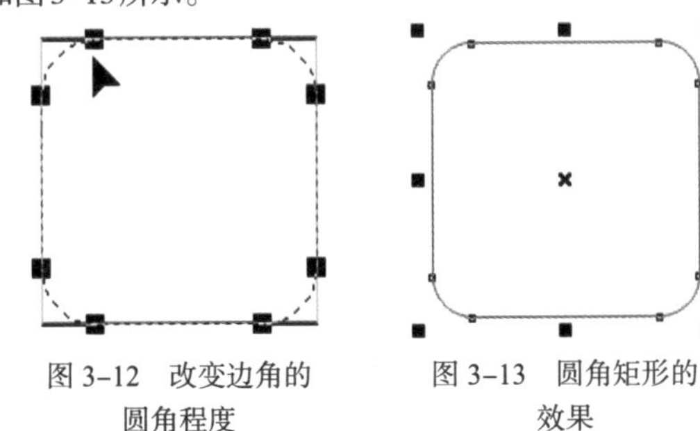

图 3-12　改变边角的圆角程度　　图 3-13　圆角矩形的效果

4. 绘制任何角度的矩形

单击“3 点矩形”工具，在绘图页面中按住鼠标左键不放，拖动到需要的位置，可以拖出一条任意方向的线段，此线段作为矩形的一条边，如图 3-14 所示。

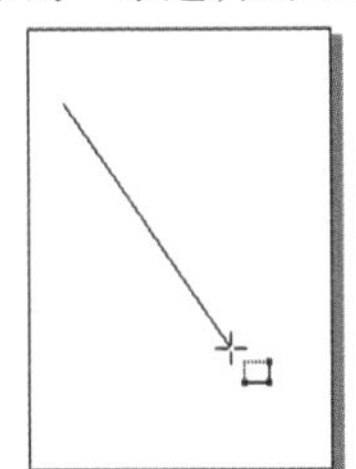

图 3-14　拖出一条任意方向的线段

松开鼠标左键，再拖动到需要的位置，即可确定矩形的另一条边，如图 3-15 所示。单击，这样，一个有角度的矩形就绘制完成了，其效果如图 3-16 所示。

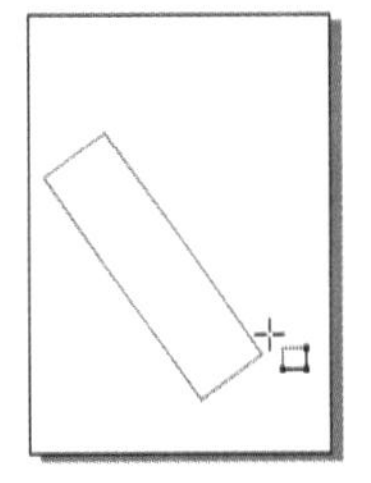

图 3-15　确定矩形的另一条边

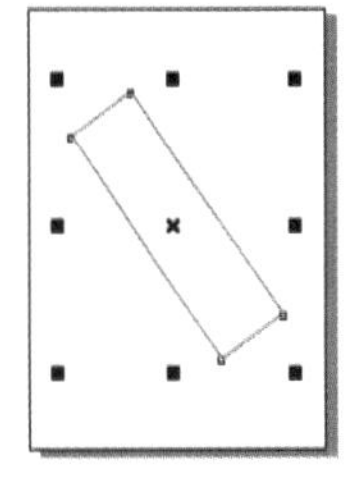

图 3-16　有角度的矩形效果

3.1.2　椭圆形和圆形

1. 绘制椭圆形

单击“椭圆形”工具，在绘图页面中按住鼠标左键不放，拖动光标到需要的位置，松开鼠标左键，椭圆形绘制完成，效果如图 3-17 所示。椭圆形的属性栏如图 3-18 所示。

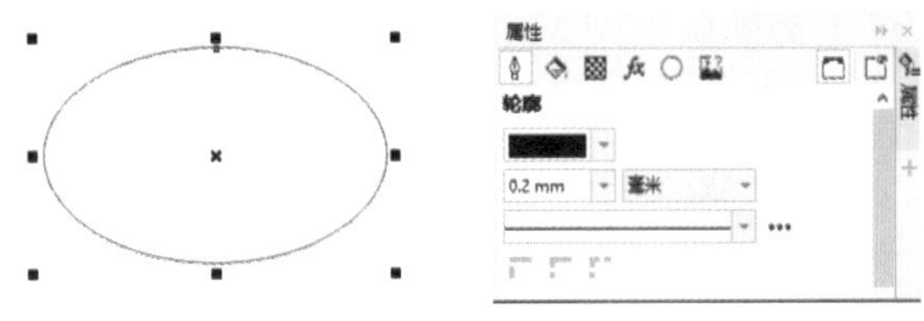

图 3-17　绘制椭圆形　　图 3-18　椭圆形的属性栏

按 F7 键可以快速选择“椭圆形”工具，从而在绘图页面中的适当位置绘制椭圆形。

按 Ctrl 键可以在绘图页面中绘制出一个正圆形，如图 3-19 所示。

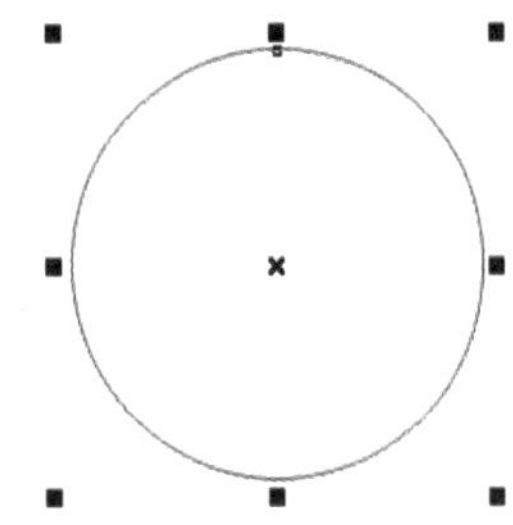

图 3-19　绘制正圆形

按 Shift 键可以在绘图页面中以当前点为中心绘制出一个椭圆形，如图 3-20 所示。

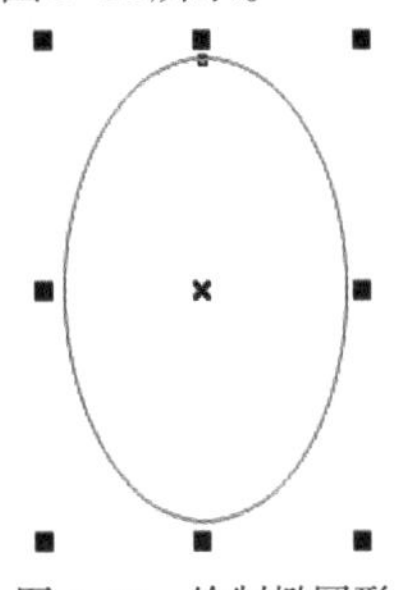

图 3-20　绘制椭圆形

按快捷键Shift +Ctrl可以在绘图页面中以当前点为中心绘制出一个正圆形。

2. 使用“椭圆形”工具绘制饼形和弧形

绘制一个如图3-20所示的椭圆形。单击属性栏中的“饼形”按钮，椭圆形的属性栏如图3-21所示。可以将椭圆形转换为饼形，其效果如图3-22所示。

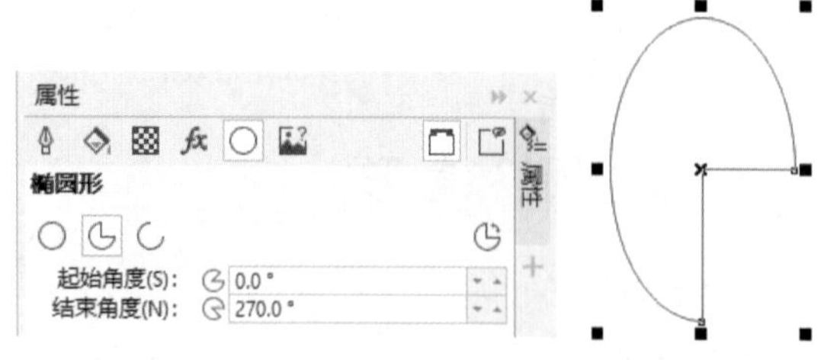

图 3-21　椭圆形的属性栏（1）　图 3-22　饼形效果

单击属性栏中的“弧形”按钮，椭圆形的属性栏如图3-23所示，可以将椭圆形转换为弧形，其效果如图3-24所示。

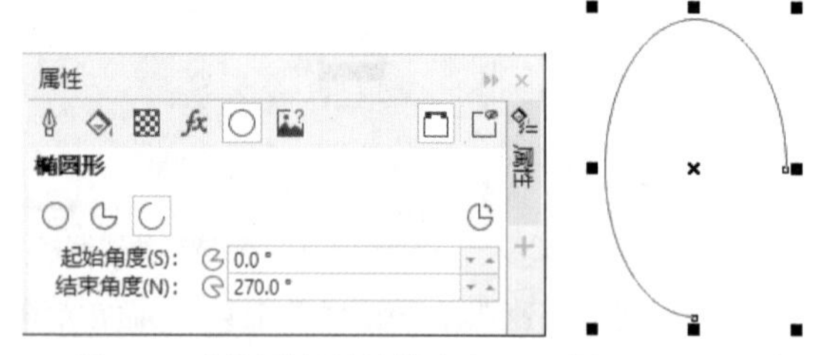

图 3-23　椭圆形的属性栏（2）　图 3-24　弧形效果

在“起始角度和结束角度”框中设置饼形和弧形的起始角度和结束角度，按Enter键，可以得到设置了精确角度的饼形和弧形，其效果如图3-25所示。

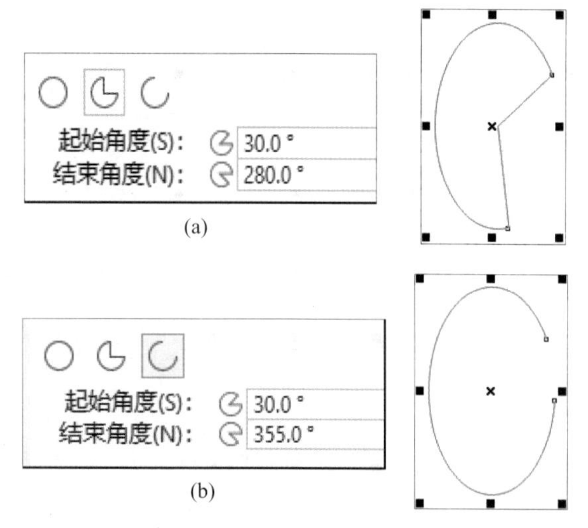

图 3-25　设置了起始角度和结束角度后的图形效果

单击属性栏中的按钮，可以将饼形或弧形进行180° 的镜像，其效果如图3-26和图3-27所示。

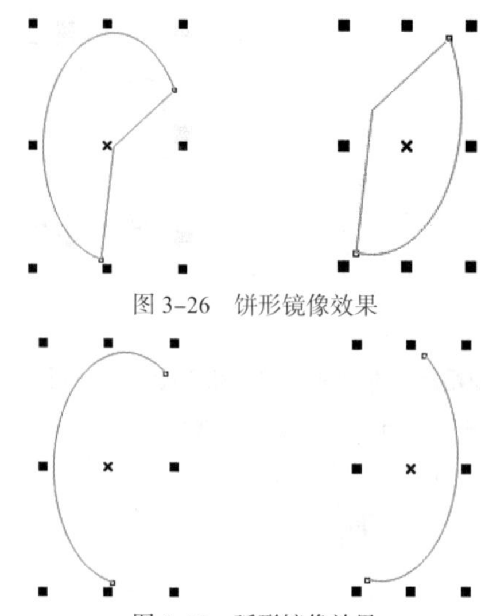

图 3-26　饼形镜像效果

图 3-27　弧形镜像效果

让椭圆形处于选中状态，在椭圆形的属性栏中单击“饼形”或“弧形”按钮，可以使椭圆形在饼形和弧形之间互相转换。

3. 使用鼠标拖动椭圆形的节点来绘制饼形和弧形

单击“椭圆形”工具，绘制一个椭圆形。在椭圆形被选中的情况下，使用“形状”工具，选中椭圆形轮廓线上的节点，如图3-28所示。

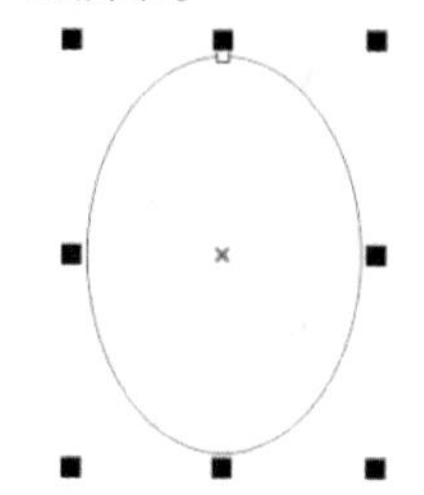

图 3-28　选中轮廓线上的节点

若向椭圆形内拖动轮廓上的节点(见图3-29)，松开鼠标左键后，椭圆形将变成饼形，其效果如图3-30所示。

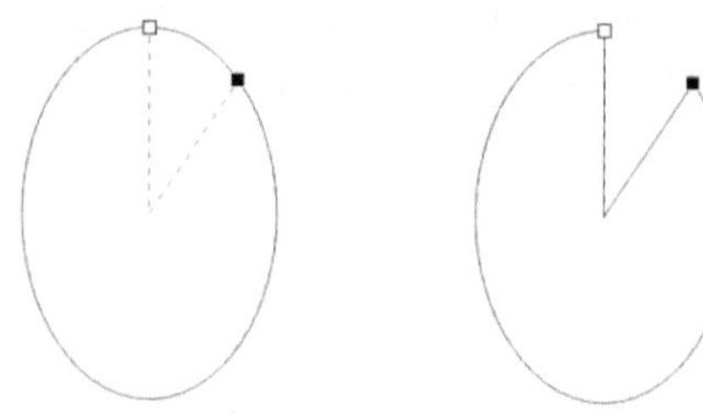

图 3-29　拖动轮廓线上的节点　图 3-30　椭圆形变成饼形

若向椭圆形外拖动轮廓线上的节点(见图3-31)，松开鼠标左键后，椭圆形将变成弧形，如图3-32所示。

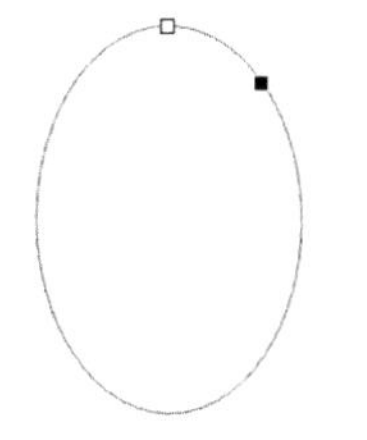

图 3-31　拖动轮廓线上的节点

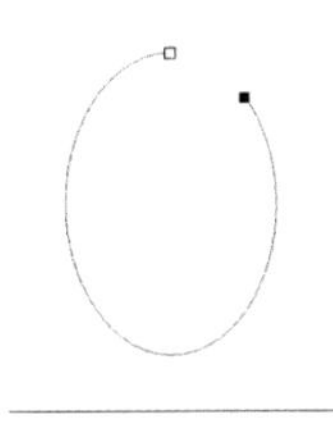

图 3-32　椭圆形变成弧形

4. 绘制任何角度的椭圆形

单击“3点椭圆形”工具，在绘图页面中按住鼠标左键不放，拖动光标到需要的位置，可以拖出一条任意方向的线段，此线段作为椭圆形的一个轴，如图3-33所示。

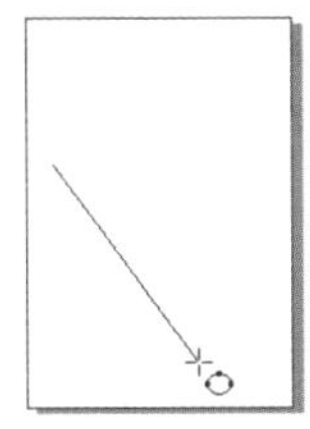

图 3-33　拖出一条任意方向的线段

松开鼠标左键，再拖动鼠标到需要的位置，这样便可以确定椭圆形的形状，如图3-34所示。单击，一个有角度的椭圆形便绘制完成了，其效果如图3-35所示。

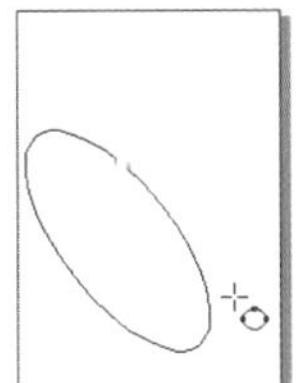

图 3-34　确定椭圆形的形状

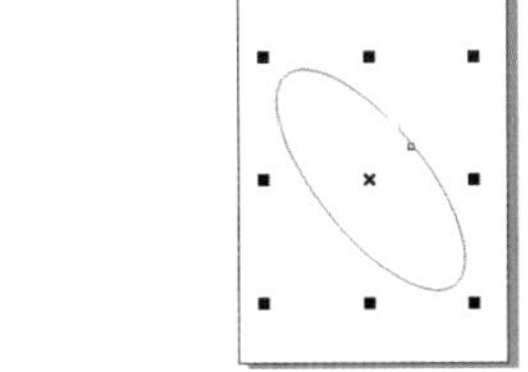

图 3-35　有角度的椭圆形效果

3.1.3　多边形

1. 绘制多边形

选择“多边形”工具，在绘图页面中按住鼠标左键不放，拖动光标到需要的位置，松开鼠标左键，一个对称多边形便绘制完成，如图3-36所示。多边形的属性栏如图3-37所示。

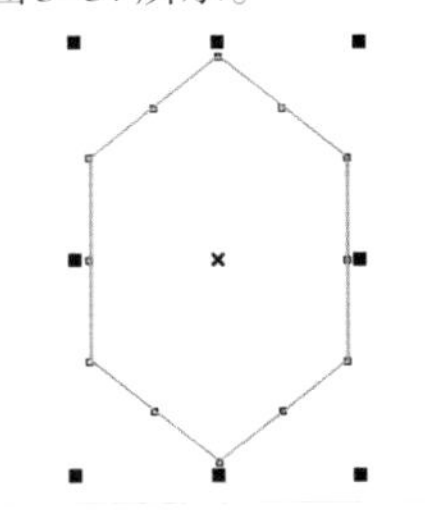

图 3-36　绘制对称多边形

图 3-37　多边形的属性栏

在多边形的属性栏中，设置多边形的“边数” 12 中的数值为12，如图3-38所示。按Enter键，完成多边形的绘制，效果如图3-39所示。

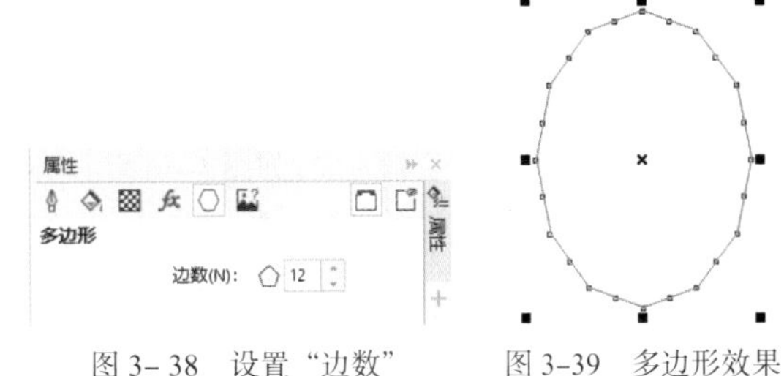

图 3-38　设置“边数”　　图 3-39　多边形效果

2. 绘制星形

选择“星形”工具，在绘图页面中按住鼠标左键不放，拖动光标到需要的位置，松开鼠标左键，一个对称星形便绘制完成，如图3-40所示。星形的属性栏如图3-41所示。

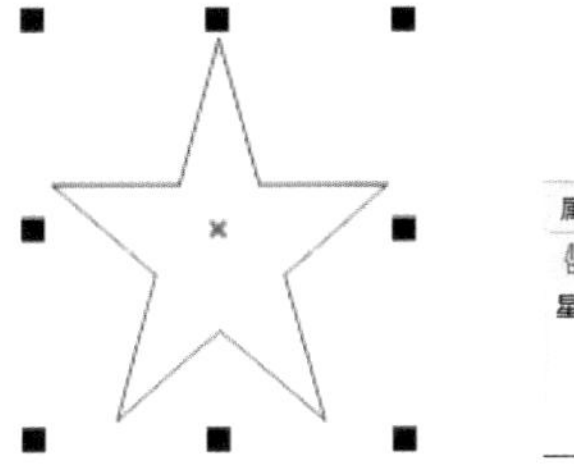

图 3-40　绘制对称星形

图 3-41　星形的属性栏

在星形的属性栏中，设置星形的“点数” 12 中的数值为12，如图3-42所示。按Enter键，完成多点星形的绘制，效果如图3-43所示。

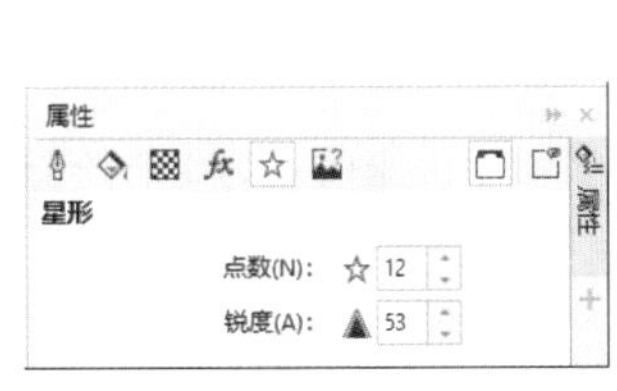

图 3-42　设置“点数”

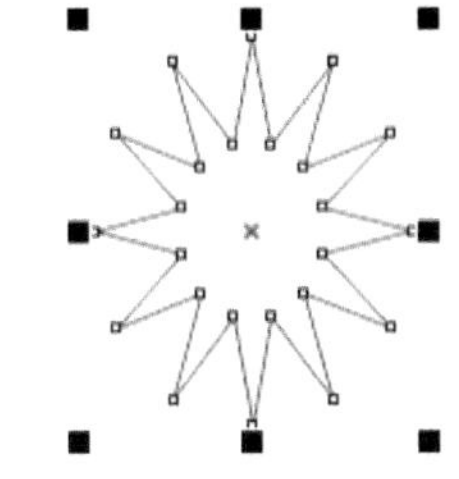

图 3-43　多点星形效果

在星形的属性栏中，设置星形的“锐度” 10 中的数值为10，如图3-44所示。按Enter键，完成星形的绘制，效果如图3-45所示。选择“形状”工具，选中星形图案的节点，拖动节点，也同样能够实现改变星形锐度的效果。

图 3-44 设置“锐度”

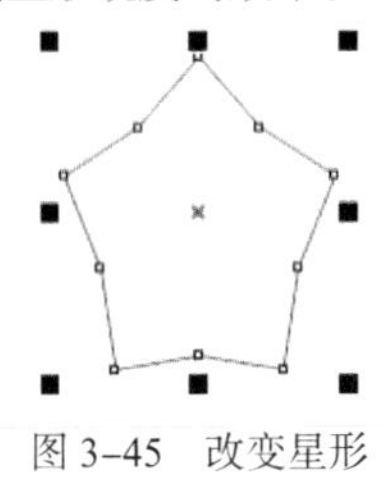

图 3-45　改变星形锐度的效果

3.1.4 图纸

在设计中经常会使用到网格状的图形。选择“多边形”工具栏中的“图纸”工具，可以绘制出网格状的图形。

选择“图纸”工具，在绘图页面中按住鼠标左键不放，从左上角向右下角拖动光标，到需要的位置松开鼠标左键，网格状的图形便绘制完成，如图3-46所示。图纸的属性栏如图3-47所示。

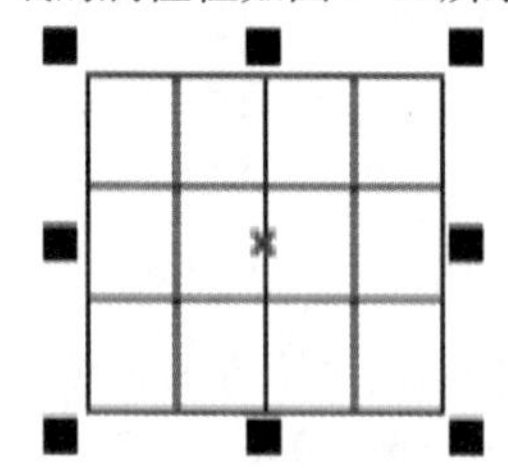

图 3-46 绘制网格状的图形

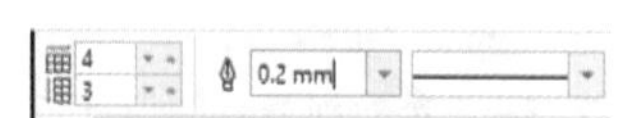

图 3-47 图纸的属性栏

在 中可以重新设置图纸的列和行，设定列的数值为4、行的数值为3，可以绘制出如图3-48所示的网格状图形效果。

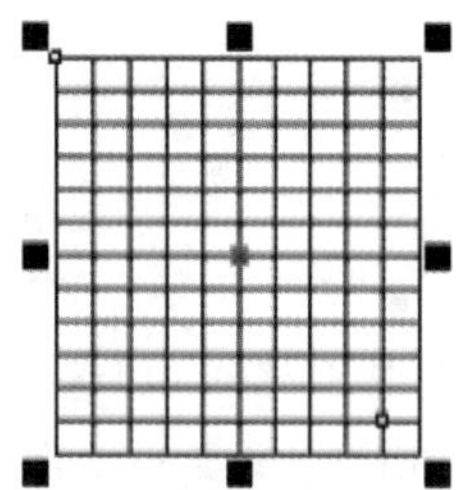

图 3-48 绘制网格状的图形

按D键，可以快速选择“图纸”工具，从而在绘图页面中的适当位置绘制出一个网格状图形。

按Ctrl键可以在绘图页面中绘制出一个正网格状的图形。

按Shift键可以在绘图页面中以当前点为中心绘制出一个网格状的图形。

按快捷键Shift+Ctrl可以在绘图页面中以当前点为中心绘制出一个正网格状的图形。

使用“选择”工具选中网格状图形，如图3-49所示。执行“排列/取消组合”命令或按快捷键Ctrl+U，将绘制出的网格状图形取消组合。使用“选择”工具可以单选其中的图形，如图3-50所示。

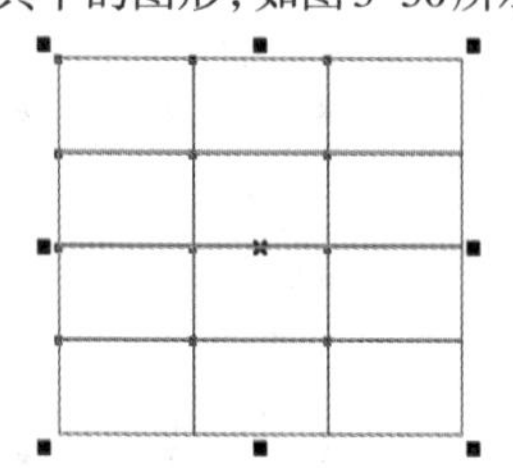

图 3-49 选中网格状图形

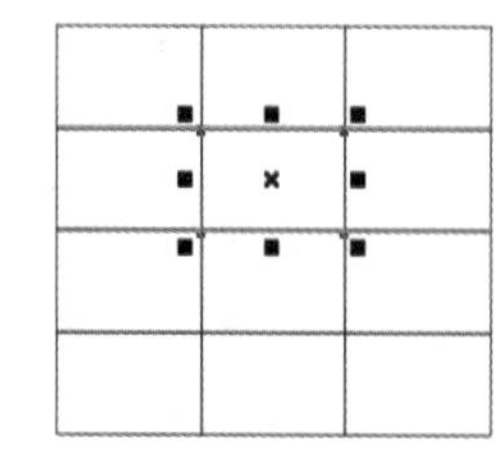

图 3-50 单选其中的图形

3.1.5 螺旋线

选择“多边形”工具栏中的“螺纹”工具，可以绘制出对称式螺旋线和对数式螺旋线的图形。

1. 绘制对称式螺旋线

选择“螺纹”工具，在绘图页面中按住鼠标左键不放，从左上角向右下角拖动光标，到需要的位置松开鼠标左键，对称式螺旋线便绘制完成，如图3-51所示。绘制的螺旋线的属性栏如图3-52所示。

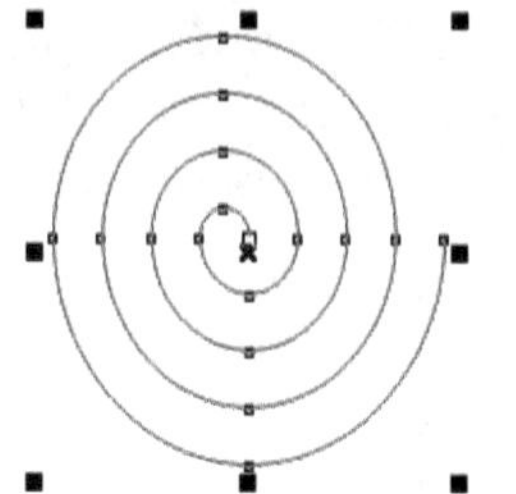

图 3-51 绘制对称式螺旋线

图 3-52 螺旋线的属性栏

如果从右下角向左上角拖动光标，到需要的位置松开鼠标左键，就可以绘制出反向的对称式螺旋线图形，其效果如图3-53所示。

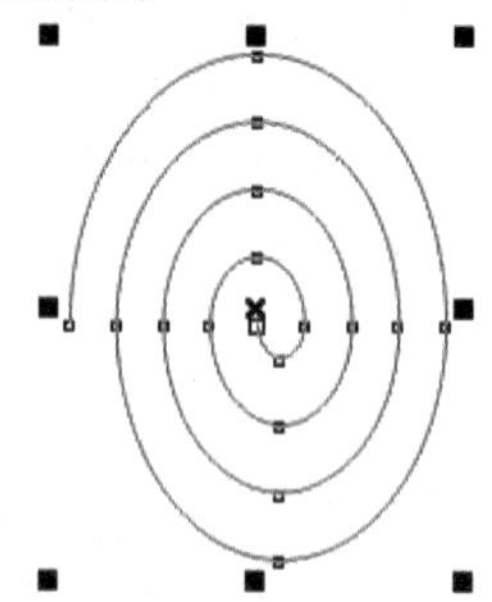

图 3-53 反向的对称式螺旋线

在属性栏中可以重新设定螺旋线的圈数，设定圈数为12时，使用“螺纹”工具绘制的螺旋线效果如图3-54所示。

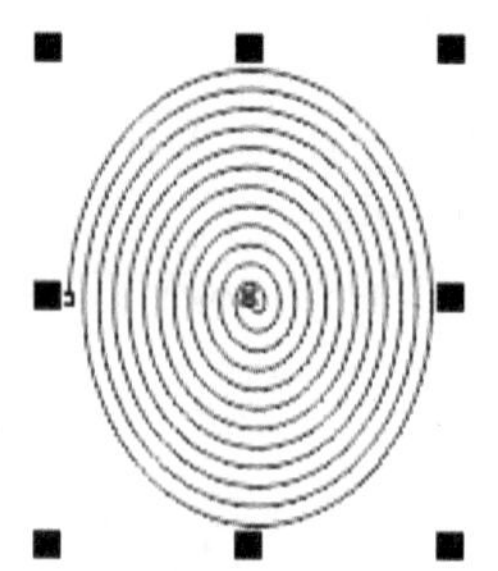

图 3-54 设定圈数为 12 时的螺旋线效果

2. 绘制对数式螺旋线

选择“螺纹”工具，在螺旋线的属性栏中单击“对数式螺纹” 按钮，在绘图页面中按住左键不放，从左上角向右下角拖动光标，到需要的位置松开鼠标左键，对数式螺旋线便绘制完成，如图3-55所示。绘制的螺旋线的属性栏如图3-56所示。

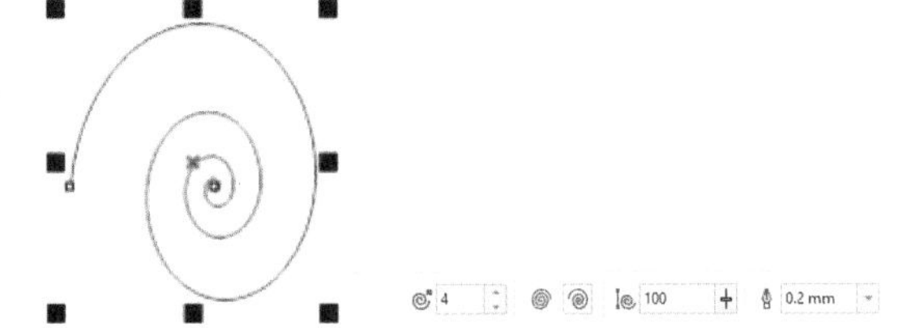

图 3-55　绘制对数式螺旋线　　图 3-56　螺旋线的属性栏

在 ![] 中可以重新设定螺旋线的扩展参数。当数值分别设定为60和1时，螺旋线向外扩展的幅度会有所不同，如图3-57所示。当数值为1时，将绘制出对称式螺旋线。

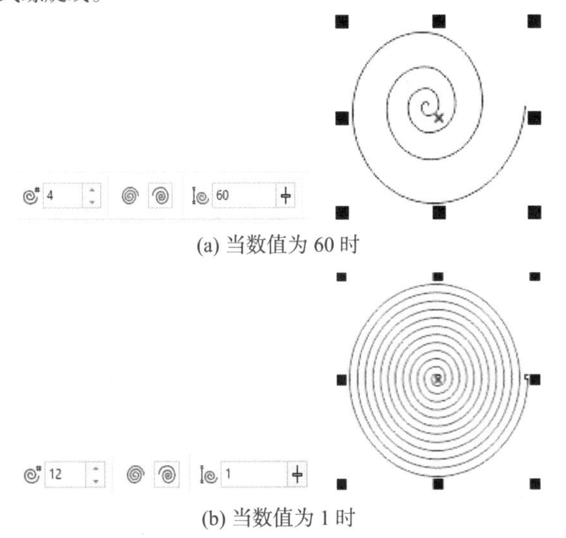

(a) 当数值为 60 时

(b) 当数值为 1 时

图 3-57　螺旋线向外扩展的幅度不同

按A键可以快速选择“螺纹”工具，在绘图页面中的适当位置绘制螺旋线。

按Ctrl键可以在绘图页面中绘制正圆螺旋线。

按Shift键可以在绘图页面中以当前点为中心绘制螺旋线。

按快捷键Shift+Ctrl可以在绘图页面中以当前点为中心绘制正圆螺旋线。

3.1.6　基本形状

在CorelDRAW中，使用“常见的形状”工具可以绘制出多种基本形状，如圆柱、笑脸、心形、箭头、流程图、条幅和标注等。

1. 绘制基本形状

(1) 绘制基本形状。单击“常见的形状”工具，在常见的形状的属性栏中的“图形展开式”按钮下，从“基本形状”类别中选择需要的基本形状，如图3-58所示。

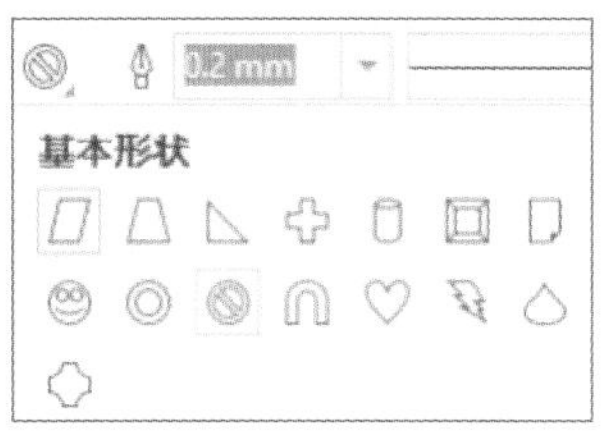

图 3-58　基本形状的属性栏

在绘图页面中按住鼠标左键不放，从左上角向右下角拖动光标，到需要的位置松开鼠标左键，基本形状便绘制完成，效果如图3-59所示。

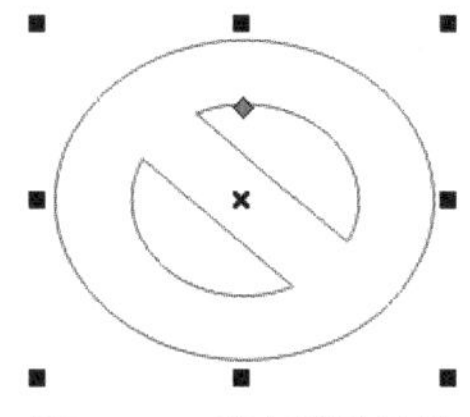

图 3-59　基本形状效果

(2) 绘制箭头形状。单击“常见的形状”工具，在常见的形状的属性栏中的“图形展开式”按钮下，从“箭头形状”类别中选择需要的箭头形状，如图3-60所示。

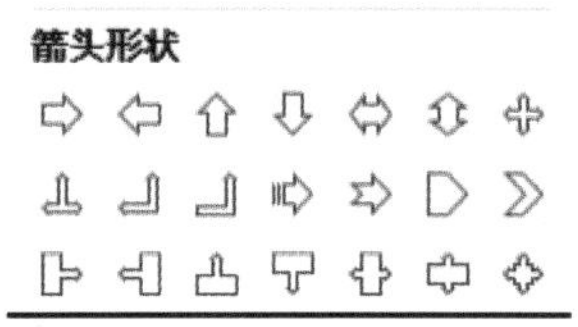

图 3-60　箭头形状的属性栏

在绘图页面中按住鼠标左键不放，从左上角向右下角拖动光标，到需要的位置松开鼠标左键，箭头形状便绘制完成，如图3-61所示。

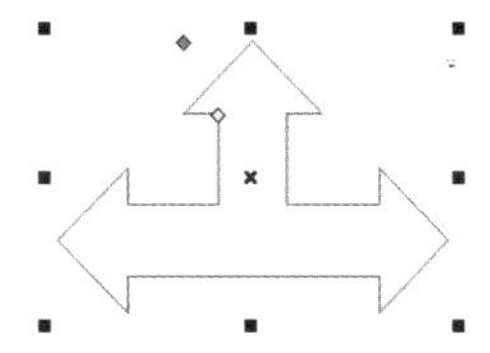

图 3-61　箭头形状效果

(3) 绘制流程图形状。单击“常见的形状”工具，在常见的形状的属性栏中的“图形图展开式”按钮下，从“流程图形状”类别中选择需要的流程图形状，如图3-62所示。

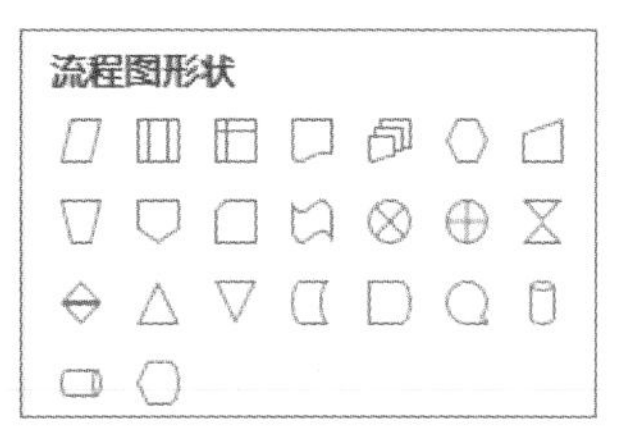

图 3-62　流程图形状的属性栏

在绘图页面中按住鼠标左键不放，从左上角向右下角拖动光标，到需要的位置松开鼠标左键，流程图形状便绘制完成，如图3-63所示。

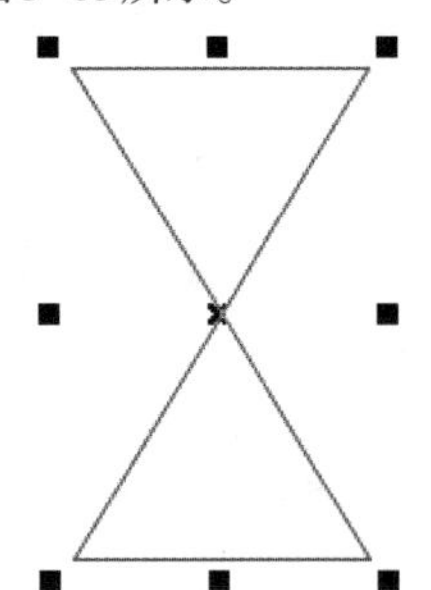

图 3-63　流程图形状效果

(4) 绘制条幅形状。单击“常见的形状”工具，在常见的形状的属性栏中的“图形展开式”按钮下，从“条幅形状”类别中选择需要的条幅形状，如图3-64所示。

条幅形状

图 3- 64　条幅形状的属性栏

在绘图页面中按住鼠标左键不放，从左上角向右下角拖动光标，到需要的位置松开鼠标左键，条幅形状便绘制完成，如图3-65所示。

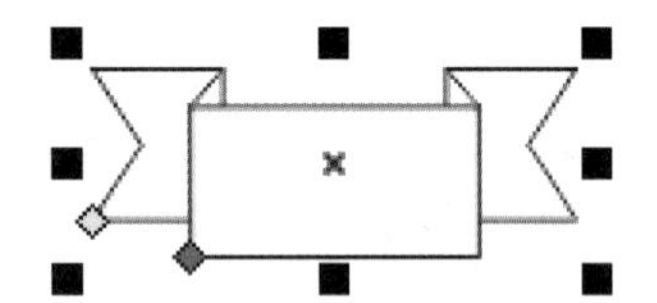

图 3-65　条幅形状效果

(5) 绘制标注。单击“常见的形状”工具，在常见的形状的属性栏中的“图形展开式”按钮下，从“标注形状”类别中选择需要的标注形状，如图3-66所示。

图 3-66　标注形状的属性栏

在绘图页面中按住鼠标左键不放，从左上角向右下角拖动光标，到需要的位置松开鼠标左键，标注形状便绘制完成，如图3-67所示。

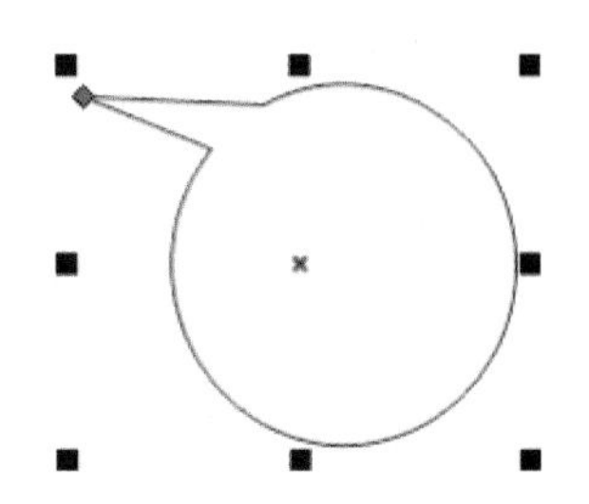

图 3-67　标注形状效果

2. 调整基本形状

绘制一个基本形状，如图3-68所示。

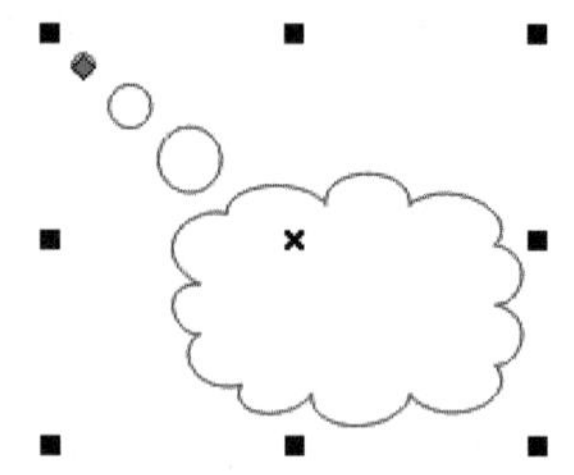

图 3-68　绘制基本形状

单击要调整的基本形状的红色菱形符号，并按住鼠标左键不放，拖动红色菱形符号，如图3-69所示。得到需要的形状后，松开鼠标，效果如图3-70所示。

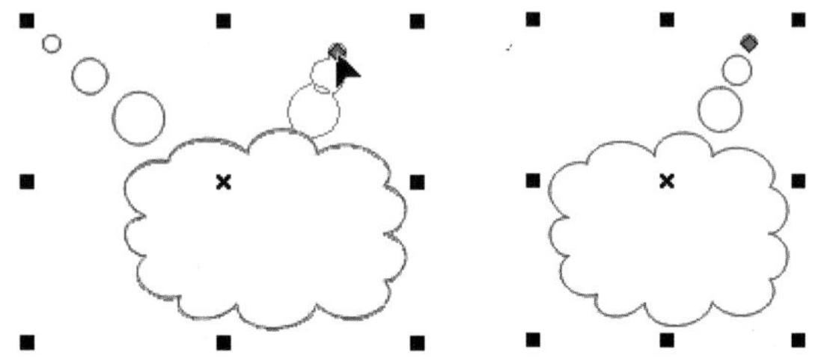

图 3-69　调整基本形状　　图 3-70　调整后的基本形状

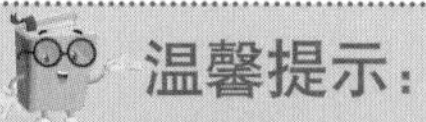

温馨提示：

在流程图形状中没有红色菱形符号，因此不能对流程图形状进行调整。

3.2 线的绘制

3.2.1　手绘曲线

1. 操作步骤

(1) 在工具箱中选择“手绘”工具。

(2) 在绘图页面上单击，单击处就是直线的起点。

(3) 将光标移到结束处再次单击，即可完成直线的绘制，效果如图3-71所示。

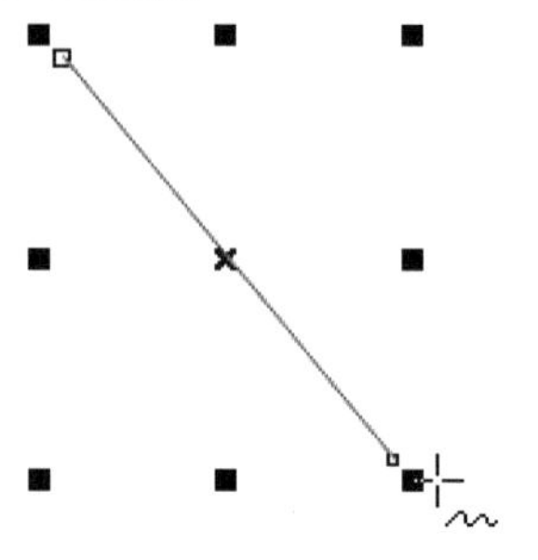

图 3-71　直线的绘制

如果需要绘制连续的折线，可以在已完成的直线端点上单击，然后移动到直线以外的方向再次单击。

使用“手绘”工具绘制连续折线的捷径：单击决定直线的起点，然后在每个转折处双击，一直到终点再单击，即可快速完成折线的绘制，如图 3-72 所示。

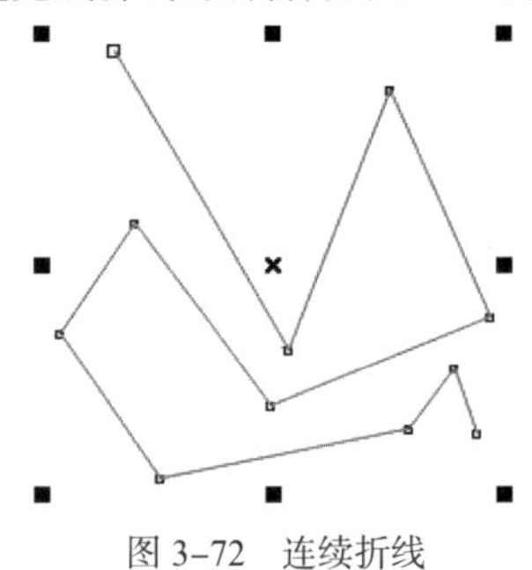

图 3-72　连续折线

2. 属性修改

“手绘”工具除了可以绘制简单的直线外，还可以配合属性栏绘制出各种宽度、各种线形的线条或箭头符号，如图 3-73 所示。

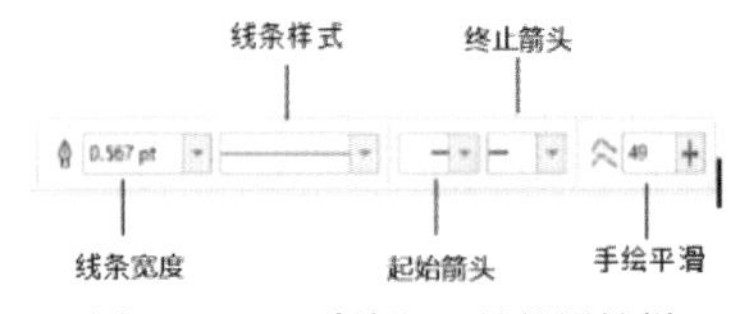

图 3-73　“手绘”工具的属性栏

图 3-74 所示的图形就是利用“手绘”工具配合属性栏绘制出的箭头图形。

图 3-74　“手绘”工具配合属性栏绘制出的箭头

利用“手绘”工具也可以绘制封闭的曲线，如图 3-75 所示。

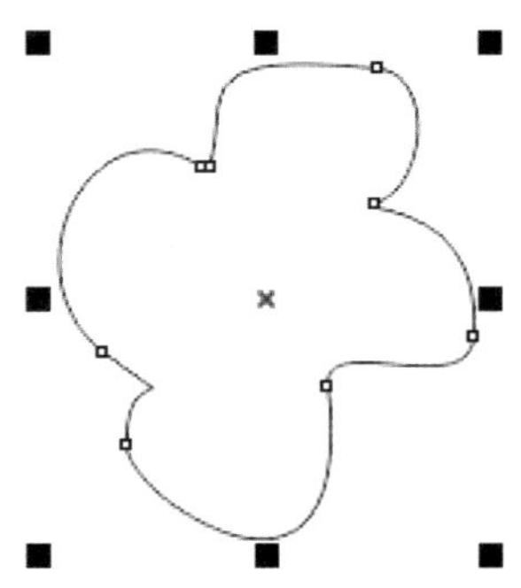

图 3-75　绘制封闭的曲线

3.2.2　贝塞尔曲线

使用“贝塞尔”工具可以绘制平滑、精确的曲线。通过改变节点和控制点的位置来控制曲线的弯曲程度。绘制完曲线以后，通过调整控制点，可以调节直线和曲线的形态。

1. 绘制曲线的步骤

(1) 在工具箱中选择“贝塞尔”工具。

(2) 在绘图页面按下鼠标左键并拖动鼠标即可确定起始节点。这时该节点两边出现两个控制点。连接控制点的是一条蓝色的控制线，如图 3-76 所示。

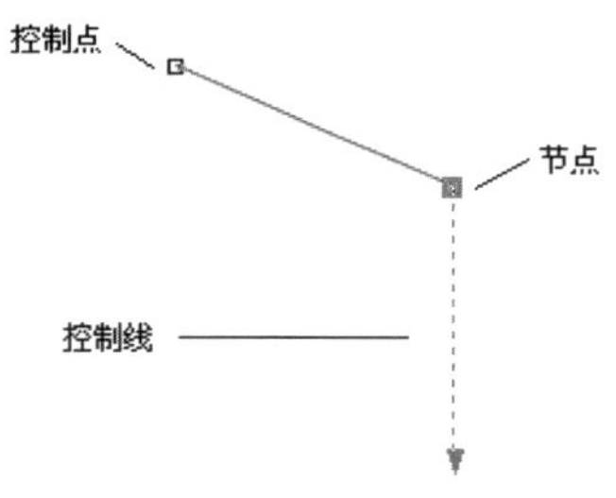

图 3-76　起始节点

(3) 将鼠标移到下一个节点处单击并拖动鼠标，两个节点间将出现一条曲线，同时第 2 个节点上也出现两个控制点。选取一个控制点并按下鼠标左键进行拖动，控制线的长度和角度随鼠标的移动而改变，同时曲线的扭曲度也在发生变化。调整好曲线形态后，释放鼠标即可，如图 3-77 所示。

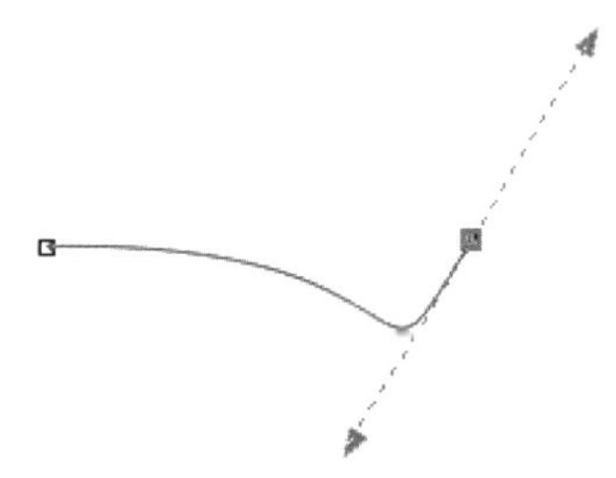

图 3-77　在两点之间绘制曲线

2. 绘制折线的步骤

使用“贝塞尔”工具绘制折线更加简单，具体操作步骤如下：

(1) 选择“贝塞尔”工具，将光标移到绘图页面，单击确定第 1 个节点；然后将光标移到下一位置，单击确定第 2 个节点，绘图页面上就会出现一条直线。

(2) 如果要绘制折线，只需继续在下一个节点处单击，如图 3-78 所示。

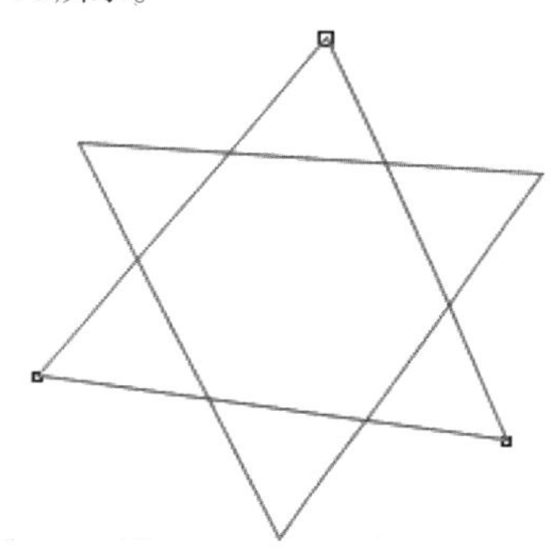

图 3-78　绘制折线

使用"贝塞尔"工具可以绘制出由直线、曲线连接的线条，再配合属性栏中的线条样式、起始箭头、终止箭头以及线条宽度等设置项(使用方法与"手绘"工具一样)，就可以得到许多美观的图案，如图3-79所示。

图 3-79　配合属性栏绘制的线条

3.2.3　3点曲线和多点线

1. 3点曲线

使用"3点曲线"工具可以绘制出各种样式的弧线或者近似圆弧的曲线。

(1) 在工具箱中选中"3点曲线"工具，在起始点单击，并向某一方向拖动，如图3-80所示。

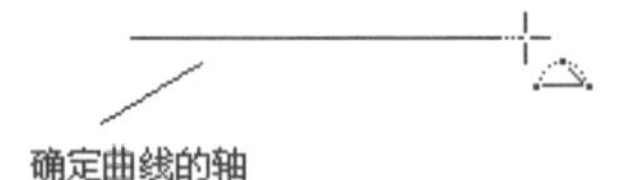

图 3-80　绘制 3 点曲线

(2) 在绘图页面中的适当位置单击确定第2点，并继续向曲线将要弯曲的方向拖动鼠标。

(3) 在绘图页面中的适当位置确定第3点，如图3-81所示。

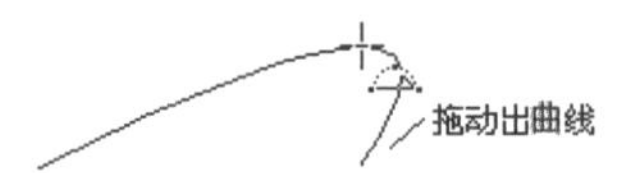

图 3-81　绘制出的曲线效果

2. 多点线

利用"多点线"工具可以绘制出简单的直线和曲线。

选择"多点线"工具，单击确定直线的起点，拖动光标到需要的位置，再单击确定直线的终点，绘制出一条直线。继续单击确定下一个节点，就可以绘制出折线，如图3-82所示。

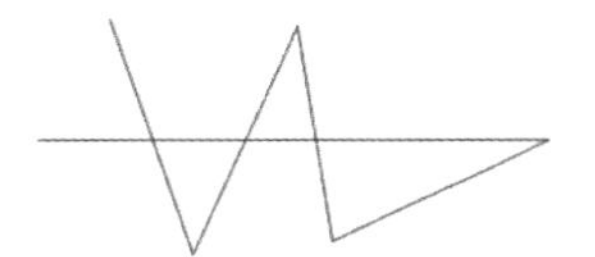

图 3-82　绘制出折线

如果单击确定节点后，按住鼠标左键不放并拖动鼠标，则可以绘制出手绘效果的曲线，如图3-83所示。在确定节点时双击，则可以结束绘制。直线和曲线的效果如图3-84所示。

图 3-83　手绘效果的曲线

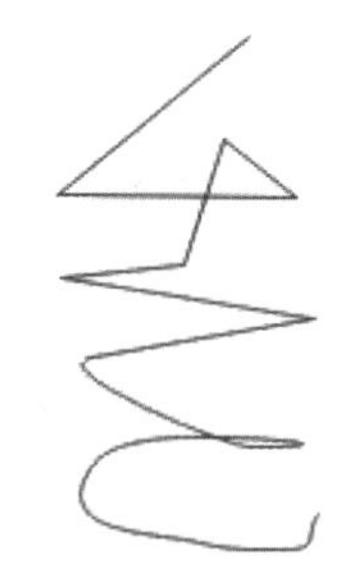

图 3-84　直线和曲线的效果

使用"多点线"工具可以绘制闭合的曲线，将"多点线"工具移动到曲线的起点，单击可以闭合曲线，效果如图3-85所示。

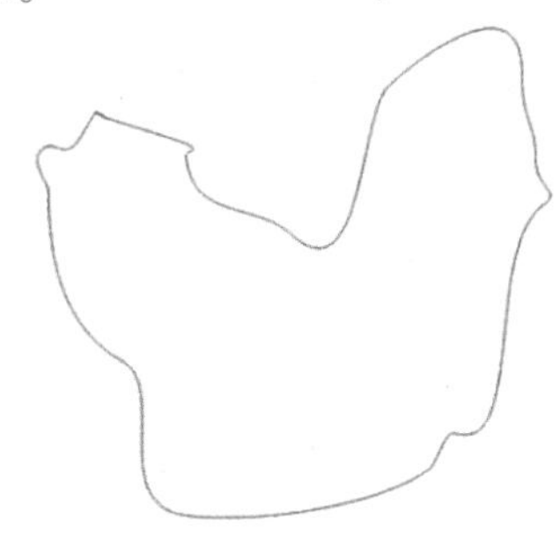

图 3-85 闭合曲线的效果

3.2.4　艺术笔

"艺术笔"工具在属性栏中分为5种样式：预设笔刷、画笔笔刷、喷涂笔刷、书法笔刷和压感笔刷。"艺术笔"工具绘制的是封闭的图形，可以对其进行填充。通过设置属性栏中的参数可以绘制出各种图形。

1. 预设笔刷

选择"艺术笔"工具后，预设笔刷的属性栏中的各项参数如图3-86所示。

图 3-86　预设笔刷的属性栏

(1) 设置好预设笔刷的参数值，并选择笔触和样式。

(2) 在工具区中按下鼠标左键并拖动鼠标，即可绘制出图形，如图3-87所示。

图 3-87　预设笔刷绘制效果

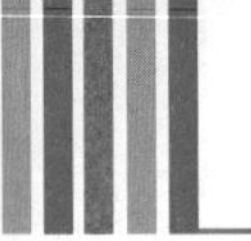

2. 画笔笔刷

CorelDRAW 中有多种画笔笔刷供用户选择，包括带箭头的笔刷、填满了色谱图样的笔刷等。在预设画笔笔刷时，可以指定该笔刷的某些属性。例如，更改画笔笔刷的宽度，指定笔刷的平滑度。

画笔笔刷的属性栏中的各项参数如图 3–88 所示。

图 3–88　画笔笔刷的属性栏

(1) 选择画笔笔刷，按下鼠标左键并拖动鼠标。

(2) 松开鼠标左键后，即可得到所绘制的图形，操作过程及效果如图 3–89 所示。

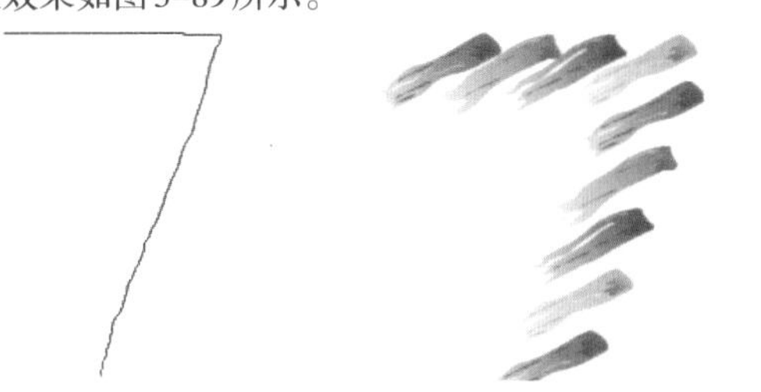

图 3–89　画笔笔刷绘制效果

在 CorelDRAW 中，还可以使用一个对象或一组矢量对象创建自定义画笔笔刷。自定义画笔笔刷完成后，可以将其保存为预设。具体操作步骤如下：

(1) 选中要保存的图形。

(2) 单击属性栏中的保存画笔笔刷按钮 ，打开“另存为”对话框。

(3) 在“另存为”对话框中为绘制的图形命名，单击“保存”按钮，即可将所绘制的图形保存在“笔刷列表”的下拉列表中，设置完成的自定义画笔笔刷如图 3–90 所示。

图 3–90　自定义画笔笔刷

3. 喷涂笔刷

在 CorelDRAW 中，可以在线条上喷涂一系列对象。

除图形和文本对象以外，还可以导入位图和符号来沿着线条喷涂，也可以自行创建喷涂列表文件，创建方法与自定义画笔笔刷的创建方法相同。喷涂笔刷的属性栏如图 3–91 所示。

图 3–91　喷涂笔刷的属性栏

“新喷涂列表”对话框是用来设定喷涂对象的顺序和重新设定喷涂对象的，如图 3–92 所示。喷涂效果如图 3–93 所示。

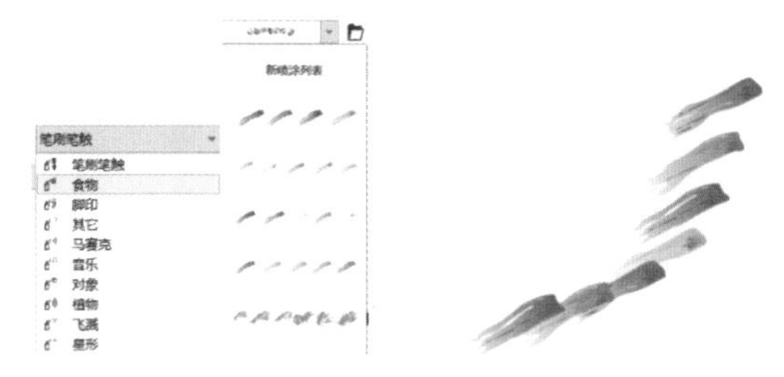

图 3–92　“新喷涂列表”对话框　　图 3–93　喷涂效果

喷涂顺序有随机、按顺序和按方向三种方式，不同方式的喷涂效果如图 3–94 所示。

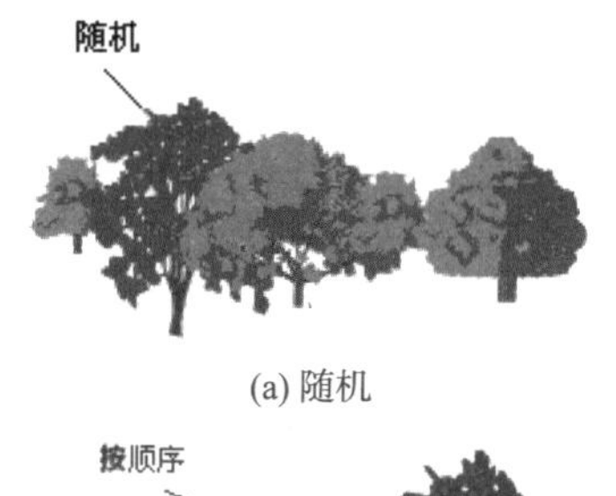

(a) 随机

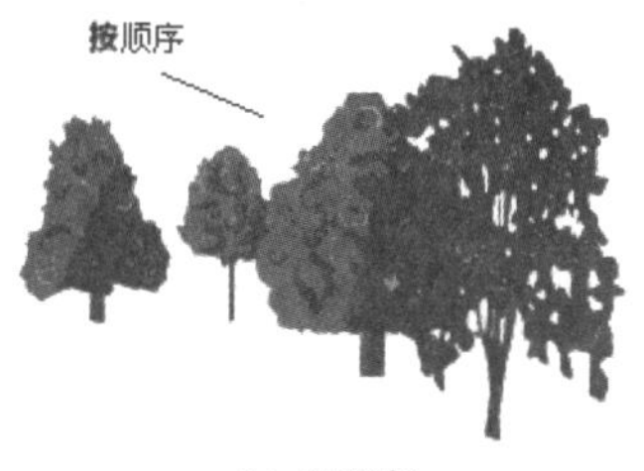

(b) 按顺序

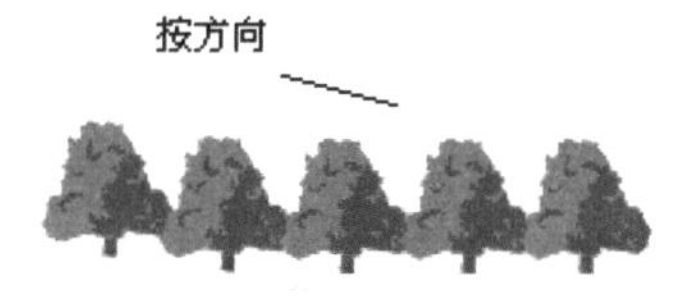

(c) 按方向

图 3–94　不同方式的喷涂效果

设置喷涂笔刷属性栏中的旋转和偏移选项可调整喷涂图形的方向与位置，其中，偏移可以有替换、左、右、随机四种方式，图 3–95 所示为替换方式的偏移效果。

(a)　　(b)

(c)

图 3–95　替换方式的偏移效果

4. 书法笔刷

书法笔刷属性栏中的各项参数如图 3–96 所示。

图 3-96　书法笔刷的属性栏

(1) 在工具箱中选择书法笔刷。

(2) 按下鼠标左键并拖动，松开鼠标后即可得到绘制图形，如图 3-97 所示。

图 3-97　书法笔刷绘制效果

(3) 调节“书法角度”参数值，可设置笔刷的倾斜角度。

温馨提示：

用户设置的宽度是线条的最大宽度。线条的实际宽度由所绘线条与书法之间的角度决定。用户还可以处理书法线条，方法是执行“效果/艺术笔”命令，然后在“艺术笔”泊坞窗中根据需要进行设置。

5. 压感笔刷

压感笔刷的属性栏中的各项参数如图 3-98 所示。

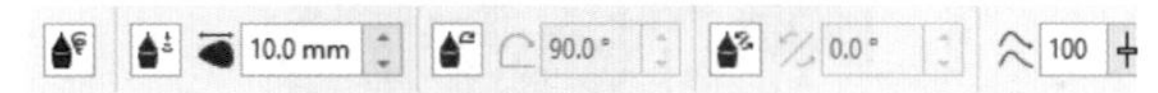

图 3-98　压感笔刷的属性栏

(1) 在工具箱中选择压感笔刷。

(2) 按下鼠标左键并拖动鼠标，即可绘制图形，效果如图 3-99 所示。

图 3-99　使用压感笔刷后的效果

温馨提示：

可以在使用鼠标的同时，按上箭头键或下箭头键来模拟画笔的压感，即线条的宽度。

3.3 轮廓

CorelDRAW 中提供了丰富的轮廓和填充设置，充分运用这些设置，可以制作出精彩的轮廓和填充效果。

轮廓线是指一个图形对象的边缘或路径。在系统默认的状态下，CorelDRAW 中绘制出的图形基本上已画出了细细的黑色轮廓线。通过调整轮廓线的宽度，可以绘制出不同宽度的轮廓线，还可以将轮廓线设置为无轮廓。

3.3.1　使用“轮廓”工具

绘制一个图形对象，并使其处于选中状态，右击，选择属性，打开属性下的“轮廓”窗口，如图 3-100 所示。

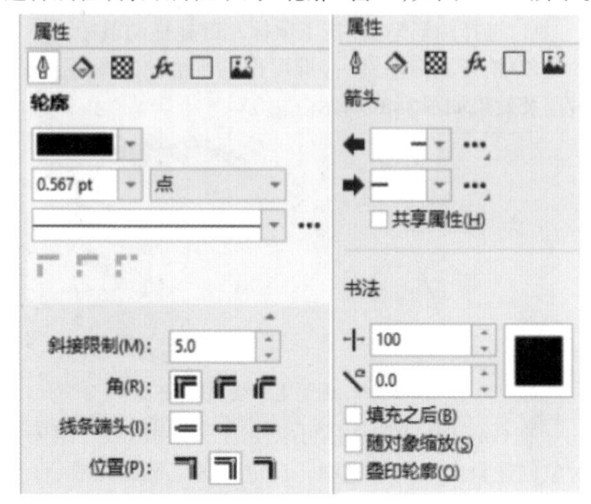

图 3-100　“轮廓”窗口

3.3.2　轮廓线的颜色

在“轮廓”窗口中，可以在“颜色”选项中设置轮廓线的颜色，在 CorelDRAW 的默认状态下，轮廓线被设置为黑色。在颜色列表框的黑三角按钮上单击，打开“选择颜色”窗口，如图 3-101 所示。

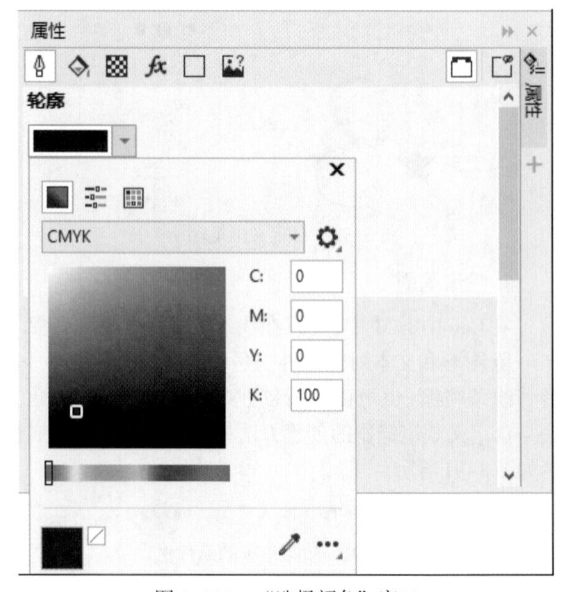

图 3-101　“选择颜色”窗口

CorelDRAW也可以从一组印刷色或者专色调色板中选择颜色，具体操作是打开“显示调色板”窗口，如图3-102所示。

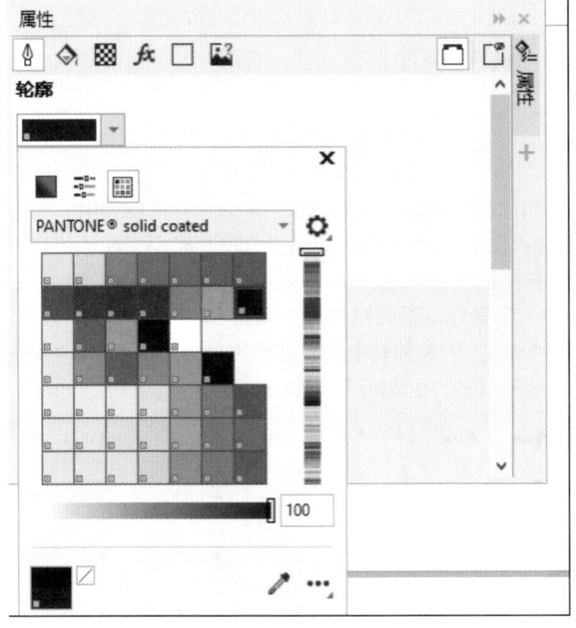

图 3-102　“显示调色板”窗口

设置好需要的颜色后，单击“确定”按钮，可以改变轮廓线的颜色，前后对比效果如图3-103所示。

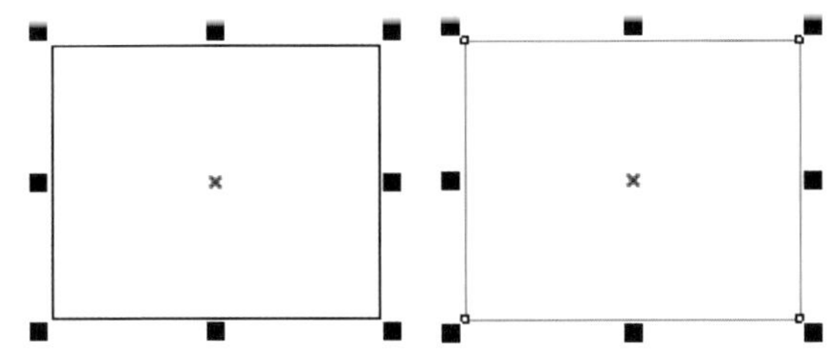

图 3-103　改变轮廓线颜色的前后对比效果

温馨提示：

在图形对象的选中状态下，直接在调色板中需要的颜色上右击，可以快速填充轮廓线；按住Alt键并在调色板中需要的颜色上单击也可以快速填充轮廓线。

3.3.3　轮廓线的宽度

在“轮廓”窗口中，可以在“宽度”选项中设置轮廓线的宽度，也可以在数值框中直接输入数值来设置轮廓线的宽度，如图3-104所示。在黑色三角按钮上单击，弹出下拉列表，可以选择宽度的度量单位，如图3-105所示。

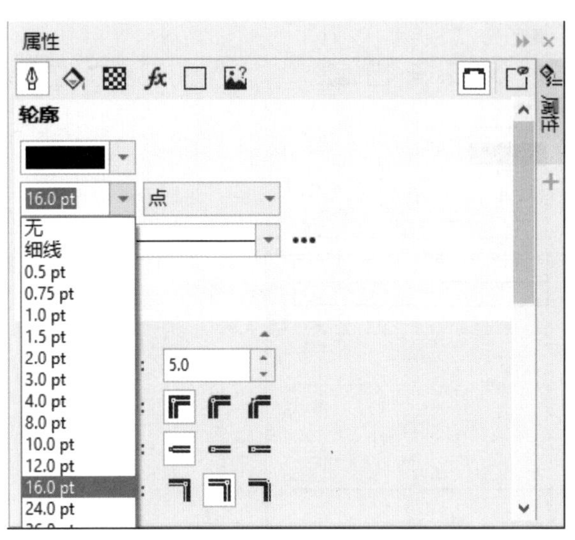

图 3-104　输入数值设置宽度

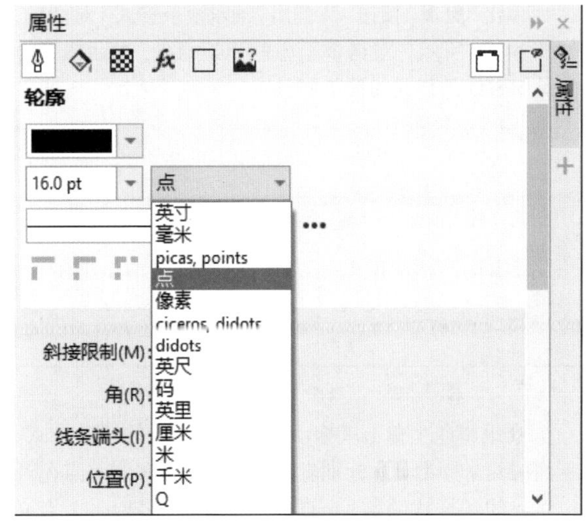

图 3-105　设置宽度的度量单位

设置好需要的宽度后，单击“确定”按钮，可以改变轮廓线的宽度，前后对比效果如图3-106所示。

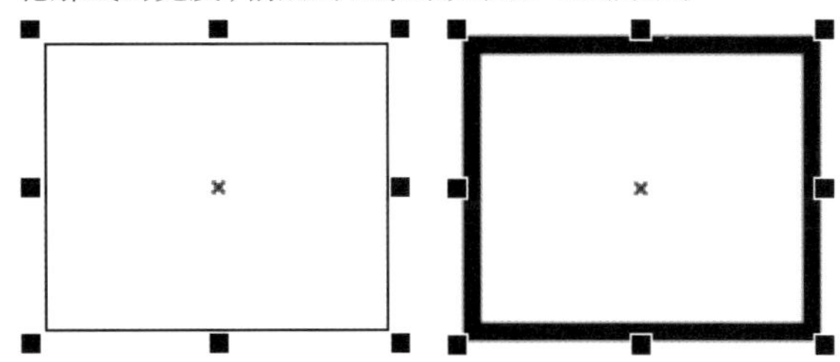

图 3-106　改变轮廓线宽度的前后对比效果

3.3.4　轮廓线的样式

在“轮廓”窗口的“样式”选项中，可以选择轮廓线的样式，在其下拉列表中，可以选择轮廓线的样式，如图3-107所示。

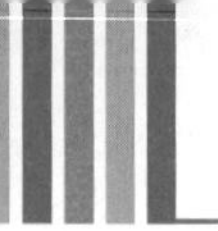

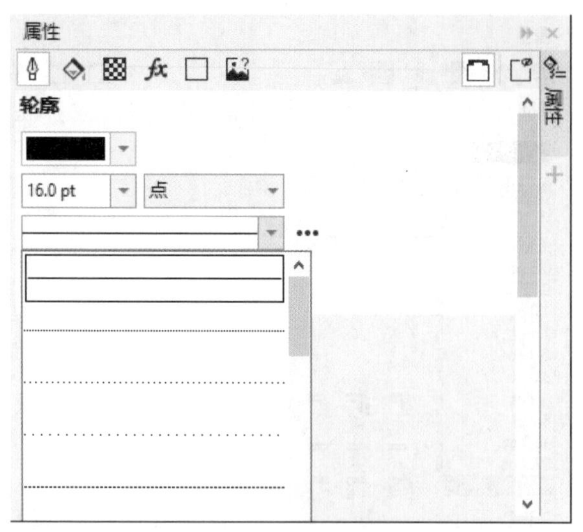

图 3-107　选择轮廓线的样式

单击“更多”按钮 ... ，弹出“编辑线条样式”对话框，如图3-108所示。对话框上方的是编辑条，对话框下方的是编辑线条样式的预览框。

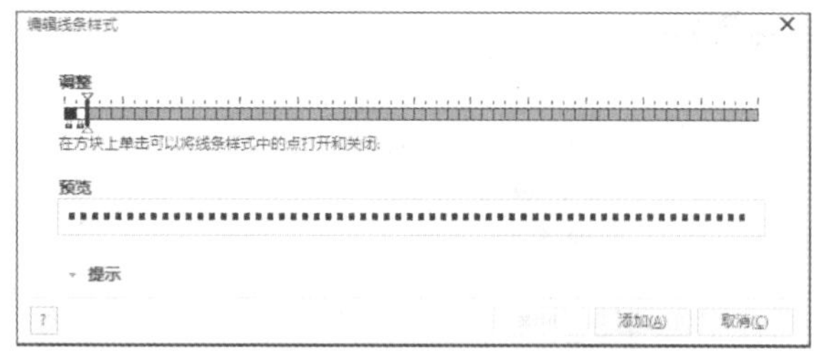

图 3-108　“编辑线条样式”对话框

在编辑条上单击或拖动可以编辑出新的线条样式，下面的两个锁型 分别表示起点循环位置和终点循环位置。线条样式的第1个点必须是黑色，最后一个点必须是一个空格。线条右侧的是滑动标记，是线条样式的结尾。当编辑好线条样式后，编辑线条样式的预览框将生成线条应用样式，就是将编辑好的线条样式不断地重复。拖动滑动标记，如图3-109所示。

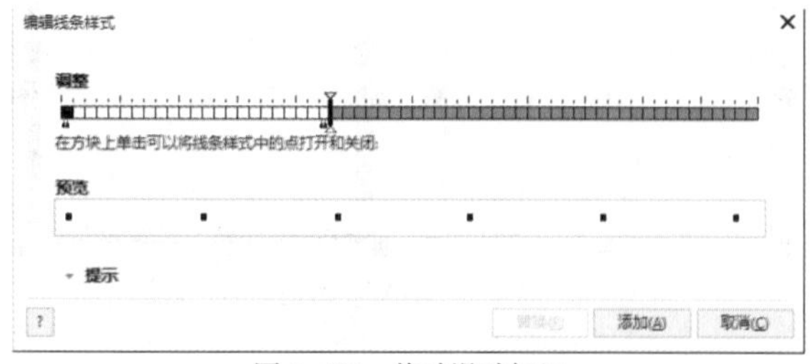

图 3-109　拖动滑动标记

单击编辑条上的白色方块，白色方块变为黑色方块，效果如图3-110所示。在黑色方块上单击可以将其变为白色方块。

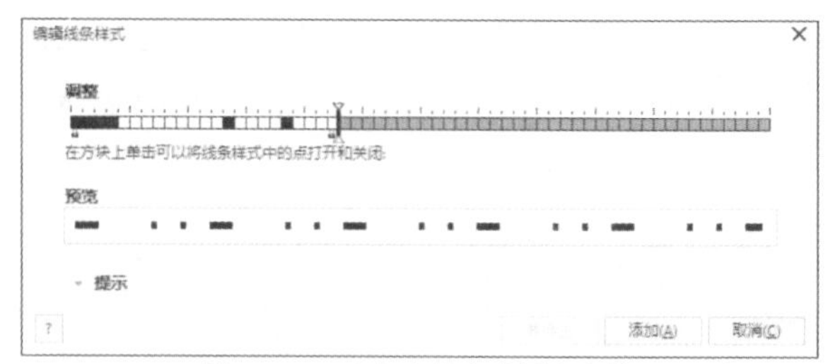

图 3-110　白色方块变为黑色方块

编辑好需要的线条样式后，单击“添加”按钮，可以将新编辑的线条样式添加到“样式”下拉列表中。单击“替换”按钮，新编辑的线条样式将替换原来在下拉列表中选中的线条样式。

编辑好需要的颜色线条样式后，单击“添加”按钮，在“样式”下拉列表中选择需要的线条样式，可以改变轮廓线的样式，效果如图3-111所示。

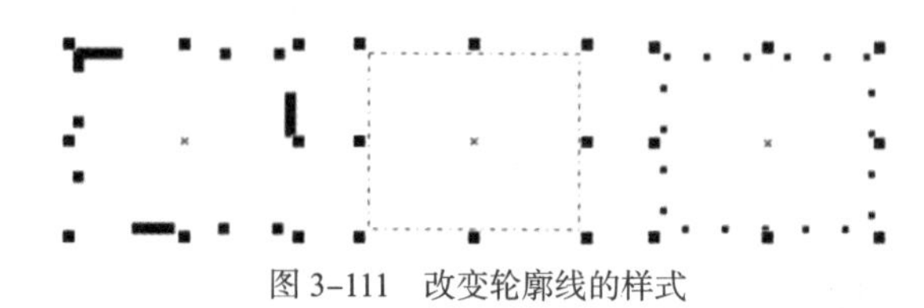
图 3-111　改变轮廓线的样式

3.3.5　轮廓线角的样式

在“轮廓”窗口的“角”设置区中可以设置轮廓线角的样式，如图3-112所示。“角”设置区提供了3种拐角方式，它们分别是尖角、圆角和平角。

图 3-112　“角”设置区

增加轮廓线的宽度，因为较细的轮廓线在设置拐角后效果不明显。三种拐角的效果如图3-113所示。

图 3-113　三种拐角的效果

3.3.6　线条的端头样式

在“轮廓”窗口的“线条端头”设置区中可以设置线条端头的样式，如图3-114所示。“线条端头”设置区提供了三种端头样式，它们分别是削平两端点、两端点延伸成半圆形、削平两端点并延伸。

图 3-114　“线条端头”设置区

使用“贝塞尔”工具绘制一条直线，使用“选择”工具选取直线，在属性栏中的“轮廓宽度”框中将直线的宽度设置得更宽一些，直线的效果如图 3-115 所示。分别选择三种端头样式，单击“确定”按钮，三种端头样式的效果如图 3-116 所示。

图 3-115　绘制一条直线　图 3-116　线条的三种端头样式

在“轮廓”窗口的“箭头”设置区中可以设置线条两端的箭头样式，如图 3-117 所示。“箭头”设置区提供了两个样式框，第一个样式框用来设置箭头样式，其下拉列表如图 3-118 所示；第二个样式框用来设置箭尾样式，其下拉列表如图 3-119 所示。

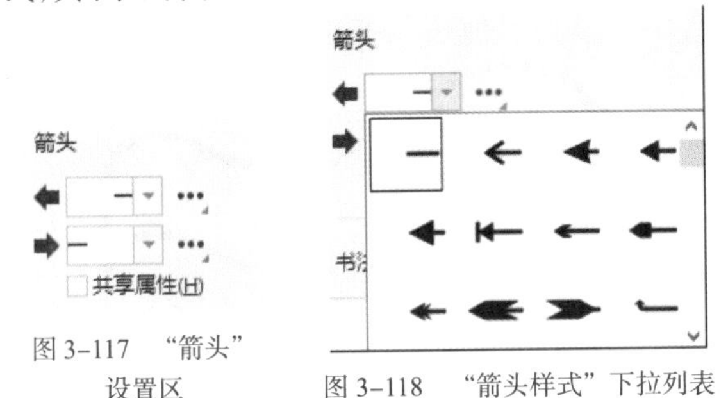

图 3-117　“箭头”设置区　图 3-118　“箭头样式”下拉列表

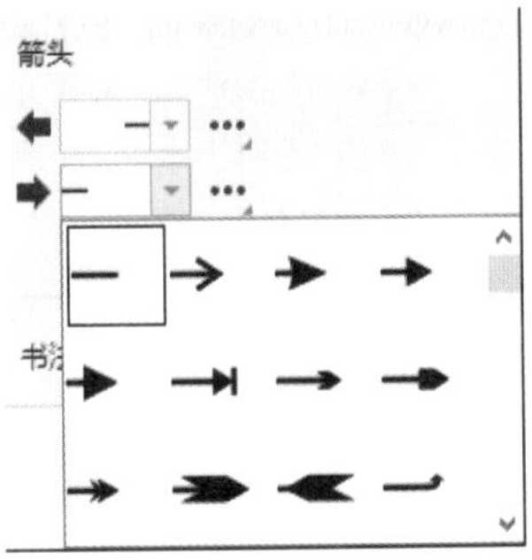

图 3-119　“箭尾样式”下拉列表

选择需要的箭头样式时，可以在“箭头样式”下拉列表和“箭尾样式”下拉列表中需要的箭头样式上单击。选择好箭头样式后，单击 ··· 按钮(见图 3-120)，弹出如图 3-121 所示的下拉菜单。

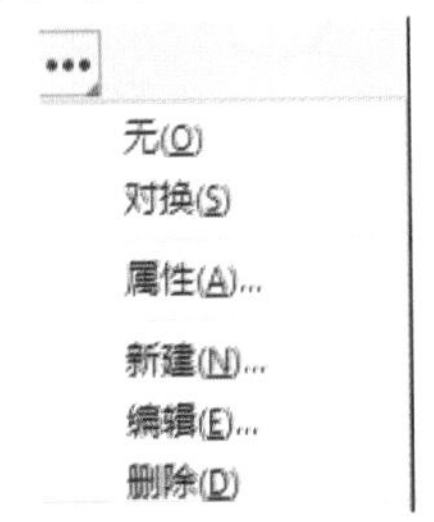

图 3-120　单击 ··· 按钮

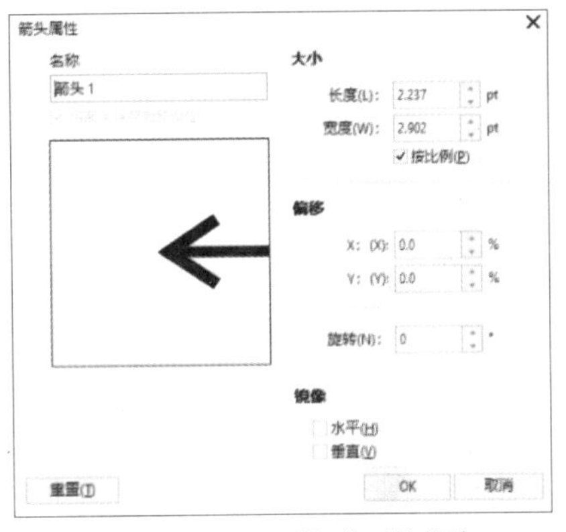

图 3-121　“选项”的下拉菜单

选择“无”命令，将不设置箭头的样式；选择“对换”命令，可将箭头样式和箭尾样式对换。

选择“新建”命令，弹出“箭头属性”对话框，如图 3-122 所示。编辑好后单击 OK 按钮就可以将一个新的箭头样式添加到“箭头样式”下拉列表中。

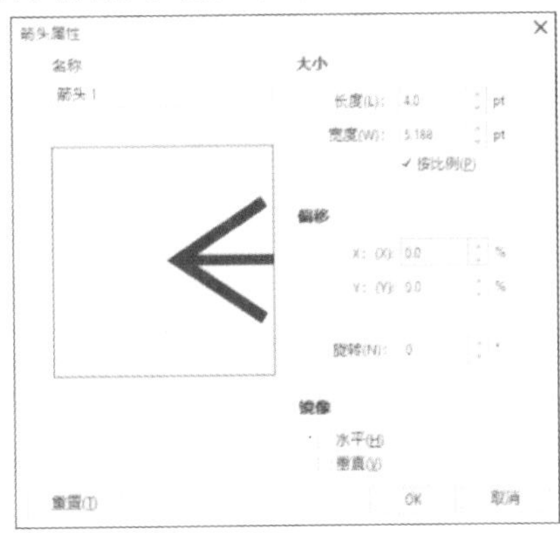

图 3-122　“箭头属性”对话框

选择“编辑”命令，将弹出“箭头属性”对话框，如图 3-122 所示。在该对话框中可以对原来选择的箭头样式进行编辑，编辑好后，单击 OK 按钮，新编辑的箭头样式会覆盖原来在“箭头样式”下拉列表中选中的箭头样式。

在“箭头属性”对话框中，可以对箭头进行水平或垂直的镜像翻转，也可以在 XY 坐标轴上对箭头进行偏移设置，以便于编辑箭头。

在“箭头属性”对话框中，可以选择是否按比例自由调整箭头的大小，以便于编辑箭头。

温馨提示：

在“箭头属性”对话框中拖动箭头周围的黑色方块，可以变换箭头的大小。拖动箭头周围的白色方块，可以移动箭头的位置。

使用“贝塞尔”工具绘制一条曲线，使用“选择”工具选取曲线，在属性栏中的“轮廓宽度”框中将曲线的宽

度设置得宽一些，如图3-123所示。分别在“箭头样式”下拉列表和“箭尾样式”下拉列表中选择需要的箭头样式，单击OK按钮，效果如图3-124所示。

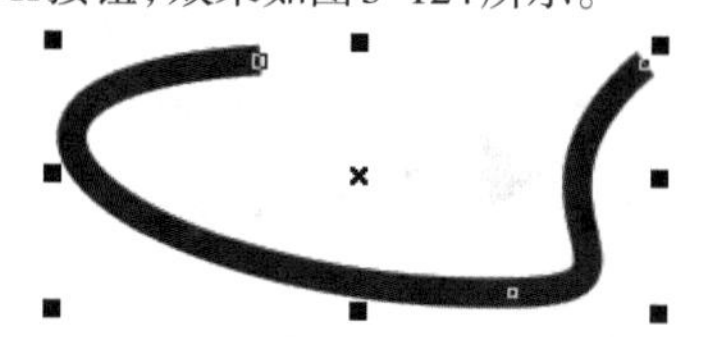

图 3-123　曲线效果

图 3-124　设置箭头样式的效果

“轮廓”窗口中的“书法”设置区如图3-125所示。在“书法”设置区的“笔尖形状”预览框中拖动光标可以直接设置笔尖的展开和角度。通过在“展开”和“角度”框中输入数值也可以设置笔尖的效果。

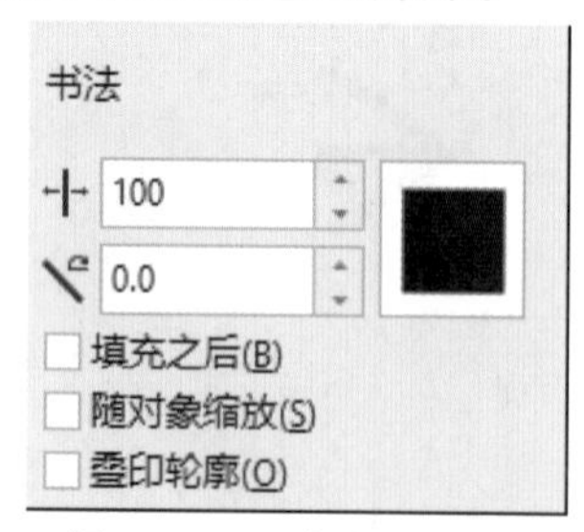

图 3-125　“书法”设置区

选择好刚编辑好的线条效果(见图3-124)。在“书法”设置区中设置笔尖的展开和角度，设置好后，单击OK按钮，线条的书法效果如图3-126所示。

图 3-126　线条的书法效果

在“轮廓”窗口中，选择“后台填充”命令，会将图形对象的轮廓置于图形对象的填充之后。图形对象的填充会遮挡图形对象的轮廓颜色，只能观察到轮廓的一段宽度的颜色。

选择“按图像比例显示”命令，在缩放图形对象时，图形对象的轮廓线会根据图形对象的大小而改变，使图形对象的整体效果保持不变。如果不选择“按图像比例显示”命令，在缩放图形对象时，图形对象的轮廓线不会根据图形对象的大小而改变，轮廓线和填充不能保持原图形对象的效果，图形对象的整体效果就会被破坏。

3.3.7　复制轮廓属性

当设置好一个图形的轮廓属性后，可以将它的轮廓属性复制给其他图形，下面将介绍具体的操作方法和技巧。

绘制两个图形，效果如图3-127所示。设置左侧图形的轮廓属性，效果如图3-128所示。

图 3-127　绘制两个图形

图 3-128　设置左侧图形的轮廓属性

按住鼠标的右键将左侧的图形拖放到右侧的图形上，当鼠标的光标变为靶形图标后，松开鼠标右键，效果如图3-129所示。将弹出如图3-130所示的快捷菜单，在快捷菜单中选择“复制轮廓”命令，左侧图形的轮廓属性就被复制到了右侧的图形上，效果如图3-131所示。

图 3-129　将左侧的图形拖放到右侧的图形上

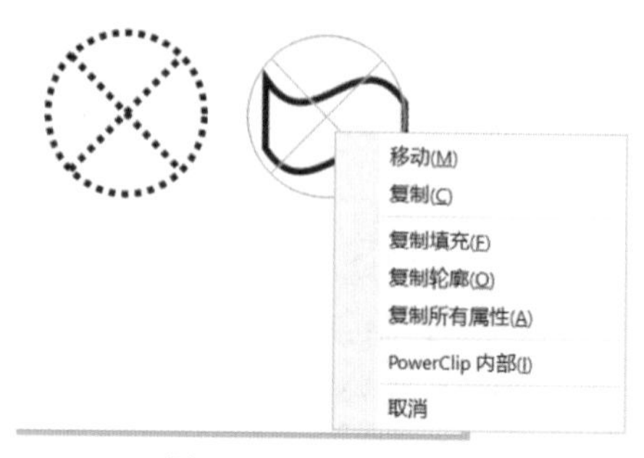

图 3-130　弹出的快捷菜单

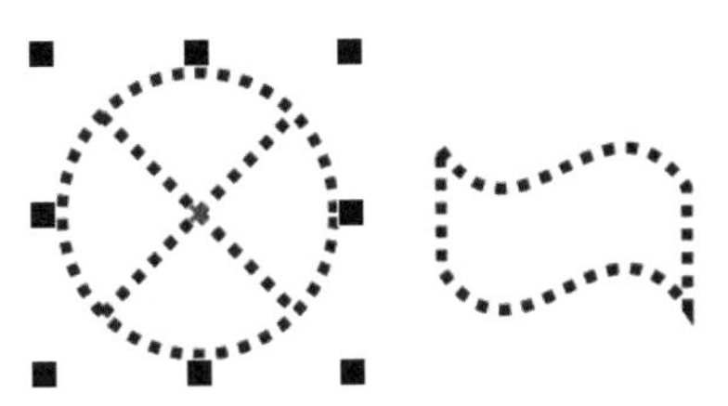

图 3-131　复制图形轮廓属性

温馨提示：

对于由多个简单图形组成的较复杂图形，在复制图形轮廓时，“箭靶”形状在哪个图形上，轮廓属性就会复制到哪个图形上。要使整个图形都具有另一个图形的属性，则需要复制多次。

3.4 “交互式连线”工具和“度量”工具

使用“交互式连线”工具，用户可以在流程图及组织图中绘制流程线，将图形连接起来。在移动一个或两个对象时，通过这些线条连接的对象仍保持连接状态。

使用“度量”工具，用户可以绘制标注来标注对象从而引起注意，还可以绘制尺度线，以指明图形中两点间的距离或对象的大小。线条上显示的尺度线及测量单位随对象的变化而变化。用户还可以设置尺度线的显示方式。

3.4.1 “交互式连线”工具

“交互式连线”工具包括三项，分别为直线连接器、直角连接器和圆直角连接器，其属性栏如图3-132所示。

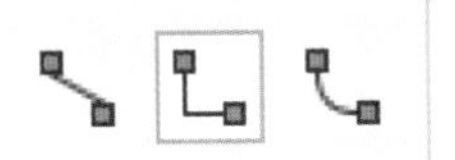

图 3-132　“交互式连线”工具的属性栏

1. 基本操作

(1) 选择“交互式连线”工具。

(2) 在绘图页面上单击，单击处就是连线的起点，向目标位置拖动鼠标，即可完成连线的绘制，效果如图3-133所示。

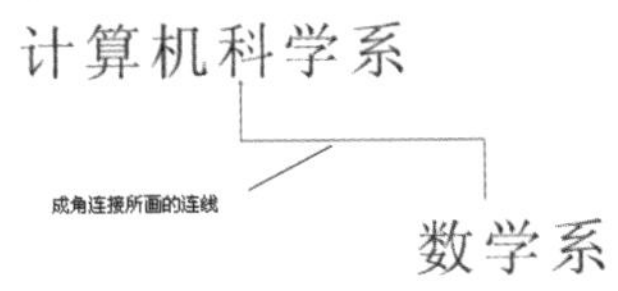

图 3-133　应用“交互式连线”工具绘制的图形

2. 修改属性

用户所绘制的连线的宽度、样式形状、起始箭头和终止箭头均可以修改，如图3-134所示。

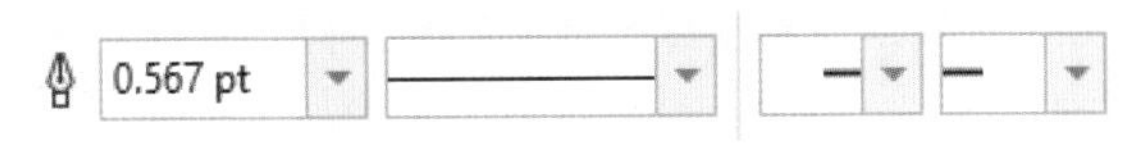

图 3-134　修改连线的宽度

3.4.2 “度量”工具

“度量”工具有平行度量、水平或垂直度量、角度尺度、线段度量和2边标注，如图3-135所示。

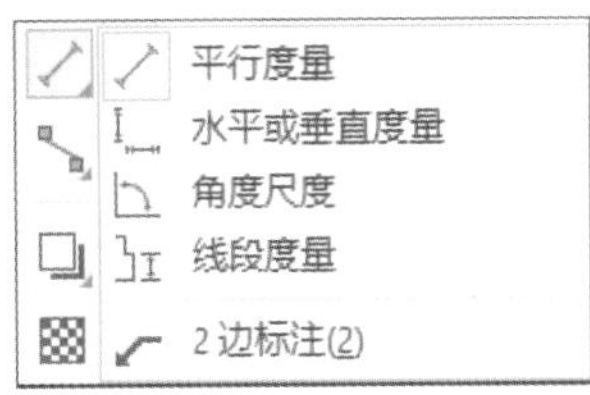

图 3-135　“度量”工具的属性栏

1. 水平或垂直度量

(1) 选择“水平或垂直度量”命令，单击图形顶点或底点。

(2) 移动鼠标至另一方向上的点，再次单击，并向某一方向拉动标注线，第3次单击时，系统将自动添加垂直距离标注，如图3-136所示。

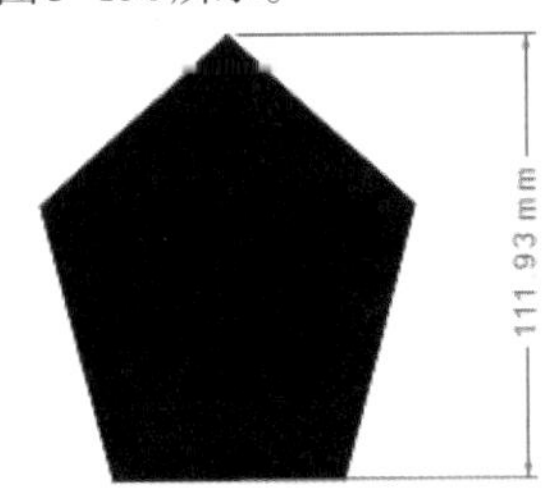

图 3-136　“水平或垂直度量”标注效果

2. 角度尺度

(1) 选择“角度尺度”命令，单击图形边缘上一点。

(2) 移动鼠标至角的另一边上的点，再次单击，并向某一方向移动鼠标，在第3次单击时，系统将自动添加角度标注，如图3-137所示。

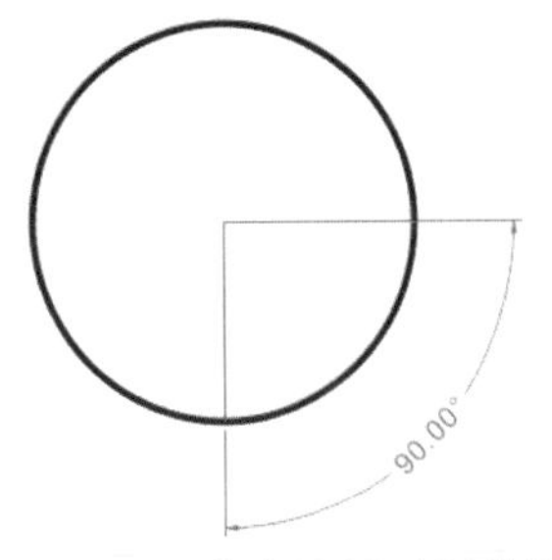

图 3-137　“角度尺度”标注效果

3. 2 边标注

(1) 选择“2边标注”命令，移动鼠标至直线起点，单击后鼠标变成矩形。

(2) 移动至直线终点再次单击，当第3次单击时，自动进入文本状态，此时可以手动添加文字标注，如图3-138所示。

图 3-138　“2 边标注”效果

温馨提示：

用户也可以在如图3-139所示的标注工具的属性栏中进行相关参数的设定。

图 3-139　标注工具的属性栏

3.5 “智能绘图”工具

“智能绘图”工具能够自动平滑曲线、最小化完美图像等，并且能够自动识别圆形、矩形、箭头和平行四边形。

“智能绘图”工具的使用方法如下：

(1) 选择“手绘”工具，右击，在弹出的快捷菜单中选择“智能绘图”工具。

(2) 用户可以在属性栏中设置“智能绘图”工具的形状识别等级、智能平滑等级和轮廓宽度等，如图3-140所示。

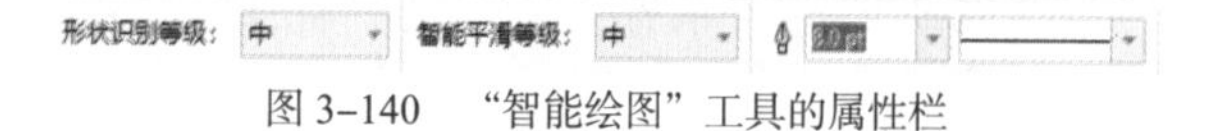

图 3-140　“智能绘图”工具的属性栏

(3) 使用鼠标在工作区中随意拖动，释放鼠标后，系统将自动平滑所绘制的图形，并使其智能调整图形为某一形状的图形，如图3-141所示。

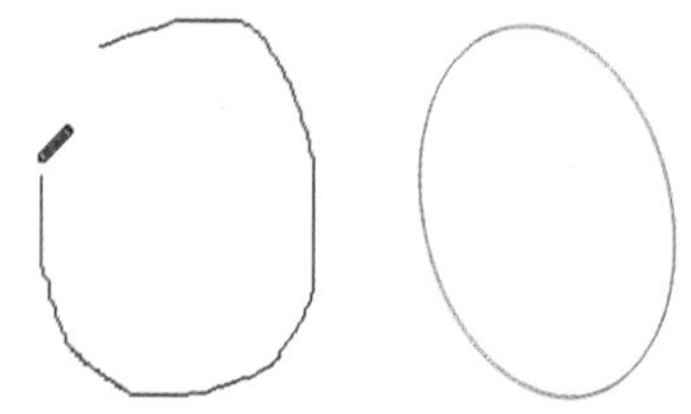

图 3-141　利用“智能绘图”工具绘制图形

3.6 综合案例：制作卡片

应用本章所学知识制作一张卡片，效果如图3-142所示。

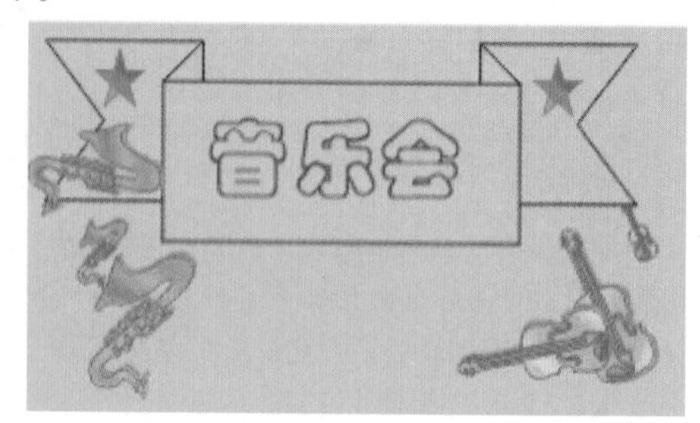

图 3-142　卡片

1. 制作思路

本案例将使用“艺术笔”工具来制作精美的卡片。首先制作卡片的背景图案；然后通过“艺术笔”工具截取合适的图案，放置在卡片上并添加文字；最后形成精美的卡片。

2. 使用的工具

“矩形”工具、“手绘”工具、“艺术笔”工具、“选择”工具和“文本”工具等。

3. 制作步骤

(1) 启动CorelDRAW，并新建一个文件。

(2) 绘制卡片的正面。

1) 单击工具栏上的“矩形”工具，并在工作区中随意画一个矩形。

2) 在矩形的属性栏中设置该矩形的宽和高分别为150和110。

3) 右击，打开矩形的属性栏，在“填充”中修改矩形的填充色，并在“轮廓”中修改矩形的轮廓颜色，效果如图3-143所示。

图 3-143　卡片的正面

(3) 在工具栏中选择“多边形”工具，切换到“常见的形状”工具，选择“条幅形状”类别下的下列图形，绘制在卡片中央，如图3-144所示。

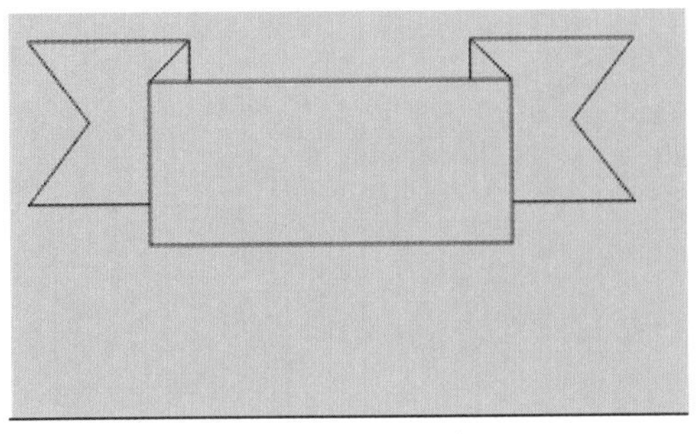

图 3-144　卡片图案

(4) 使用“文本”工具在卡片上拖动出一个文字输入区，输入“音乐会”，调整字体和字号，如图 3-145 所示。

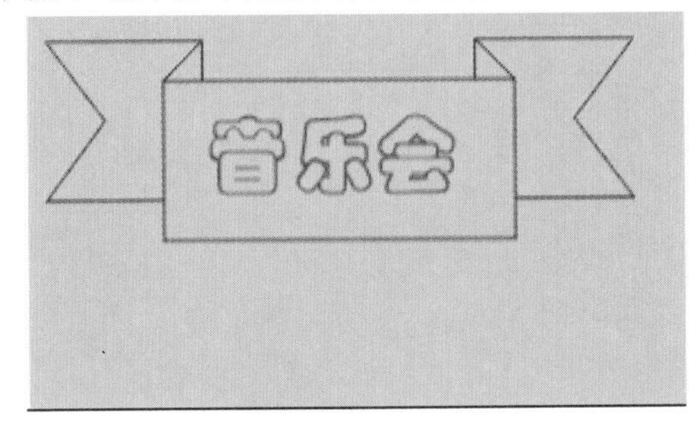

图 3-145　输入文字

(5) 选择“五角星”形状，绘制在条幅的两侧，如图 3-146 所示。

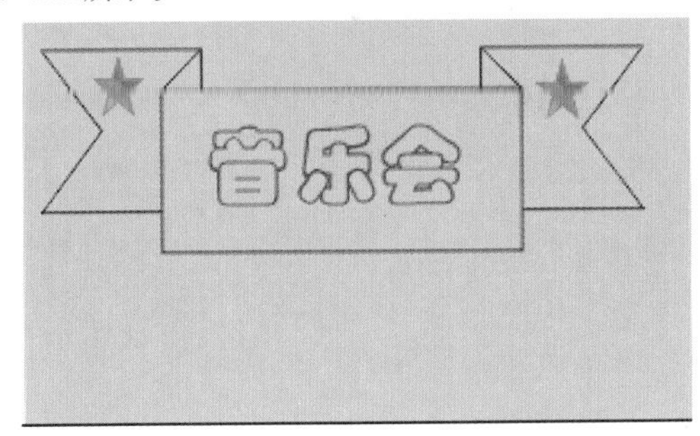

图 3-146　绘制五角星

(6) 在卡片的右边和左边各添加一个图案。单击“艺术笔”工具，选择喷涂笔刷。然后在该笔刷的属性栏的“喷涂文件列表”中选择“音乐”，在其中选择“萨克斯”图案。接着在工作区中绘制一个较简短的路径，如图 3-147 所示。

图 3-147　绘制路径

(7) 把“萨克斯”图案进行适当的缩放并放置在卡片的左下角，如图 3-148 所示。

图 3-148　放置萨克斯

(8) 按照步骤(6) 绘制“吉他”图案路径，把“吉他”图案进行适当的缩放并放置在卡片的右下角，框选这个卡片中的所有对象，选择“排列 / 组合”命令，把它合成一个组合对象后，这个卡片就绘制完成了，如图 3-149 所示。

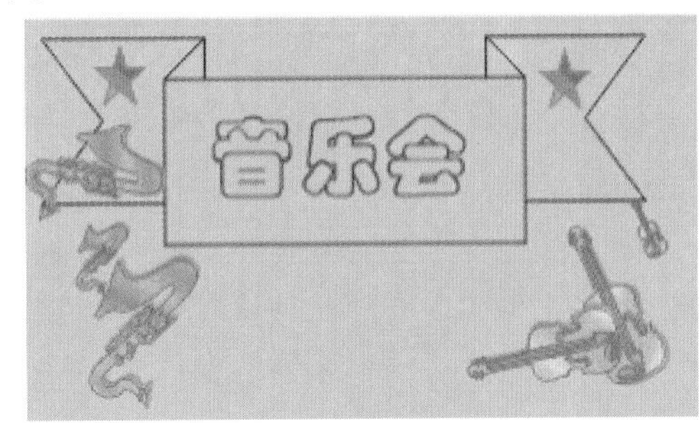

图 3-149　卡片绘制完成

3.7 本章小结

在 CorelDRAW 中，如果想绘制出复杂的图形，就必须掌握基本图形和曲线的绘制方法并运用好“艺术笔”工具、“轮廓”工具和“智能绘图”工具。本章详细介绍了矩形、椭圆形、多边形、网格、螺旋形、基本形状的绘制方法。本章对手绘曲线、贝塞尔曲线、3 点曲线的绘制也作了细致的讲解；对“艺术笔”工具的使用方法，也分别在预设笔刷、画笔笔刷、喷涂笔刷、书法笔刷、压感笔刷方面作了深入、全面的讲述；对“轮廓”工具也在使用“轮廓”工具、轮廓线的颜色、轮廓线的粗细、轮廓线的样式、轮廓线角的样式、线条的端头样式、复制轮廓属性方面作了更细致的讲解。此外，介绍了“智能绘图”工具。“智能绘图”工具能够自动平滑曲线，最小化完美图像等，并且能够自动识别圆形、矩形、箭头和平行四边形，为绘制图形提供了简便的方法。本章的内容对理解并掌握好绘图技巧具有重要的指导作用。希望大家认真学习，仔细领会，为以后的学习和能够随心所欲绘制自己想绘制的图形打下坚实的基础。

3.8 习题三

1. 填空题

(1) 利用“轮廓”窗口可改变图形或文字的轮廓线的________、________、________和确定是否使用角、箭头等。

(2) “智能绘图”工具能够自动识别许多形状，包括________、________、________和________，还能够智能平滑曲线。

(3) 当要从对象中心调整所选对象的大小时，需要按住________键，同时拖动任何一个角的控制柄。

(4) 使用“多边形”工具绘制的星形至少有______个角。

2. 选择题

(1) 使用“螺纹”工具绘制螺纹形状时，每圈螺纹间距固定不变的是(　　)。

A. 对称式　　B. 对数式
C. 线式　　D. 角度式

(2) 当需要绘制一个正圆形或正方形时，需要按住(　　)键。

A. Shift　　B. Alt
C. Ctrl　　D. Esc

(3)CorelDRAW 可否用来绘制工程图纸？(　　)

A. 可以　　B. 不可以
C. 能绘制简单的　　D. 只能绘制效果图

(4) 使用“手绘”工具绘制直线时需按住(　　)键。

A. Ctrl　　B. Alt
C. Shift　　D. Shift +Alt

(5) 使用(　　)工具可以产生连续光滑的曲线。

A. 手绘　　B. 贝塞尔
C. 自然笔　　D. 压感笔刷

(6) 在使用“钢笔”工具绘制线条的过程中，若要在某一点结束线条，需要(　　)。

A. 单击　　B. 双击
C. 右击　　D. 按下 Shift 键

(7) 与“贝塞尔”工具的特点和用途相近的绘图工具是(　　)。

A. “手绘”工具　　B. “折线”工具
C. “钢笔”工具　　D. “3点曲线”工具

(8)(　　)不可以用来绘制直线。

A. “手绘”工具　　B. “贝塞尔”工具
C. “形状”工具　　D. “折线”工具

3. 简答题

(1) 如何利用“手绘”工具绘制虚线？

(2) 如何利用“贝塞尔”工具绘制直线？

(3) 如何利用“3点椭圆形”工具穿过矩形的两个端点绘制一个椭圆形？

4. 操作题

运用本章所学知识制作一个卡通七星瓢虫，如图3-150所示。

图 3-150　卡通七星瓢虫

CorelDRAW对象的编辑与造形

教学目标

一幅精美的作品是由多个元素组成的，所以只学会对单个图形元素进行处理是远远不够的。如果各个图形元素不经过整形和排列，就会显得非常凌乱，毫无美感可言，也很难让人感到赏心悦目。

针对上面的问题，本章主要介绍对象造形的基本技术，包括焊接、组合、裁剪等操作技巧。焊接、修剪、相交、简化、前减后和后减前命令对处理图像的重合部分十分有效。橡皮擦、刻刀工具对图像的裁剪等操作很有帮助。本章附带了一个简单的实例操作，可供读者利用本章介绍的技巧和工具进行实战操作。

重点与难点

- 对象的造形编辑操作
- 对象的形状编辑操作
- 对象的填充编辑操作
- 对象的组合编辑操作
- 节点的编辑操作

4.1 对象造形

4.1.1 焊接

焊接 ⧉ 就是用单一轮廓将两个对象组合成单一曲线对象。源对象被焊接到目标对象上，以创建具备目标对象的填充属性和轮廓属性的新对象，所有交叉线都将消失。

用户可以焊接克隆对象(所谓“克隆”，就是对象或图像区域的副本，它链接着主对象或图像区域，对主对象所做的大多数更改会自动应用到其克隆对象上)，也可以焊接不同图层上的对象，但是不能焊接段落文本、尺度线或克隆的主对象，焊接的使用方法非常简单，可按照下列步骤进行操作。

1. 确定目标对象

(1) 按住Shift键选中需要操作的多个图形对象，确定目标对象。

(2) 圈选时，压在最底层的对象就是目标对象，在最上层的就是源对象；多选时，最后选中的对象就是目标对象，在此之前的称为源对象。

2. 对目标对象进行焊接

(1) 方法一：单击属性栏上的“焊接”按钮 ⧉，即可完成对多个对象的焊接，如图4-1所示。

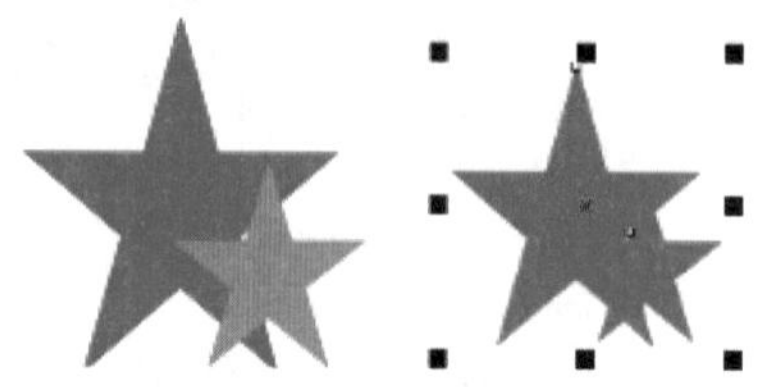

图 4-1　执行“焊接”命令后的效果

(2) 方法二：在“造形”泊坞窗的下拉列表框中，选中“焊接”功能选项，单击“焊接到”按钮，然后单击目标对象，即可完成焊接。

温馨提示：

如果用户在“选择”工具上双击，则可以选择全部对象；如果按住Shift键并单击，则可以选择多个对象；如果按住Ctrl键并单击，则可以在群组中选择对象。

4.1.2 修剪

修剪 ⧉ 是通过移除重叠的对象区域来创建不规则形状的对象。使用“修剪”功能可以将目标对象交叠在源对象上的部分修剪掉，以创造不规则的选区。用户几乎可以修剪任何对象，包括克隆不同图层上的对象以及带有交叉线的单个对象，但是不能修剪段落文本、尺度线或克隆的主对象。可以将前面的对象作为源对象来修剪它后面的对象，也可以用后面的对象来修剪前面的对象。还可以去除重叠对象的隐藏区域，在绘图中只保留可见区域。修剪对象前必须确定目标对象以及源对象。执行“修剪”命令后的效果如图4-2所示。

图 4-2　执行“修剪”命令后的效果

4.1.3 相交

相交 ⧉ 允许用户在多个对象重叠的区域创建一个新的对象。执行“相交”命令后，可以在两个或两个以上对象的交叠部分产生一个新的对象，新的对象的填充和轮廓的属性取决于目标对象。执行“相交”命令后的效果如图4-3所示，红五角星的角为产生的新对象。利用属性栏也能实现对象相交，选中要相交的对象组，然后单击属性栏上的“相交”按钮即可完成相交操作。

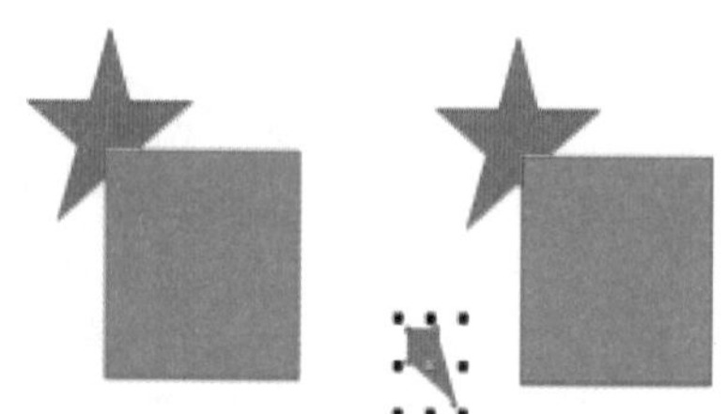

图 4-3　执行“相交”命令后的效果

温馨提示：

无论使用哪种相交操作，都要注意，操作的对象必须是重叠的。只有重叠的对象才能执行相交操作。

4.1.4 简化

“简化” ⧉ 可以减去后面的对象与前面的对象相重叠的部分，并保留前面和后面的对象，即将两个或多个重叠对象的交集部分创建一个新的对象，新对象的属性以目标对象为准，效果如图4-4所示。请注意与“前减后”命令的区别。图4-4是把红五角星挪开后的形状，红五角星并没有消失，此处为了方便读者观察，便把五角星移开了，在操作中请注意区分。

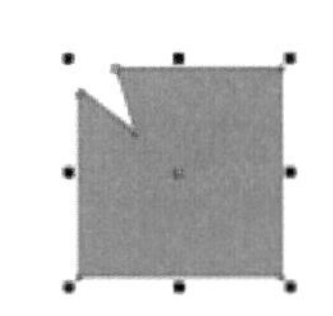

图 4-4　执行“简化”命令后的效果

4.1.5　前减后

“前减后” 可以减去后面的对象及前、后对象的重叠部分，只保留前面对象的剩余部分，效果如图4-5所示。请注意与“简化”命令的区别，此处的红五角星会消失。

图 4-5　执行“前减后”命令后的效果

4.1.6　后减前

“后减前” 可以减去前面的对象及前、后对象的重叠部分，只保留后面对象的剩余部分，此时绿色的矩形消失，效果如图4-6所示。

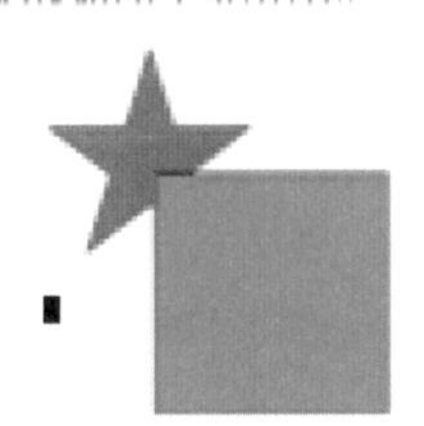

图 4-6　执行“后减前”命令后的效果

温馨提示：

在执行“前减后”和“后减前”命令时，一定要注意对象的叠放顺序，如图4-7所示。绿色五角星在红色五角星的前面，如果要把它放到后面，则应选中绿色五角星，然后在绿色五角星上右击，执行“顺序/到图层后面”命令即可，如图4-8所示。

图 4-7　对象的叠放顺序

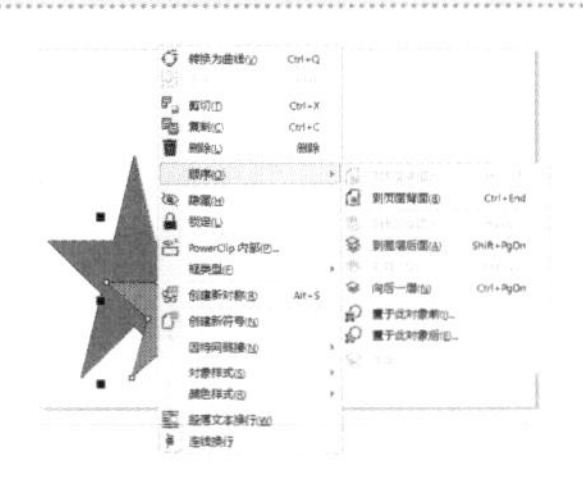

图 4-8　改变对象的叠放顺序

4.1.7　组合

“组合” 可以将多个对象绑定到一起，作为一个整体来处理，这对于保持对象间的位置和空间关系非常有用。另外，“组合”命令还可以创建嵌套的群组。

例如，可以将组成一个绘图的背景或框架中所有的对象进行组合，然后在不破坏其相对位置的情况下移动它们。如果要把相同的格式、属性或其他更改应用于一系列对象中，会发现组合非常有用，如果想分离一个组合，可以使用“取消组合”命令来完成。

使用方法很简单，框选所有需要组合的图形，或者按Shift键，然后用“选择”工具选中所有图形，如图4-9所示，再执行“组合”命令就可以实现效果了。将对象组合以后，也可以单独选出其中的某个对象，以图4-10中的两个对象的组合为例，按住Ctrl键，同时单击组合中的一个对象，即可在组合对象中选中该对象。如果想取消组合，在框选图形的情况下，单击属性栏上的“取消组合” 按钮可以取消组合。“取消组合”命令把一个组合拆分为几个独立对象。如果有嵌套组合，并且想以原始对象为结束目标，可以通过单击 按钮来完成。

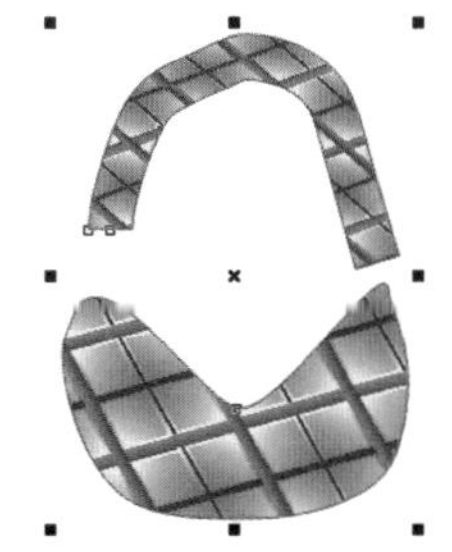

图 4-9　两个对象组合

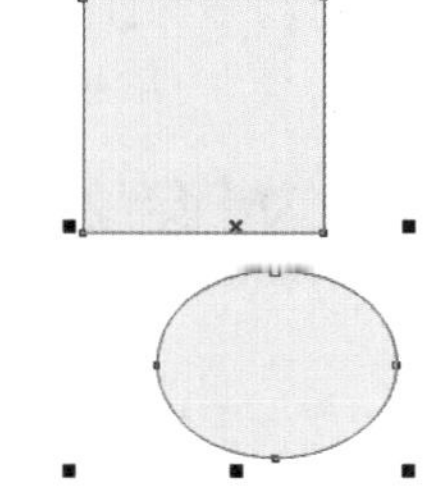

图 4-10　执行“组合”命令后的图形

4.1.8　结合、拆分、锁定对象

1. 结合对象

“结合”命令将两个或两个以上的对象创建成一个单独的对象，当原始对象有重叠的地方时，重叠的地方将被移除，成为空白区域，框选需要结合的图形，如图4-11所示。执行“排列/结合”命令，可以得到如图4-12所示的新图形。

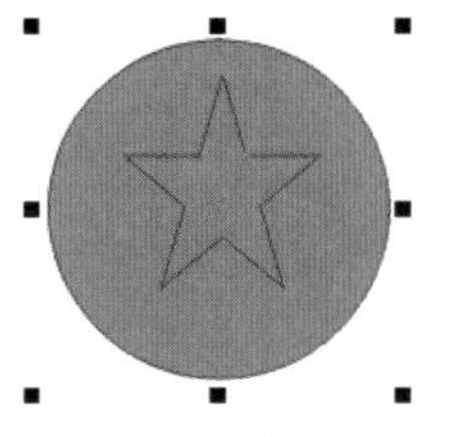

图 4-11　结合前

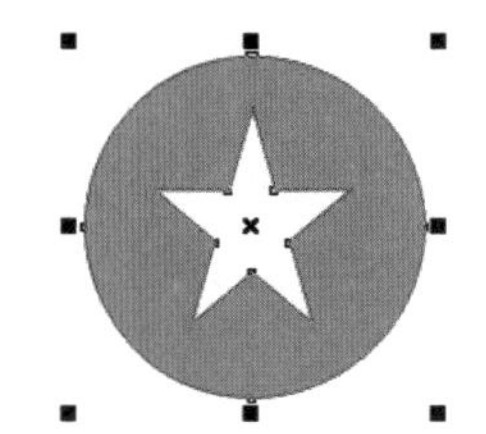

图 4-12　结合后

2. 拆分对象

“拆分”命令是把一个组合对象拆分成独立对象，拆分在修改剪贴画时是很有用的，许多剪贴画是通过组合多个对象而创建的。拆分这些对象后可以修改特定的独立对象而不修改其他对象，还可以使用“拆分”命令拆分艺术字，但必须使用“排列/转换为曲线”命令把文本转换为曲线才能使用。

3. 锁定对象

有时为了避免绘制的图形对象被意外改动，可以使用“锁定”命令，将对象锁定。锁定对象后，将不能再对它进行编辑，除非解除了对它的锁定。

选中要锁定的一个或多个对象，然后执行“排列/锁定对象”命令，就可将对象锁定，如图4–13所示。

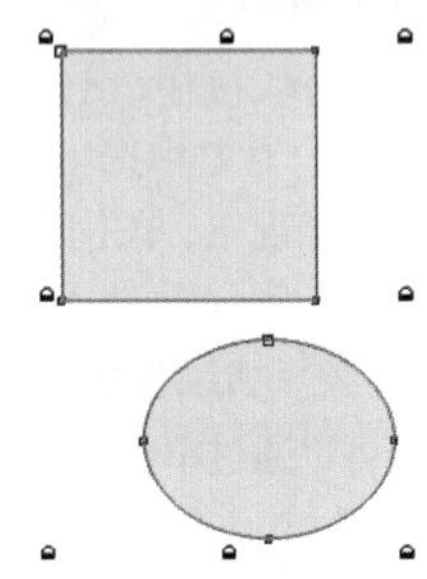

图 4–13　锁定后的对象

4.2 对象编辑

4.2.1 对象的形状编辑

变换与调整

CorelDRAW提供了一系列的工具和命令用于对象的编辑，利用这些工具或命令，用户可以灵活地编辑与修改对象，以满足自己的设计需要。

“形状”工具是对路径和节点进行操作的工具，它可以改变文本、线条、位图和矩形的形状。单击这项工具的右下角的小三角按钮，就可以打开其级联菜单。它是该工具栏中默认启动的工具。

“形状”工具的级联菜单中包括平滑、涂抹、转动、吸引和排斥等多个工具，如图4–14所示。

图 4–14　“形状”工具的级联菜单

1. 使用“涂抹”笔刷工具编辑对象

利用好涂抹笔刷，用户可以更加随心所欲地绘制更为复杂的曲线图形，可以使用 CorelDRAW 在“形状”工具组中的两个基于向量图形的变形工具——涂抹笔刷和粗糙笔刷。在外接了手写板和压感笔后，涂抹笔刷和粗糙笔刷还支持压感功能，可感知压感笔的倾斜姿态和方向，将压感笔与手写板配合使用时，可使手绘效果更加逼真。涂抹笔刷可在向量图形对象(包括边缘和内部)上任意涂抹，以达到变形的目的。涂抹笔刷能任意修改曲线的形状，是用户绘制更复杂的线条和图形的得力工具。要获取涂抹控制的最小值和最大值，可以右击属性栏上的选项，然后单击“设置”按钮。

(1) 使用“选择”工具选定需要处理的图形对象。

(2) 从工具箱的“形状”工具的级联菜单中选择“涂抹”笔刷工具。

(3) 此时光标变成了椭圆形，拖动鼠标即可涂抹路径上的图形，如图4–15所示。

图 4–15　使用涂抹笔刷的效果

(4) 在属性栏的 40.0 mm 增量框中可以设置涂抹笔刷的宽度。

(5) 在 85 增量框中可以设置涂抹笔刷的力度，单击按钮可转换为使用已经连接好的压感笔模式。

(6) 在选择框中可以设置涂抹的方式，如“平滑涂抹”或“尖状涂抹”。

需要注意的是，不能将涂抹应用于嵌入、链接图像、网格、遮罩或网状填充的对象，也不能应用于具有调和效果和轮廓图效果的对象。

2. 使用“粗糙”笔刷工具编辑对象

粗糙笔刷是一种多变的变形工具，它可以改变向量图形对象中曲线的平滑度，从而产生粗糙的变形效果。利用粗糙效果，可以将锯齿或尖突的边缘应用于对象，包括线条、曲线和文本。无论是激活图形蜡版笔还是将设置应用于鼠标，都可以控制其缩进的大小、角度、方向以及数量。

将压感笔与手写板配合使用时，粗糙效果取决于图形蜡版笔的移动或固定设置，或者取决于将垂直尖突自动应用于线条。面向或远离蜡版表面斜移笔可增加和减少尖突的大小。使用鼠标时，可以指定介于1~90的斜移角度。将粗糙效果应用于对象时，可以通过改变笔的旋转(或持笔)角度来确定尖突的方向。使用鼠标时,可以设定介于0~359的持笔角度。也可以在拖动时增加或减少尖突的应用数量。

粗糙效果也可以响应蜡版笔的压感。应用的压感越大,在粗糙区域中创建的尖突就越多。使用鼠标时,可以指定相应的值来模拟笔的压感。使用方法如下:

(1)使用“选择”工具选定需要处理的图形对象。

(2)从工具箱中“形状”工具的级联菜单中选择“粗糙”笔刷工具。

(3)在向量图形的轮廓线上拖动鼠标,即可将其曲线粗糙化,如图4-16所示。

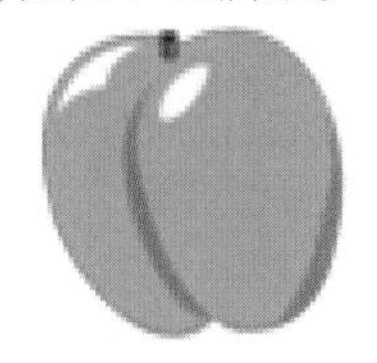
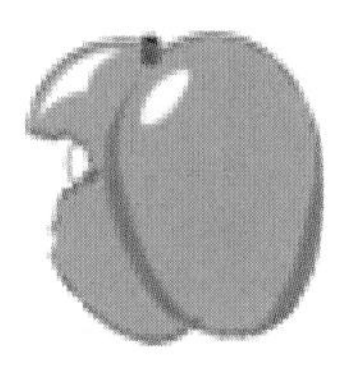

图 4-16　使用粗糙笔刷的效果

(4)粗糙笔刷的设置与涂抹笔刷类似,但是其可以在  增量框中设置笔尖方位角度值。

温馨提示:

涂抹笔刷和粗糙笔刷应用于规则形状的向量图形(如矩形和椭圆等)时,会弹出“提示”对话框提示用户:涂抹笔刷和粗糙笔刷仅用于曲线对象,是否让CorelDRAW自动将其转成可编辑的对象?此时,应单击OK按钮或者先按快捷键Ctrl+Q,将其转换成曲线后再应用这两个变形工具。

3. 使用“自由变换”工具编辑对象

使用“自由变换”工具配合属性栏上的选项,可以自由地将对象旋转、镜像、缩放与倾斜,也可以水平或者垂直镜像。使用“自由变换”工具,用鼠标按住要旋转的图像作为旋转点的某一点,图像会呈现蓝色外框形状,并且产生一条与旋转方向相一致的蓝色虚线,蓝色框即为变换后的图形的位置,如图4-17所示,将图形旋转到满意的角度后松开鼠标即可。

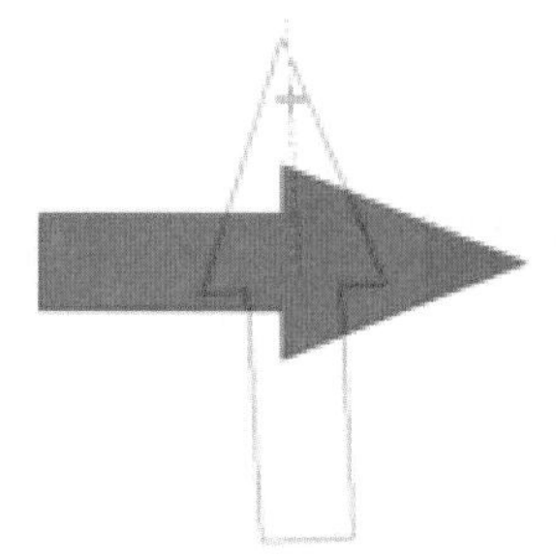

图 4-17　使用“自由变换”工具的效果

4. 使用“橡皮擦”工具编辑对象

使用“橡皮擦”工具可以改变、分割选定的对象或路径。使用该工具在对象上拖动,可以擦出对象内部的一些图形,而且对象中被破坏的路径会自动封闭。处理后的图形对象和处理前的具有同样的属性。

使用“橡皮擦”工具的方法如下:

(1)使用“选择”工具选定需要处理的图形对象。

(2)从工具箱中“裁剪”工具的级联菜单中选择“橡皮擦”工具。

(3)此时光标变成了橡皮擦形状,拖动鼠标即可擦除路径上的图形,如图4-18所示。

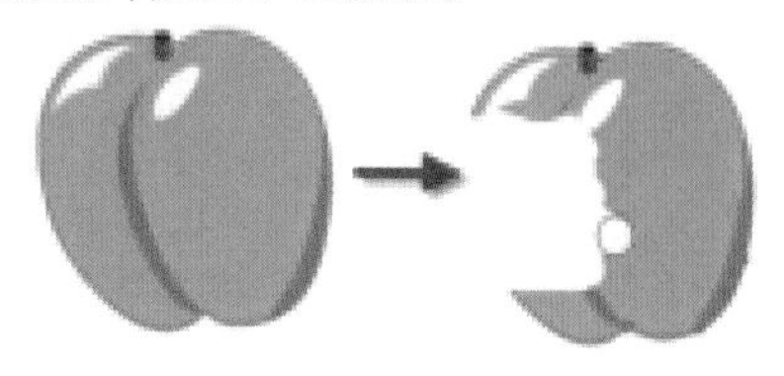

图 4-18　使用“橡皮擦”工具的效果

(4)可以在属性栏的 2.646 mm 增量框中设置“橡皮擦”工具的宽度。

(5)可以在属性栏的形状 ○□ 选择框中设置“橡皮擦”工具的笔尖形状。

5. 使用“刻刀”工具编辑对象

“刻刀”工具在CorelDRAW中的应用十分广泛,使用“刻刀”工具可以将对象分割成多个部分,但是不会使对象的任何一部分消失。

“刻刀”工具不仅可以将对象切割成相互独立的曲线,也可以将图形截断成两条非封闭的曲线,还可以将图形截断成两个各自封闭的曲线对象。

使用“刻刀”工具编辑对象的方法如下:

(1)在工具箱中选中“刻刀”工具,注意不要按下按钮,此时光标变成了刻刀形状。

(2)在属性栏中选择按钮,注意不要按下按钮,可以将对象切割成相互独立的曲线,且原有的填充效果将消失,如图4-19所示。

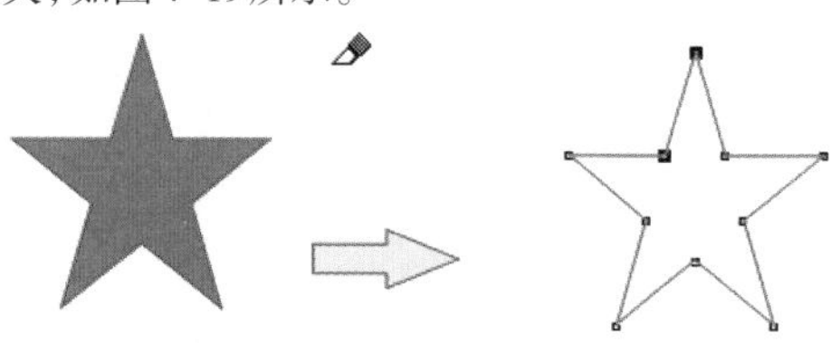

图 4-19　原有的填充效果消失

(3)将鼠标移动到图形对象的轮廓线上,分别在不同的截断点位置单击。

(4)此时可看到图形被截断成了两条非封闭的曲线,且原有的填充效果消失,如图4-20所示。

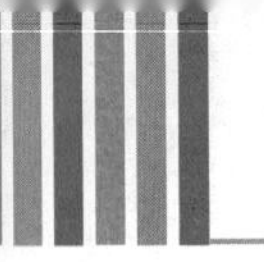

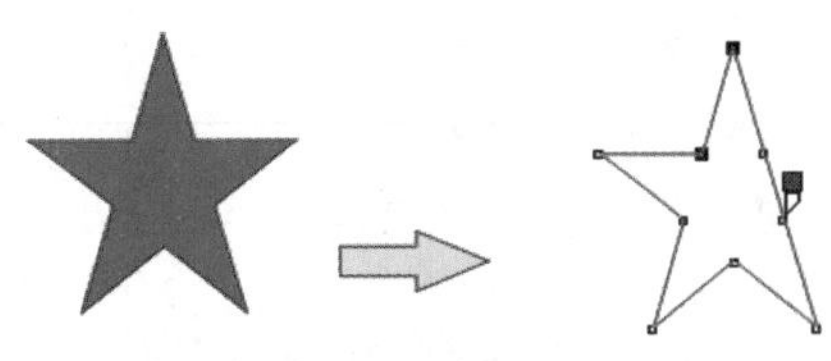

图 4-20　图形被截断

(5) 在属性栏中选择按钮，可以将被截断的对象自动生成封闭曲线，并保留填充属性。原来的两个接点现在被一条线段分为独立的两部分，并且两部分都呈现选中状态，如图4-21所示。

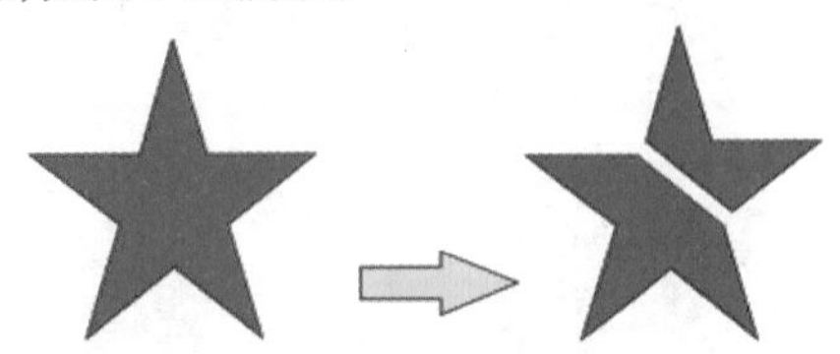

图 4-21　图形被截断，保留填充属性

(6) 将鼠标移动到图形对象的轮廓线上，分别在不同的截断点位置单击，此时看到图形被截断成两个各自封闭的曲线对象，如图4-22所示。

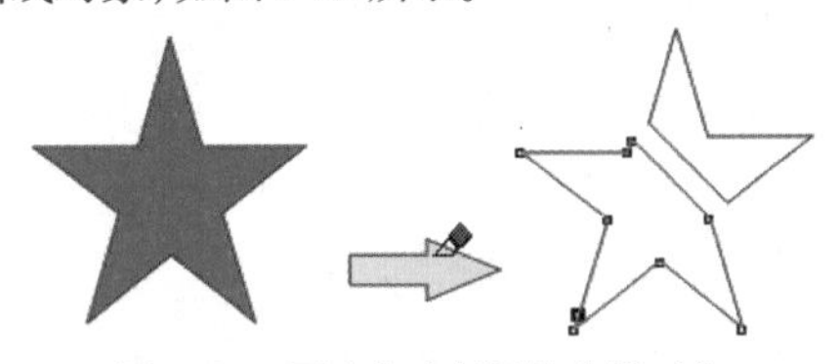

图 4-22　两个各自封闭的曲线对象

(7) 也可以用拖动的方式来切割对象，不过这种方式在切割处会产生许多多余的节点，并且会得到不规则的截断面，如图4-23所示。

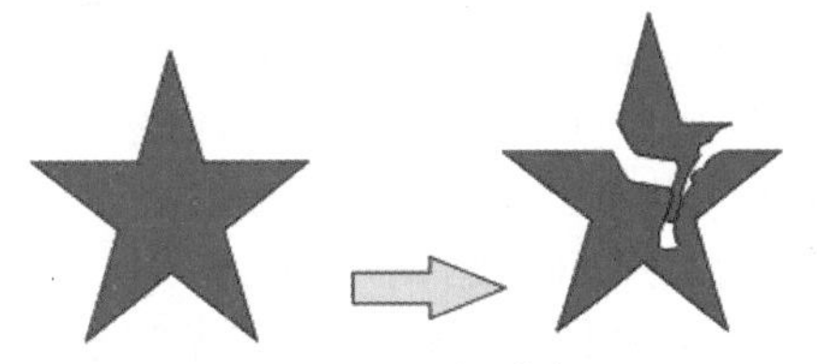

图 4-23　不规则的截断面

(8) 如果在属性栏中同时按下和按钮，则可以将该对象转换为一个多路径的对象，如图4-24所示。

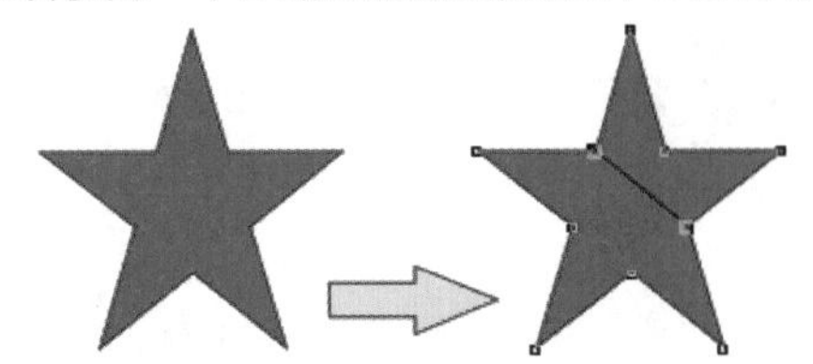

图 4-24　多路径的对象

6. 使用“删除虚设线”工具编辑对象

“删除虚设线”工具可以删除相交对象中两个交叉点之间的线段，从而产生新的图形形状。该工具的操作十分简单，具体方法如下：

(1) 在“裁剪”工具组中选择“删除虚设线”工具。

(2) 移动鼠标到删除的线段处，此时“删除虚设线”工具的图示会竖立起来。

(3) 单击即可删除选定的线段，如图4-25所示。

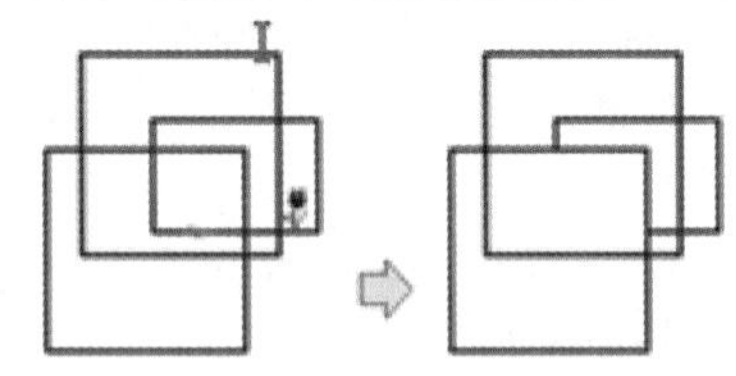

图 4-25　删除虚设线

(4) 如果想要同时删除多条虚设线，可拖动鼠标在这些线段附近绘制一个虚线框，选取虚线框后，释放鼠标即可，如图4-26所示。

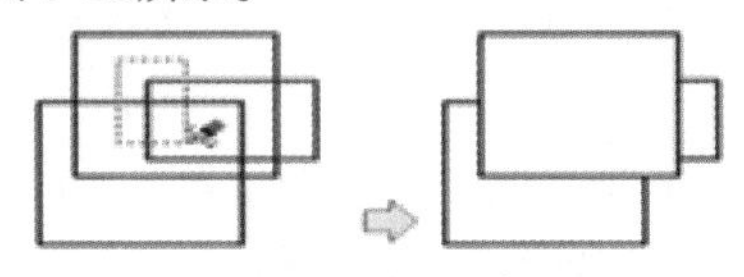

图 4-26　同时删除多条虚设线

4.2.2　填充的编辑

用于填充的内容主要包括图样和颜色两种，图样填充主要包括底纹填充和图案填充；颜色填充主要包括RGB模式和CMYK模式的颜色填充。

填充展开工具栏主要包括填充、渐变填充、向量图样填充、位图图样填充、双色图样填充、底纹填充和PostScript填充等按钮。

1. “填充”对话框

首先确定需要填充的对象，单击“填充”按钮，会弹出如图4-27所示的对话框。

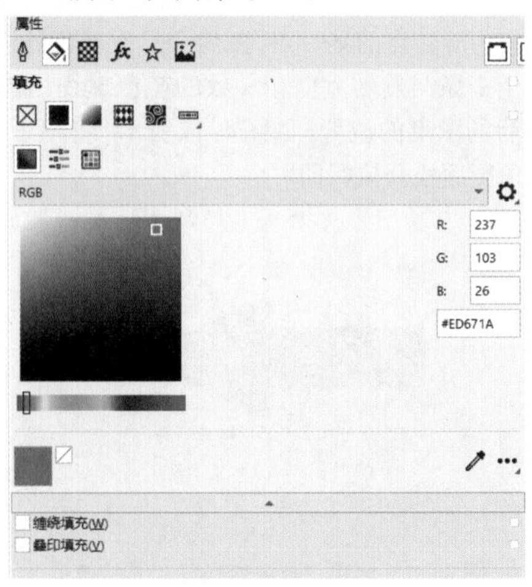

图 4-27　“填充”对话框

从“填充”对话框中可以看到三个选项卡，用户可以根据不同的需要来选用相应的色彩模式。选择好以后，单击“确定”按钮就可以将其应用到所选的图形上。

2.　“渐变填充”对话框

单击“渐变填充”按钮，就可以打开如图4-28所示的对话框。在填充类型的下拉菜单中有四种模式可以选择，分别是线性、射线、圆锥和方角。在下方的预设下拉菜单中有90余种预设模式可供选择，用户也可以根据自己的需要来自定义渐变。在选项调和部分，用户可以任意定义颜色间的填充。

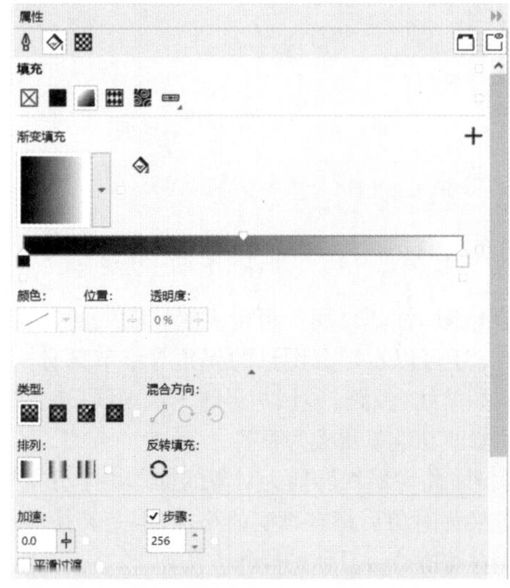

图 4-28　“渐变填充”对话框

3. “向量图样”填充对话框

在“渐变填充”按钮之后是“向量图样填充”按钮，单击，会弹出“向量图样”填充对话框，如图4-29所示。向量图样填充提供了三种图案模式，分别是双色、全色、位图，分别有三种不同样式的图案供选择。选择图案以后，用户可以根据需要再对图案进行修整。调整原点可以对图案的中点进行任意变换，变换可以对图案进行一定角度的倾斜和旋转。

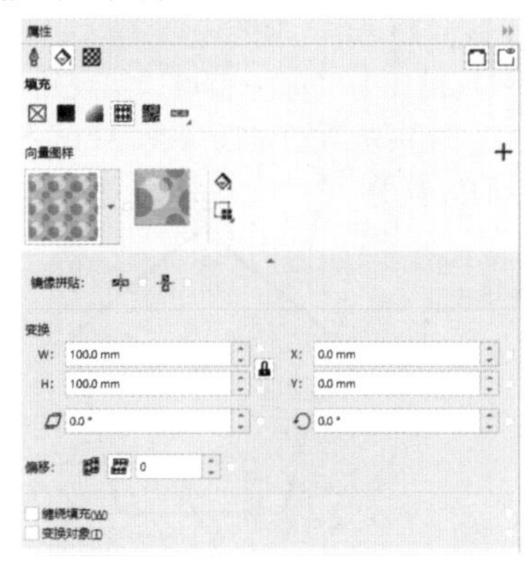

图 4-29　“向量图样”填充对话框

4. “位图图样”填充对话框

在“向量图样填充”按钮之后是“位图图样填充”按钮，单击，会弹出“位图图样”填充对话框，如图4-30所示。

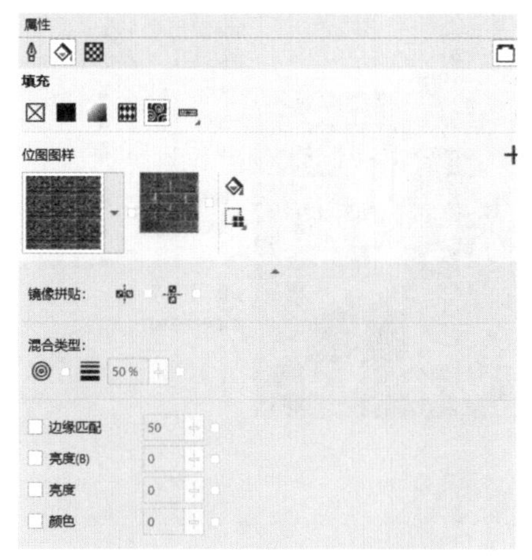

图 4-30　“位图图样”填充对话框

5.　“双色图样填充”对话框

“双色图样填充”对话框如图4-31所示，在库中提供了30余种双色图样样式，用户有极大的选择空间，并且同图案填充一样，在每种选中的图样的右边都有能更改“双色”颜色的方式，用户可以随意调节自己需要的图案和颜色。

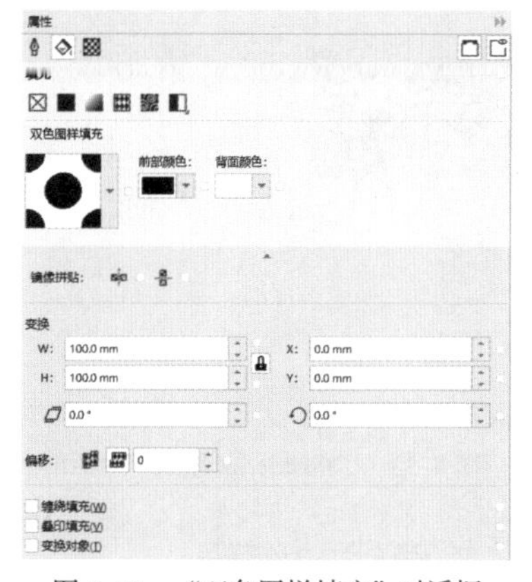

图 4-31　“双色图样填充”对话框

6. “底纹填充”对话框

“底纹填充”对话框如图4-32所示，在底纹库中提供了30余种底纹样式，并且同图案填充一样，选中的每种底纹在右边都有能精细调节的方式，或者每按一次预览按钮，都能随机出现一次底纹属性，直到出现满意的底纹为止。

7. “PostScript 填充”对话框

“PostScript 填充”对话框如图4-33所示，有多种填充图案可供选择，在右边能够对图案的参数进行精细化修改。

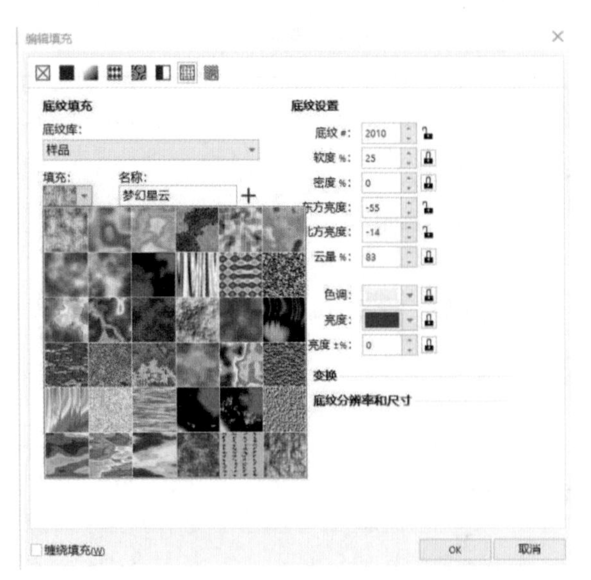

图 4-32 “底纹填充”对话框

编辑填充
PostScript 填充
填充底纹:
爬虫
爬虫
绿叶
绿草
鸟
裂纹
六边形
篮编织
泡泡
刷新(R)
频度: 4
灰1: 60
灰2: 30
灰3: 0
行宽: 8
缠绕填充(W)
OK
取消

图 4-33 “PostScript 填充”对话框

4.2.3 轮廓线的编辑

轮廓线和路径一样，也是图形的一种属性。在矢量图中，从狭义的概念来讲，“对象”就是路径，一个图形可以没有轮廓线，但是不能没有路径。轮廓线是图形的一个重要属性，它勾勒出了图形的轮廓形状，表达了图形的路径。

轮廓线有宽度、颜色、虚实线类型等属性，并且可以对其属性进行编辑，从而丰富了画面效果和画面内容。

单击“轮廓”工具按钮 可以打开“轮廓笔”对话框，如图 4-34 所示。对图形轮廓线的所有设置都可以在此对话框中完成。

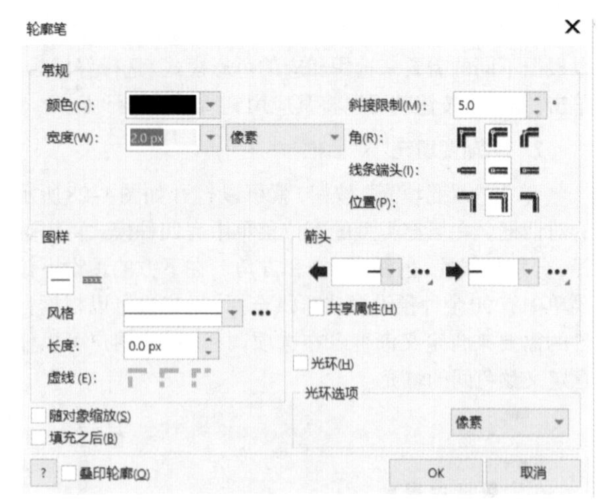

图 4-34 “轮廓笔”对话框

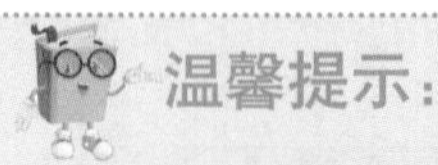

温馨提示：

按 F12 键也可以打开“轮廓笔”对话框。

在该对话框中，用户可以设置轮廓线的宽度、样式等属性，还可以自定义图形的拐角等细节部分的类型。在绘制如航线、铁路、地域边界等不规则线段时，轮廓线属性的修改功能显得尤为重要。

另外，将轮廓线转换为对象的操作也十分重要。轮廓线转换为对象后将有真实的路径，但是转换后的对象将不存在轮廓线。具体的操作方法如下：

(1) 选中一个具有轮廓线的对象，如图 4-35 所示。

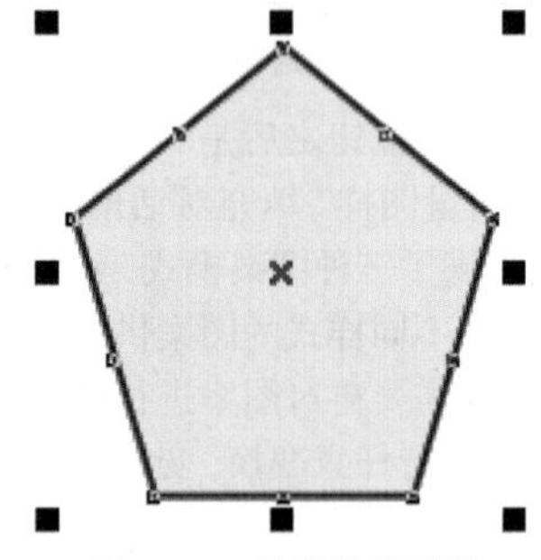

图 4-35 轮廓线的图形

(2) 按快捷键 Ctrl+Shift+Q 就可以实现轮廓线与图形的相互脱离。图 4-36 所示是按快捷键 Ctrl+Shift+Q 并移动轮廓线以后的效果。

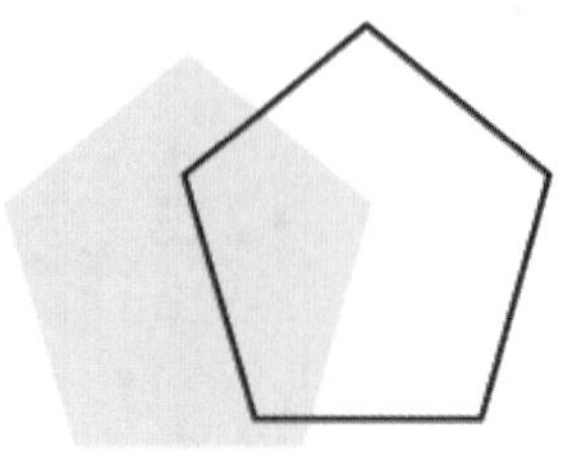

图 4-36 轮廓线脱离

把原来的对象的轮廓线转变为对象以后，原对象失去了原有的轮廓线属性，但是其他的属性没有任何变化；产生的新的曲线对象的属性不会与原来的对象一样，需要用户视情况进行设置。

4.2.4　对象的组合排序

1. 排列对象

在多个对象并存的情况下，对象的顺序属性直接影响了画面的效果。在CorelDRAW中默认的情况是新创建的对象总是在以前的对象的上面。指定对象的顺序主要通过“排列/顺序”命令来实现。

首先选中需要变换的对象，然后执行“排列/顺序”命令，出现如图4-37所示的菜单，在这个菜单中，用户可以根据需要调整顺序。

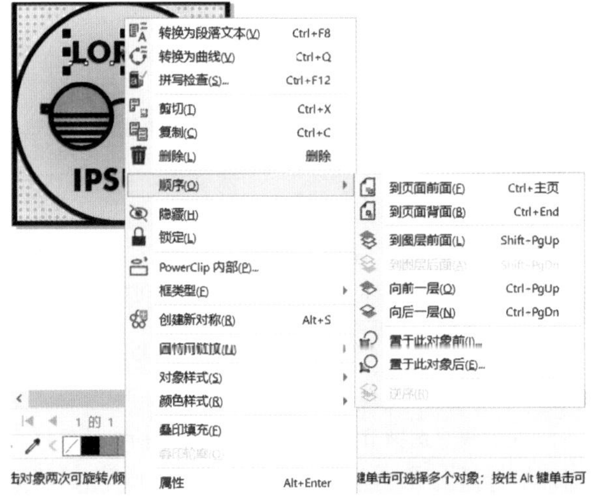

图4-37　对象的顺序

【到页面前面/背面】：将选中的对象调整到其他所有的对象的前/后面。

【到图层前面/后面】：将选中的对象调整到本图层的对象的前/后面。

【向前/后一层】：将选中的对象向前/后移动一层。

图4-37中的各个命令后面的按键组合是各个命令所对应的快捷键。

2. 对齐与分布对象

有时为了达到特定的效果，需要精确对齐和分布对象，利用CorelDRAW提供的“对齐与分布”功能可以很容易地做到这一点。

在指明了对齐对象的方式之后，还需要指出要对齐到什么位置，CorelDRAW提供了两个选项：页面边缘、页面中心。

执行“对齐与分布”命令，可以打开如图4-38所示的对话框。该对话框中包括了所有的对齐方式。

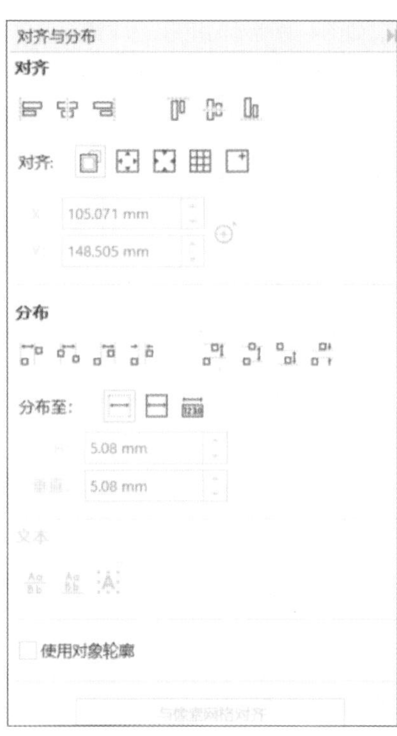

图4-38　“对齐与分布”对话框

如果启用了“对齐网格”功能，“页面边缘”和“页面中心”功能将变为灰色，在这种情况下，对象将对齐到最近的网格点上；如果启用了“右对齐”和“对齐网格”功能，对象将移动以使其右边界对齐到最近的垂直网格上，而对象之间不必相互对齐。

在绘图时，使对象之间的间距相等也能发挥重要的作用，以等间距来放置对象会使绘制出的图形具有精美且专业的外观。

分布控件可以满足均匀间距的要求，将对象排列后，对象的中心点或特定的边界将按照相等间距分开。

4.3 利用节点进行形状编辑

4.3.1　“节点编辑”工具

设计人员在进行创作的时候，不可避免地要与曲线打交道。对于曲线而言，对节点进行编辑是非常关键的操作，对于部分非曲线对象，使用“选择”工具和“节点编辑”工具也能以特定的方式改变对象的形状。例如，使用“椭圆形”工具创建的圆形或者椭圆形可以通过“节点编辑”工具或“选择”工具拖动其顶点位置的节点，使其变成圆角矩形或者其他形状。

本章前面提到的“形状”工具在这里也能作为“节点编辑”工具来使用，它的主要作用对象是对象的节点和路径，熟练使用“形状”工具是利用节点编辑曲线对象的核心和基础。如图4–39所示的矩形，选中矩形后单击“形状”工具，矩形的节点便呈现了出来，如图4–40所示。

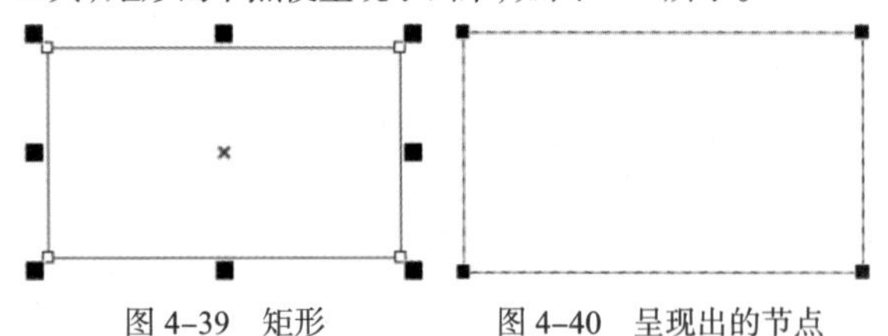

图 4–39　矩形　　图 4–40　呈现出的节点

选中其中一个节点，顺势拖动节点，矩形就变成了相应的圆角矩形，如图4–41所示。

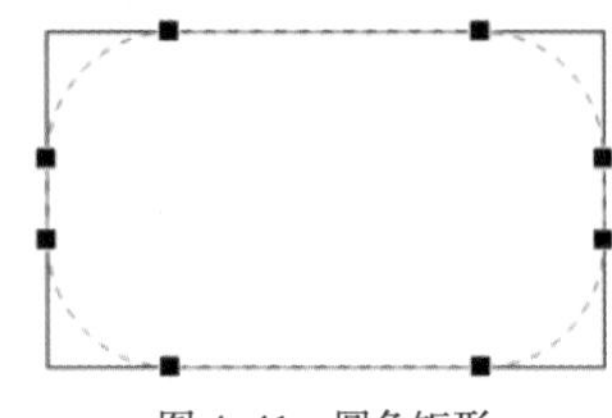

图 4–41　圆角矩形

使用“节点编辑”工具能够以拖动对象的节点、节点的控制点、曲线片段的方式塑造路径的形状。这几种方式中，拖动对象的节点可以比较精确地控制塑造的形状。

4.3.2　选中节点

选中节点的方法有很多，如单击选中、圈选、通过菜单选中对象所有节点等。

1. 单击选中

对象在节点编辑状态下，光标接近显示出的节点变为节点编辑形状后，单击节点，节点会处于选中状态。按住Shift键并单击可以选取多个节点。

2. 圈选

对象在节点编辑状态下，在需要选中的节点外围单击并按住鼠标左键拖动，可以创建一个圈选框，释放鼠标后，可以发现框中的节点都被选中。按住Shift键可以创建多个圈选框。

3. 通过菜单选中对象所有节点

对象在选中的状态下或者在编辑的状态下，执行“编辑/选择全部/节点”命令可以选中图形中所有的节点，在选中节点后可放弃选择，只要在空白处单击即可。

要放弃选中的多个节点中的某个节点，在按住Shift键的同时单击目标节点即可。

4.3.3　拖动节点和拖动节点控制点

1. 拖动节点

曲线对象在选中状态下或者在编辑状态下，单击“节点编辑”工具，对象就可以进入节点编辑状态。也可以在使用“节点编辑”工具后，单击曲线对象，使曲线对象处于节点编辑状态。对象的节点编辑状态就是对象的节点是空心方块，并且这个时候显示的属性栏为节点的编辑属性栏。

当光标靠近曲线对象的节点时，会变成▶₊形状，此时不用单击即可拖动节点。在拖动的同时按住Ctrl键，节点将沿着原来的水平或者垂直坐标移动。

2. 拖动节点控制点

使对象进入节点编辑状态，将光标接近节点且变成▶₊形状时，单击节点，此时节点处于选中状态，节点的控制点以及控制点延长线将显示出来。光标接近控制点，变为节点编辑形状后，拖动鼠标，也可以拖动节点控制点，在拖动的同时按住Ctrl键，节点的控制点将沿着原来的水平或者垂直坐标移动。

4.3.4　利用节点为曲线对象造形

可以通过处理对象节点和线段来为曲线对象造形，如添加和删除节点。

1. 选择和移动节点

可以选择单个、多个或所有对象节点。选择多个节点时，可同时为对象的不同部分造形。通过将节点包围在矩形圈选框中，或者将它们包围在形状不规则的圈选框中，可以圈选节点。在希望选择复杂曲线中的特定节点时，手绘圈选是非常有用的。

在曲线上选择节点时，将显示控制手柄。通过移动节点和控制手柄，可以调整曲线的形状。通常，控制手柄显示为蓝色实心箭头，如图4–42所示。当控制手柄与节点重叠时，它在节点旁边显示为蓝色空心箭头，如图4–43所示。

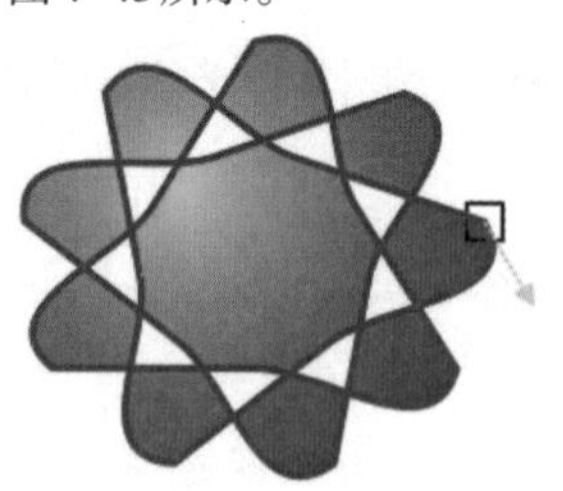

图 4–42　实心控制手柄

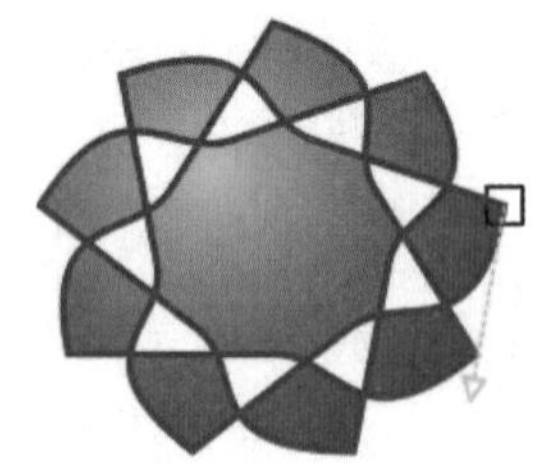

图 4–43　空心控制手柄

2. 处理曲线

可以通过移动曲线更改对象形状。此外，还可以控制曲线的平滑度。

通过反转曲线对象的起始节点和结束节点的位置，可以改变曲线对象的方向。只有当曲线对象的两端不同时，才会显现出效果。例如，当箭头应用于曲线对象的结束节点时，更改方向会导致箭头移到起始节点，如图 4–44 所示。

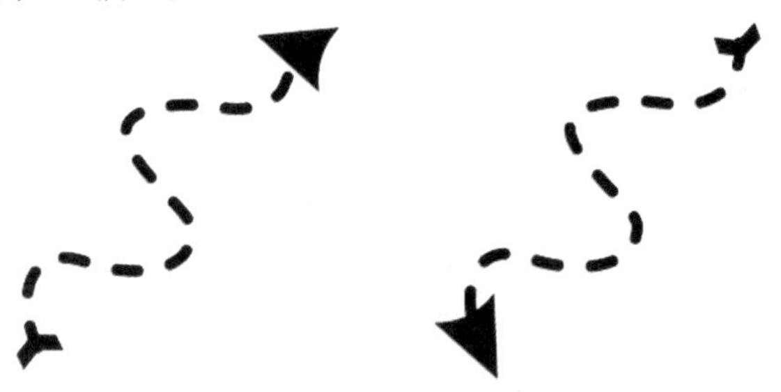

图 4–44　更改曲线方向

3. 添加、移除、连接和对齐节点

添加节点时，将增加曲线的数量，因此会增加对象形状的控制点的量。可以删除选定节点以简化对象形状。

当曲线对象包含许多节点时，对它们进行编辑并输出到如乙烯树脂切割机、绘图仪和旋转雕刻机等设备将非常困难。可以使曲线对象中的节点数自动减少。减少节点数时，将移除重叠的节点并平滑曲线对象。

曲线对象由称为路径的组件组成。路径可以是开放的(如线条)，也可以是闭合的(如椭圆形)，还可以由单条直线线段、单条曲线线段或许多连接的线段组成。可以将颜色添加到闭合路径的内部。要向开放路径(如线条)应用填充，首先必须连接路径的起始节点和结束节点，以创建一个闭合的对象。如果路径中包含多条子路径，可拆分路径以提取子路径。

可以水平或垂直对齐曲线对象的节点。

4. 使用节点类型

可以将曲线对象上的节点更改为下列四种类型之一：尖突、平滑、对称或线条。每个节点类型的控制手柄的行为各不相同，如图 4–45 所示。

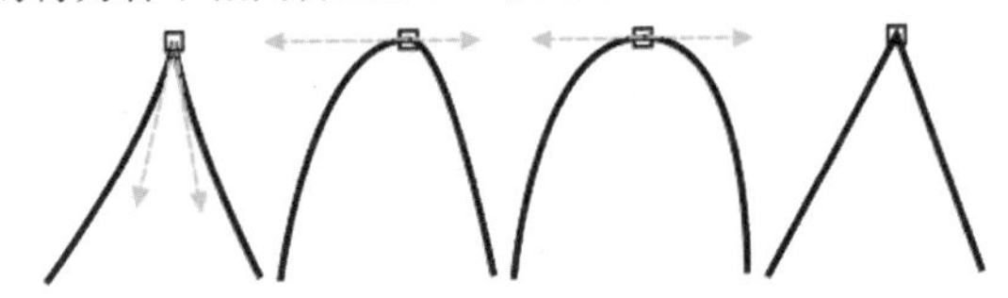

图 4–45　尖突、平滑、对称和线条节点

尖突节点可用于在曲线对象中创建尖锐的过渡点，如拐角或尖角。可以相互独立地在尖突节点中移动控制手柄，并且只更改节点一端的线条。

使用平滑节点，穿过节点的线条沿袭了曲线的形状，从而在线段之间产生平滑的过渡。平滑节点中的控制手柄相互之间的控制方向是完全相反的，但它们距离节点的距离可能不同。

对称节点类似于平滑节点。它们在线段之间创建平滑的过渡，但节点两端的线条呈现相同的曲线外观。对称节点的控制手柄相互之间的控制方向是完全相反的，并且与节点间的距离相等。

线条节点可用于通过改变曲线对象线段的形状来为对象造形。不能拉直曲线线段，也不能弯曲直线线段。弯曲直线线段不会显著地更改线段外观，但会显示可用于移动以更改线段形状的控制手柄。

5. 变换节点

可以通过延展、缩放、旋转及倾斜对象的节点来为对象造形。例如，可以缩放曲线对象的角节点，从而按比例放大曲线对象。还可以沿逆时针或顺时针方向旋转曲线对象，或曲线对象的一部分。

4.4 综合案例：制作喜庆图案

学习了本章的内容后，结合实际操作来制作一幅喜庆图案，最终效果如图 4–46 所示。

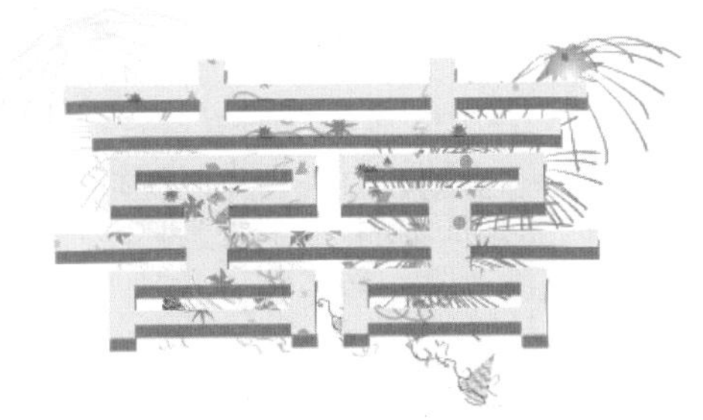

图 4–46　喜庆图案

1. 制作思路

对图 4–46 进行分析，可看出双喜字由两个不同颜色的喜字焊接而成，阴影部分利用了重叠的技巧构成，而喜庆背景主要利用基本形状的功能，另外还应用了水平镜像等其他工具共同完成，其操作步骤为：用汉字输入工具输入“喜”字，然后调节喜字的形状，使之符合中国传统双“喜”的写法，通过组合变形，合成双喜图形，最后在背景中添加喜庆图案和烟花图案。

2. 使用的工具

“文本”工具、“选择”工具、“水平镜像”工具、“艺术笔”工具、“组合”工具、“焊接”工具等。

3. 制作步骤

步骤 1：双喜字的制作。

(1) 从“文件”菜单中执行“新建”命令或者按快捷键 Ctrl+N，建立一个图形文件，并且在属性栏中单击“横向”按钮，使页面变成横向。

(2) 从工具箱中选择“文本”工具，在页面中输入“喜”字，并设置字体属性为黑粗体，字体大小为 300，将“喜”字适当移动到页面靠左侧的位置，如图 4–47 所示。

图 4-47　初输入的“喜”字

(3) 右击“喜”字，执行“转换为曲线”命令，将文字转换为曲线。将文字放大，在工具箱中选择“形状”工具，如图4-48所示，然后选择“喜”字中要删除的节点。

图 4-48　选择要删除的节点

(4) 按Delete键删除节点。双击要删除的节点，然后使用“选择”工具和“涂抹”工具把“喜”字中间的两点合并成一条竖线，如图4-49所示。

图 4-49　调整后的“喜”字

(5) 使用“选择”工具，复制一个“喜”字拖动到右侧，如图4-50所示。

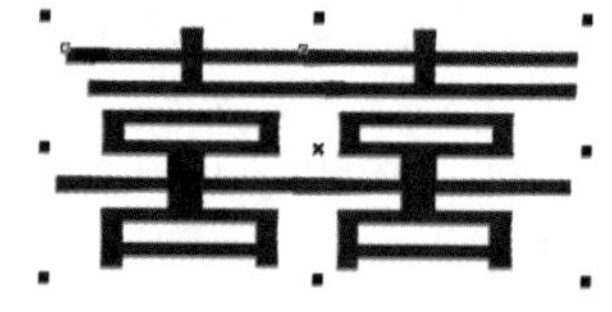

图 4-50　复制“喜”字

(6) 在属性栏中单击“水平镜像”按钮，将右侧“喜”字水平镜像，并且适当调整位置，如图4-51所示。

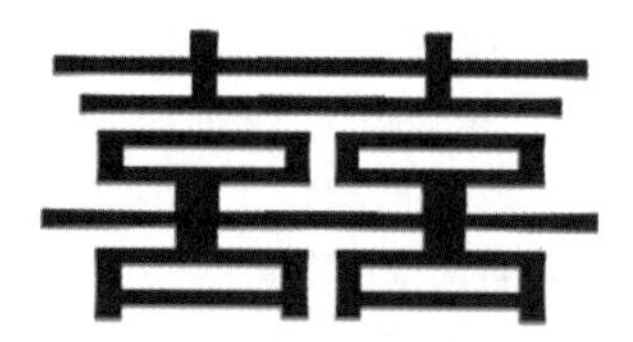

图 4-51　水平镜像

(7) 将中间的一些超出水平线的节点删除，用同样的方法把左边的“喜”字作同样的处理，如果过程中出现了有个别地方留出细微空白的现象，则按Ctrl键并单击节点就可以将节点进行拖动，将空白覆盖。

(8) 在工具箱中选择“选择”工具，并且在页面框中同时选择两个“喜”字，然后在属性栏中单击“焊接”按钮，效果如图4-52所示。

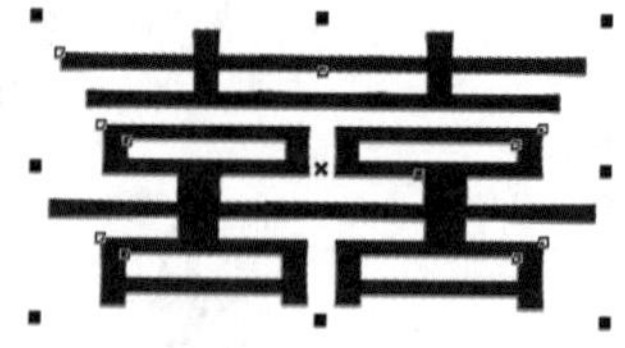

图 4-52　焊接效果

(9) 处理好后选择双“喜”字，选择右侧的颜色框，填充成红色，然后按快捷键Ctrl+C进行复制，再按快捷键Ctrl+V进行粘贴，复制出一个双“喜”字，选择新双“喜”字，各按一次左方向键和上方向键，得到图4-53所示的效果。

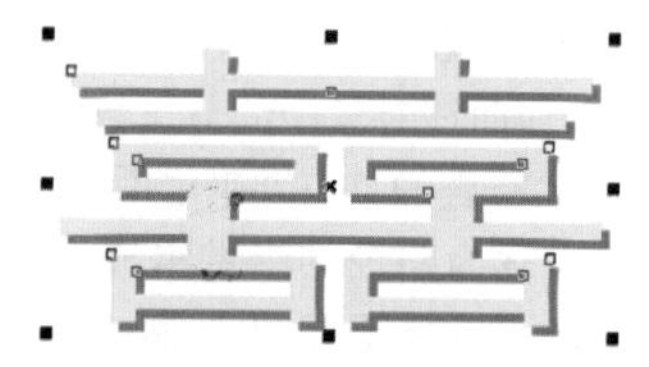

图 4-53　填充颜色

步骤2：喜庆图案的制作。

(1) 在工具箱中选择“艺术笔”工具，在属性栏中单击“喷涂”按钮，然后在 40 中输入40左右的数值，在“喷涂列表文件列表”中选择所需要的笔刷，然后在双“喜”字上绘制一条路径，如图4-54所示。松开鼠标后得到的效果如图4-55所示。

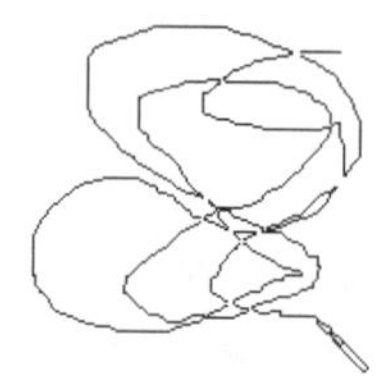

图 4-54　绘制路径

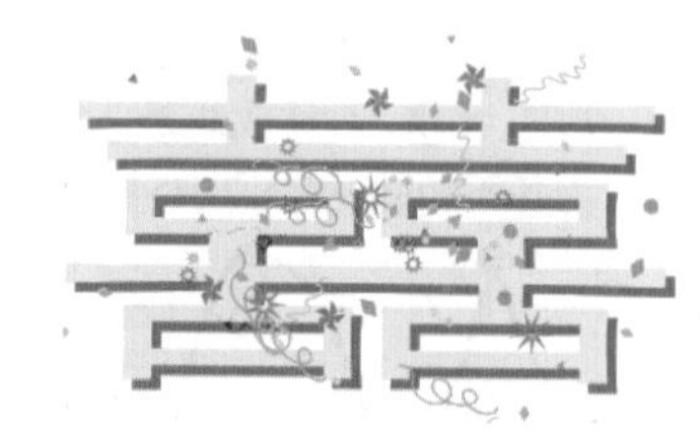

图 4-55　喷涂效果

(2) 选择“选择”工具，并选择刚绘制的所有元素，在属性栏中单击“组合”按钮，即可把元素组合在一起。

(3) 在菜单栏中执行“效果/精确裁剪/放置在容器中”命令，指针变成粗箭头形状，指向双“喜”字并单击，得到如图4-56所示的效果。

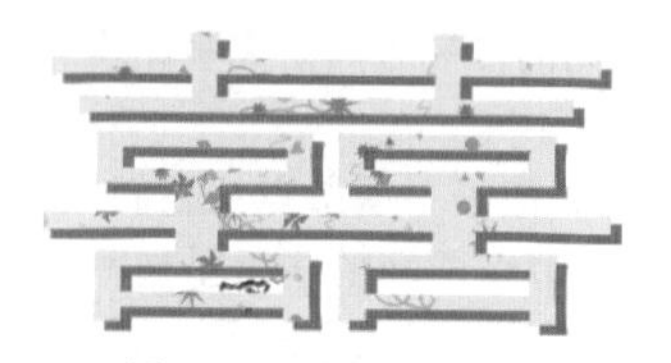

图 4-56　放置在容器中

(4) 重复执行步骤(1)的操作，得到漂亮的背景画面，在双“喜”字中右击，执行“顺序/到页面前面”命令，如图4-57所示。得到如图4-58所示的画面效果。

图 4-57　“顺序 / 到页面前面”菜单

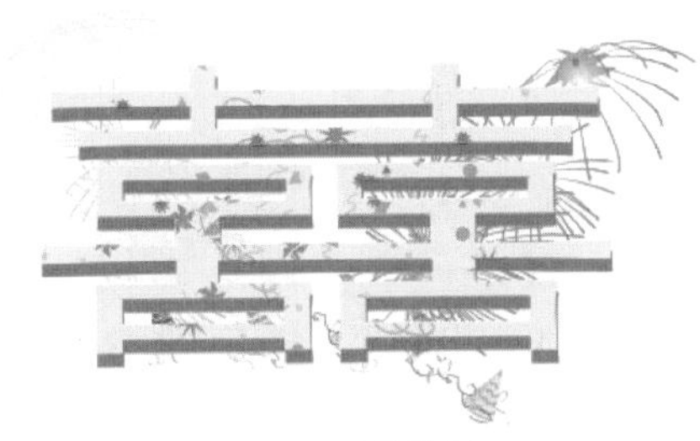

图 4-58　最终效果

至此，本案例制作完成，大家可以发挥自己的创造力，创作出更好的作品来。

4.5 本章小结

通过本章的学习，可以对CorelDRAW的对象造形及对象编辑功能有个初步的了解。大家可以按照本章的指导，仔细地操作CorelDRAW，对图形元素执行焊接、相交、简化、前减后、后减前等命令，并且通过这些命令创作出神奇、不平常的作品。

4.6 习题四

1. 填空题

(1) 对几个图形执行“焊接”命令时，框选全部图形以后必须执行________命令。

(2) 修剪对象前必须先决定________和________。

(3) “形状”工具的级联菜单包括________、________和________。

(4) CorelDRAW 预设的图案样式分为三种，分别是________、________和________。

2. 选择题

(1) 在存在多个对象时，要选择多个不连续的对象，需要按住(　　)键，然后分别单击需要选择的对象。

A. Shift　　B. Alt
C. Ctrl　　D. Tab

(2) 图标是(　　)工具。

A. 相交　　B. 焊接
C. 组合　　D. 前减后

(3) 效果图中的➡图标是执行(　　)命令的过程。

A.　　B.
C.　　D.

(4) “焊接”命令不能应用的对象包括(　　)。(多选)

A. 艺术字　　B. 克隆的矢量图形
C. 尺度线　　D. 段落文本

(5) 为对象填充位图底纹时，用户不能调整底纹样式的(　　)。

A. 大小　　B. 镜像填充
C. 角度　　D. 亮度

3. 简答题

(1) 简单描述一下“前减后”和“后减前”命令在操作上的不同之处。

(2) 分析一下“组合”和“焊接”功能的异同。

(3) 简单描述下“刻刀”和“橡皮擦”功能的异同。

4. 操作题

利用本章讲解的有关技巧，制作一个手提袋，如图4-59所示。

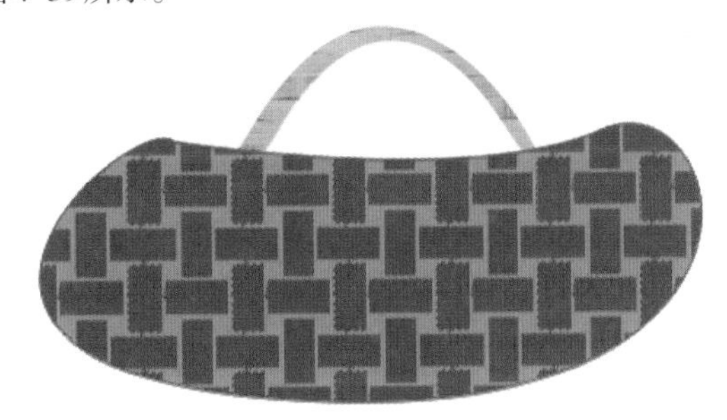

图 4-59　手提袋

CorelDRAW的图形特殊效果

教学目标

为了最大限度地满足用户的创作需求，CorelDRAW提供了许多为对象添加特殊效果的交互式工具，并将它们归纳在一个工具组中。灵活地运用调和、轮廓、变形、封套、立体化、阴影、透明等交互式特效工具，可以使自己创作的图形对象异彩纷呈、魅力无穷。

重点与难点

- 交互式调和特效
- 交互式轮廓特效
- 交互式变形特效
- 交互式封套特效
- 交互式立体化特效
- 交互式阴影特效
- 交互式透明特效
- 矢量立体模型

5.1 交互式调和特效

调和是绘制矢量图时的一个非常重要的功能，使用调和功能，矢量图形对象之间会发生形状、颜色、轮廓及尺寸上的平滑变化。使用“交互式调和”工具可以快捷地创建调和效果。

例如，先绘制两个用于制作调和效果的对象，如图5-1(a)所示。在工具箱中选定“交互式调和”工具，在调和的起始对象(小椭圆)上按住鼠标左键不放，然后拖动到终止对象(大椭圆)上，释放鼠标，如图5-1(b)所示。

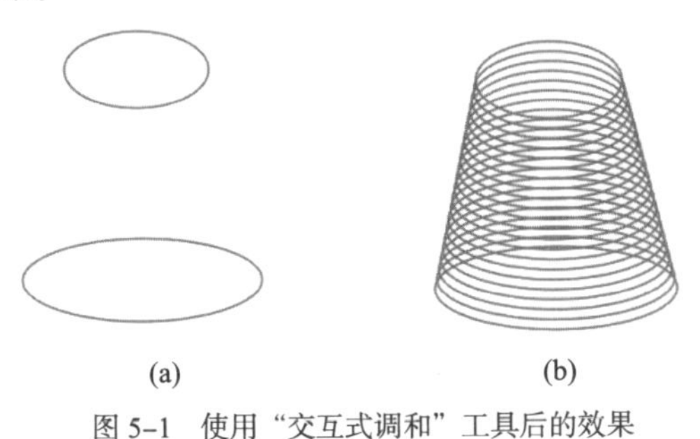

(a)　　(b)

图 5-1　使用“交互式调和”工具后的效果

5.1.1　预设调和

1. 预设调和属性

可以在“交互式调和”工具的属性栏(见图5-2)中的“预设”栏中选择系统预设的方案，在选择调和工具或应用调和后，选定调和对象，直接在“预设”下拉列表框中选择一种调和方式，如顺时针加速20步，即可生成相应的调和效果，如图5-3所示。

图 5-2　“交互式调和”工具的属性栏

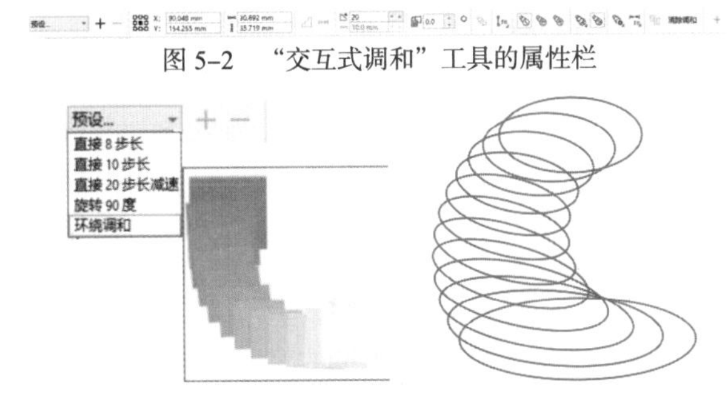

图 5-3　使用预设样式建立调和效果

2. 添加或删除预设选项

单击“预设”栏右侧的“+”按钮可以将当前预设选项添加到预设列表中，而单击“–”按钮则可以删除当前预设选项。

5.1.2　设置调和的步数、间距、角度及形式

1. 设置调和的步数、间距

可以通过调和过渡值对调和对象的中间过渡对象的步数或间距进行设置，通过按钮可调整步数或间距，然后在其右侧的参数设置栏中设定想要的参数值，如设定不同的调和步数，调和效果将发生变化，图5-4所示为十步调和。

2. 设置调和的角度

可以通过调和角度来控制调和的径向过渡变化角度，系统默认值为0°，即无径向旋转过渡。图5-4所示的调和角度为0°，如果将调和角度改为150°，就形成如图5-5所示的效果。

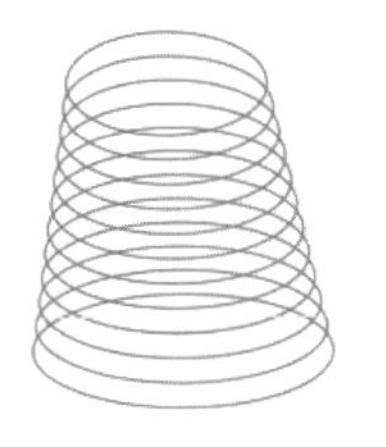

图 5-4　设置调和步数的效果

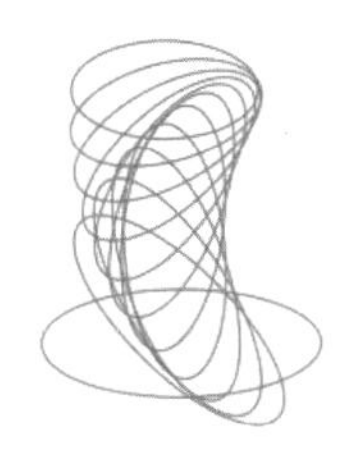

图 5-5　设置调和旋转角度的效果

“环绕调和”按钮只有在调和角度不为0° 时可以使用，当为0° 时，该属性为禁用状态。

3. 设置调和形式

通过“调和形式”按钮可以设置调和过渡方向。调和形式分为直接调和、顺时针调和与逆时针调和，用于设置调和的颜色渐变过渡。选择直接调和，表示调和颜色沿直线过渡，其他两种调和表示将调和的颜色以调和方向为轴线旋转渐变。

5.1.3　调和加速

1. 直接调和加速

在已经调和的对象上拖动加速滑块可以改变调和的变化速度，包括图形的颜色、形状和方向等，沿调和加速移动方向拖动滑块将会加快调和的变化速度，反之则减慢。在变化的过程中，调和是均匀的。

2. 利用属性栏实现加速

在属性栏上单击“加速调和”按钮，也可以实现调和过渡的速度变化的效果，它会同时改变调和过渡对象的位置、颜色，以及形状的效果分配，单击可调出“调和加速设置”对话框，如图5-6所示。拖动滑块可

调整过渡对象的分布和颜色变化的加速，如果单击右侧的锁定键，则可使对象和颜色的调节同步，或分别进行调整，如图5-7所示。另外单击“加速时调整大小”按钮，可在加速的同时改变过渡对象的大小。

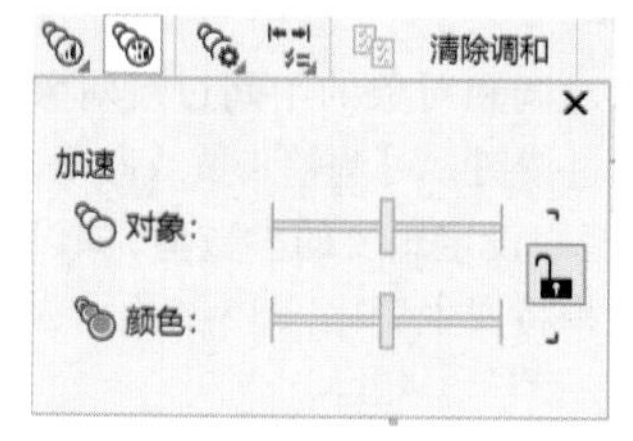

图 5-6 “调和加速设置”对话框

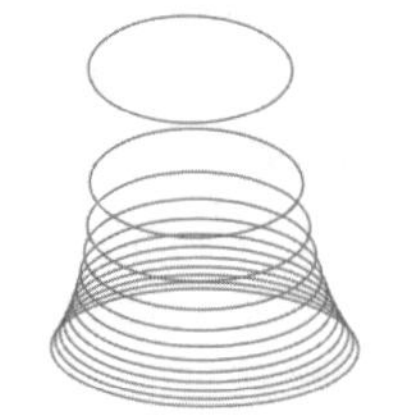

图 5-7 调和加速的效果

5.1.4 改变调和的起点和终点

1. 起点和终点

在建立调和对象时必须有两个对象，分别作为起点对象和终点对象，即起点和终点。当拖动起点或终点控制标记改变调和的长度时，实际上是移动了起点对象或终点对象。

调和的起点和终点与参与对象的排列次序有关，调和应用的结果总是以排在后面的对象为起点对象，因此改变对象的前后次序就可以改变调和的起点和终点。

2. 对起点和终点的设置

在调和状态下，可以单击选择起点对象或终点对象，并且可以修改对象的大小、位置、填充颜色等，修改后调和的效果将随之发生相应的变化，单击起点对象或终点对象以外的其他调和对象，则选中整个调和对象，这时对对象的设置则应用于整个调和对象。

还可以更换参与调和的对象，这是另一种改变调和起点和终点的操作。再建立一个用于替换起点或终点的对象，选择“调和”工具，选中调和对象，单击属性栏上的按钮，弹出如图5-8所示的子菜单，选择显示起点或显示终点，可以选择起点对象或终点对象。

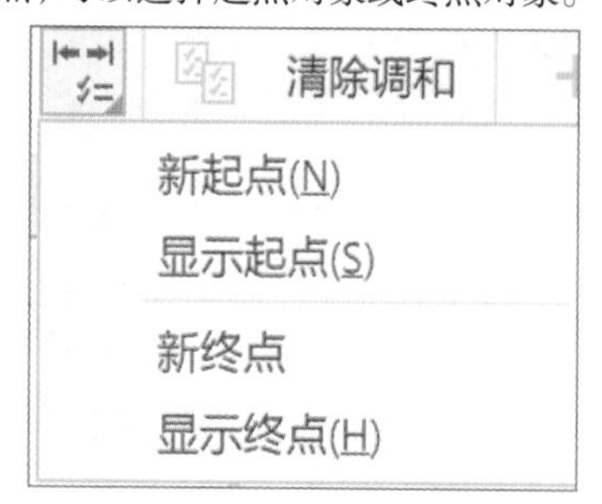

图 5-8 起点和终点的设置

再次单击，在子菜单中选择新起点或新终点，当光标变为 或 时，移动鼠标到新对象上，继续单击，便更改了调和路径的起点或终点，如图5-9所示。这时调和将自动改为遵循新的起点对象或终点对象，如图5-10所示。

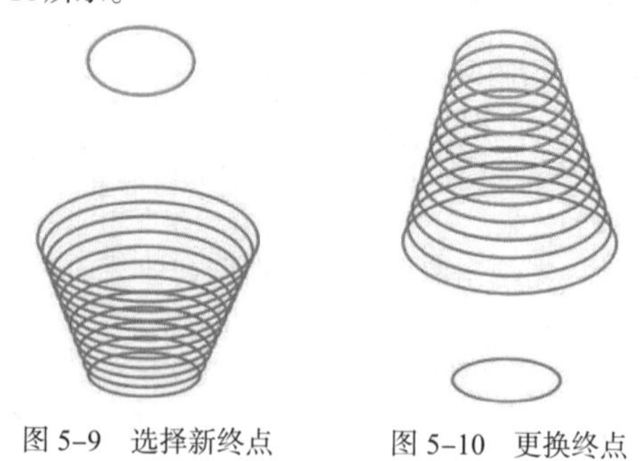

图 5-9 选择新终点　　图 5-10 更换终点

5.1.5 沿路径调和

1. 沿部分路径调和

在默认状态下，调和的效果是在起点对象到终点对象中心的直线上建立的，在CorelDRAW中还可以将调和效果的路径设置为任意路径，可通过“路径属性”按钮实现沿指定路径调和，具体步骤如下：

(1) 单击路径属性按钮，可在弹出的子菜单中选择相应的路径属性，如图5-11所示。

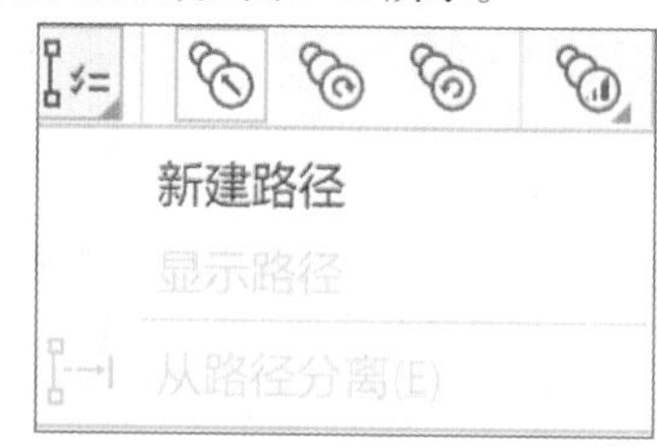

图 5-11 调和路径控制

(2) 绘制调和对象和路径对象，并使用“调和交互式”工具选中调和对象。

(3) 单击属性栏中的“路径属性”按钮，在其下拉列表框中选择“新建路径”命令并选择路径，这时光标形状在工作区中变为，如图5-12所示。

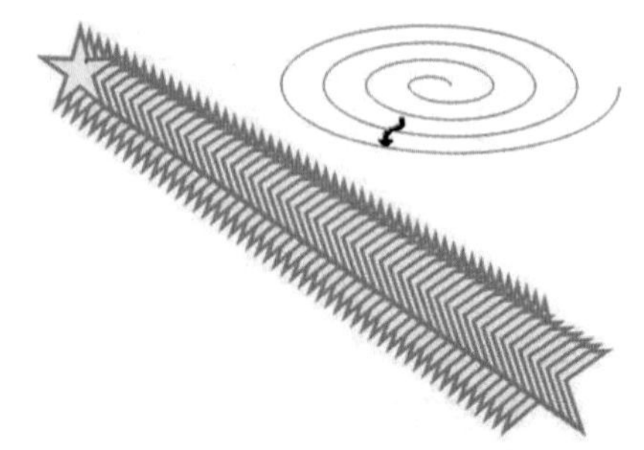

图 5-12 选择路径

(4) 在路径上单击，被调和对象将自动附着在路径上并沿路径延伸，注意这时并没有附着在整个路径上，如图5-13所示。

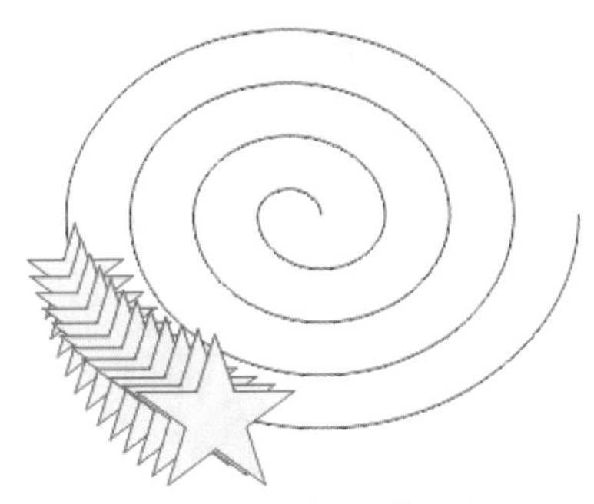

图 5-13　沿路径延伸调和

2. 沿全路径调和

单击“杂项”按钮，在弹出的如图5-14所示的下拉列表框中选择“沿全路径调和”，则将调和对象沿路径伸展，分布到整个路径，如图5-15所示。如果同时选择“旋转全部对象”，则所有沿路径调和对象的位置均自动调整为沿路径方向，如图5-16所示。

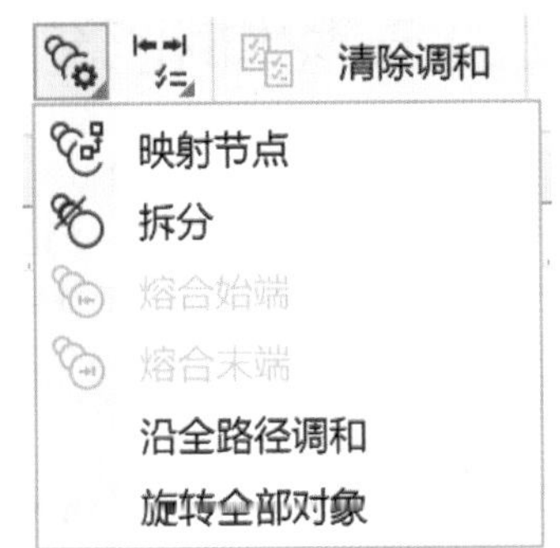

图 5-14　设置杂项

图 5-15　沿全路径调和

图 5-16　沿全路径并旋转全部对象调和

3. 分离路径与调和对象

如果要使调和对象和路径分离，则可选择系统菜单“对象”中的“拆分路径群组上的混合”，然后用“节点编辑”工具选中路径对象，用“手绘”工具将路径拖出来，如图5-17所示。最后还可以将路径删除。

图 5-17　调和对象与路径对象分离的效果

5.1.6　拆分调和对象

对于一个完整的调和对象，可以通过拆分来实现分段的调和效果。首先建立包含两个图形的调和对象，然后双击选定拆分点处的过渡对象，该处出现分段点，如图5-18所示。

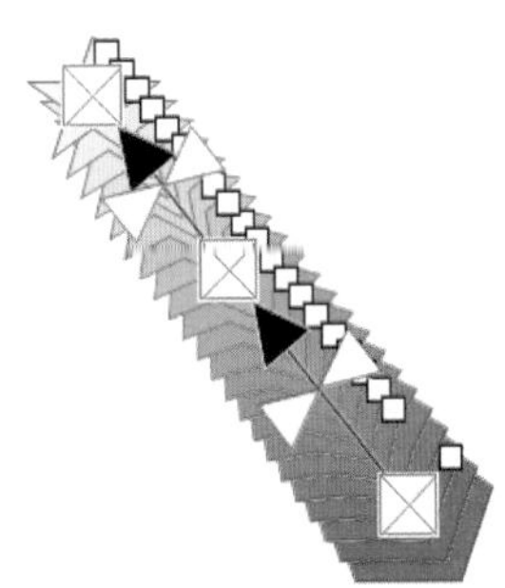

图 5-18　双击设置分段点

另外，还可以通过属性栏的“杂项”按钮来实现拆分调和，选择调和对象，单击属性栏中的“杂项”按钮，在弹出的菜单中选择“拆分”，此时光标变成目标选取标志，单击选择拆分点处的对象。拆分点处的对象成为独立对象，单独选中后，拖动拆分点处的对象，可使调和点从拆分点处折断，如图5-19所示。也可以设置多个拆分点，实现多处变形的效果。

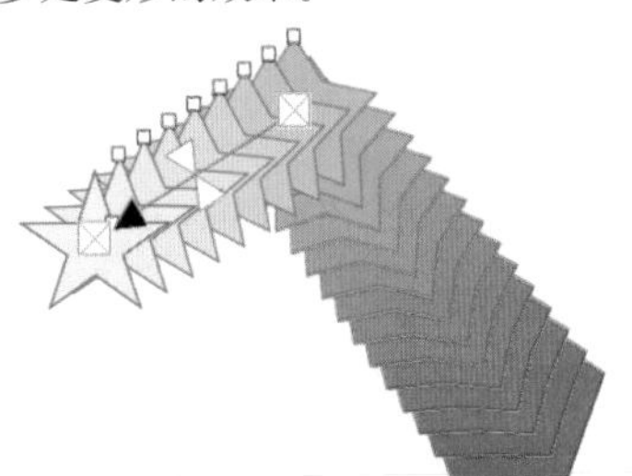

图 5-19　拆分调和对象的效果

5.1.7 复合调和

复合调和是对两个及两个以上的对象进行调和设置，或连接几个独立的调和图形作为一个统一的调和图形，但在操作时仍是以两个对象为基础进行的操作。不过已完成的调和可以作为一个对象参与操作。

现在以三个对象的调和为例，绘制三个不同的调和对象。选择“交互式调和”工具，先对其中的两个对象进行调和，如图5-20所示。再次选中“交互式调和”工具，将第三个对象拖动到已经建立的调和对象的起点或终点，便可得到复合调和，如图5-21所示。

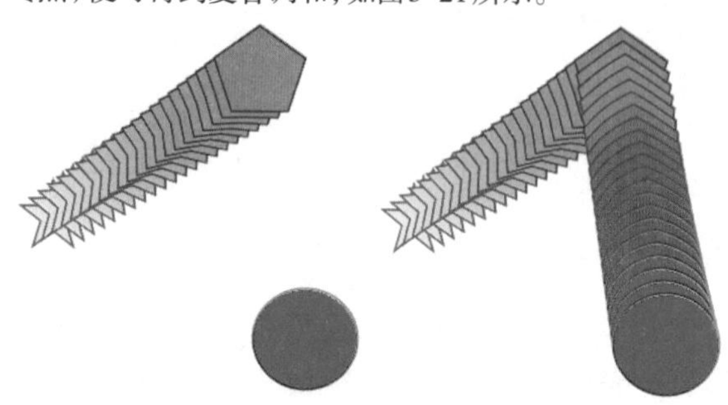

图5-20 对两个对象进行调和　图5-21 实现复合调和的效果

5.1.8 分离调和

可以对已经完成调和的对象进行分离，但不会完全取消调和，这样可以利用调和生成新的对象，并绘制调和对象。

1. 分离调和

选择已经建立的调和对象，在主菜单中选择“对象”中的“拆分调和组合”命令，可以将原调和对象分离成起点对象、终点对象和过渡组合对象，如图5-22所示。

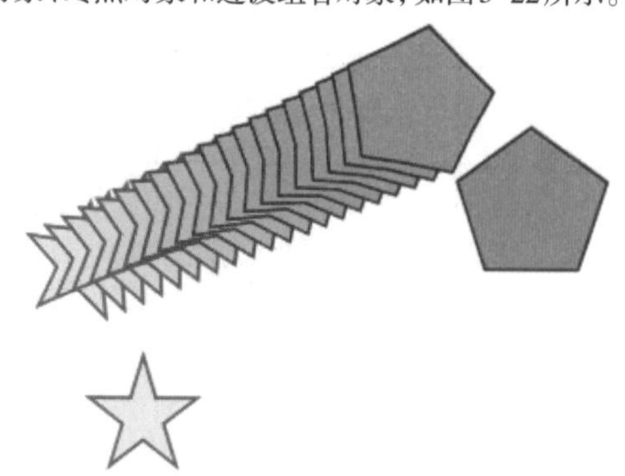

图5-22 分离调和效果

2. 分解为独立对象

将过渡对象彻底分解为独立对象，选择主菜单“对象”中的“取消全部分组”命令，可将过渡对象彻底分解为独立对象，单击选中，拖出即可，如图5-23所示。

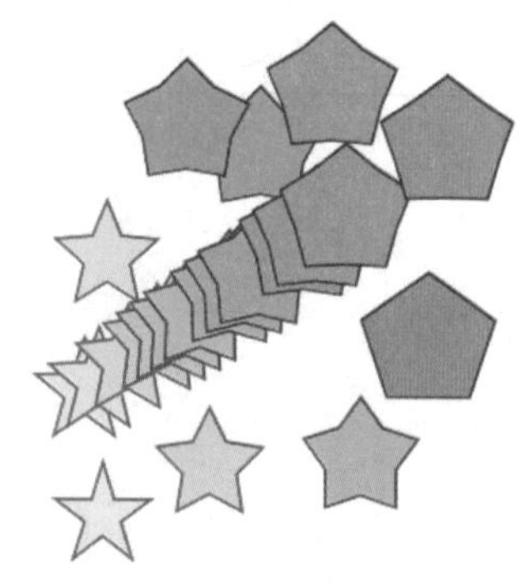

图5-23 完全分离调和效果

3. 取消调和

如果要取消一个已经建立的调和，可以先选择调和的对象，单击属性栏中的“清除调和”按钮，这时的调和对象便恢复到原来的两个对象。

5.2 交互式轮廓特效

轮廓效果是指由一系列对称的同心轮廓线圈组合在一起所形成的具有深度感的效果。由于轮廓效果类似于地理中的地势等高线，故又称为“等高线效果”。

轮廓效果与调和效果相似，也是通过过渡对象来创建轮廓渐变的效果，但轮廓效果只能应用于单个对象，而不能应用于两个或多个对象。

首先选中想添加效果的对象，在工具箱中选择“交互式轮廓”工具，用鼠标向内或向外拖动对象的轮廓线，在拖动的过程中可以看到提示的虚线框。当虚线框拖动到满意的大小时，释放鼠标即可完成轮廓效果的制作。可以实现颜色、大小等不同的过渡，如图5-24所示。

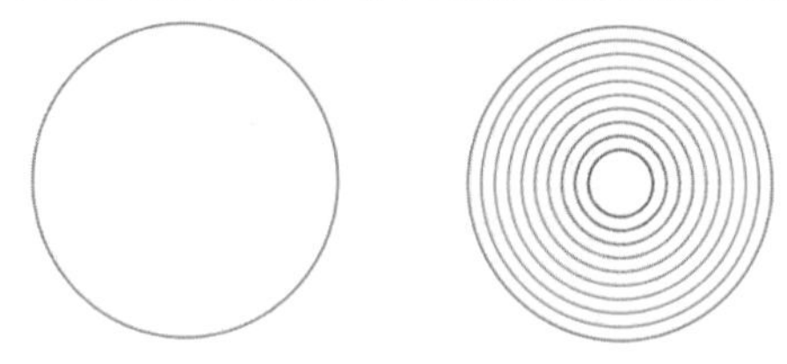

图5-24 使用“交互式轮廓”工具后的效果

5.2.1 轮廓方式

“交互式轮廓”工具的属性栏(见图5-25)中的“预设”栏提供了系统预设的方案，可在选择“交互式轮廓”工具或应用轮廓后，选定对象并在预设的下拉列表框中选择一种轮廓图方式，即生成相应的轮廓化效果。另外，可以直接将鼠标移至基本轮廓，按住鼠标向内或向外拖动即形成轮廓化效果，还可以单击属性栏上的“轮廓化”按钮组，该按钮组依次为向中心、向内、向外三种轮廓化方式。单击各个按钮，将实现相应的轮廓化效果，如图 5-26 所示。

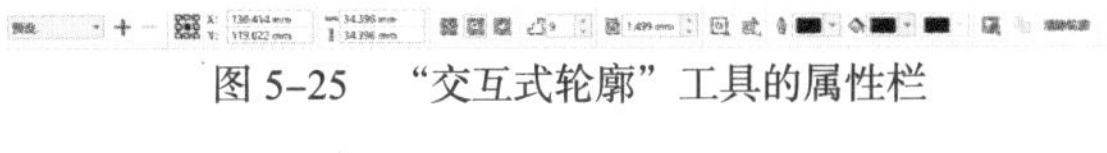

图 5-25　“交互式轮廓”工具的属性栏

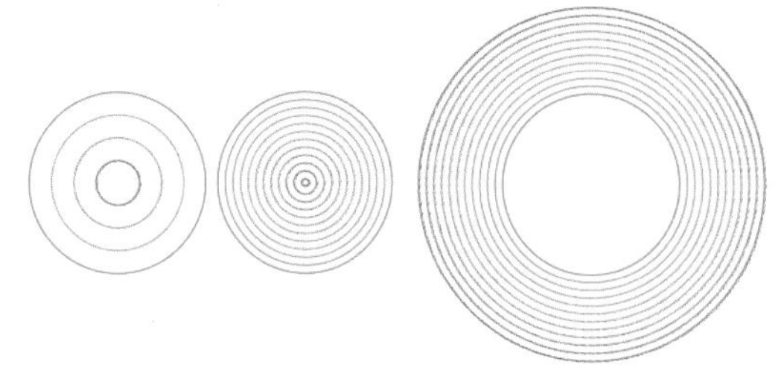

图 5-26　向中心、向内、向外的轮廓化效果

5.2.2　设置轮廓效果的颜色

1. 填充颜色

可以对应用轮廓效果的对象填充颜色，从而实现不同的渐变效果。具体操作如下：

(1) 利用“矩形”工具在绘图区域绘制一个矩形。

(2) 选择“轮廓图”工具，并选择轮廓化对象。在属性栏上的“轮廓化”按钮组中单击“向内”轮廓按钮。

(3) 打开属性栏上的“轮廓”颜色挑选器，单击一种颜色，即在工具属性栏上通过“轮廓颜色”按钮 和“填充颜色”按钮 选择轮廓颜色或填充颜色。若原始对象有渐变填充，将显示第三个颜色选择器 ，用于设定渐变填充结束色。

图 5-27 所示是根据以上三个步骤并指定轮廓对象的轮廓颜色和填充颜色为红色时的填充效果。

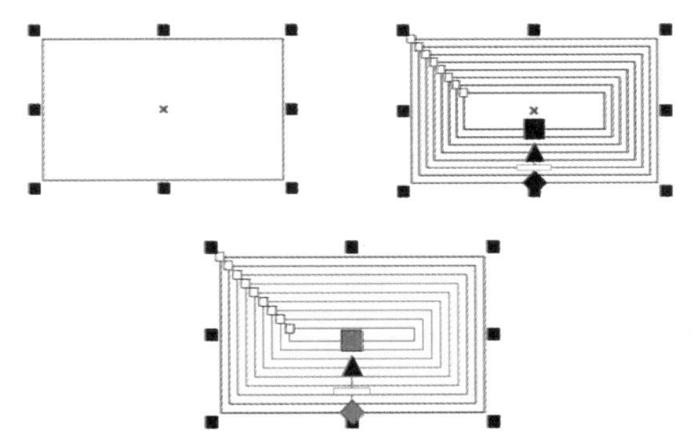

图 5-27　指定轮廓对象的轮廓颜色

2. 颜色渐变

属性栏上的“颜色渐变方式”按钮 用于选择轮廓颜色的变化方式，在创建轮廓化效果后，轮廓图形的颜色将自动地逐层渐变。

单击属性栏中的“加速对象和颜色”按钮 ，可在弹出的对话框中设置加速或调整颜色渐变，如图 5-28 所示。

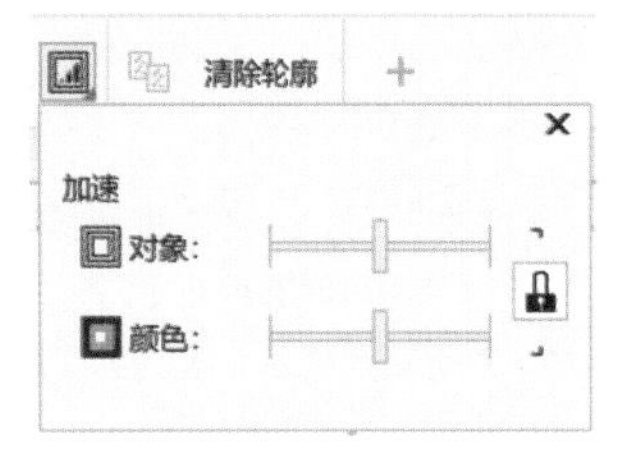

图 5-28　“加速对象和颜色”对话框

5.2.3　设置轮廓的步长和偏移量

轮廓的步长值即对象被轮廓化时产生的轮廓线圈数。要设置轮廓的步长，可以在选择“交互式轮廓”工具后，通过直接在轮廓化图形中拖动轮廓层次滑块的方式确定步长，也可以采用在属性栏中设置具体数值的方式，还可以通过“轮廓步长”按钮 设置不同的步长。

轮廓的偏移量是指轮廓线圈间的距离。要设置轮廓的偏移量，可以通过“轮廓偏移按钮” 设置不同的偏移量。对于应用了轮廓图效果的图形，其轮廓的步长和偏移量都可以在属性栏中进行设置，从而实现不同的效果。图 5-29 所示为设置不同步长和不同偏移量的轮廓图效果。

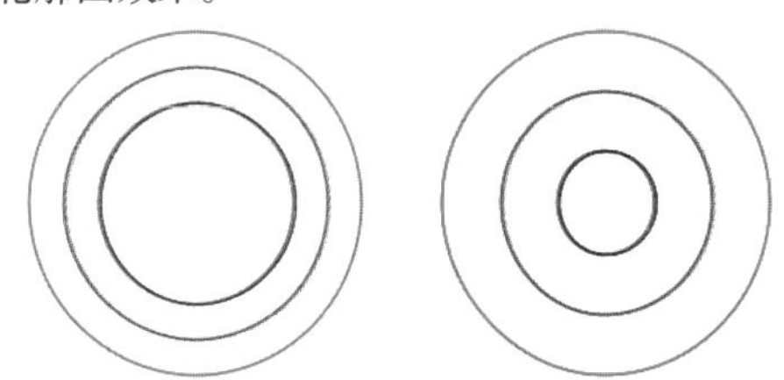

图 5-29　设置不同步长和不同偏移量的轮廓图效果

对于应用了轮廓效果的图像，还可以对其进行对象的拆分、取消轮廓操作，这与“交互式调和”工具中的操作基本相同，这里不作详细说明。

5.3 交互式变形特效

变形特效是指不规则地快速改变对象的外观，使对象外观发生变形，从而获得奇特、富有弹性的外观特效，产生焕然一新的效果。变形特效只是在原图的基础上作变形处理，并未增加新的图形对象。

CorelDRAW 提供的“交互式变形”工具 可以方便地改变对象的外观。通过该工具中的“推拉变形” 、“拉链变形” 和“扭曲变形 ”三种变形方式的相互配合使用，可以得到变化无穷的变形效果。图 5-30 所示为“交互式变形”工具三种变形方式下的工具属性栏。

(a) 推拉变形

(b) 拉链变形

(c) 扭曲变形

图 5-30 “交互式变形”工具的属性栏

5.3.1 推拉变形

使用鼠标进行左右推拉来实现推拉变形的效果，同样，向上或下等方向拖动的效果也是不同的。“推”变形可以将正在变形的对象节点推离中心，“拉”变形可以将对象的节点向中心拉近。选中图形后，直接拖动图上的空心正方形控制柄，可以得到任意想要的图形，如图5-31和图5-32所示。

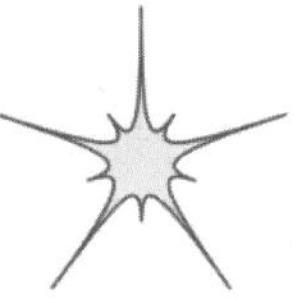

图 5-31 向左和向右拖动的推拉变形

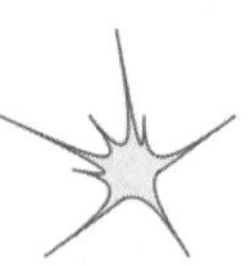

图 5-32 向不同方向拖动的推拉变形

推拉变形的幅度与拖动的距离有关。可以在完成后再修改变形幅度，选择属性栏中的振幅参数栏，可以设置变形幅度。如果需要保证从图形中心变形，可以选择已应用的变形对象，单击属性栏中的按钮，则变形中心会自动调整变形对象到图形的中心。

5.3.2 拉链变形

如果要在对象的边缘应用锯齿效果，可以选择拉链变形。在属性栏中单击按钮后在图像上拖动即可，也可以在属性栏中设置振幅及失真频率使图像变形，如图5-33所示。

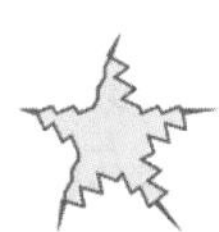

图 5-33 不同振幅及频率的拉链变形

在拉链变形中还有三种不同的变形效果，即随机变形、平滑变形和局部变形。属性栏中的按钮分别表示随机变形、平滑变形和局部变形。当图形应用拉链变形后，单击其中某一按钮，即可得到相应的效果，如图5-34所示。

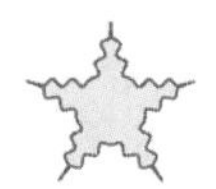

图 5-34 随机变形、平滑变形和局部变形

5.3.3 扭曲变形

应用扭曲变形可以通过旋转对象来创建旋涡效果。可选定旋涡的方向、旋转原点、旋转角度及旋转量。创建扭曲变形时，可以在属性栏中设置不同的参数，以达到不同的效果，“旋转方向”按钮分别为顺时针或逆时针旋转，旋转角度由旋转圈数和附加角度控制，旋转角度为二者之和。图5-35所示为不同旋转角度的旋转效果。

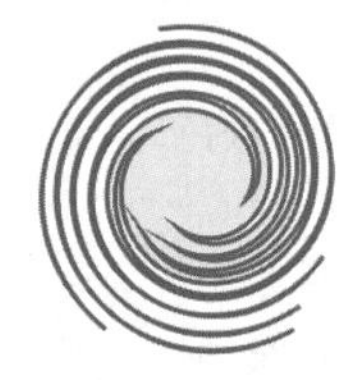

图 5-35 不同旋转角度的旋转效果

在应用“交互式变形”工具时，可在已经变形的图像上使用更加细致的变形设计，单击“添加新变形”按钮，可把新的变形应用到已变形的对象上，产生特殊的效果。单击“变形转换为曲线”按钮，可将变形对象转换为曲线。单击“转换为中心变形”按钮，能够以中心为准，进一步通过节点对变形对象进行编辑。

5.4 交互式封套特效

封套是指通过操纵边界框来改变对象的形状，其效果类似于印在橡皮上的图案，扯动橡皮则图案会随之变形。使用工具箱中的“交互式封套”工具可以方便快捷地创建对象的封套效果。

封套的操作很灵活，可以将图形塑造成要求的任何形态。选中工具箱中的“交互式封套”工具，单击需要制作封套效果的对象，此时对象四周出现一个矩形封套虚线控制框，拖动封套控制框上的节点，即可控制对象的外观，如图5-36所示。

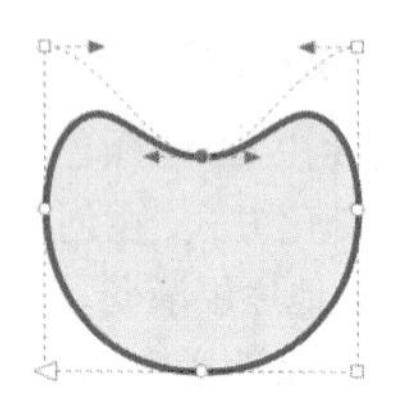

图 5-36 使用“交互式封套”工具

5.4.1　封套的模式

“交互式封套”工具的属性栏(见图5-37)中的 ⊿ ⊿ ⊿ ⊿依次为非强制模式(创建任意形状的封套)、直线模式(基于直线创建封套，为对象添加透视)、单弧模式(创建一边带弧的封套，使对象为凹面或凸面外观)和双弧模式(创建一边或多边带S形的封套)。选择“交互式封套”工具，选中封套对象，单击各个按钮，用鼠标拖动小方框和箭头，即可得到相应的效果。如图5-38~图5-41所示。

图 5-37　“交互式封套”工具的属性栏

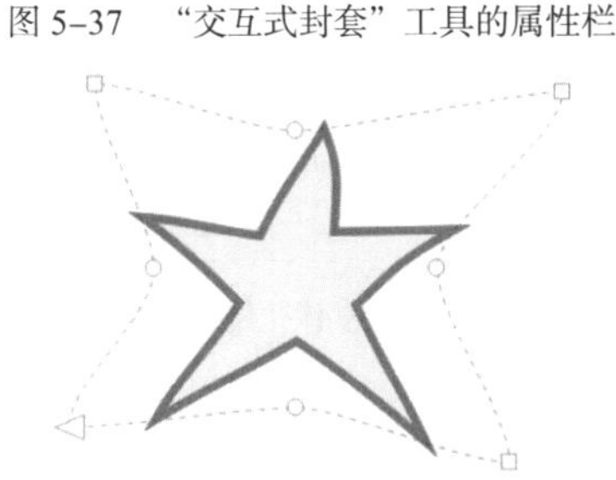

图 5-38　非强制模式封套效果

图 5-39　直线模式封套效果

图 5-40　单弧模式封套效果

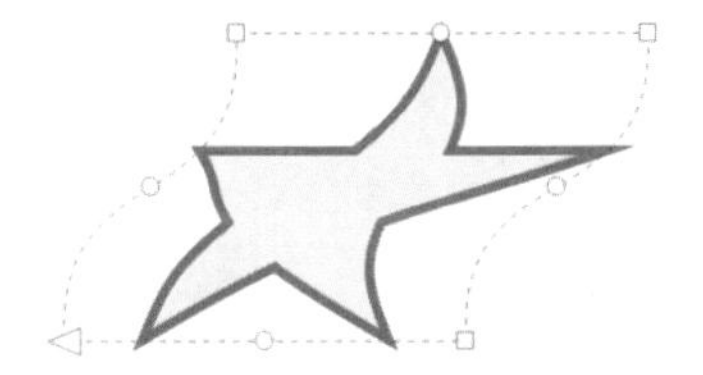

图 5-41　双弧模式封套效果

5.4.2　封套映射

在“交互式封套”工具的属性栏中可以设置映射模式(见图5-42)以确定封套对象适应封套变形的方式。在不同的映射模式下，延展对象以适合封套的基本尺度，限定向某一方向压缩对象以适合封套的形状。

图 5-42　封套的映射模式

下面以沿非强制模式的封套为例进行介绍。

【水平映射模式(Horizontal)】：在水平方向上任意变形，而垂直方向上的节点只能拓展变形不能压缩，变形时先使对象适合封套，再对水平方向进行一定程度上的压缩，效果如图5-43所示。

图 5-43　水平映射模式

【垂直映射模式(Vertical)】：在垂直方向上任意变形，而水平方向上的节点只能拓展变形不能压缩，变形时先使对象适合封套，再对垂直方向进行一定程度上的压缩，效果如图5-44所示。

图 5-44　垂直映射模式

【自由变形映射模式】：将对象选择框的角手柄映射到封套的角节点，角节点以外的变化没有限制，自由度很大，效果如图5-45所示。

图 5-45　自由映射模式

【原始映射模式】：将对象选择框的角手柄映射到封套的角节点，其他节点沿对象选择框的边缘线性映射，效果如图5-46所示。

图 5-46　原始映射模式

5.4.3 使用泊坞窗

在建立或编辑交互式封套效果时，也可以使用泊坞窗实现各种效果的设置。图5-47所示为“封套”泊坞窗，其中包括各种属性的设置，同时可以在泊坞窗中选择封套模式和映射模式。

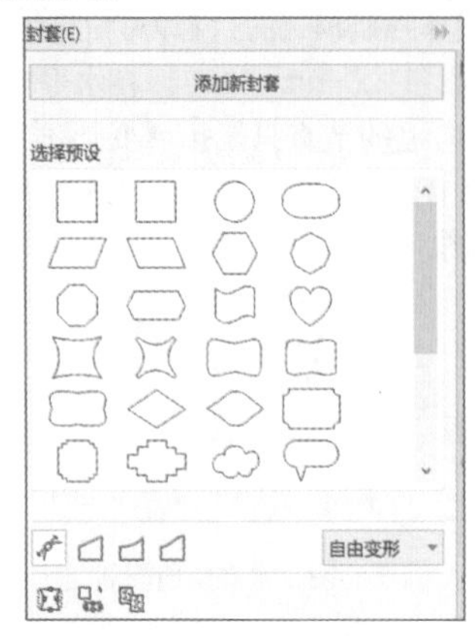

图 5-47 “封套”泊坞窗

在泊坞窗中使用预设样式比较方便，单击“添加新封套”按钮可在图框中提供的众多图样中选择预设图形，选择好后单击“应用”按钮即可。

5.5 交互式立体化特效

立体化效果是利用三维空间的立体旋转和光源照射的功能，为对象添加明暗变化的阴影，从而制作出逼真的三维立体效果。使用工具箱中的“交互式立体化”工具，可以轻松地为对象添加上具有专业水准的矢量图立体化效果或位图立体化效果。

在工具箱中选中“交互式立体化”工具，选定需要添加立体化效果的对象，在对象中心按住鼠标左键向添加立体化效果的方向拖动，此时对象上会出现立体化效果的控制虚线，拖动到适当位置后释放鼠标，即可完成立体化效果的添加。拖动控制线中的调节按钮可以改变对象立体化的深度，如图5-48所示。

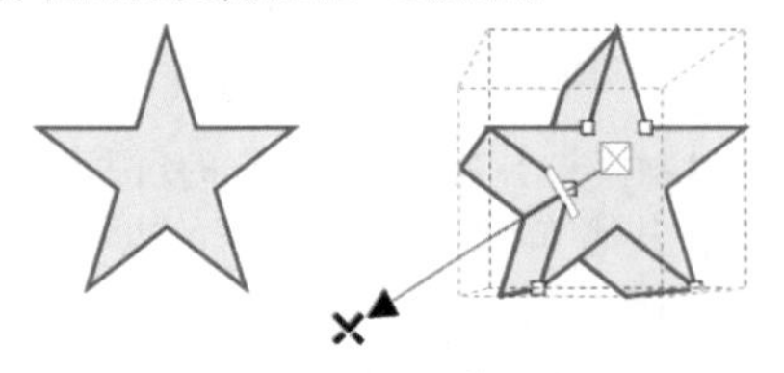

图 5-48 应用立体化效果

5.5.1 修改立体化效果

对于已经应用立体化效果的图形，可以进一步对立体化方向、形式和深度进行修改。可以应用方向线尾部的叉形光标“×”或矩形滑块调整，还可以在工具属性栏中设置或修改立体化模式参数，在立体化类型列表中可选择典型的结构类型，单击“立体化类型”按钮，弹出六种可选的立体化结构类型，如图5-49所示。单击一种立体化结构，将自动应用于当前的对象，但前提是该对象已被立体化，否则该属性处于禁用状态。

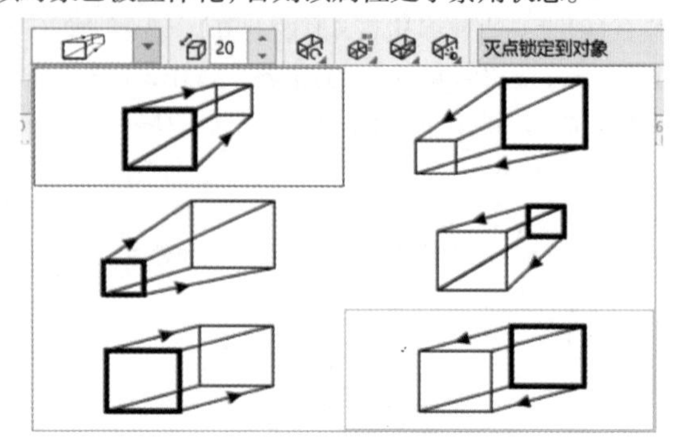

图 5-49 立体化结构类型

在工具属性栏中的“预设”栏可选择相应预设的立体化效果，与前面讲的类似。

在选择基本立体化结构时，在立体化深度的参数栏中可设置深度值。

灭点即所有线条的汇聚点，它可以使立体对象产生由近及远的视觉效果。利用属性栏上灭点的属性参数栏调整立体化，使对象富有立体感。灭点位置不同，则立体视觉效果就会不同。

5.5.2 设置立体化对象斜角修饰效果

对于应用立体化效果的图形对象，可以使用斜角修饰效果，即设置图形的边缘倒角。单击属性栏的“立体化倾斜”按钮，在弹出的设置面板中设置斜角的角度和深度，也可以选择“正视”或“斜视”这两种不同的图形斜角显示效果，勾选“使用斜角”和“仅显示斜角”复选框，如图5-50和图5-51所示。同时在斜角修饰边设置下的参数栏设置斜角的深度和角度。

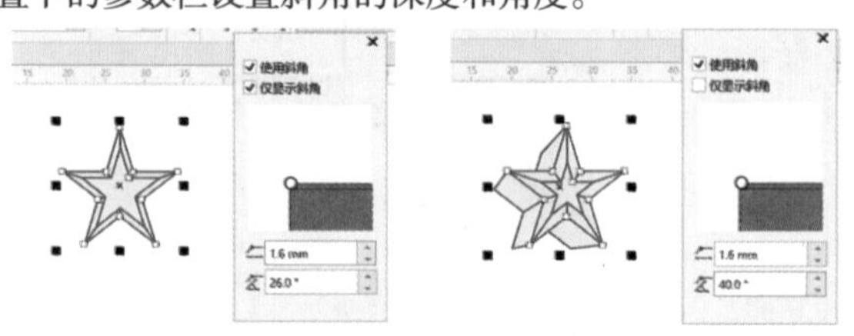

图 5-50 斜角修饰——正视效果　图 5-51 斜角修饰——斜视效果

5.5.3 旋转立体化效果

在CorelDARW中，旋转可以使图像获得不同角度的立体化效果。可直接拖动，或单击属性栏中的“立体方向属性”按钮控制旋转，还可以在泊坞窗中设置旋转参数。

选择“立体化”工具，双击立体化对象，在立体化对象的周围会出现旋转控制圈。当光标在圈内时，会呈现状，在圈内左右拖动可以使“立体化”工具绕x轴转动，上下拖动可以使对象绕y轴转动，如图5-52所示。当光标移到圈外时，会呈现状，拖动鼠标可以使立体化对象绕z轴旋转，如图5-53所示。

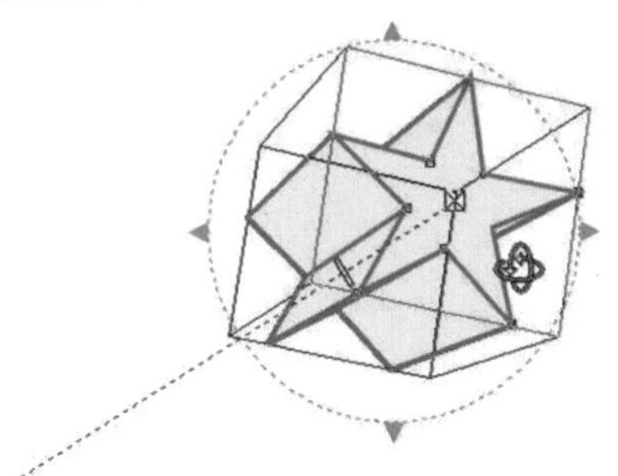

图 5-52　沿 x、y 轴旋转立体化对象效果

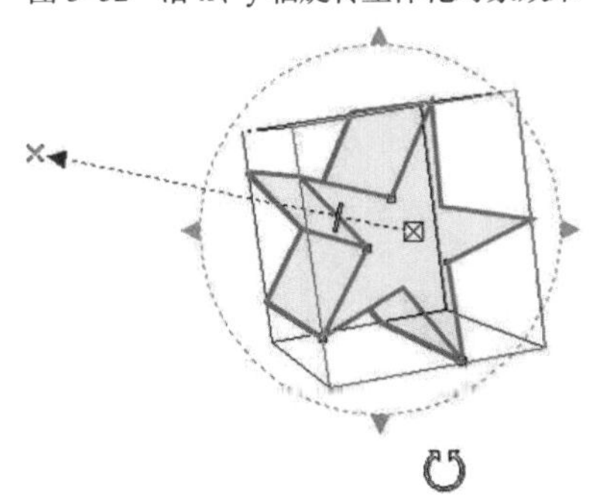

图 5-53　沿 z 轴旋转立体化对象效果

另外，还可以通过属性栏对立体化对象进行旋转。单击属性栏中的“立体化方向”按钮，可通过弹出的设置面板调整立体化方向，如图5-54所示。旋转模型可在360° 内转动，只需要在旋转模型上轻微拖动，立体化对象的角度就随之改变。单击设置面板右下角的“三维坐标符号”按钮，设置面板变为三维坐标设置面板，如图5-55所示。可直接设置三维坐标值，设定立体图形的方向。

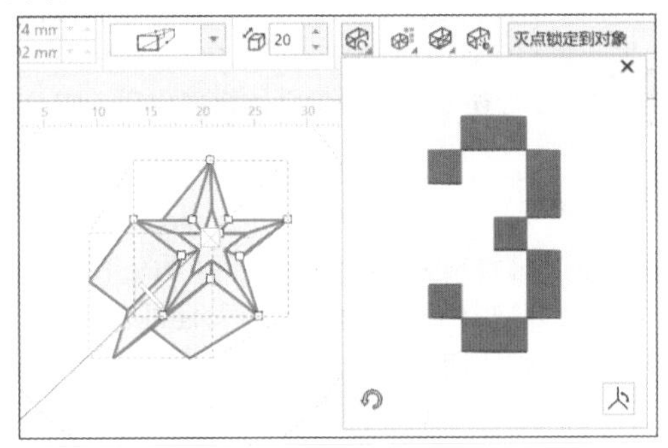

图 5-54　为旋转模型设置立体化方向

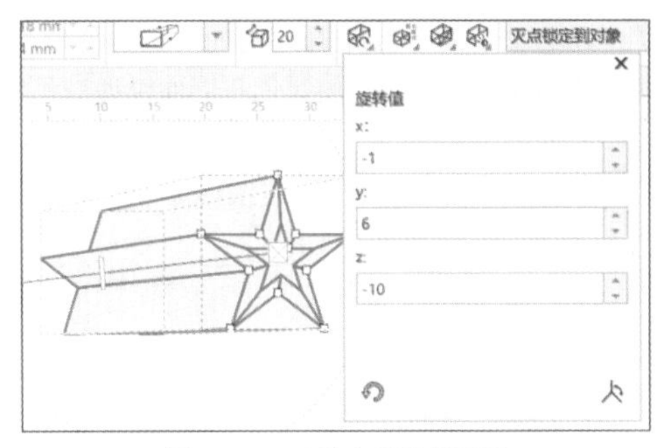

图 5-55　三维坐标设置面板

5.5.4　设置立体化对象的颜色

在立体化的颜色设置框中有三种颜色模式：使用对象填充、使用纯色填充和使用递减的颜色。可通过属性栏中的按钮或立体化泊坞窗实现。

单击属性栏中的“颜色”按钮，弹出颜色设置面板，在首行可选择颜色填充模式，此外选择对象填充，如图5-56所示。

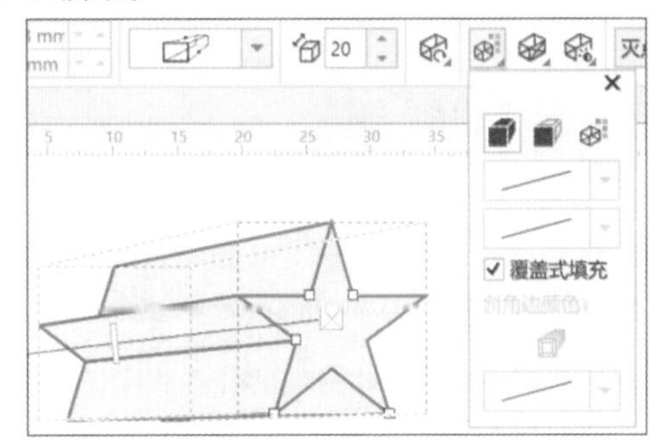

图 5-56　使用对象填充效果

【使用对象填充】：使用图形对象本身的填充效果，图形正面不变，而侧面使用与图形填充相应的过渡渐淡色或用图案过渡，当图像为纯色填充时，全部采用原图的颜色，如果勾选“覆盖式填充”复选框，则会将完整的图样和底纹填充应用于立体对象的所有表面，如图5-56所示。

【使用纯色填充】：选择指定的纯色进行填充，它将覆盖立体化对象的所有外表面，如图5-57所示。

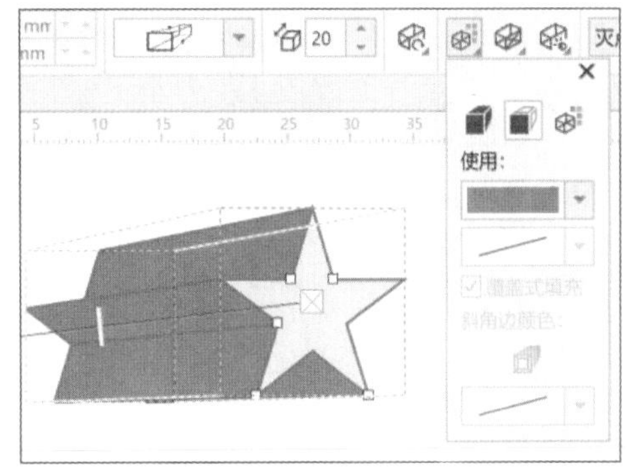

图 5-57　使用纯色填充效果

【使用递减的颜色】：选择适当的匹配颜色为对象表面添加彩色渐变覆盖效果，使颜色在侧面以递减色填充，如图5-58所示。

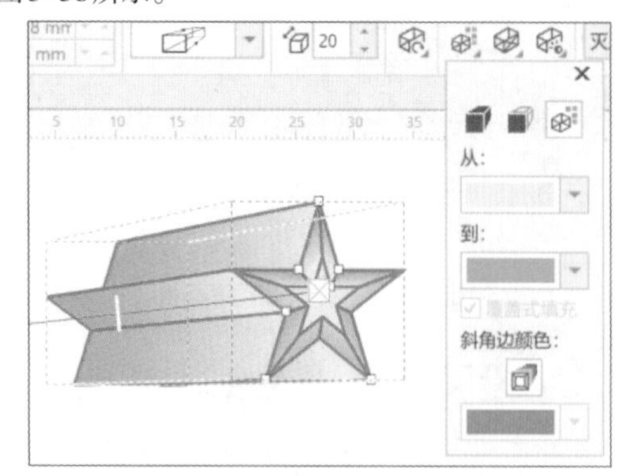

图 5-58　使用递减的颜色效果

在任何着色的模式下，选择“斜角边颜色”选项，将使用选择的斜角填充色覆盖图形正面，如图5-59所示。

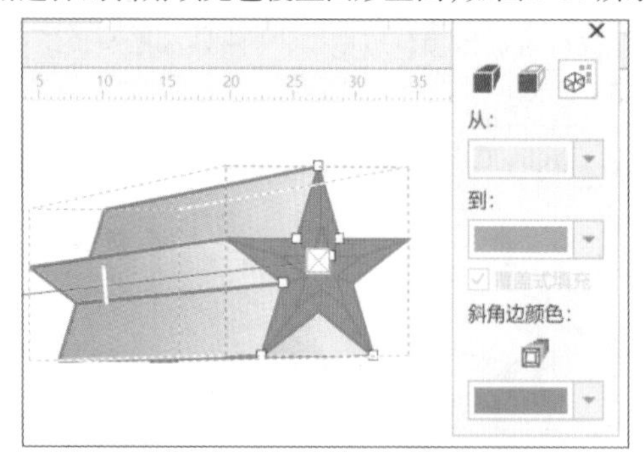

图 5-59　选择“斜角边颜色”效果

5.5.5　为立体化对象添加光源

可以通过为立体化对象添加光源来得到不同角度和强度的光照效果，进而增强立体化对象的质感。单击属性栏中的“立体化照明”按钮，将弹出“灯光”设置面板，在其中可以设置照明参数，如图5-60所示。该图没有设定光源效果。

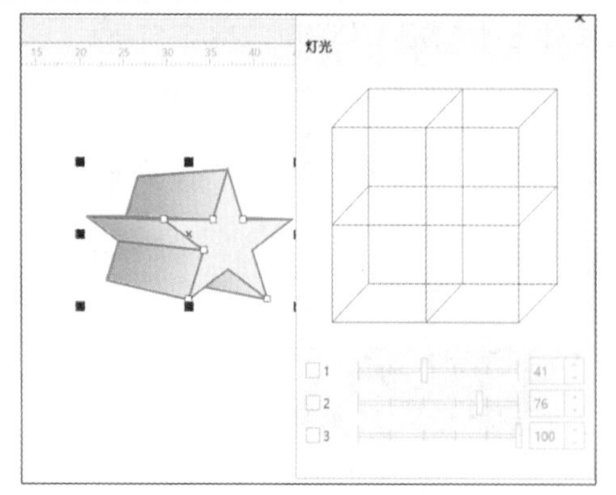

图 5-60　没有设定光源效果

勾选设置面板下方任意一个灯泡的复选框，即可获得一个光源，这时出现明暗不同的照明效果，如图5-61所示。可以通过拖动光源点的灯泡移动光源，实现不同的照明效果，也可以拖动滑块改变光源的强度。

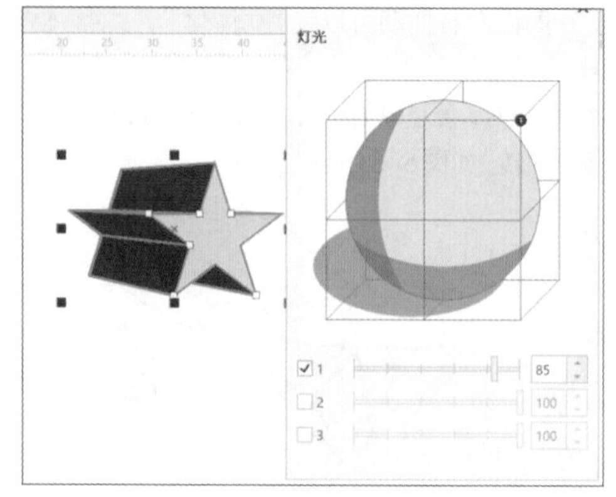

图 5-61　无全色覆盖的单光源

还可以设置多光源照明效果，勾选其他灯泡的复选框，如图5-62所示。最多添加三个光源，如果要减少光源，则取消勾选相应复选框即可。

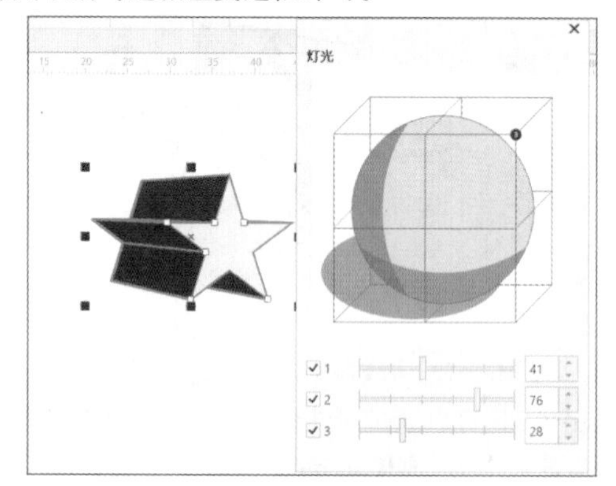

图 5-62　多光源效果

5.5.6　矢量立体模型效果

CorelDRAW提供了多种立体效果的生成方式。除了使用前边介绍的“交互式立体化”工具来实现立体化效果外，还可以通过投射对象上的点并将它们连接起来以产生三维幻觉的方式创建矢量立体模型，使对象具有三维效果，并且还允许将矢量立体模型应用于组合中的对象。

1. 斜角

斜角为对象具有三维外观提供了另一种立体化方法。在立体模型中应用斜角修饰边后，还可以通过指定斜角的角度和深度值来控制三维效果。具体操作步骤如下：

(1) 绘制一个五角星，选择“填充”工具将五角星填充为红色，如图5-63所示。

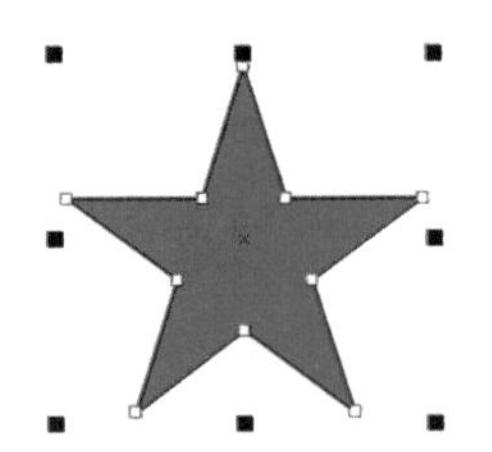

图 5-63　绘制五角星

(2)选择“效果”菜单中的“斜角”(见图5-64),在“斜角”泊坞窗(见图5-65)中可以对五角星进行设置,从而达到立体化效果。“样式”栏中的“柔和边缘”可以创建某些区域显示为阴影的斜面,“浮雕”可以使对象产生浮雕效果。

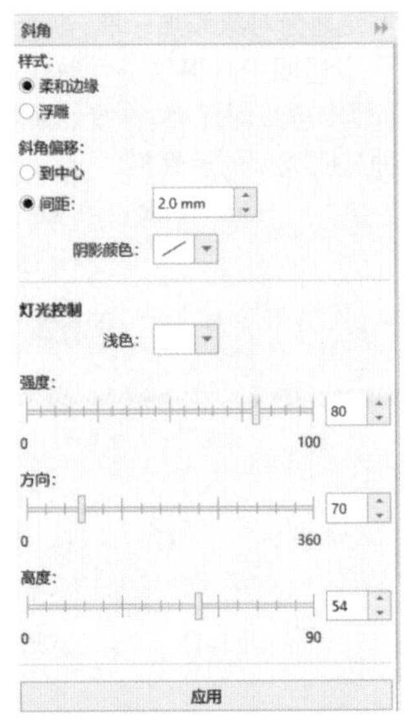

图 5-64　“效果”菜单　　图 5-65　“斜角”泊坞窗

(3)选择“柔和边缘”,选择“斜角偏移”栏中的“到中心”,单击“应用”按钮可以得到如图5-66所示的效果;选择“间距”,可以调整不同的长度,单击“应用”按钮可以得到如图5-67所示的效果。选择“浮雕”,可以使对象产生浮雕效果,如图5-68所示。

图 5-66　应用“到中心”的柔和边缘效果

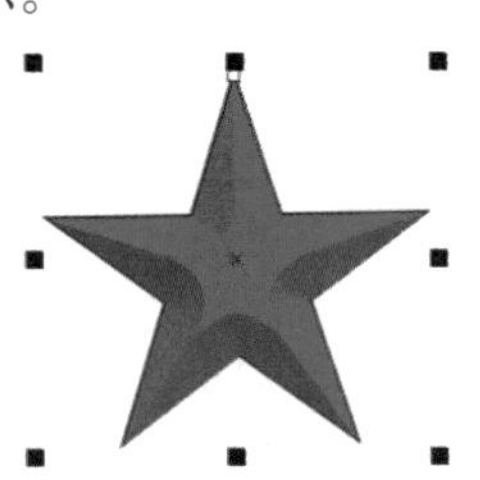

图 5-67　应用“间距”的柔和边缘效果

图 5-68　应用“浮雕”的效果

还可以进一步对应用斜角效果的对象进行设置,在“斜角”泊坞窗中可以设置阴影颜色和光源颜色,通过拖动“强度”“方向”“高度”的控制滑块,可以实现不同的立体化效果。

2. 立体化填充

在绘图过程中,可以将填充应用于整个矢量立体模型或其立体化表面。可以用填充分别覆盖每个表面,或者应用覆盖式填充,以便填充整个对象,使其与图样或底纹之间没有断点,如图5-69所示。

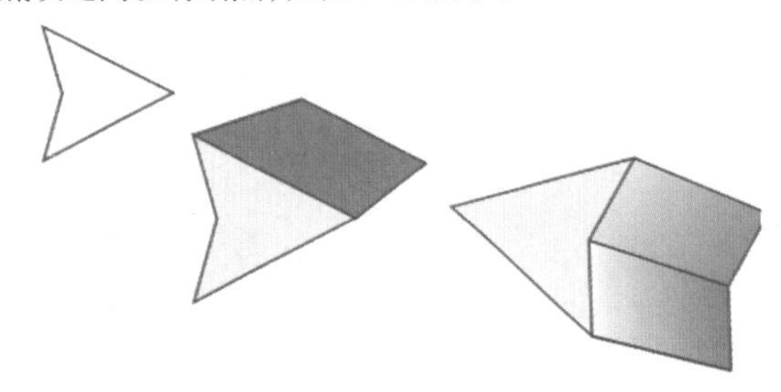

图 5-69　立体化填充

3. 照明

在CorelDRAW中,可以通过应用光源来增强矢量立体模型的效果。最多可使用三个光源,以不同的强度投射到立体化对象上。当不再需要光源时,则可以将其移除(参见5.5.5小节)。

4. 灭点

可以创建所有线条汇聚于灭点的矢量立体模型。可以将矢量立体模型的灭点复制到另一个对象上,使两个对象看起来向同一点后退,如图5-70所示。

图 5-70　具有相同灭点的矢量立体模型

创建立体模型后,可以将其属性复制或克隆到选定对象中。另外,CorelDRAW还允许移除矢量立体模型。

温馨提示：

克隆和复制操作可以将一个立体化对象的立体模型属性复制到另一个对象上。但是，不能独立于主对象编辑克隆的立体模型。

5.6 交互式阴影特效

阴影效果是指为对象添加下拉阴影，增加景深感，从而使对象具有一个逼真的外观效果。制作好的阴影效果与选定对象是动态连接在一起的，如果改变对象的外观，阴影也会随之变化。使用“交互式阴影”工具，可以快速为对象添加下拉阴影效果。

在工具箱中选择“交互式阴影”工具。选中需要制作阴影效果的对象，在对象上面单击，然后向阴影投射的方向拖动鼠标，此时会出现对象阴影的虚线轮廓框。拖动至适当位置，释放鼠标即可完成阴影效果的添加，如图5-71所示。也可以在“预设”下选择不同的方式。

图 5-71　使用“交互式阴影”工具的效果

对于已经建立阴影效果的对象，可以通过阴影工具属性栏(见图5-72)对延展角度、透明度、羽化值等进行调整，还可以通过“阴影颜色”属性设置阴影的颜色。

图 5-72　“交互式阴影”工具的属性栏

对于阴影的羽化效果，属性栏中提供了比较详细的设置选择。单击属性栏上的“羽化方向”按钮，会弹出“羽化方向”设置面板，可选择不同的羽化方向，如图5-73所示。默认为“平均”，选择该项以外的任意选项可激活属性栏上的“羽化边缘”设置面板，单击“羽化边缘属性”按钮，同样可以弹出相应的设置面板，从而选择不同的羽化边缘，如图5-74所示。

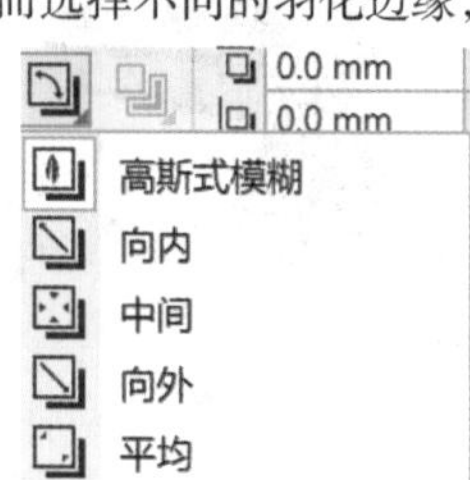

图 5-73　“羽化方向”设置面板

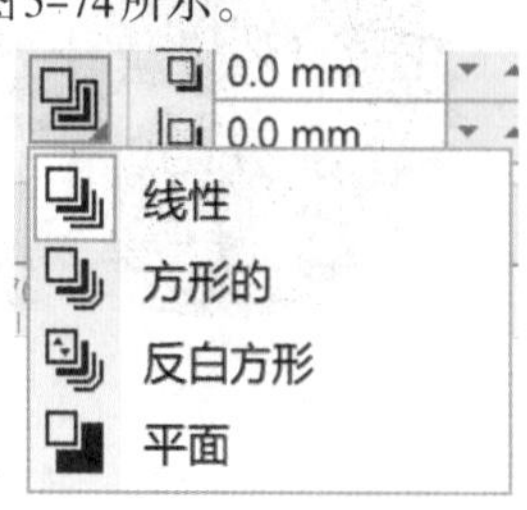

图 5-74　“羽化边缘”设置面板

在属性工具栏中的“阴影偏移量”中可设置不同的偏移幅度，实现阴影效果，但该设置只应用于阴影与原图平行的效果，可修改阴影与原图的相对位置。

在属性栏的右侧还可以设置“阴影淡出”和“阴影延展”，这两种属性控制阴影颜色的深度和阴影的延展角度，但只能用于与原图相连的阴影效果，如果当前图形的阴影效果是与原图分离的，则该属性处于禁用状态。

同其他交互式效果一样，交互式阴影效果可以使阴影图分离成独立的对象，这里就不再详细说明了。

5.7 交互式透明特效

透明效果是指通过改变对象填充颜色的透明程度来创建独特的视觉效果。使用“交互式透明”工具可以方便地为对象添加标准、渐变、图样及底纹等透明效果。

透明工具提供了六种基本的交互式透明类型，可以分为四类，即标准、渐变、图样及底纹，图5-75所示为四种透明类型的属性栏。

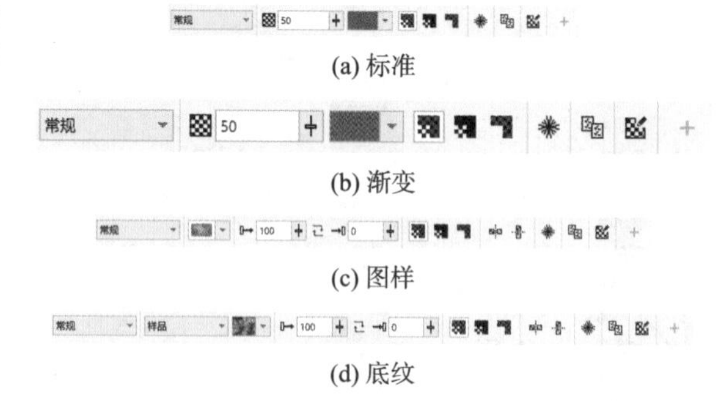

(a) 标准

(b) 渐变

(c) 图样

(d) 底纹

图 5-75　“交互式透明”工具的属性栏

5.7.1 标准透明类型

在CorelDRAW中，系统默认为标准透明类型，也称均匀透明。在标准透明效果下，整个对象每一处的透明度都一样，如图5-76所示。

图 5-76　标准透明效果

5.7.2　渐变透明类型

渐变透明类型中有线形、椭圆形、圆锥和方角四种方式，可以实现对象各部分之间逐渐变化的效果。

在渐变透明类型下，可以通过属性栏上的“透明中心点”属性设置透明中心处的透明度，通过“角边和边衬”属性设置透明度渐变方向和效果应用范围。单击“编辑透明度”按钮，打开如图5-77所示的“编辑透明度”对话框，可以在该对话框中编辑相应渐变透明度方式的颜色变化，从而改变对象的透明效果。

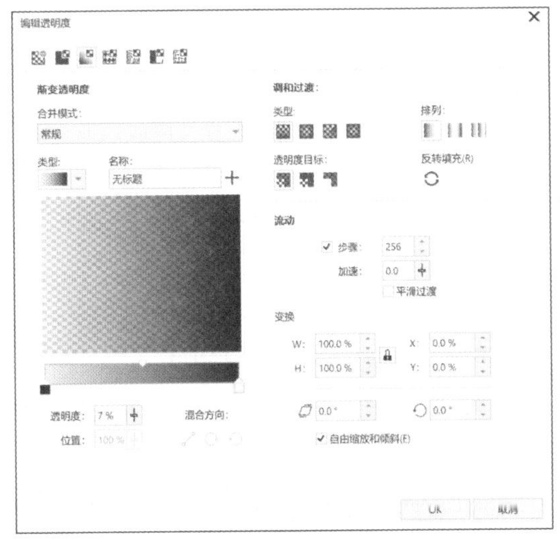

图 5-77　“编辑透明度”对话框

1. 线性透明

在线性透明类型下，透明度是沿设定的方向逐渐产生线性变化的，可直接在对象上通过拖动鼠标建立线性透明，在对象上将出现透明的控制方向线，控制方向线的箭头由起点指向终点，中间为透明变化速度滑块，拖动滑块可以实现透明变化，如图5-78所示。

图 5-78　线性透明效果

2. 射线透明

射线透明的透明区域是以射线为半径的圆。选择“交互式透明”工具，选择要设置透明效果的对象，在属性栏中选择“射线”，就实现了射线透明效果，也可以进一步设置相关的属性，如图5-79所示。

图 5-79　射线透明效果

3. 圆锥形透明和矩形透明

圆锥形透明的透明区域是一个圆锥形，矩形透明的透明区域是一个正方形，分别在渐变透明属性栏中选择“圆锥”“矩形”，可以实现圆锥形、矩形的透明效果，同时也可进一步设置透明区域的大小、位置和方向等，如图5-80和图5-81所示。

图 5-80　圆锥形透明效果

图 5-81　矩形透明效果

5.7.3　图样透明类型

图样透明类型是指在建立透明效果时加上透明的图案或图样，包括双色图样、向量图样、位图图样。

在图样透明类型下，设置透明效果后同样可以对相关的参数进行调整，也可以单击“编辑透明度”按钮，在打开的如图5-82所示的对话框中对图样透明度的图案颜色、密度和位置进行编辑，还可以通过“镜像拼贴”按钮生成图像镜像图块。

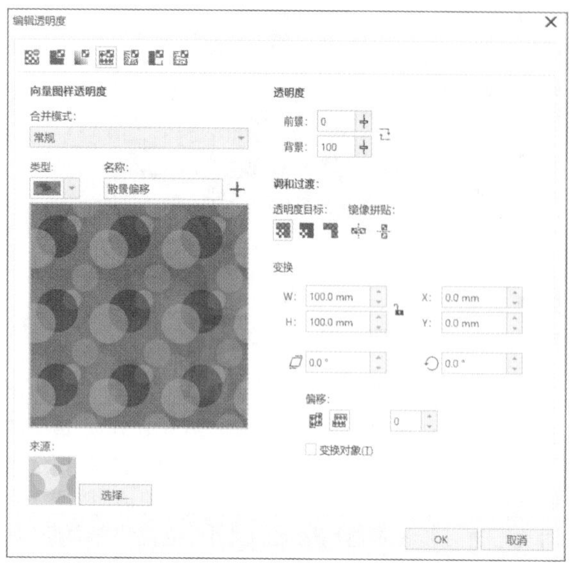

图 5-82 “编辑透明度”对话框

双色透明是一种使用系统提供的双色图样作为附加图案产生的交替透明的效果，如图5-83所示。全色透明可以使用较为复杂的图案，全色透明图案是由线条和填充颜色组成的图片，可实现比较复杂的透明度效果，如图5-84所示。位图透明引入位图图案作为附加图案，位图图案是由浅色和深色图样或矩形数组中不同颜色的像素所组成的彩色照片。可根据附加位图图案颜色的不同产生不同的透明度效果，如图5-85所示。

图 5-83 双色图样透明效果

图 5-84 全色图案透明效果

图 5-85 位图图案透明效果

5.7.4 底纹透明类型

底纹透明类型在建立透明效果的同时加上特定的纹理图案，从而实现非常特殊的纹理透明的效果。图5-86所示为底纹透明效果，其实现过程与前面类似，这里不作详细介绍。

图 5-86 底纹透明效果

在透明度效果的操作中要用到不同的合并模式(指用于指定透明度的颜色与其后对象的颜色合并的方式)，可在属性栏上单击“透明操作”按钮，在下拉列表框中选择要求的合并模式。CorelDRAW默认将所有透明度效果应用于对象的填充和轮廓，但可以通过属性栏中的应用方式属性选择是否只将透明度效果应用于对象的轮廓或填充。

也可以单击“复制”按钮，将透明度从一个对象复制到另一个对象，或单击“取消”按钮，取消所设置的透明效果。

在为两个重叠图像设置透明效果时，移动上面的图片，则透明度效果中显现的下面的图片也会发生移动，但如果单击属性栏上的“冻结”按钮，则会保持当前的图像效果，即使彻底删除下面的图片也不会改变上面的图片所应用的透明效果。

5.8 综合案例一：制作实心球

1. 制作思路

本案例通过将圆形立体化，并制作阴影效果，形成

一个实心球。首先制作三个圆，通过修改相关参数形成高光的球形，然后制作阴影，形成实心球。

2. 使用的工具

“椭圆形”工具、“选择”工具、“交互式填充”工具、“交互式透明”工具和“矩形”工具等。

3. 制作步骤

(1) 启动 CorelDRAW，在属性栏中将“绘图窗口”设置为横向放置。

(2) 单击“椭圆形”工具，在页面中部单击，按住 Ctrl 键并拖动光标到预定的位置，然后放开鼠标，再松开 Ctrl 键，绘制一个正圆，如图 5-87 所示。

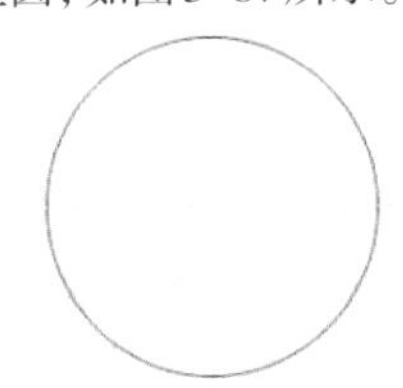

图 5-87　绘制正圆

(3) 使用“选择”工具选择这个圆，通过执行“编辑/复制”命令复制这个圆，如图 5-88 所示。

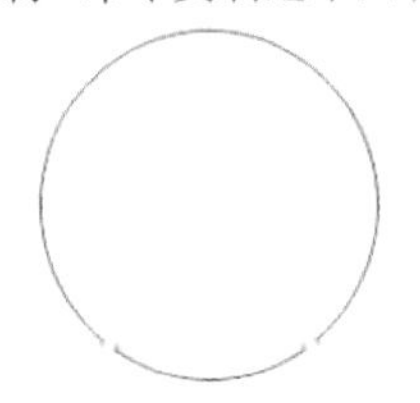
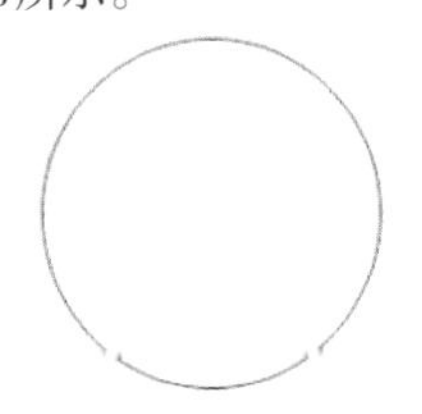

图 5-88　复制这个圆

(4) 使用“选择”工具选择第一个圆，然后在圆的上方右击，在弹出的菜单中选择“属性管理器”，在“属性管理器”对话框中选择“填充”选项，在“填色”栏中选择“底纹填充”，选择“样本”中带有粗糙纹路的底纹作为填充，如图 5-89 所示。

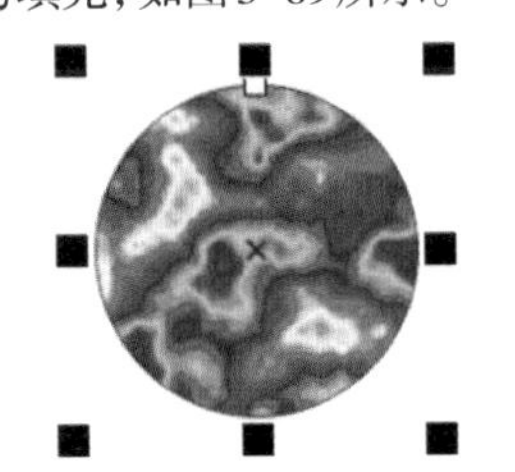
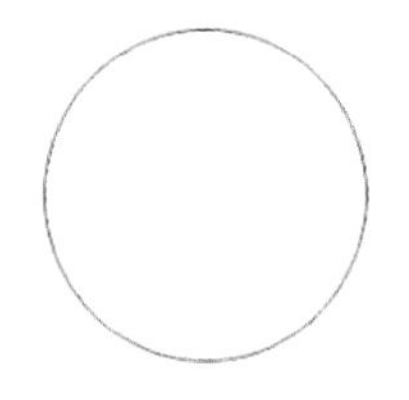

图 5-89　底纹填充

(5) 使用“选择”工具选择第二个圆，从调色板中选用黑色来填充第二个圆。

(6) 使用“选择”工具选择第二个圆，然后在工具栏中选择“交互式填充”工具，这时可以发现在圆的外框里出现了一个点，选中该点，将它向左上角移动，即可将圆内的黑色改变为渐变色，如图 5-90 所示。

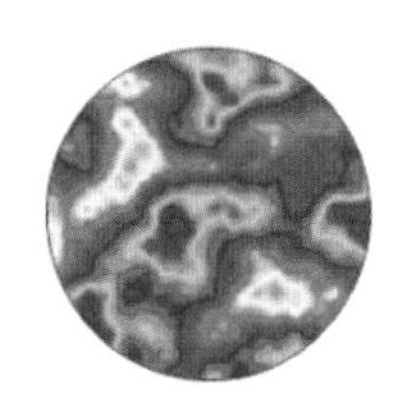
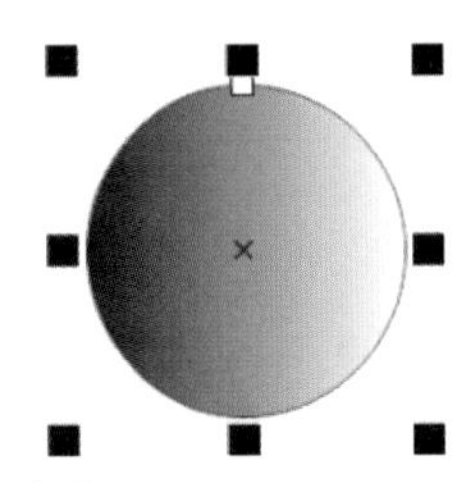

图 5-90　黑色渐变

(7) 使用“选择”工具圈选黑色球和底纹球，单击工具栏中的“轮廓”工具中的“轮廓笔”，在打开的“轮廓笔”对话框中选择颜色为白色。

(8) 使用“椭圆形”工具制作另一个较小的白色圆，使用“外框”工具将该圆的外框设置为无，用来作为三维图形的高光部分，如图 5-91 所示。

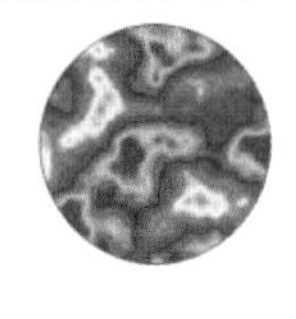

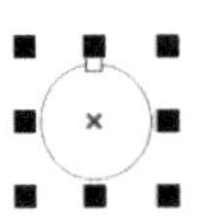

图 5-91　绘制白色圆

(9) 使用“对象/顺序”菜单中的选项将所制作的圆合并，将黑色圆放置于底纹填充圆的上面，并且将高光圆放置于黑色圆的上面，如图 5-92 所示。

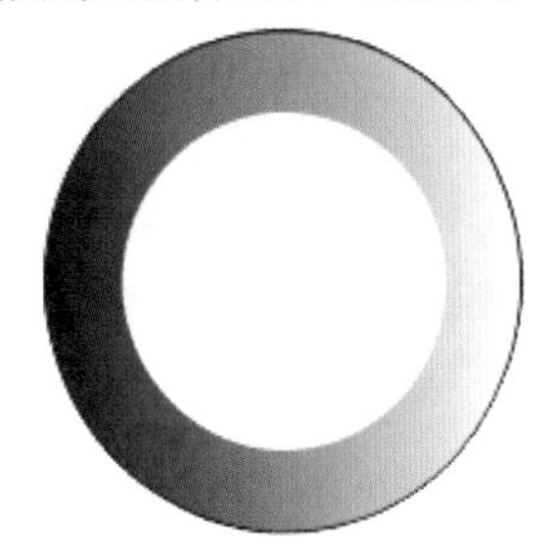

图 5-92　将高光圆放置于黑色圆的上面

(10) 将黑色圆选中，单击工具栏中的“交互式透明”工具，然后用鼠标选中圆外框中的一点，将该点做相应的移动，以将黑色的圆设置为逐渐透明的效果，如图 5-93 所示。

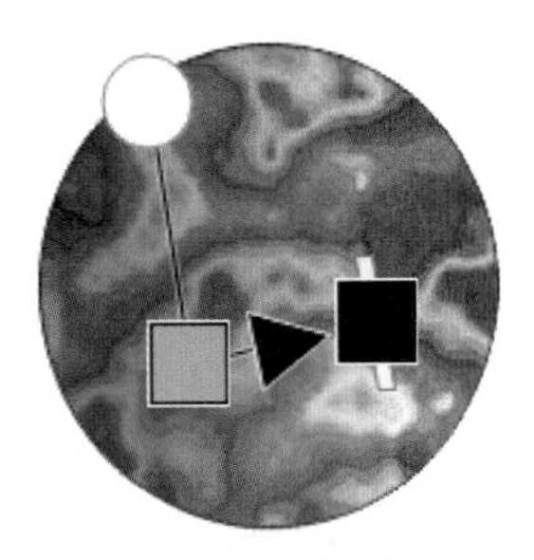

图 5-93　黑色圆渐变透明

（11）使用同样的方法，将白色小圆也设置为渐变透明的效果，如图5–94所示。

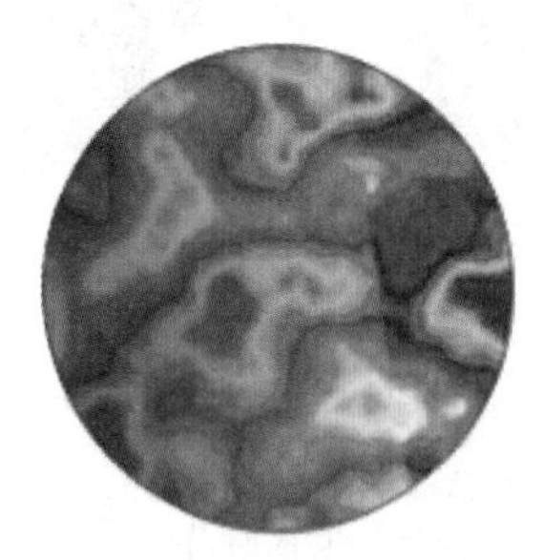

图 5–94 白色圆渐变透明

（12）使用“选择”工具选中黑色圆，执行“编辑/复制”命令，再复制出一个黑色圆。单击“选择”工具，使用角手柄和边手柄来“压缩”和“伸展”复制出来的黑色圆。将该圆放到球的背面，使用“无轮廓”工具将该圆的外框去除，如图5–95所示。

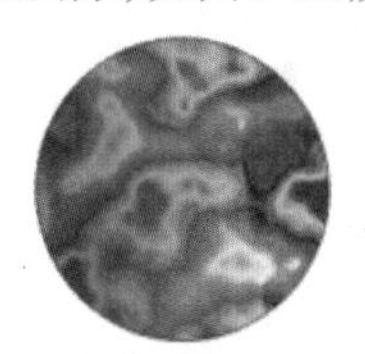

图 5–95 复制出的圆

（13）执行“对象/顺序/到图层后面”命令，即可将该圆制成球的阴影，如图5–96所示。

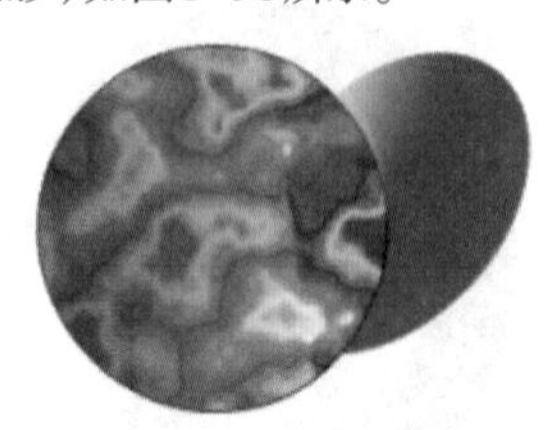

图 5–96 制成阴影

（14）创建三维对象的背景。单击“矩形”工具，绘制一个矩形，然后用“选择”工具双击该矩形，再用倾斜手柄伸展和倾斜该矩形。执行“对象/顺序/到图层后面”命令将矩形放到球和阴影的后面。然后选择浅灰色填充矩形，就完成了三维球的制作，如图5–97所示。

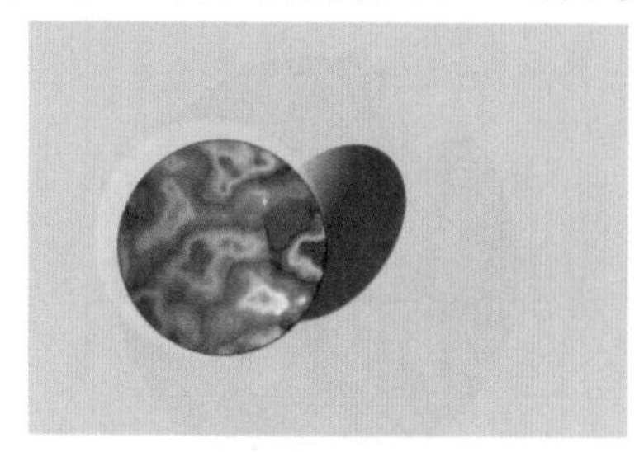

图 5–97 实心球图案

5.9 综合案例二：制作文字阴影与虚化

1. 制作思路

本案例通过为文字设置阴影，制作出虚化的字体。首先创建文字，然后制作阴影，最后形成虚化文字。

2. 使用的工具

“文字”工具、“交互式阴影”工具等。

3. 制作步骤

（1）打开CorelDRAW，新建一个文件。

（2）使用“文字”工具输入文字，设置字体为华文琥珀，如图5–98所示。

智能传播

图 5–98 输入文字

（3）将文字拖动到适当大小，然后在工具栏中选择“交互式阴影”工具，单击选中文字，再拖动出阴影，如图5–99所示。

智能传播

图 5–99 制作阴影

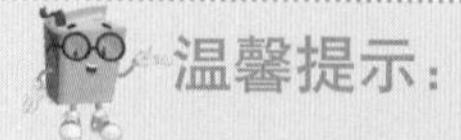

因拖动方式不同，阴影分成整体阴影和边缘阴影，这里要实现的是整体阴影。如果拖动时的起点是原图形的边缘，阴影会变成边缘阴影，与原图形的大小比例不一致，看上去像光从侧面打过来。整体阴影的拖动起点在图形上远离边缘的部位或图形正中的位置。

（4）单击控制条上的“阴影控制”按钮，改变阴影的位置。由于手动拖动有不确定性，可以在“交互式阴影”工具的属性栏中输入x轴与y轴的数值来精确控制阴影的位置。

（5）在“交互式阴影”工具的属性栏中，将阴影颜色设置为红色，如图5–100所示。

图 5–100 设置阴影颜色

（6）设置阴影不透明度为50，阴影羽化为20，设置阴影羽化方向为平均。

（7）保持阴影群组的选择状态，执行“排列/拆分阴影群组”命令，将阴影与原图形分离，如图5–101和图5–102所示。

图 5-101　拆分阴影　　　　图 5-102　阴影图形

(8)分离后的阴影是一个独立的对象，即成功制作出了虚化文字。如果觉得颜色太淡，可以把它转换为位图。执行“效果/扭曲/湿笔画”命令，打开“湿笔画”对话框，调整“润湿”和“百分比”，其他设置保持默认，如图5-103和图5-104所示。

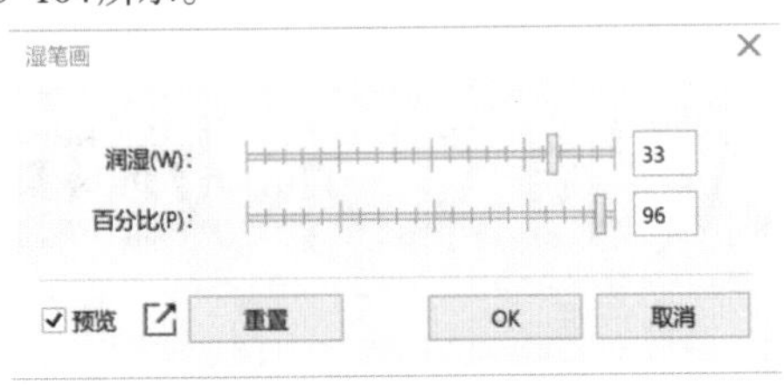

图 5-103　“湿笔画”对话框

图 5-104　虚化文字

5.10 本章小结

本章主要介绍了CorelDRAW中的各种交互式工具的使用方法，包括“交互式调和”工具、“交互式轮廓”工具、“交互式变形”工具、“交互式封套”工具、“交互式立体化”工具、“交互式阴影”工具和“交互式透明”工具。这些工具可以使图形生成各种特殊的效果。交互式工具简单易懂，可以直接用鼠标在对象上进行操作，实现各种图形效果。

灵活地运用调和、轮廓、封套、变形、立体、阴影、透明等交互式工具，可以使自己创作的图形对象异彩纷呈、魅力无穷。

5.11 习题五

1. 填空题

(1) 交互式________效果就是通过形状和颜色的渐变使一个对象变换成另一对象。

(2) 调和的起点和终点与参与对象的排列次序有关，调和应用的结果总是以排在后面的对象为________，因此改变对象的前后次序就可以改变调和的起点和终点。

(3) 交互式变形的三种方式分别是________、________和________。

(4) “交互式封套”工具提供了四种操作模式，即________、________、________和________。

(5) “交互式透明”工具提供了九种基本的交互式透明类型，可以分为四类，即________、________、________和________。

(6) ________是指可以设置在对象周围以改变对象形状的闭合形状，它由节点相连的线段组成，一旦将它应用到对象，就可以移动节点来改变对象的形状。

(7) 创建交互式透明效果时，用户可以选择透明度应用的范围，既可以将透明度应用到对象的内部填充上，也可以将透明度应用到对象的________。

2. 选择题

(1) 下列不属于渐变透明效果的是(　　)。

A. 标准　　B. 线形

C. 锥形　　D. 方角

(2) 对于调和效果，要选择的新起点对象必须在终点对象之(　　)，要选择的新终点对象必须在起点对象之(　　)。

A. 左、右　　B. 右、左

C. 前、后　　D. 后、前

(3) 使用“交互式变形”工具连续3次对同一个对象应用变形效果，然后将它的变形效果复制到另一个对象上。那么，被复制的是(　　)。

A. 第一次的变形　　B. 第二次的变形

C. 第三次的变形　　D. 全部三次的变形

(4) 交互式立体化效果是通过在对象上创建(　　)来得到的。

A. 矢量立体模型　　B. 矢量立体线条

C. 立体照明效果　　D. 封套

3. 简答题

(1) 如何改变调和路径？

(2) 如何使对象变形？

4. 操作题

利用“交互式变形”工具、“交互式阴影”工具制作如图5-105所示的“奋斗”特效。

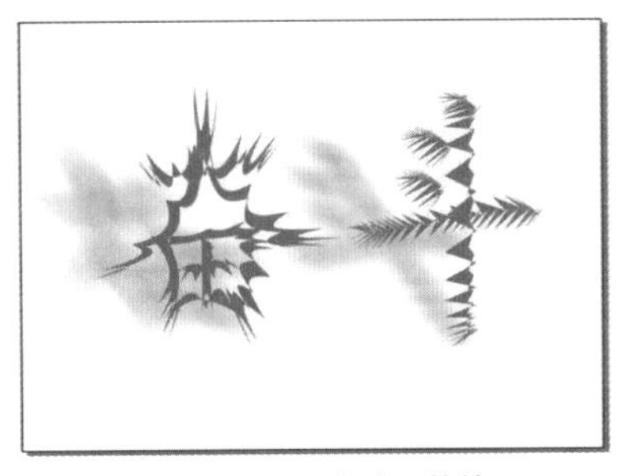

图 5-105　“奋斗”特效

CorelDRAW的文本处理

教学目标

CorelDRAW除了可以处理图形图像，还能对文本进行操作。CorelDRAW提供了两种文本模式：一种是美术文本，另一种是段落文本。美术文本用于为绘图中的少数文本创建艺术效果，在处理时可以把它当作图形，所以可以为它添加图形图像的各种效果；段落文本用于在绘图中排版大段文本，可以将它与图形图像混排达到理想的效果。

本章将详细介绍各种文本工具的使用方法和技巧等，包括文本的基本操作、文本的处理、段落处理以及文本的一些特殊效果等方面的内容，这些是文本处理最基础的内容，读者应该熟练掌握。本章后面几节主要介绍如何添加文本的其他效果。例如，使文本按照一个给定的路径进行编排、在文本中添加一些特殊符号等、对文本添加封套效果以及应用不同的样式来达到理想的效果等。

重点与难点

- 文本的基本操作
- 简单的文本编辑
- 文本辅助工具的使用
- 创建文本分栏
- 在文本中添加特殊符号
- 使文本适合路径
- 给文本添加封套效果
- 添加立体化效果
- 使段落文本适合文本框
- 对文本应用样式

6.1 文本的基本操作

文本(Text)是CorelDRAW中具有特殊属性的图形对象。CorelDRAW中有两种文本模式：美术文本(Artistic Text)和段落文本(Paragraph Text)。CorelDRAW版本增加或改进了很多文本处理方面重要的功能。在文本格式化、文本适合路径、首字下沉、制表位、项目符号、文本适合文本框、分栏等方面都有新增功能或改进。可以说，CorelDRAW的文本处理功能十分强大。

美术文本实际上指单个的文字对象。由于美术文本是作为一个单独的图形对象来使用的，因此可以使用处理图形的方法对其进行编辑处理。

段落文本是建立在美术文本模式的基础上的大块区域的文本。可以使用CorelDRAW所具备的编辑排版功能来对段落文本进行处理。

6.1.1　添加文本

参考第2章“文本”工具的基本操作，打开“文本”泊坞窗(见图6-1)，可以设置字体、字号，为字体填充颜色等。下面介绍几种添加文本的方法。

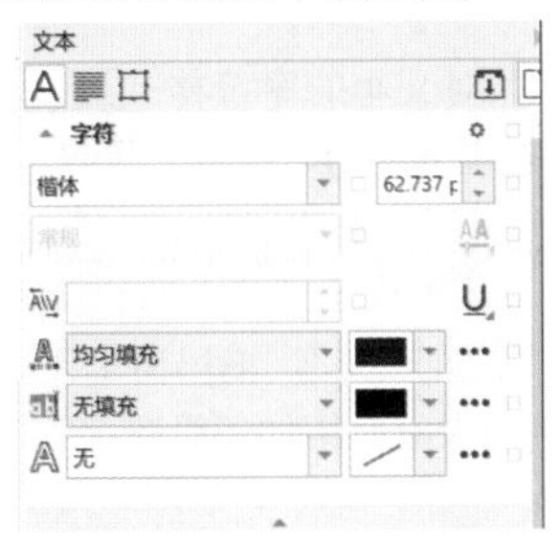

图 6-1　“文本”泊坞窗

1. 添加美术文本

(1) 在工具栏中单击“文本”工具按钮A，打开如图6-1所示的“文本”泊坞窗。

(2) 在“文本”泊坞窗中选择字体和字号，在绘图窗口内单击建立一个文本插入点。

(3) 在文本插入点处输入文本，这时所输入的文本就是美术文本。图6-2所示为输入的一行美术文本。

图 6-2　添加美术文本

在添加美术文本的同时还可以对文本的效果进行处理，如放大和填充等。图6-3所示就是利用渐变填充得到的效果。

图 6-3　美术文本的渐变填充

2. 添加段落文本

(1) 在工具栏中单击“文本”工具按钮A。

(2) 在绘图页面的适当位置按住鼠标左键并拖动，建立一个文本虚线矩形框。

(3) 在文本虚线矩形框内输入相应文本，图6-4所示为创建的段落文本。

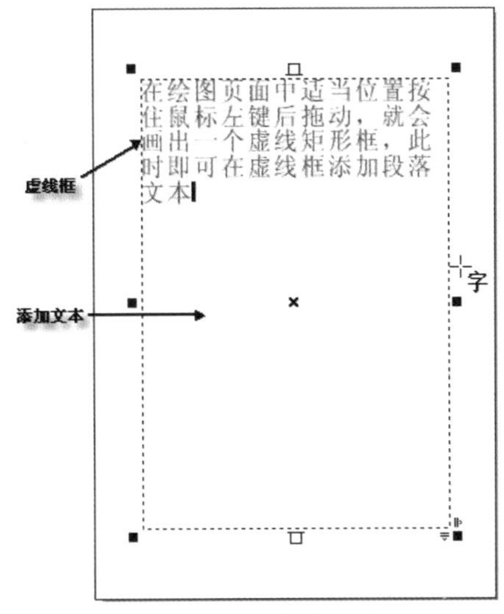

图 6-4　文本虚线矩形

通过键盘输入文字是最常见的操作之一。如果文本文件已经存在，用户可以执行“文件/导入”命令导入外部的文本文件(参见6.1.3小节)。

6.1.2　段落文本与美术文本之间的转换

美术文本与段落文本之间为什么需要转换呢？原因很简单，美术文本和段落文本的属性有区别，各有各的特点，有的效果用美术文本能够制作出来，而用段落文本却制作不出来，如“文本适合路径”效果；反之，有的效果用段落文本能够制作出来，而用美术文本却制作不出来，如“文本环绕对象”效果。那么，当需要用段落文本制作“文本适合路径”效果时，就需要将段落文本转化成美术文本。当然，对美术文本与段落文本进行转换的原因不仅仅在于此。

对美术文本和段落文本进行相互转换的操作很简单，下面举例说明。

例如，要将美术文本转换成段落文本，操作步骤如下：

(1) 使用“选择”工具选中需要转换的美术文本。

(2) 执行“文本/转换到段落文本”命令，或者按快捷键Ctrl+F8。这样，文本外围多了一个段落文本框，表明所选的美术文本已经变成了段落文本，如图6–5和图6–6所示。

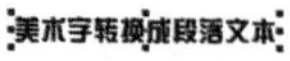

美术字转换成段落文本

图 6–5　美术文本

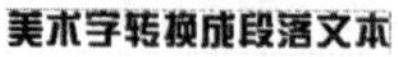

美术字转换成段落文本

图 6–6　段落文本

当选中段落文本后，所选择的“转换到段落文本”命令就会变成“转换到美术文本”，但快捷键还是Ctrl+F8。也就是说，当要将段落文本转化成美术文本时，先把段落文本选中，再执行“文本/转换到美术文本”命令，或者按快捷键Ctrl+F8即可。

6.1.3　导入文本

在CorelDRAW中，用户除了在绘图窗口中输入文本之外，还可以导入文本。用户可以将已有的纯文本文件(如*.txt或*.doc等)导入到绘图窗口中。显然，将已有的纯文本文件导入到窗口中可以避免重新输入文本。

在CorelDRAW文件的绘图窗口中导入一个纯文本文件的操作步骤如下：

(1)执行“文件/导入”命令或按快捷键Ctrl+I打开“导入”对话框，如图6–7所示。

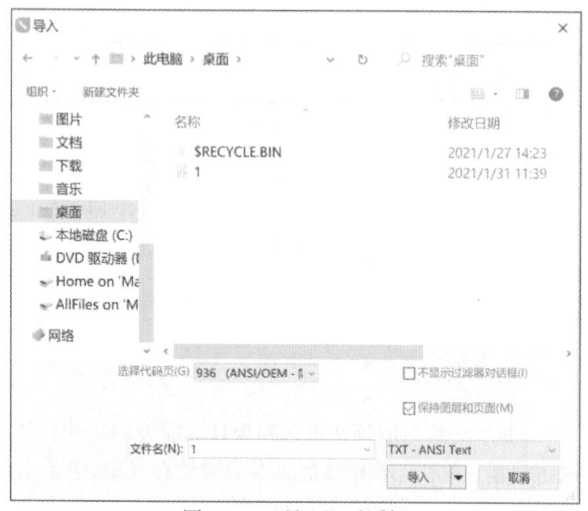

图 6–7　“导入”对话框

(2) 单击查找范围下拉按钮 ˅，在弹出的下拉列表中选择要导入的文本所在的文件夹。

(3) 单击文件类型下拉按钮 ˅，在弹出的下拉列表中选择TXT–ANSI Text。

(4) 在文件列表中选择要导入的纯文本文件的名称。

(5) 单击“导入”按钮，打开“导入/粘贴文本”对话框，根据实际要求决定是否保存文本原有的字体和格式，然后单击“确定”按钮返回到绘图窗口。

(6) 在绘图窗口中单击，建立一个段落文本框，或者按住鼠标左键并拖动建立一个段落文本框，所选择的纯文本文件就会以段落文本的形式出现在绘图窗口中，导入工作完成，如图6–8所示。

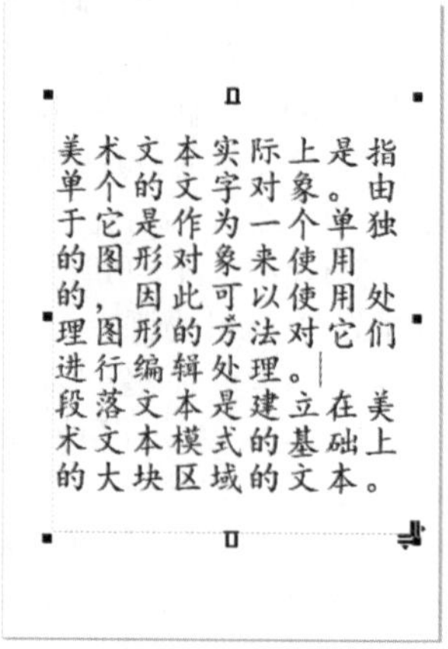

美术文本实际上是指单个的文字对象。由于它是作为一个单独的图形对象来使用的，因此可以使用处理图形的方法对它们进行编辑处理。
段落文本是建立在美术文本模式的基础上的大块区域的文本。

图 6–8　被导入到绘图窗口中的文本

6.2　文本格式化

6.2.1　设置字符格式

文本格式化

对文本的字符格式进行设置是文本编辑的基本操作，这些字符格式包括字体、字号、字符效果和字符偏移等。字符格式可以通过菜单或工具栏中的快捷按钮来设置，也可以通过“文本”泊坞窗来设置。这里以“文本”泊坞窗为例向大家介绍如何设置字符的格式。

1. 导入文本

执行“文件/导入”命令，导入一段文本，如图6–9所示。

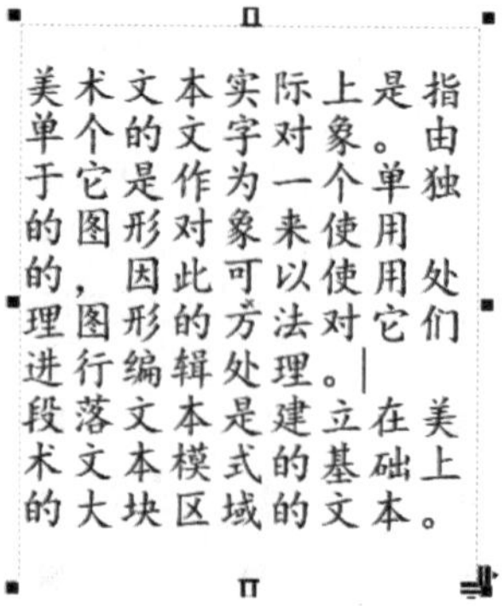

美术文本实际上是指单个的文字对象。由于它是作为一个单独的图形对象来使用的，因此可以使用处理图形的方法对它们进行编辑处理。
段落文本是建立在美术文本模式的基础上的大块区域的文本。

图 6–9　导入的文本

2. 打开“文本”泊坞窗

单击右面菜单栏中的“文本”按钮，打开“文本”泊坞窗，如图6–10所示。

文本
字符
Arial
12.0 pt
常规
均匀填充
无填充
无

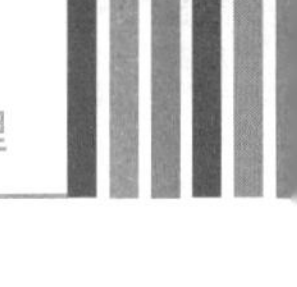

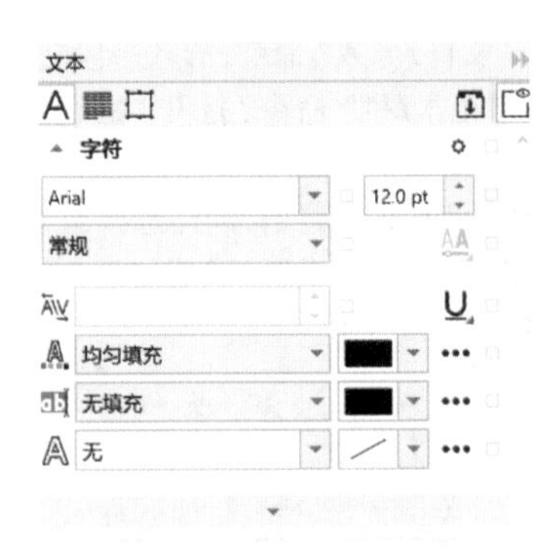

图 6-10　“文本”泊坞窗

与专业的“文本编辑”工具一样，只要选中需要设置的字符，就可以对各类文本字符的属性进行设置。图6-11所示是对字体、字号、字符效果和字符偏移进行设置后的段落文本。

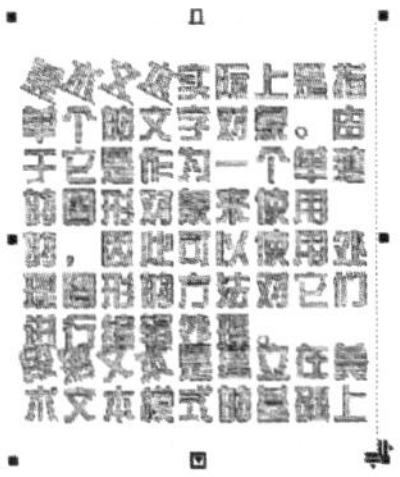

图 6-11　设置格式后的段落文本

6.2.2　设置段落格式

对段落格式的设置，与设置字符格式类似，这些段落格式包括对齐、间距、缩进、文本方向。

1. 导入文本

执行“文件/导入”命令，导入一段文本，如图6-12所示。

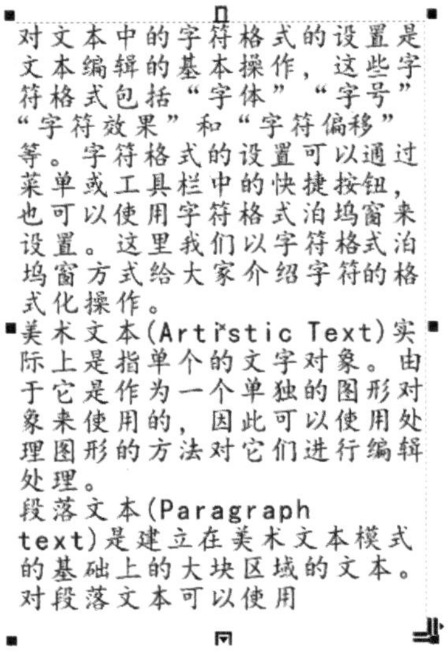

对文本中的字符格式的设置是文本编辑的基本操作，这些字符格式包括“字体”“字号”“字符效果”和“字符偏移”等。字符格式的设置可以通过菜单或工具栏中的快捷按钮，也可以使用字符格式泊坞窗来设置。这里我们以字符格式泊坞窗方式给大家介绍字符的格式化操作。
美术文本(Artistic Text)实际上是指单个的文字对象。由于它是作为一个单独的图形对象来使用的，因此可以使用处理图形的方法对它们进行编辑处理。
段落文本(Paragraph text)是建立在美术文本模式的基础上的大块区域的文本。对段落文本可以使用

图 6-12　导入的文本

2. 打开“段落”泊坞窗

执行“格式/段落格式化”命令，打开“段落”泊坞窗，如图6-13所示。

段落
100.0 %
%字符高度
0.0 mm
100.0 %
0.0 mm
0.0 %
0.0 mm
20.0 %
0.0 %
100.0 %
使用断字(Y)

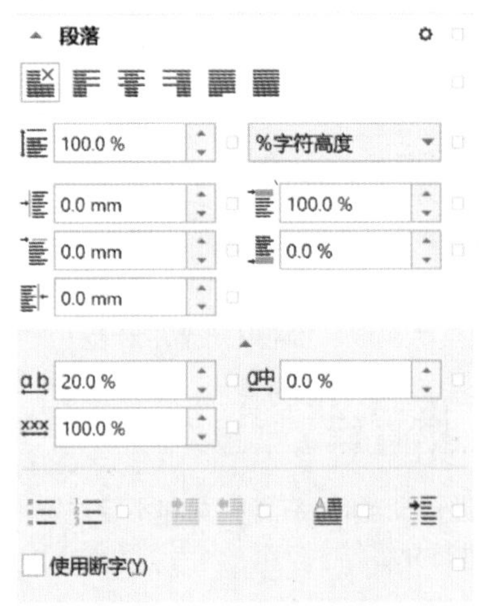

图 6-13　“段落”泊坞窗

3. 设置效果

与其他的“文本编辑”工具一样，只要选中需要设置的段落，就可以对各类属性进行设置，效果如图6-14所示。

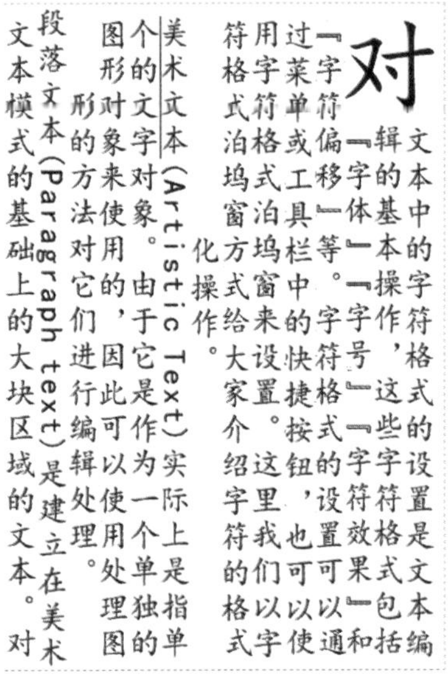

图 6-14　段落设置效果

6.2.3　设置制表位

制表位表示按Tab键后光标移动的距离。

执行“文本/制表位”命令，可以打开“制表位设置”对话框，如图6-15所示，在此可以对制表位进行设置，也可以添加制表位。

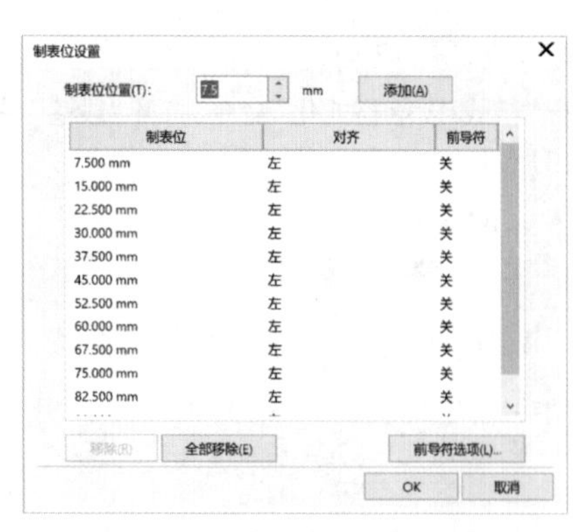

图 6-15 “制表位设置”对话框

6.2.4 设置栏

对栏进行设置时，有等栏宽和不等栏宽两种方式，下面分别进行介绍。

1. 等栏宽

(1) 执行“文件/导入”命令，导入一段文本。

(2) 执行“文本/栏”命令，打开“栏设置”对话框，如图6-16所示。

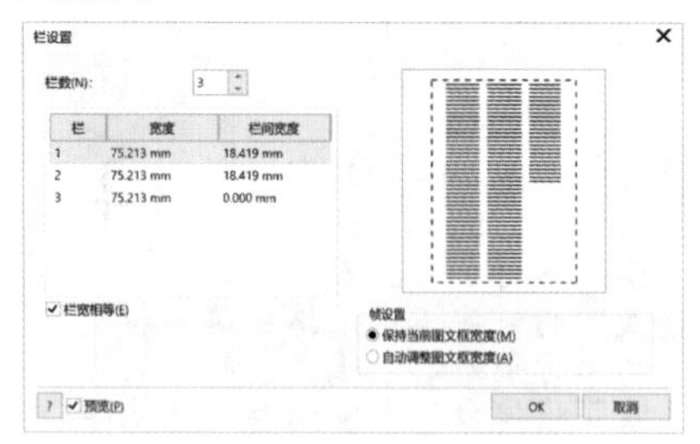

图 6-16 “栏设置”对话框

(3) 在“栏数”后选择需要的栏数，在这里选择3，对下面的栏、宽度、栏间宽度分别进行设置，勾选“栏宽相等”复选框，效果如图6-17所示。

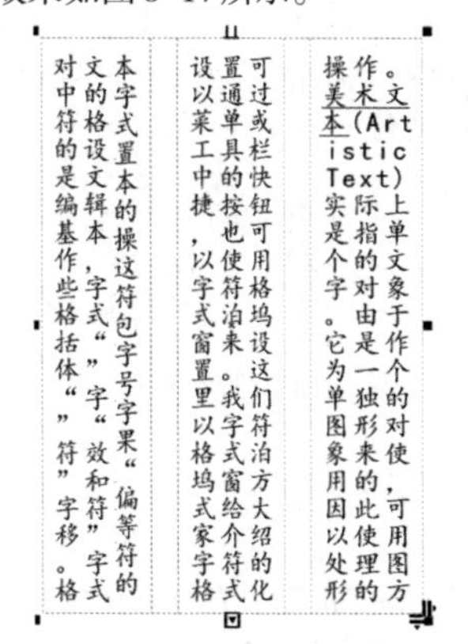

图 6-17 等栏宽设置效果

2. 不等栏宽

不等栏宽的设置与等栏宽的设置类似。

(1) 执行“文件/导入”命令，导入一段文本。

(2) 执行“文本/栏”命令，打开“栏设置”对话框，如图6-16所示。

(3) 在“栏数”后设置栏数，同样选择3，对下面的栏、宽度、栏间宽度分别进行设置，取消勾选“栏宽相等”复选框，效果如图6-18所示。

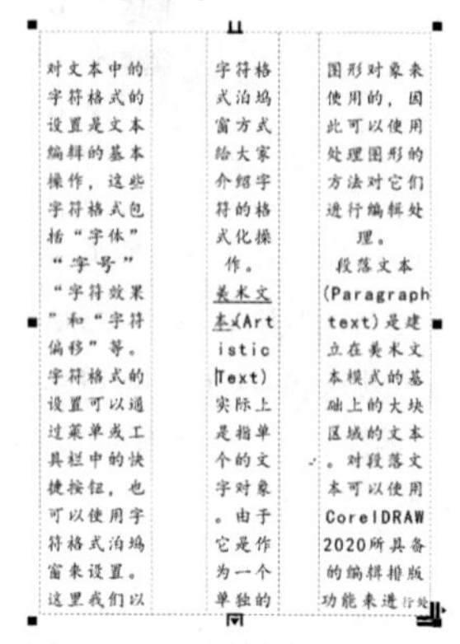

图 6-18 不等栏宽设置效果

6.2.5 设置项目符号

执行“文本/项目符号”命令，可以打开“项目符号和编号”对话框，如图6-19所示。在这里可以根据自己的需要在段前加上项目符号。

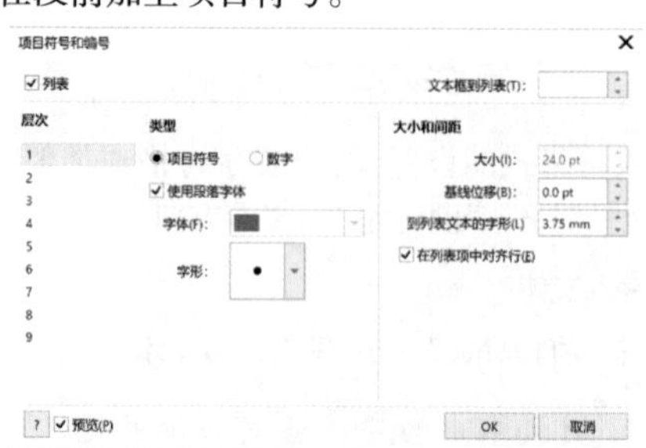

图 6-19 “项目符号和编号”对话框

在这里做一个▪符号效果，可以根据自己的需要对项目符号的“类型”和“大小和间距”进行设置，效果如图6-20所示。

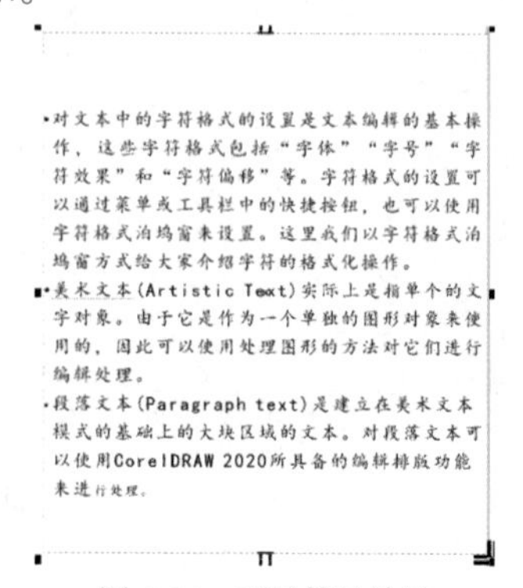

图 6-20 项目符号效果

6.2.6　更改英文文本中字母的大小写

在编辑英文文本时，有时要使用大写字母，有时要使用小写字母，这就需要用到CorelDRAW中的更改大小写的功能，可以根据需要选择句首字母大写、小写、大写或首字母大写等形式。另外，通过CorelDRAW提供的更改大小写的功能，还可以进行大小写字母的转换。

大小写的更改可以通过属性栏或“格式化文本”对话框等途径来实现。在这里介绍最为直观的使用“更改大小写”命令来更改文本大小写的方法。

(1) 使用工具箱中的“文本”工具，在绘图工作区中输入英文文本。

(2) 选择需要更改大小写的文本或字符。

(3) 执行“文本/更改大小写”命令或按快捷键Shift+F3，打开如图6–21所示的“更改大小写”对话框。

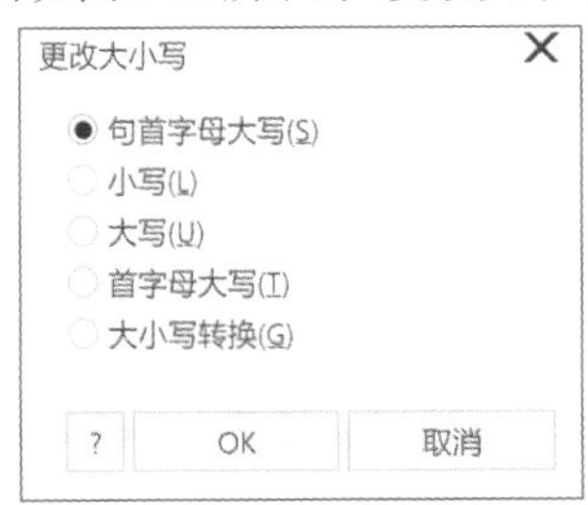

图 6–21　“更改大小写”对话框

(4) 在“更改大小写”对话框中，提供了5个选项：“句首字母大写”，将选定文本的第一个字母转换为大写；“小写”，将选定文本中的所有字母转换为小写；“大写”，将选定文本中的所有字母转换为大写；“首字母大写”，将选定文本中的每一个单词的首字母转换为大写；“大小写转换”，实现大小写的转换，即将所有大写字母改为小写字母，将所有小写字母变成大写字母。

(5) 完成这些设置后，单击“确定”按钮，将设置应用到文本中，图6–22所示显示了各种大小写转换效果。

Natural Language
Processing, NLP shi ji
suan ji KE XUE LING Yu
yu ren gong zhineng
lingyu zhong de YIGE
zhong yao fang xiang

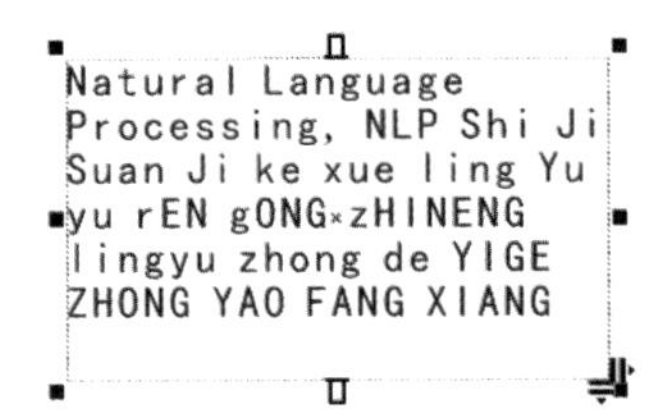

图 6–22　大小写转换前后效果

也有其他方法，在这里不作详细介绍。

6.2.7　设置效果

CorelDRAW在进行文本处理时可以设置各种效果，如首字下沉、文本适合文本框、为美术字添加颜色等，它在这些方面都新增或改进了功能。可以说，CorelDRAW的文本处理功能十分强大。

1. 首字下沉效果

(1) 选择“文本”工具，在绘图页面中的适当位置按住鼠标左键并拖动，画出一个虚线矩形框，输入段落文本。

(2) 执行“文本/首字下沉”命令，打开如图6–23所示的对话框。

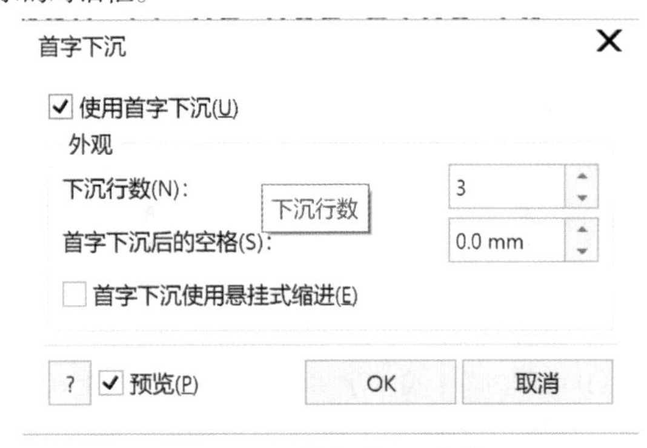

图 6–23　“首字下沉”对话框

(3)执行“显示/隐藏首字下沉”命令，对其进行设置，效果如图6–24所示。

美术文本(Artistic Text)实际上是指单个的文字对象。由于它是作为一个单独的图形对象来使用的，因此可以使用处理图形的方法对它们进行编辑处理。

段落文本(Paragraph text)是建立在美术文本模式的基础上的大块区域的文本。对段落文本可以使用CorelDRAW 2020所具备的编辑排版功能来进行处理。

图 6–24　首字下沉效果

2. 文本适合文本框效果

(1) 选择“文本”工具，在绘图页面中的适当位置按住鼠标左键并拖动，画出一个虚线矩形框，输入段落文本。

(2) 执行“文本/段落文本框/文本适合框架”命令，效果如图6-25所示。

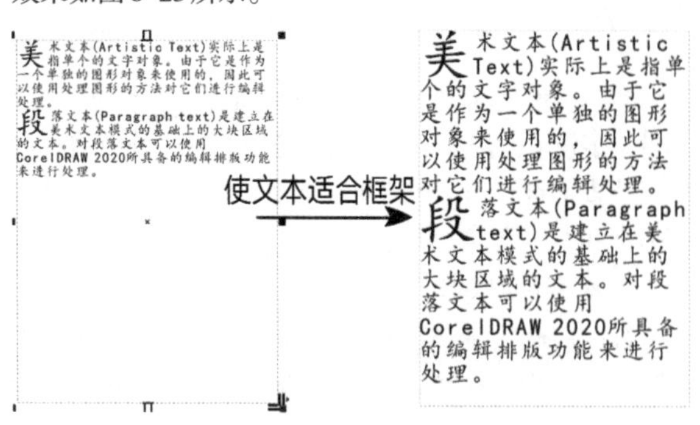

图 6-25　文本适合文本框效果

3. 为美术字添加颜色

(1) 选择“文本”工具，输入美术字。

(2) 选择“选择”工具，将美术字整体选中，可以为它整体添加颜色。执行“窗口/泊坞窗/属性管理器”命令，打开属性窗口，可以根据要求设置效果，如图6-26所示。

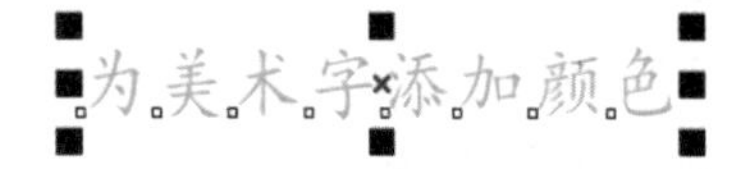

图 6-26　为美术字添加颜色效果（整体）

(3) 可以为单个美术字加色，选择“形状”工具，鼠标变成字形，选择美术字，在每个美术字左下角出现一个空心的小正方形，如图6-27所示。

图 6-27　选择“形状”工具效果

(4) 选择相应的美术字，被选中的美术字的空心变成实心。可以为单个美术字添加颜色，效果如图6-28所示。

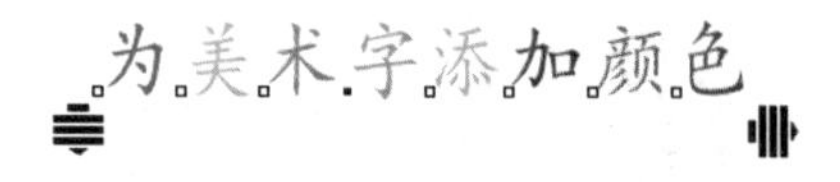

图 6-28　为美术字添加颜色效果（单个）

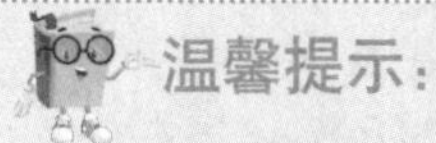

温馨提示：

使用“选择”工具，按住Shift键，以加选的方式选中多个节点，拖动节点即可同时移动多个文本。

4. 图形文本框

在CorelDRAW中，还可以将各种形状的封闭图形作为段落文本的文本框。

(1) 在工具箱中选择“椭圆形”工具，在页面中拖动绘制出一个椭圆形。

(2) 选择“文本”工具，并将光标移动到椭圆形的内侧，当光标变成I时单击将光标定位在椭圆形内，此时会出现一个文本虚线框，如图6-29所示。将文本输入到或复制到图形文本框中即可，效果如图6-30所示。

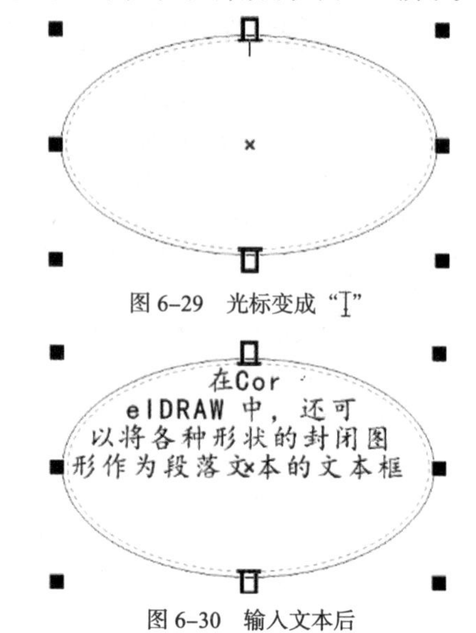

图 6-29　光标变成“I”

图 6-30　输入文本后

(3) 在图形文本框中对段落文本的编辑和文本格式的设置与在普通文本框中的操作是一样的。可以结合Ctrl键分别选中文本对象或封闭图形，填充不同的颜色并设置轮廓线，如图6-31所示。

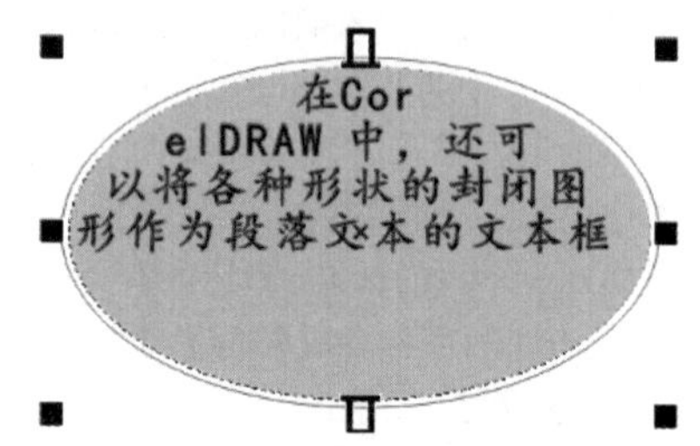

图 6-31　图形文本框效果

(4) 在图形外使文本围绕图形。绘制一个椭圆形，选择“文本”工具并将光标移动到椭圆形的内侧，光标变成I时单击将光标定位在椭圆形外侧，效果如图6-32所示。将文本输入到或复制到圆形上，效果如图6-33所示，同样也可以为它添加颜色，效果如图6-34所示。

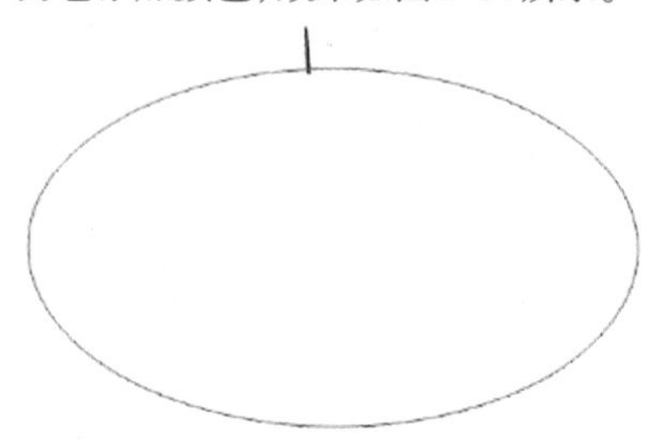

图 6-32　将光标定位在图形外

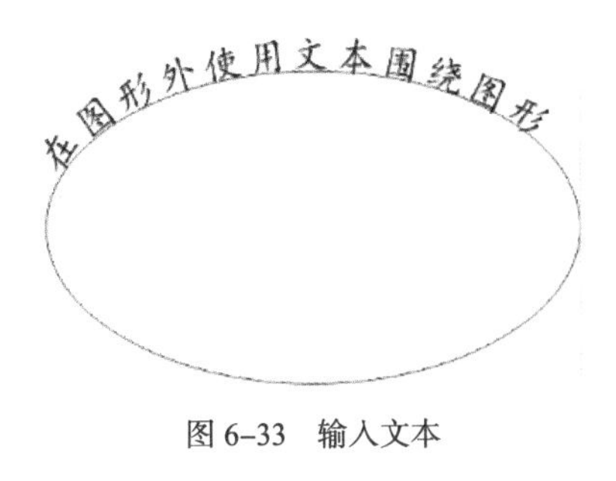

图 6-33　输入文本

图 6-34　在图形外使用文本围绕图形

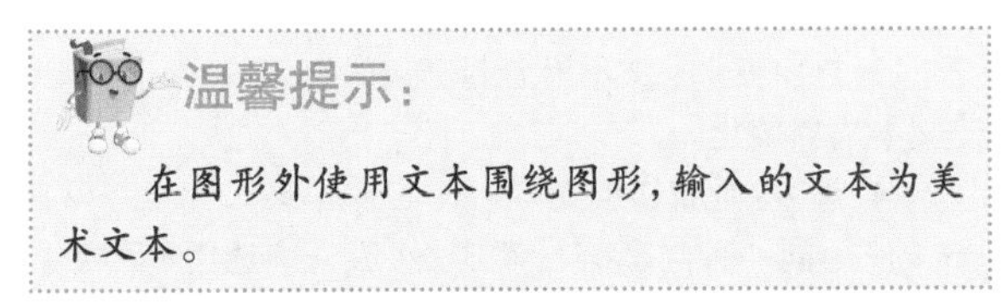

温馨提示：

在图形外使用文本围绕图形，输入的文本为美术文本。

6.2.8　编辑文本

执行“文本/编辑文本”命令或使用快捷键Shift+Ctrl+T可以打开“编辑文本”对话框，如图6-35所示，可以对文本的字体、字号等进行设置。

图 6-35　“编辑文本”对话框

6.3 给文本添加封套效果

在CorelDRAW中，不管是美术文本还是段落文本，都可以应用封套效果。应用封套效果可以改变文本的外观，从而达到给文本整形的目的。封套可以是系统预设的，也可以是用户自定义的，甚至可以将其他图形对象的轮廓用作封套。应用封套可以控制文本所占空间的大小和形状，创建具有特殊外形的标题或段落文本。

6.3.1　为段落文本应用封套效果

对段落文本应用封套效果其实就是通过改变文本框的形状来改变段落文本的外观，但是在文本框形状发生改变时字符的形状不会发生改变。这时可以直接使用CorelDRAW提供的封套形状，当然，也可以对封套进行变形后再应用到文本中，还可以使用不同的图形对象轮廓来创建自定义的封套形状。

下面介绍对段落文本应用封套效果的方法。

(1) 在绘图页面中添加段落文本，这时段落文本框的默认形状是一个矩形。

(2) 使用“选择”工具选中该文本。

(3) 可以单击左侧工具栏中的“阴影”，然后切换为“封套”；也可以在右侧工具栏中调出“封套”泊坞窗，如图6-36所示。

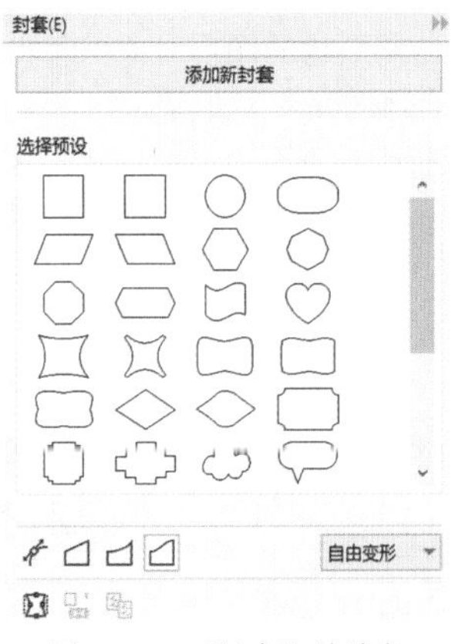

图 6-36　“封套”泊坞窗

(4) 单击该泊坞窗中的“添加新封套”按钮，文本框的轮廓线变成红色，并有8个节点。

(5) 为段落文本添加封套。该泊坞窗中提供了4种封套编辑模式：直线模式、单弧模式、双弧模式和非强制模式，从中选择一种封套，如图6-37所示。

图 6-37　为段落文本添加封套效果

(6) 单击“封套”泊坞窗中的“添加新封套”按钮，从预览窗口中选择一种满意的封套形状，为段落文本添加预设的封套。

(7) 单击“应用”按钮，将选定的封套样式添加到选定的段落文本框上，如图6-38所示。

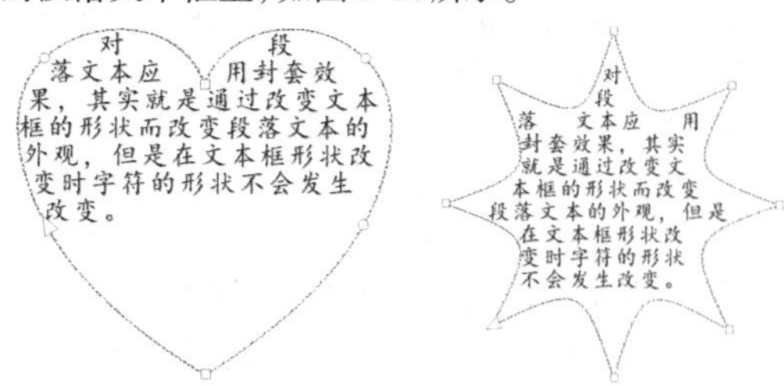

图 6-38 使用两种不同的封套效果

(8) 如果用户要使用其他图形对象的轮廓作为段落文本的封套，可以使用“选择”工具选择文本，单击“封套”泊坞窗滴管形状的“创建封套”按钮。

(9) 将光标移到绘图页面中时，光标变为向右的黑色箭头，在要复制其形状的图形对象上单击，就会在文本框中出现该图形轮廓的红色框架。

(10) 完成以上设置后，单击“应用”按钮，文本框变为图形的形状，且文本内容会自动流动以适合框架，如图6-39所示。

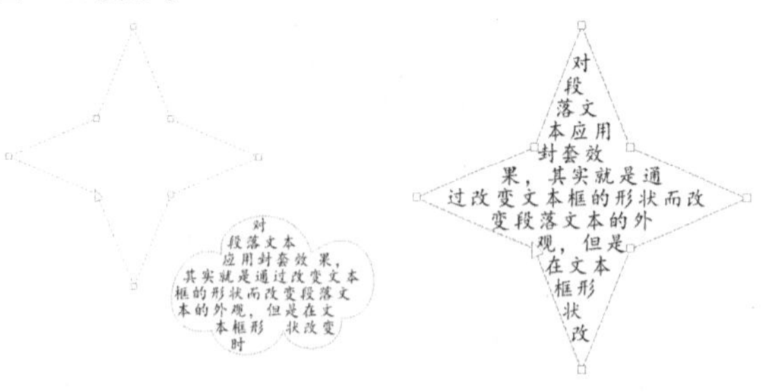

图 6-39 使图形对象作为封套

6.3.2 为美术文本应用封套效果

在制作文本效果时，不仅可以为段落文本应用封套效果，还可以为美术文本应用封套效果。系统将美术文本视为图形对象，但是文本本身的特性保持不变。另外，还可以设置文本的字体、字号、大小写等。

下面介绍为美术文本应用封套效果的方法。

(1) 使用“文本”工具在CorelDRAW的绘图页面中添加美术文本。

(2) 在工具箱中选择“交互式封套”工具，打开“交互式封套”工具的属性栏，如图6-40所示。

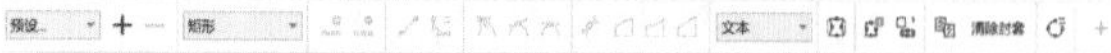

图 6-40 “交互式封套”工具的属性栏

(3) 从该属性栏中可以看到，有4种封套编辑模式可以选择：直线封套模式，可以水平或垂直拖动封套节点，并保持边缘为直线；单弧封套模式，可以水平或垂直拖动封套节点，在封套图形中添加一条单弧形曲线；双弧封套模式，可以水平或垂直拖动封套节点，在封套图形中添加一条双弧形曲线；非强制封套模式，可以沿任意方向拖动封套节点，使封套产生任何需要的形状。从以上4种模式中选择一种，在文本周围就会出现控制手柄，根据选定的模式进行调整，即可得到如图6-41所示的封套效果。

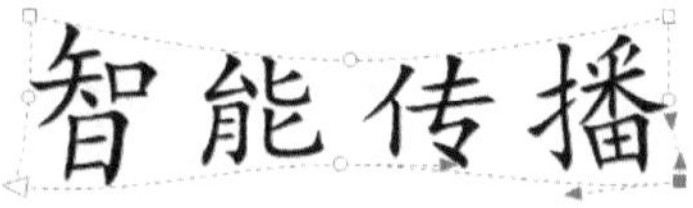

图 6-41 选择一种封套效果

另外，还可以设置封套的映像模式。单击属性栏上的下拉列表框，从下映像模式中选择一种。

(1) 水平：该映像模式将先伸展文本，然后进行水平压缩。

(2) 原始：文本沿着封套边缘直线映像。

(3) 自由变形：文本沿着封套边缘直线映像，但可以使文本边界柔化。

(4) 垂直：垂直压缩文本。

使用同一种封套编辑模式，然后分别选用4种映像模式，即可产生如图6-42所示的封套效果。

图 6-42 对美术字文本应用封套效果

6.4 插入特殊符号

在设计作品时，用户往往需要使用某些特殊的文字或符号，如希腊文字、波罗的海文字和阿拉伯文字等一些不同于一般中文和英文的文字，或者需要用一些符号（设计网页时经常需要使用符号）。在CorelDRAW中，以上这些都不是问题，用户可以很轻松地找到需要的字符并把它们插入到作品中。使用CorelDRAW，可以在段落中加入特殊字符，或者将这些特殊字符当成一个图形输入到绘图中。

6.4.1 插入特殊符号作为字符使用

CorelDRAW提供了“字形”泊坞窗，通过它，用户可以选择特殊字符并将其插入到文本中。

以图6-43所示的文本为例，要求分别在“鸟”“暴风雨”“河流”的后面插入一个与该词相匹配的符号。其操作步骤如下：

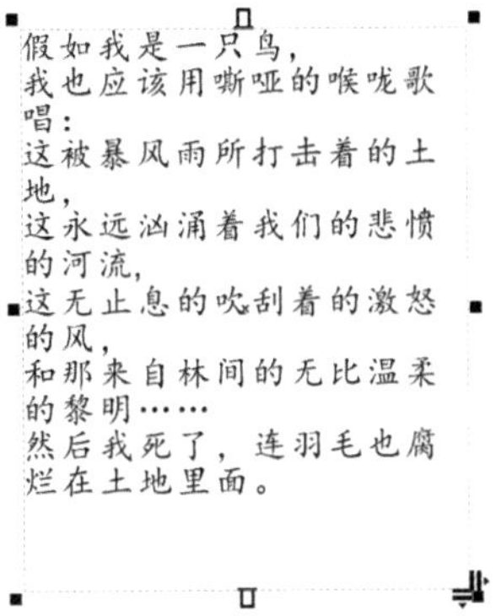

假如我是一只鸟，
我也应该用嘶哑的喉咙歌唱：
这被暴风雨所打击着的土地，
这永远汹涌着我们的悲愤的河流，
这无止息的吹刮着的激怒的风，
和那来自林间的无比温柔的黎明……
然后我死了，连羽毛也腐烂在土地里面。

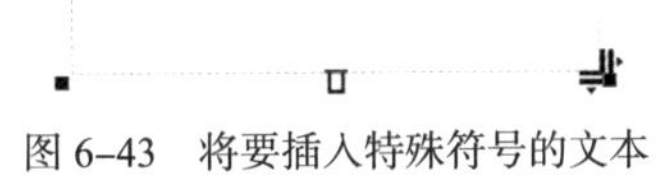

图 6-43 将要插入特殊符号的文本

(1) 选择“文本”工具A。

(2) 在“鸟”的后面单击，将光标插入。

(3) 执行“文本/字形”命令，打开“字形”泊坞窗，如图6-44所示。

图 6-44 “字形”泊坞窗

(4) 在“字形”泊坞窗中，单击下拉列表框，在弹出的下拉列表中选择一种类别。本例中选择Webdings (符号)。

(5) 拖动符号列表框右侧的滚动条，找到一个与“鸟”相近的符号，双击，该符号就会被插入到文本中光标所在的位置，并且文本的属性会自动应用于这个符号，如大小和颜色等，如图6-45所示。

假如我是一只鸟，
我也应该用嘶哑的喉咙歌唱：
这被暴风雨所打击着的土地，
这永远汹涌着我们的悲愤的河流，
这无止息的吹刮着的激怒的风，
和那来自林间的无比温柔的黎明……
然后我死了，连羽毛也腐烂在土地里面。

图 6-45 将符号插入到文本中

(6) 将光标插入到“暴风雨”后面，然后在“字形”泊坞窗的符号列表框中找到一个雨伞符号，将其插入到文本中。

(7) 仿照以上操作，在“河流”后面插入相应的符号，结果如图6-46所示。

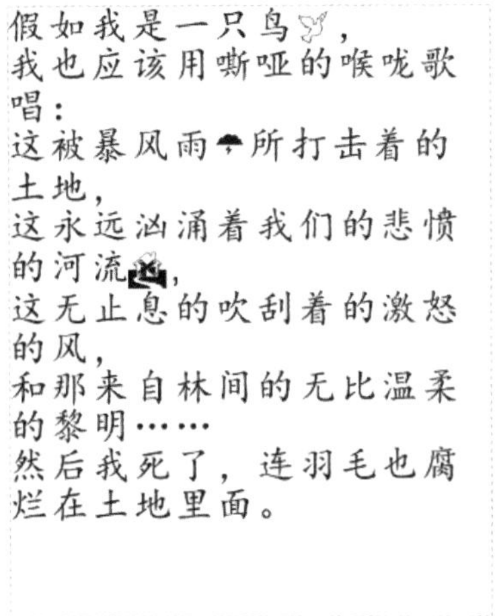

假如我是一只鸟，
我也应该用嘶哑的喉咙歌唱：
这被暴风雨所打击着的土地，
这永远汹涌着我们的悲愤的河流，
这无止息的吹刮着的激怒的风，
和那来自林间的无比温柔的黎明……
然后我死了，连羽毛也腐烂在土地里面。

图 6-46 插入符号后的文本

6.4.2 插入特殊符号作为图形使用

在“字形”泊坞窗中单击选中需要的符号，如图6-47所示。将符号拖动到绘图页面中，松开鼠标左键，符号被添加到绘图页面中，并成为图形，还可以为符号填充一种自己喜欢的颜色，效果如图6-48所示。

图 6-47 “字形”泊坞窗

图 6-48 添加到绘图页面中的符号

6.5 文本适合路径

一般情况下，文本都是直线排列的。在CorelDRAW中，可以让文本既非水平排列，也非垂直排列，而是围绕着一条曲线排列，这就是所谓的“文本适合路径”。这种效果可以为作品增添美感和吸引力。

在CorelDRAW中，“文本适合路径”功能更加人性化、更易于操作，可自由拖动文本选择与路径偏移的距离，新增了吸附与水平、垂直镜像功能。下面分别对置于断开的路径、使文本适合路径、置于闭合的路径、路径与文本的分离进行举例说明。

温馨提示：

“文本适合路径”效果只适用于美术文本，不适用于段落文本。

6.5.1 置于断开的路径

在CorelDRAW中，可以将美术文本沿着特定的路径排列，从而得到特殊的文本效果。例如，要使图6-49中的文本置于图中断开的路径，那么可以按照如下步骤进行操作。

图6-49 文本置于路径前

(1) 使用“文本”工具输入美术文本。

(2) 执行“文本/文本适合路径”命令，光标会变成较粗的箭头形状➡。

(3) 对准路径单击，这行文字就会置于断开的路径上，如图6-50所示。

图6-50 文本置于断开的路径

6.5.2 使文本适合路径

在初步完成的“文本适合路径”效果中，用户可能对文本的位置不太满意，那么可以利用属性栏来调整文本的位置。

对于“文本适合路径”效果，利用属性栏可以调整文本与路径的距离、文本的水平偏移和文本的方向等。

当需要调整“文本适合路径”中的文本的位置时，应先使用“选择”工具将其中的文本选中，然后从属性栏的下拉列表中选择一种设置，此时的属性栏如图6-51所示。

图6-51 选中“文本适合路径”后的属性栏

下面来介绍一个使文本位于路径下方的例子。在上例的基础上，在属性栏中单击“垂直镜像”按钮，如图6-52所示。

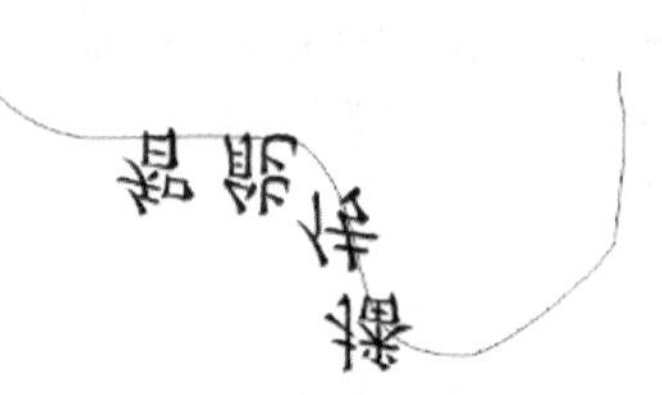

图6-52 文本位于路径下方

6.5.3 置于闭合的路径

文本还可以在矩形、椭圆形、多边形等闭合的路径中排列。例如，要使图6-53中的文字适合图中的椭圆形，那么可以按照如下步骤进行操作。

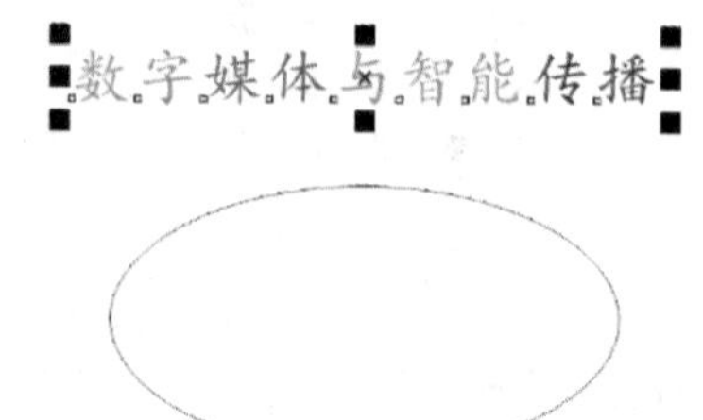

图6-53 文本置于闭合的路径前

(1) 使用“文本”工具输入美术文本。

(2) 在工具箱中选择“椭圆形”工具或按快捷键F7，拖动绘制出一个椭圆形。

(3) 执行“文本/文本适合路径”命令，光标会变成较粗的箭头形状➡。

(4) 对准路径单击，这行文字就会置于闭合的路径，如图6-54所示。

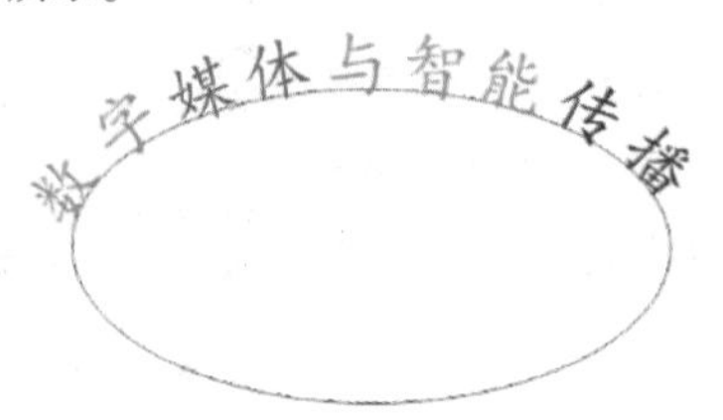

图6-54 文本置于闭合的路径

6.5.4　路径与文本的分离

(1)使用“选择”工具选择与路径合并在一起的文本。

(2)执行“对象/拆分在一路径上的文本”命令，文本与路径就会分离，效果如图6-55和图6-56所示。

图 6-55　路径与文本分离前　　图 6-56　路径与文本分离后

在“文本适合路径”效果中，文本与路径是合并在一起的，移动文本，路径就会跟着一起移动；反之，移动路径，文本就会跟着一起移动。这种现象对于设计来说可能是一种妨碍。

在设计作品时，当制作出“文本适合路径”效果之后，往往需要将文本与路径分离。

6.6 文本绕图

将文本围绕在对象的周围可以产生特殊的效果，特别是将段落文本与图形紧密结合(也称图文混排)时，效果更为突出。当段落文本与其他对象重叠时，可以利用它的属性设定不同的效果。

文本绕图

温馨提示：

“文本绕图”效果只适用于段落文本，并不适用于美术文本。

例如，要制作在一幅图片的周围环绕文本的效果，要求采用“轮廓图-跨式文本”这种换行方式，环绕文本与图片的间距为3mm。那么，可以按照如下步骤进行操作。

(1)选择要在其周围环绕文本的图片，然后选择“文本”工具，将光标移到图片的左上角，按下鼠标左键不放并拖动到图片的右下角，松开鼠标左键，在图片外围创建一个段落文本框，如图6-57所示。

图 6-57　在图片外围创建段落文本框

(2)在“属性”泊坞窗中选择“总结”选项卡，如图6-58所示。

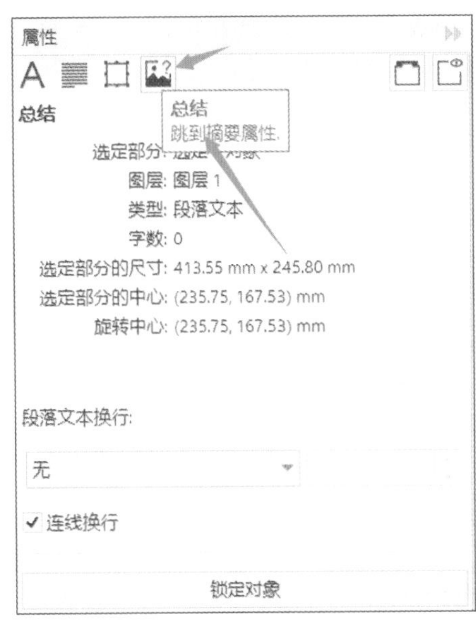

图 6-58　选择“总结”选项卡

(3)单击“段落文本换行”下拉列表框，在弹出的下拉列表中选择一种换行方式。本例选择“轮廓图-跨式文本”，如图6-59所示。

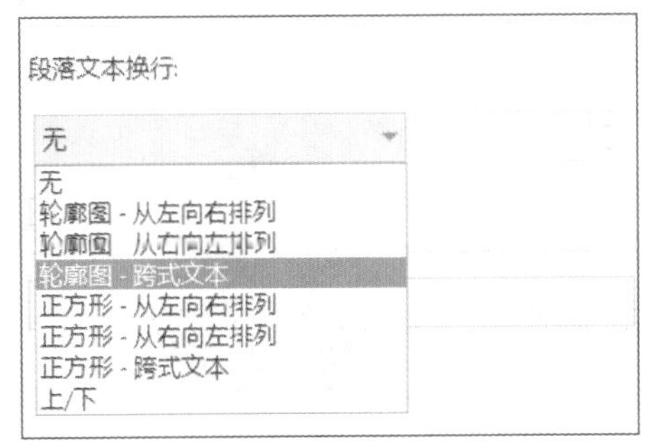

图 6-59　选择一种换行方式

(4)在“文本换行偏移”微调框中双击将数字选中，然后输入3。

(5)输入文本，文本就会按照所选方式环绕在图片的外围，如图6-60所示。

图 6-60　段落文本环绕图片的效果

当要取消段落文本环绕对象或文本的效果时，可以按照如下步骤进行操作。

(1) 选择环绕的文本或其环绕的对象。

(2) 执行“窗口/泊坞窗/属性”命令，使“属性”泊坞窗显示出来。

(3) 在“属性”泊坞窗中选择“常规”选项卡。

(4) 单击“段落文本换行”下拉列表框，在弹出的下拉列表中选择“无”。

这样，段落文本环绕对象的效果就被取消了。

也可以在文本中插入图形对象。用户制作好一段文本后，可以将选定的图形对象插入到文本中。用户可能会发现这种方式的实现效果与图文混排是一样的，其实不然。因为CorelDRAW允许将任意一种图形插入到段落文本或美术文本中，不管是复杂的图形还是简单的图形。但是图文混排只是一种排版方式，这种方式并不适用于美术文本。

下面介绍在文本中插入图形对象的方法。

(1) 使用“文本”工具在绘图页面中添加文本。

(2) 使用“选择”工具选择图形对象。

(3) 使用“编辑”菜单中的“复制”命令，或使用快捷键Ctrl+C。

(4) 选择工具箱中的“文本”工具，在文本中创建一个插入点。

(5) 使用“编辑”菜单中的“粘贴”命令，或使用快捷键Ctrl+V，将选定的图形对象插入到文本中。

刚插入的图形对象的大小与文本中字符的大小相同，如果要改变该图形对象的大小，可以用“文本”工具将其选中，再设置它的大小，由于操作过程比较简单，在此不再举例。

6.7 文本链接

在CorelDRAW中，文本可以在同一页面中链接，也可以在不同页面中链接。

1. 同一页面中的文本链接

段落文本中的文字如果过多，超出了绘图的文本框的容纳范围，文本框下方将出现▼图标，说明文字有一部分被隐藏。此时，可以将隐藏的文字链接到其他文本框中，操作步骤如下：

(1) 使用“选择”工具选择工作区文本框中的文字。

(2) 移动光标至文本框下方▼，光标变成↕。

(3) 单击，光标变成▤，单击另一个文本框，即可将文本链接到其他文本框中，如图6-61所示。

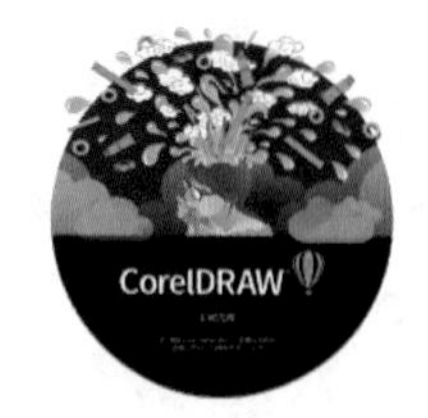

CorelDRAW

CorelDRAW Graphics Suite是加拿大Corel公司的平面设计软件；该软件是Corel公司出品的矢量图形制作工具软件，这个图形工具给设计师提供了矢量动画、页面设计、网站制作、位图编辑和网页动画等多种功能。该图像软件是一套屡获殊荣的图形、图像编辑软件,它包含两个绘图应用程序：一个用于矢量图及页面设计，一个用于图像编辑。这套绘图软件组合带给用戶強大的交互式工具，使用戶可创作出多种富于动感的特殊效果

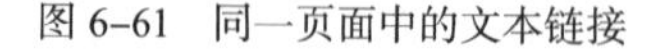

图 6-61　同一页面中的文本链接

2. 不同页面中的文本链接

文本在不同页面中的链接与在同一页面中的链接类似。只是在不同页面中链接文本时，当鼠标变成▤时，需要在CorelDRAW中将页面切换到另一个页面，然后再单击另一个文本框。

此时页面将出现一条蓝色的虚线框，上面注释了当前页面文本框所链接的页面，如图6-62所示。

CorelDRAW
CorelDRAW Graphics Suite是加拿大Corel公司的平面设计软件；该软件是Corel公司出品的矢量图形制作工具软件，这个图形工具给设计师提供了矢量动画、页面设计、网站制作、位图编辑和网页动画等多种功能。该图像软件是一套屡获殊荣的图形、图像编辑软件,它包含两个绘图应用程序：一个用于矢量图及页面设计，一个用于图像编辑。这套绘图软件组合带给用戶強大的交互式工具，使用戶可创作出多种富于动感的特殊效果
页面 1

页面 1
页面 2

图 6-62　不同页面的文本链接

6.8 综合案例一：制作台历

1. 制作思路

在本案例中，通过图层管理，精确剪裁，制作一个精美的台历。首先对台历进行分布设计，添加图片，制作日期，形成初步雏形；然后添加背景与金属环；最后形成一个精美的台历。

制作台历

2. 使用的工具

辅助线设置、图层管理、编辑美术字、图框精确裁剪功能、“交互式填充”工具和“交互式调和”工具等。

3. 制作步骤

(1) 打开 CorelDRAW，新建一个文档，单击属性栏上的“横向页面”按钮，设置页面为横向，并将纸张大小设置为 210 × 140；然后进行辅助线的设置，对页面进行大致的规划。

(2) 单击并拖动，从标尺上拉出相应的水平或垂直辅助线，以帮助定位。如果要精确设置，右击标尺，从菜单中选择“辅助线设置”，如图 6–63 所示。

温馨提示：

在 CorelDRAW 中，辅助线也是一种对象，可以移动、复制、旋转和删除等。

(3) 打开“对象”泊坞窗，单击“新建图层”按钮，新建一个图层 Layer1，接着分别建立另外两个图层，即 Layer2、Layer3。在各层内绘制不同布局区域中的对象，层次清楚，便于组织管理，如图 6–64 所示。

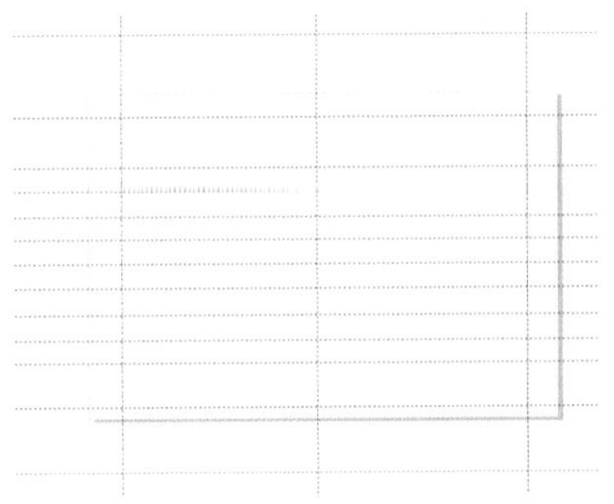

图 6–63　设置辅助线

对象 (O)
搜索
页面 1　Layer3
页面 1
辅助线
Layer3
Layer2
Layer1
图层 1
主页面
辅助线 (所有页)
桌面
文档网格

图 6–64　“对象”泊坞窗

(4) 单击“对象”泊坞窗中的Layer1，切换到此图层。绘制三个矩形，利用“对齐辅助线”功能完成定位，分别设置不同线宽的轮廓。其中最小的矩形作为图像框，如图6-65所示。

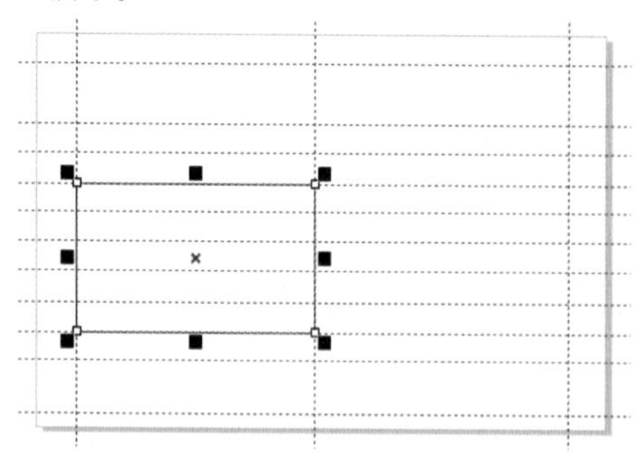

图 6-65　绘制矩形

(5) 按快捷键Ctrl+I导入一个图像，拖动控制点调整到适当大小，调整时按住Shift键可保持纵横比，将图片放入图像框中，如图6-66所示。

图 6-66　导入图片

(6) 在“对象”泊坞窗中单击Layer2，使其成为当前图层。选择“文本”工具，输入美术文本“ 辛丑年”，再输入另外的美术文本“9 September ”。

(7) 选择美术文本“ 辛丑年”，设置字体，并调整大小，设置字体颜色。将另外的美术文本“9 September”设置为红色，用“文本”工具分别为文本“9”和“September”设置字体和字号，如图6-67所示。

图 6-67　输入文字并设置格式

(8) 选择“交互式阴影”工具，为“9 September”添加阴影。选择美术文本，移动到适当位置，如图6-68所示。

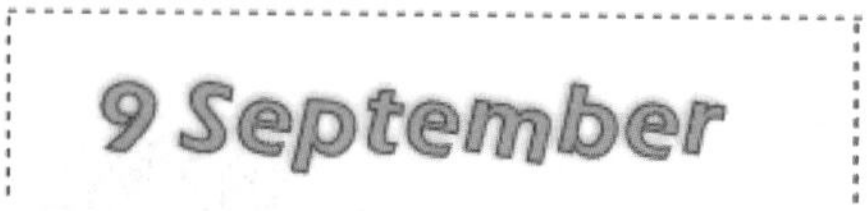

图 6-68　添加阴影

(9) 选择“文本”工具，输入美术文本“日一二三四五六”，选择合适的字体及字号，移动到适当位置，再用方向键微调，仔细调整其位置。选择“形状”工具，调节美术文本的横向字距，如图6-69所示。

图 6-69　输入星期文本

(10) 选择步骤(9)中的星期文本，按Ctrl键垂直向下移动，并右击，复制副本，使用同样的方法再复制5个，根据实际日期，将多余的字删除，如图6-70所示。

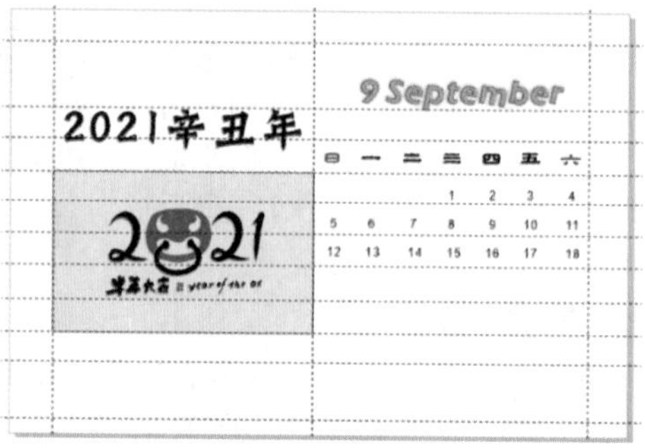

图 6-70　复制星期文本

(11) 将文本内容修改成正确的日期，参考辅助线，用“形状”工具仔细调整文本的水平间距和垂直间距，与上面的星期文本垂直对齐，并将相关日期文本颜色设置为红色，如图6-71所示。

图 6-71　设置日期

(12) 切换到Layer3图层。输入文本“记事:”，设置合适的颜色、字体，并将其与辅助线对齐。

(13) 选择“手绘”工具，单击并按Ctrl键拖动，绘制一条水平线，在属性栏上设置虚线线型和线宽。调整线的位置并与辅助线对齐。在纵向上再绘制几条一模一样的直线，如图6-72所示。

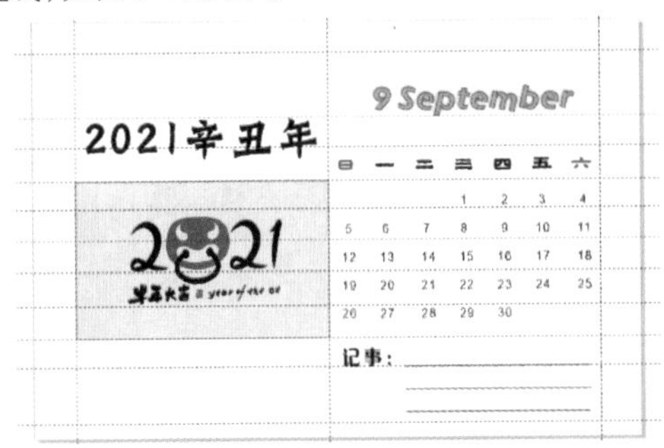

图6-72　设置记事栏

(14) 在台历顶部左端绘制一个细长矩形。选择“交互式填充”工具，对其应用浅蓝色的渐变填充。绘制一个小圆形作为金属环的穿孔，并将顺序设置在金属环之后。将两者组合后，再复制一个，并水平移动到台历顶部右端，如图6-73所示。

图6-73　绘制金属环

(15) 选择“交互式调和”工具，适当调节步长，制作多个金属环和穿孔，如图6-74所示。

图6-74　添加金属环后

(16) 选择“交互式填充”工具对台历的框架进行填充，如图6-75所示。

图6-75　填充颜色

(17)修改细节部分。台历制作完成，如图6-76所示。

图6-76　台历

6.9 综合案例二：制作手抄报

1. 制作思路

本案例通过使用“文字”工具对诗歌进行排版。首先输入文字并进行版面设计；然后对其进行排版；最后形成手抄报。

2. 使用的工具

“文本”工具、“选择”工具等。

3. 制作步骤

(1) 打开CorelDRAW，新建一个文件。

(2) 在绘图页面中的适当位置按住鼠标左键并拖动，画出一个虚线矩形框和闪动的插入光标。在虚线框中可直接输入段落文本，如图6-77所示。

图6-77　输入段落文本

(3) 将文字复制到Windows的剪贴板中，然后在绘图页面中插入光标或段落文本框，按快捷键Ctrl+V粘贴文本(见图6-78)，在段落文本属性栏(见图6-79)中设置文本的字体和字号。

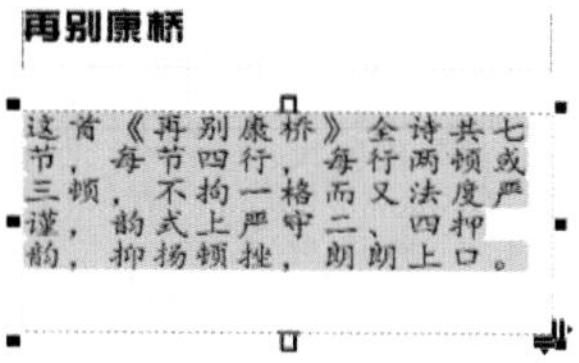

再别康桥

这首《再别康桥》全诗共七节，每节四行，每行两顿或三顿，不拘一格而又法度严谨，韵式上严守二、四押韵，抑扬顿挫，朗朗上口。

图 6-78　复制文本　　　　图 6-79　段落文本属性栏

(4) 单击“项目符号”按钮，可在选定的段落文本前添加项目符号，如图 6-80 和图 6-81 所示。

图 6-80　“项目符号”按钮

再别康桥

•这首《再别康桥》全诗共七节，每节四行，每行两顿或三顿，不拘一格而又法度严谨，韵式上严守二、四押韵，抑扬顿挫，朗朗上口。《再别康桥》是一首写景的抒情诗，其抒发的情感有三：留恋之情、惜别之情和理想幻灭后的感伤之情。

图 6-81　添加项目符号

(5) 将诗词内容添加到页面中，如图 6-82 所示。

再别康桥

•这首《再别康桥》全诗共七节，每节四行，每行两顿或三顿，不拘一格而又法度严谨，韵式上严守二、四押韵，抑扬顿挫，朗朗上口。《再别康桥》是一首写景的抒情诗，其抒发的情感有三：留恋之情、惜别之情和理想幻灭后的感伤之情。

图 6-82　添加诗词内容

(6) 将光标移动到需要编辑的段落。在段落格式化栏中设置首行缩进 12mm，使选定的段落文本首行缩进两个字符，如图 6-83 和图 6-84 所示。

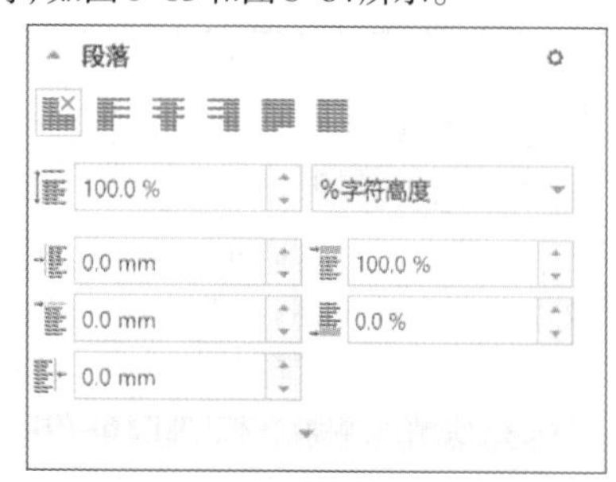

图 6-83　段落格式化栏

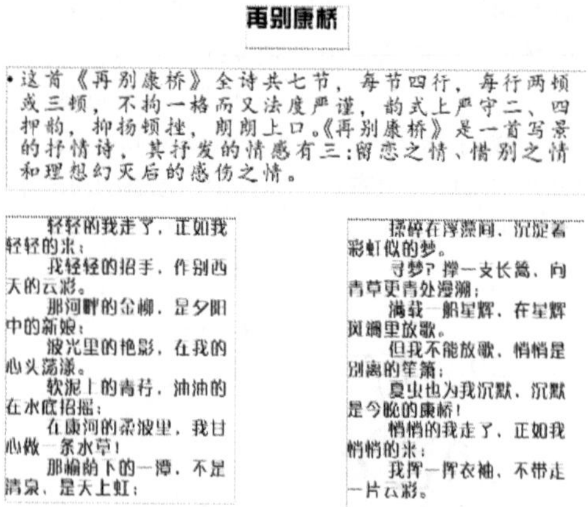

再别康桥

•这首《再别康桥》全诗共七节，每节四行，每行两顿或三顿，不拘一格而又法度严谨，韵式上严守二、四押韵，抑扬顿挫，朗朗上口。《再别康桥》是一首写景的抒情诗，其抒发的情感有三：留恋之情、惜别之情和理想幻灭后的感伤之情。

轻轻的我走了，正如我轻轻的来；我轻轻的招手，作别西天的云彩。那河畔的金柳，是夕阳中的新娘；波光里的艳影，在我的心头荡漾。软泥上的青荇，油油的在水底招摇；在康河的柔波里，我甘心做一条水草！那榆荫下的一潭，不是清泉，是天上虹；

揉碎在浮藻间，沉淀着彩虹似的梦。寻梦？撑一支长篙，向青草更青处漫溯；满载一船星辉，在星辉斑斓里放歌。但我不能放歌，悄悄是别离的笙箫；夏虫也为我沉默，沉默是今晚的康桥！悄悄的我走了，正如我悄悄的来；我挥一挥衣袖，不带走一片云彩。

图 6-84　首行缩进

(7) 单击“首字下沉”按钮，可以使选定的段落文本的首行的第一个字符放大并下沉，如图 6-85 所示。

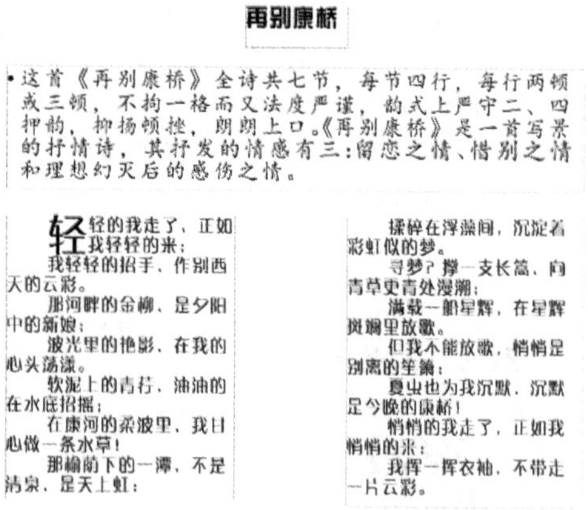

图 6-85　首字下沉

(8) 执行“文件/导入”命令，打开“导入”对话框。选定要导入的图形，并将其拖动到绘图页面中的适当位置，此时可以看到图形所在位置的文本部分被覆盖着，如图 6-86 所示。

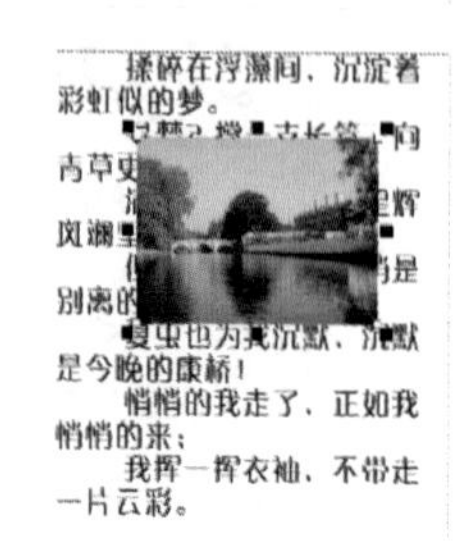

图 6-86　导入图片

(9) 使用“选择”工具选定该图形后，右击，选择“段落文本换行”，即可完成图文混排，如图 6-87 所示。

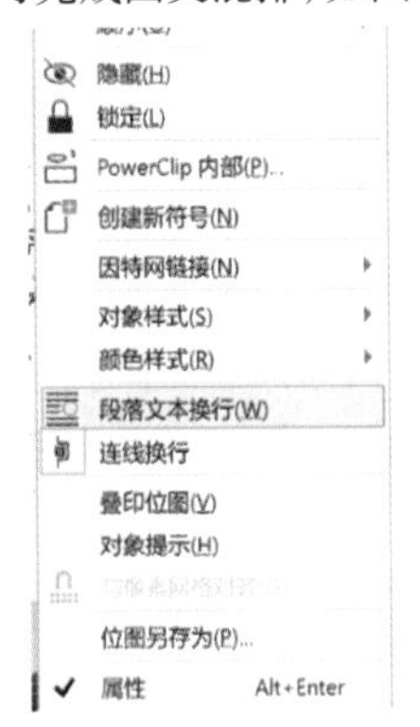

图 6-87　选择“段落文本换行”

(10) 调整增量框中的数值，可以改变环绕时文本与图形之间的距离。至此，手抄报就制作完成了，如图 6-88 所示。

再别康桥

• 这首《再别康桥》全诗共七节，每节四行，每行两顿或三顿，不拘一格而又法度严谨，韵式上严守二、四押韵，抑扬顿挫，朗朗上口。《再别康桥》是一首写景的抒情诗，其抒发的情感有三：留恋之情、惜别之情和理想幻灭后的感伤之情。

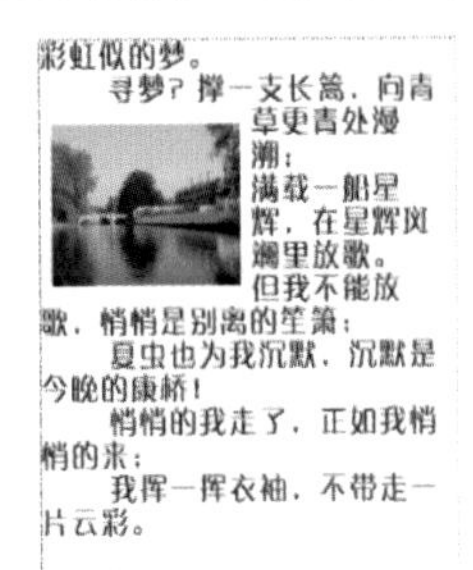

图 6-88　手抄报

6.10 本章小结

在利用 CorelDRAW 进行文本处理的过程中，文本对象可分为美术文本和段落文本两种类型，美术文本用于为绘图中的少数文本创建艺术效果。在处理时可以把它当作图形来进行操作，因此可以为它添加图形图像的各种效果；段落文本用于在绘图中排版大段文本，它可以与图形图像混排以达到理想的效果。

在 CorelDRAW 中，用户除了可以在绘图窗口中输入文本之外，还可以导入文本。用户可以将已有的纯文本文件(如*.txt 或*.doc 等)导入到绘图窗口中。

本章分别介绍了处理美术文本和段落文本的方法，系统提供了许多可以对它们进行处理的文本编辑工具，同时详细介绍了在 CorelDRAW 中如何创建文本、如何处理文本以及如何编辑文本。本章还对 CorelDRAW 中强大的文本格式化、段落文本编辑、段落的特殊格式等功能进行了详细的讲解，并结合实例进行了操作与应用。掌握这些功能，有助于今后的文字处理、编辑、排版、制作特效美术文本等。

本章还介绍了文本特殊效果的处理技术，包括在文本中插入图形对象，实现文本格式的转换，使文本适合路径，对文本应用封套效果，以及实现文本框间的文字流动等。

通过本章的学习，能够了解文本的各种编辑功能和各种特殊效果的实现方法，再加上一定的实践，就能灵活掌握其用法。此外，还能够在使用的过程中找到一些更精彩的用法。

6.11 习题六

1. 填空题

(1) 使用“文本”工具可以输入两种类型的文本，包括________和________。

(2) 两种类型的文本中，________的外面有文本框。

(3) 两种类型的文本中，________具有矢量图形的属性。

(4) 使用“文本”工具在绘图窗口中拖出一个文本框后输入的是________。

(5) 用户可以将文本沿着一条曲线排列，这就是“文本适合________”效果。

(6) 用户可以将文本围绕在一幅图片的外边，这种效果是“________环绕对象”。

(7) 当要制作文本沿着一条曲线排列的效果时，所选择的文本只能是________，而不能是________。

(8) 当要制作“文本环绕对象”效果时，所选择的文本只能是________，而不能是________。

2. 选择题

(1) 使用“文本”工具在绘图窗口中(　　)后输入的是美术文本。

A. 单击　　B. 双击
C. 右击　　D. 拖出一个文本框

(2) 通过“编辑文本”对话框，用户能够为文本(　　)。

A. 改变字体　　B. 改变字号
C. 改变排列方式　　D. 改变段落格式

(3) 利用调色板最多可以为一个文字添加(　　)种颜色。

A. 1　　B. 2　　C. 3　　D. 4

(4) 段落文本超出文本框之后，文本会(　　)。

A. 丢失

B. 缩小字号

C. 出现在新的文本框中

D. 隐藏一部分，但不会丢失

(5) 用户可以对(　　)应用"文本适合路径"效果。

A. 位图　　B. 曲线

C. 段落文本　　D. 美术字文本

(6) 在应用"文本环绕对象"效果时，文本环绕的对象可以是(　　)。

A. 位图　　B. 美术文本

C. 段落文本　　D. 矢量图形

(7) 用户可以在段落文本中添加(　　)。

A. 位图　　B. 美术文本

C. 特殊符号　　D. 矢量图形

3. 简答题

(1) 简述段落文本与美术文本的区别。

(2) 简述插入特殊符号作为图形使用的方法。

(3) 简述在不同页面中的文本链接的方法。

4. 操作题

(1) 输入一行美术文本并将其转变成段落文本，比较美术文本与段落文本的区别。

(2) 输入一行美术文本，绘制一条曲线，然后使美术文本沿着曲线排列。

(3) 导入一幅图片，在图像周围制作段落文本环绕着图像的效果，要求采用"轮廓图－跨式文本"的换行方式，环绕文本与图片的间距为5mm。

CorelDRAW的透镜应用和图框裁剪

教学目标

透镜包含创造性的效果，透镜效果可以改变透镜下方的对象的显示方式，但不会改变对象的实际属性。本章将介绍透镜的应用，使用户可以将透镜效果应用于任何矢量对象，如矩形、椭圆形、封闭路径或多边形等，也可以用于更改艺术字和位图的外观。应用透镜效果之后，可以复制透镜效果，并应用于其他对象。对矢量对象应用透镜效果时，透镜本身会变成矢量图像；同样，如果将透镜置于位图之上，透镜也会变成位图。在CorelDRAW中，使用透镜可以制作出多种特殊的效果。

重点与难点

- 透镜的基本操作
- 设置透镜的公共参数
- 精确裁剪图框的操作
- 添加透视
- 添加条形码

7.1 透镜的基本操作

7.1.1 快速应用透镜效果

在CorelDRAW中，从“窗口”菜单可以打开泊坞窗。打开“效果”下拉列表框，可以看到“透镜”选项，选择该选项可以看到“变亮”“颜色添加”“色彩限度”等多种透镜选项。图7–1所示是在下拉列表框中选择“变亮”透镜效果时的泊坞窗。

图 7–1 “透镜”泊坞窗

通过“透镜”泊坞窗可以为对象应用多种效果，并且用户可以利用“透镜”泊坞窗上的选项来调整透镜效果使之满足自己的要求。例如，要为图7–2中的用黄色填充的矩形应用一种透镜效果，可以按照如下步骤进行操作。

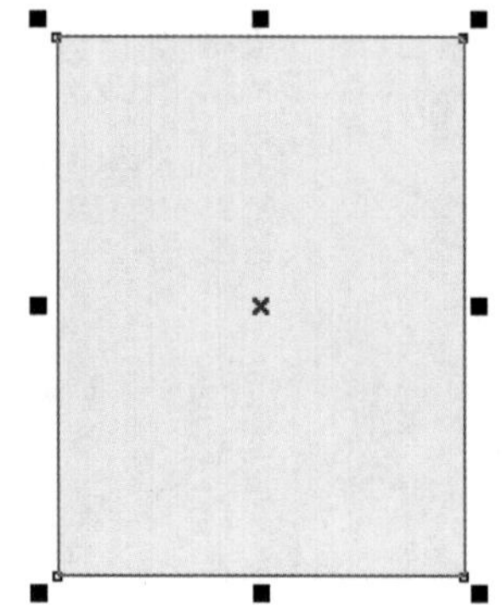

图 7–2 用黄色填充的矩形

(1) 使用“选择”工具选中矩形。

(2) 执行“效果/透镜”命令，打开“透镜”泊坞窗。

(3) 在“透镜”泊坞窗中单击下拉按钮，在打开的下拉列表框中选择“线框”。

(4) 可以看到黄色矩形应用透镜效果后变成了一个无色的线框，如图7–3所示。

图 7–3 应用透镜效果后

7.1.2 复制透镜效果

当用户要对两个或多个对象应用同一种透镜效果时，一般先为一个对象应用透镜效果，然后将透镜效果复制到其他对象上。例如，要将7.1.1小节中设置的透镜效果应用到一个椭圆上，可以按照如下步骤进行操作。

(1) 选择要应用透镜效果的椭圆，如图7–4所示。

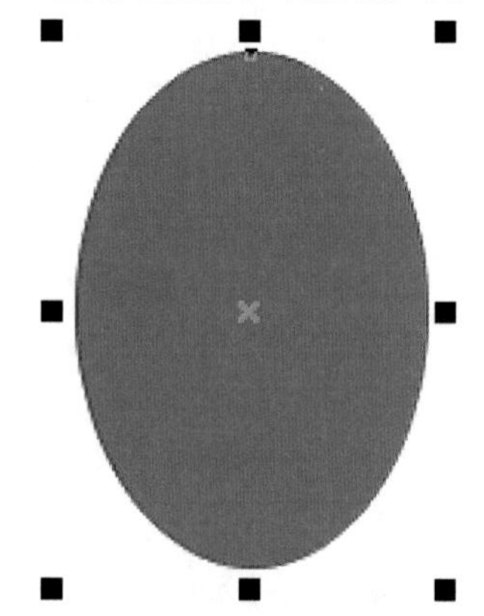

图 7–4 选中的椭圆

(2) 执行“对象/复制效果/透镜自”命令。

(3) 单击7.1.1小节中设置透镜效果后的图形，所选择的椭圆就被应用了同样的透镜效果，如图7–5所示。

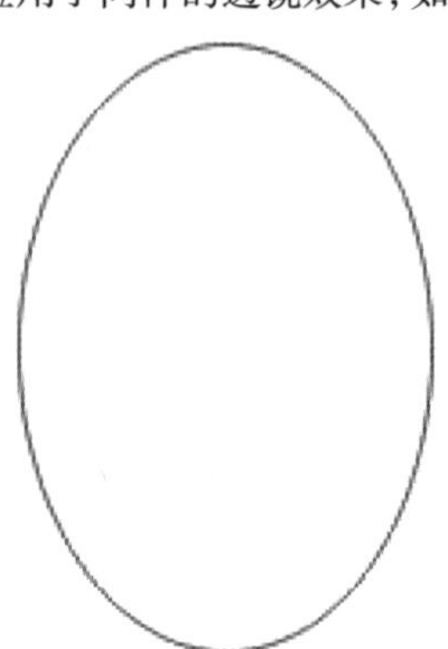

图 7–5 最后的效果

温馨提示：

如果在使用“交互式透明”工具创建的透明效果的对象上应用透镜效果，原透明效果将丢失，将显示新添加的透镜效果。在阴影组对象上应用透镜效果，透镜效果实际上是应用到阴影组对象中附着阴影对象的原对象上，如果原对象与阴影对象有重合的部分，阴影对象会透过该对象在显示上发生变化。如果将透镜应用于组合对象上，则实际效果是透镜效果分别独立应用于组合的每个对象上。

7.2 透镜种类

用户可以利用“透镜”泊坞窗来应用透镜效果。执行“效果/透镜”命令就可以打开“透镜”泊坞窗，在“透镜”泊坞窗中单击类型下拉列表框就会弹出一个下拉列表，列表中提供了变亮、颜色添加、色彩限度、自定义彩色图、鱼眼、热图、反转、放大、灰度浓淡、透明度、线框等多种透镜类型，各种透镜类型的简要说明见表7–1。

表 7–1　透镜类型及说明

透镜类型	说　明
变亮	可以使对象区域变亮和变暗，并设置亮度和暗度比率
颜色添加	通过在黑色背景上打开3个聚光灯——红色、蓝色和绿色来模拟光线模型，可以选择颜色和要添加的颜色量
色彩限度	用户只需要通过黑色和透镜颜色就可以查看对象区域，若在位图上放置绿色限制透镜，则透镜区域中将过滤掉除绿色和黑色以外的所有颜色
自定义彩色图	可以将透镜下方对象区域的所有颜色改为介于指定的两种颜色之间的一种颜色，可以选择这个颜色范围的起始色和结束色，以及这两种颜色的渐变。渐变可以沿直线、向前或相反路径穿过色谱
鱼眼	根据指定的百分比变形、放大或缩小透镜下方的对象
热图	通过在透镜下方对象区域模仿颜色的冷暖度等级来创建红外图像的效果
反转	将透镜下方的颜色变为其互补CMYK颜色，互补色是色轮上互为相对的颜色
放大	可以按指定的量放大对象上某个区域，放大透镜会取代原始对象的填充使对象看起来是透明的
灰度浓淡	可以将透镜下方的对象区域的颜色变为与其相等的灰度，灰度浓淡透镜对于创建褐色色调效果特别有效
透明度	可以使对象看起来像着色胶片或彩色玻璃
线框	可以用所选的轮廓颜色或填充颜色显示透镜下方的对象区域，若将轮廓设为红色，将填充设为蓝色，则透镜下方的全部区域看上去都具有红色轮廓和蓝色填充

7.3 设置透镜的公共参数

在“透镜”泊坞窗中，提供了“冻结”“移除表面”“视点”三个复选框，可以通过设置这些参数改变透镜或图形的效果。具体操作如下：

(1) 绘制一个蓝色星形，使用“选择”工具选中该图形，如图7–6所示。执行“效果/透镜”命令，打开“透镜”泊坞窗。

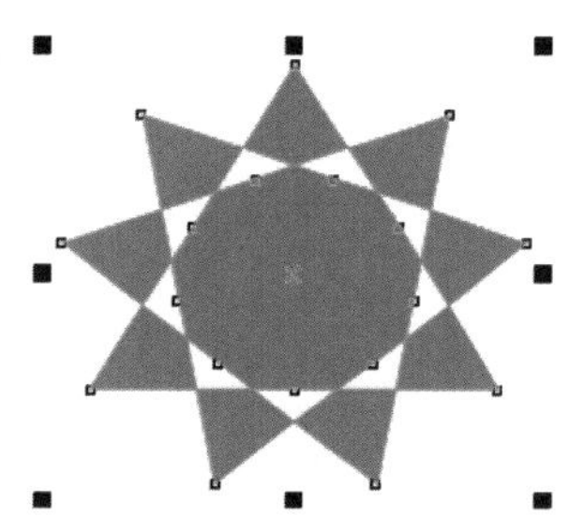

图 7–6　蓝色星形

(2) 在“透镜”泊坞窗中有“冻结”“移除表面”“视点”三个复选框，勾选它们可以设置透镜效果的公共参数。

(3) 勾选“冻结”复选框，可以将透镜下面的图形所产生的透镜效果添加成透镜的一部分，产生的透镜效果不会随着透镜或图形的移动而改变。

(4) 勾选“视点”复选框，并在“透镜”泊坞窗中设置视点的位置数值，如图7–7所示。

图 7–7　设定视点的位置数值

温馨提示：

勾选“移除表面”复选框，透镜将只作用于下面的图形，没有图形的页面区域将保持通透性。

7.4 置于图文框内部

“置于图文框内部”功能在之前的版本中叫作“图框精确裁剪”，是使一个对象适合于另一个对象的形状的功能，也称“裁剪”。被裁剪的对象叫作内容，“容纳”内容的对象叫作容器，实施了图框裁剪的对象叫作“图框裁剪组对象”。可将容器比作一个图框，置于图文框内部，透过图文框观察内容，内容如果大于容器，其超出的部分将不被“裁剪”。在图框裁剪效果中，内容实际上并没有被“裁剪”，只是在视觉上使“裁剪”适合容器对象的轮廓而已。利用CorelDRAW创建的任何对象都可以作为容器，包括未封闭的曲线对象、艺术字、艺术笔工具创建的对象等，容器还可以是组合对象。

置于图文框内部

7.4.1 置于图文框内部的实施

1. 通过菜单操作

（1）使用“选择”工具选中需要作为内容的对象，如图7–8所示。

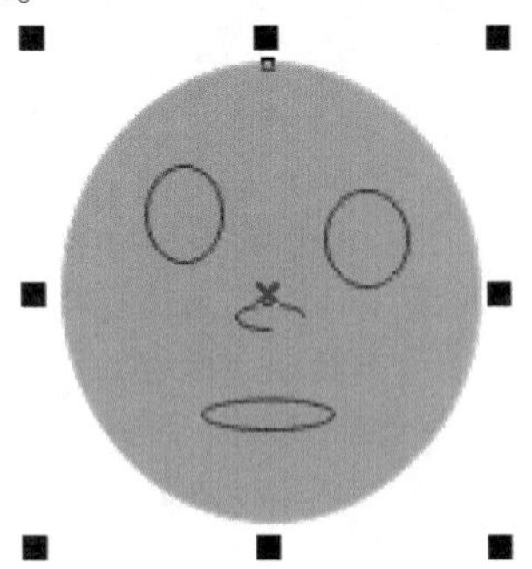

图 7–8　作为内容的对象

（2）执行菜单“对象/PowerClip/置于图文框内部”命令。

（3）将光标移至绘图窗口内，当光标变为箭头➡时，单击作为容器的对象，如图7–9所示。

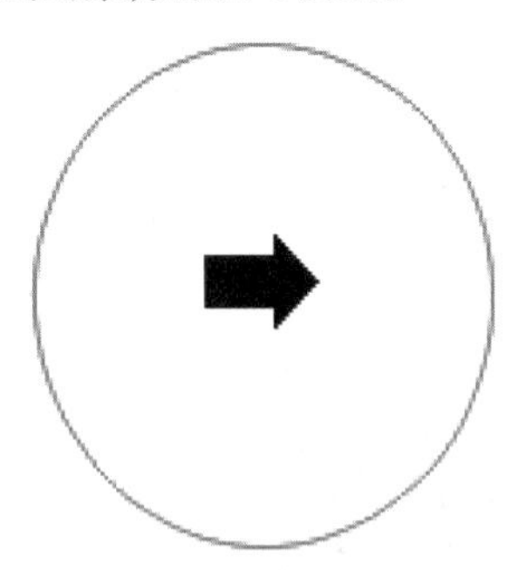

图 7–9　作为容器的对象

2. 通过鼠标操作

（1）选中作为内容的对象，如图7–10所示。

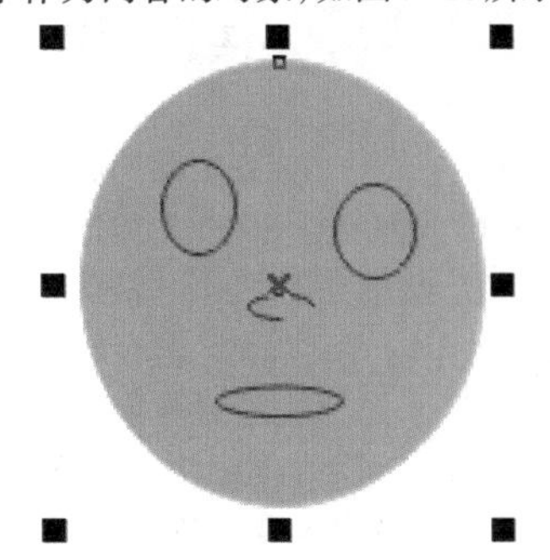

图 7–10　作为内容的对象

（2）当光标接近中心并显示为移动光标后，右击并拖动其至容器对象。当光标变为⊕后释放鼠标右键。

（3）在弹出的快捷菜单中，选择“PowerClip内部”命令，如图7–11所示。

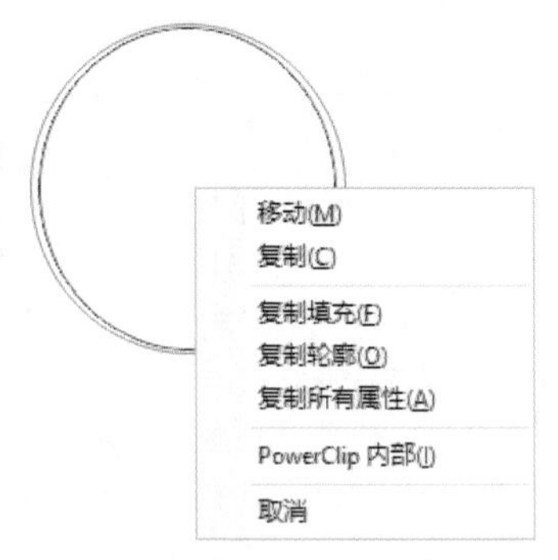

图 7–11　选择“PowerClip内部”命令

7.4.2 创建“置于图文框内部”效果

“置于图文框内部”效果看似复杂，其实创建方法很简单。例如，要求去掉图7–12所示的图像中的矩形蓝色背景，只留下正圆，可以通过“置于图文框内部”功能来实现，操作步骤如下：

图 7–12　需要去掉背景的图像

（1）选择“椭圆形”工具。

（2）按住Ctrl键的同时拖动鼠标绘制一个正圆。

（3）调节正圆的位置及大小，使它恰好套在圆的外面，如图7–13所示。

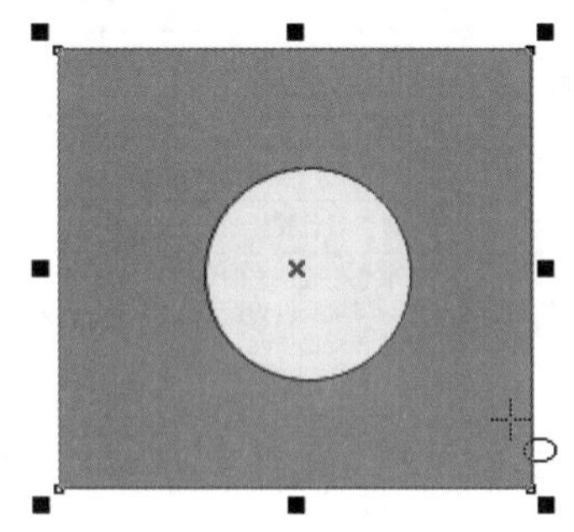

图 7–13　绘制正圆

（4）选择矩形图像。

（5）执行“对象/PowerClip/置于图文框内部”命令，光标会变成一个较粗的箭头形状➡。

（6）对准正圆单击，这样图像被正圆剪切成圆形轮廓，圆形外边的部分都被裁剪掉了，如图7–14所示。

图 7–14　初次效果

7.4.3　调整“置于图文框内部”效果

创建“置于图文框内部”效果后，用户可以对效果进行调整，调整“内容”与“图文框”的相对位置以得到满意效果。例如，7.4.2小节以正圆为“容器”，以矩形图像为“图文框”所得到的“置于图文框内部”效果并不是预期的，因为背景并未全部剪掉，那么可以对效果进行如下调整。

(1) 选择“置于图文框内部”的效果对象。

(2) 执行“对象/PowerClip/编辑PowerClip”命令。

(3) 当图像将背景一起显示出来时，表明进入了编辑状态，如图7–15所示。选择圆形图像并移动，使“圆形”恰好被正圆套在里面。

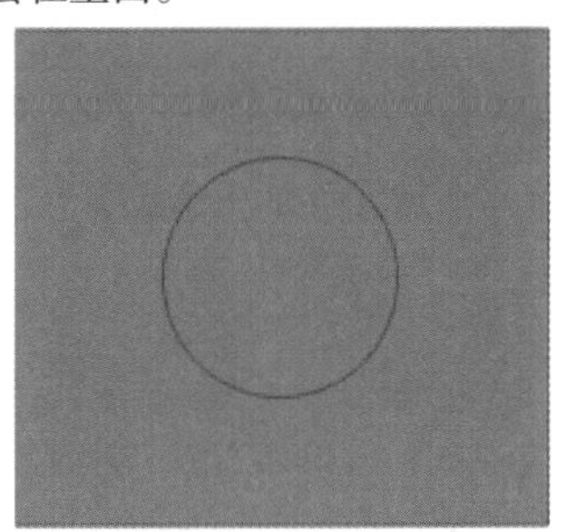

图 7–15　编辑状态

(4) 调整好效果之后，执行“对象/PowerClip/完成编辑PowerClip”命令。这样正圆就恰好将背景剪切掉了。

(5) 选择正圆，在调色板中右击无色按钮☒，使正圆不显示，此时“置于图文框内部”的效果如图7–16所示。

图 7–16　最后效果

温馨提示：

编辑应用了“置于图文框内部”效果的对象时，“图文框”以线框的模式显示，不能被选择或修改，用户只能选择“内容”。

7.4.4　取消“置于图文框内部”效果

对于已经被应用了“置于图文框内部”效果的对象，用户可以将效果取消，以恢复对象在应用此效果之前的属性。当要取消“置于图文框内部”效果时，可以按照如下步骤进行操作。

(1) 选择应用了“置于图文框内部”效果的对象。

(2) 执行“对象/PowerClip/提取内容”命令。这样，“置于图文框内部”效果就被取消了，被裁剪的“内容”又恢复到以前的状态。

温馨提示：

如果在应用“置于图文框内部”效果后对“图文框”进行了改动，如果修改了颜色、形状等，那么取消“置于图文框内部”效果之后不能恢复“图文框”的属性。

7.4.5　锁定内容

默认情况下，内容“锁定”在容器中。选中图框裁剪组对象进行移动、修改大小等变换操作，内容和容器一起变换。在没有锁定内容的情况下，对图框裁剪组对象进行变换只会影响容器，但内容则保持原来的位置、大小等属性。利用此选项在不进入内容编辑的状态下改变内容的位置、大小等属性，可以按照如下步骤进行操作。

(1) 选中图框裁剪组对象。

(2) 右击，在弹出的菜单中，启用或禁用“锁定内容”选项。图7–17(a)所示是锁定内容的功能的演示，图中的图框裁剪组对象G的内容为B，容器为S。

如图7–17(b)所示，图框裁剪组对象G在“锁定内容”的情况下，等比例放大并移动位置，内容B与容器S一起变化。

如图7–17(c)所示，图框裁剪组对象G在禁用“锁定内容”情况下，等比例放大并移动位置，内容B保持原位置、大小，不跟随容器S一起变化。

如图7–17(d)所示，再启用“锁定内容”，等比例缩小图7–17(c)中的图像框裁剪组对象G到图7–17(a)中的原尺寸，内容B与容器S的位置、尺寸比例关系将保持图7–17(c)中的面貌。

对比图7-17(a)与图7-17(d)中的对象G，可以看到利用"锁定内容"能够在不进入内容编辑的状态下，对内容进行位置移动、缩放等变换。

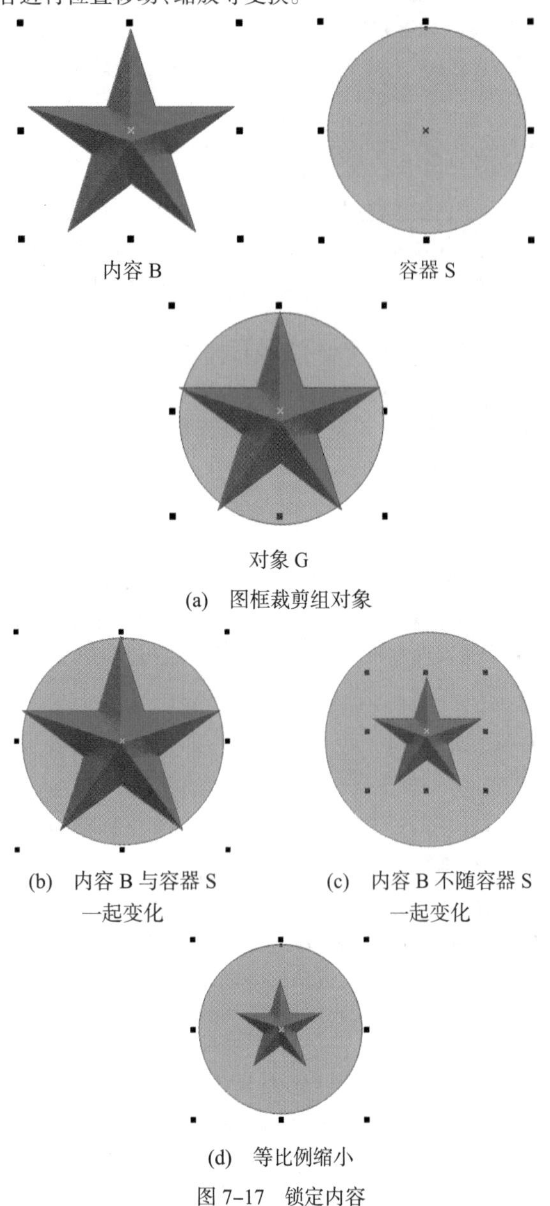

图 7-17 锁定内容

7.5 添加透视效果

在设计和制作过程中，经常会用到透视效果，利用"添加透视"功能，可以为对象添加透视效果。下面将介绍如何在CorelDRAW中添加透视点、怎样制作透视效果，透视效果可以使对象看上去在一个或者两个方向上产生距离感和纵深感。添加透视效果后，对象中将显示一个不能被打印的矩形透视框，拖动透视框的4个顶点可以将对象整体"延伸"或"压缩"，以此产生透视效果。

7.5.1 创建"添加透视"效果

1. 添加透视的操作步骤

(1) 用"选择"工具选中对象，执行"对象/透视点/添加透视"命令。

(2) 将光标▸接近透视框的4个顶点(显示为黑色实心方块■)，变为十字光标✛后拖动这4个顶点。

(3) 如果对调整后的效果满意，则单击"选择"工具或者按空格键结束创建和编辑。

2. 添加透视点举例

(1) 打开要制作透视效果的图形，使用"选择"工具将图形选中，效果如图7-18所示。

图 7-18 要制作透视效果的图形

(2) 执行"对象/透视点/添加透视"命令，图形周围出现控制线和控制点，效果如图7-19所示。

图 7-19 图形周围出现控制线和控制点

(3) 用鼠标拖动控制点制作需要的透视效果。在拖动控制点时出现了透视点+，如图7-20所示。

图 7–20　制作需要的透视效果

(4) 用鼠标拖动透视点＋可以改变透视效果，如图7–21所示。

图 7–21　拖动透视点可以改变透视效果

(5) 制作好透视效果后按空格键，确定完成的效果。

7.5.2　编辑“添加透视”效果

1. 编辑透视效果的操作步骤

(1) 用“节点编辑”工具选择应用了透视效果的对象，对象上将重新出现控制线和透视点，进入透视点编辑状态(使用“选择”工具在应用了透视点效果的对象上双击，也可以使对象进入透视点编辑状态)。

(2) 拖动控制线的顶点或透视点以获得满意的效果。

2. 编辑透视效果举例

下面介绍修改图7–18中的透视效果的具体操作步骤。

(1) 要修改已经制作好的透视效果，需要双击要修改的图形，再对已有的透视效果进行调整，如图7–22所示。

图 7–22　调整透视效果

(2) 制作好透视效果后按空格键确定完成的效果，透视效果如图7–23所示。

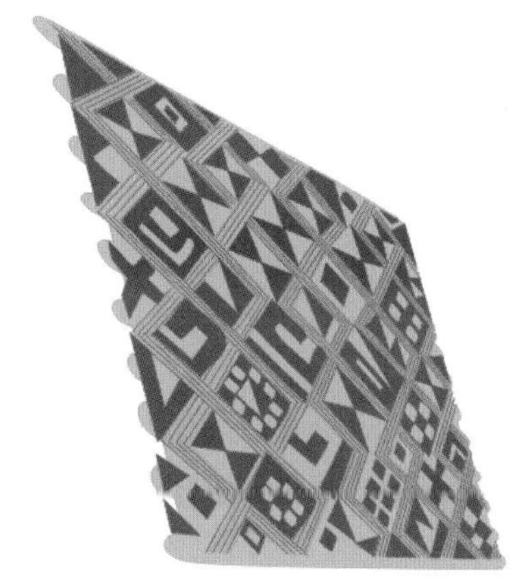

图 7–23　图形的透视效果

(3) 执行“对象/清除透视点”命令，可以清除透视效果。

温馨提示：

只要在选中的对象上执行了“添加透视”命令，无论随后是否进行了控制线的编辑操作，其外观都将被应用“添加透视”效果。需要特别注意的是，对象一旦应用了“添加透视”效果，使用“节点编辑”工具单击以后，该对象都将进入到透视效果编辑状态。

7.6 添加条形码

条形码是一种先进的自动识别技术，利用条形码可以快速且准确地采集数据。目前，这种技术已被各行各业广泛使用。可以按照如下步骤添加条形码。

(1) 执行“对象/插入/条形码”命令，打开如图7–24所示的对话框。

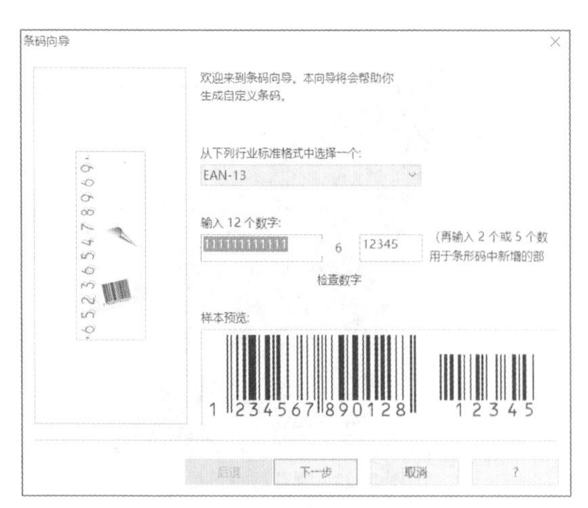

图 7-24　“条码向导”对话框

(2) 在“从下列行业标准格式中选择一个”下拉列表中选择一种行业标准格式，如图 7-25 所示，并输入条形码数值，单击“下一步”按钮。

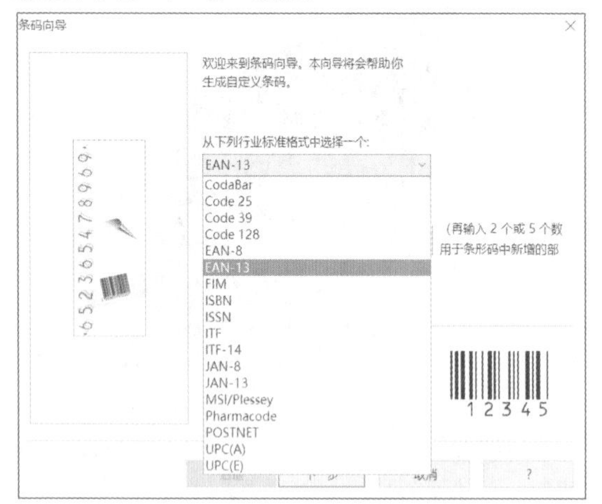

图 7-25　选择一种行业标准格式

(3) 可根据需要在图 7-26 所示的对话框中调整行业标准属性，单击“下一步”按钮。

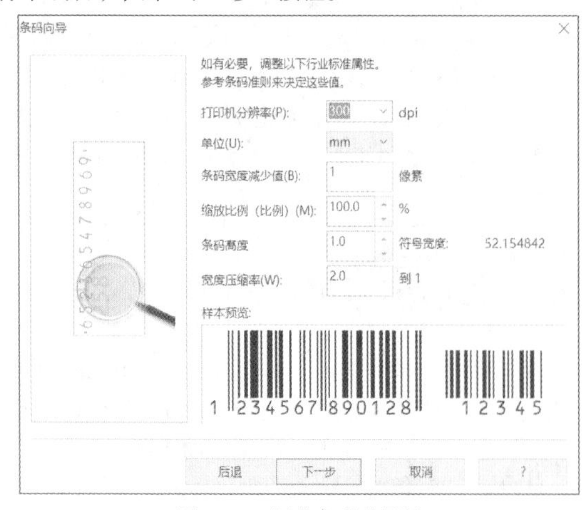

图 7-26　调整条形码属性

(4) 设置完成后单击“完成”按钮，即可完成条形码的制作。

7.7 综合案例一：制作“湖泊”立体透视效果

1. 制作思路

(1) 利用文本、渐变填充、拆分美术矩形、艺术笔等工具制作文本的效果。

(2) 利用精确裁剪的方法合成最终效果，最终效果如图 7-50 所示。

2. 制作步骤

步骤 1：设置“湖泊”的立体艺术效果。

(1) 按快捷键 Ctrl+N 新建一个图形文件，并在属性栏中单击“横向”按钮，将页面设为横向；接着在工具箱中选择“文本”工具字，输入文本，然后在属性栏中设定字体为华文行楷，字号为 150，效果如图 7-27 所示。

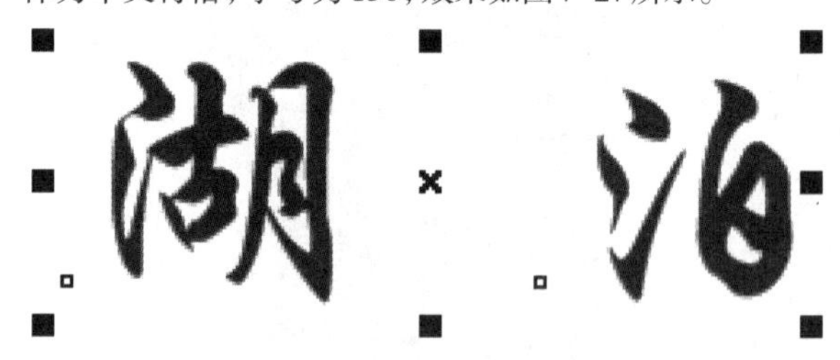

图 7-27　设置文本

(2) 按 F11 键打开“编辑填充”对话框，并在其中设置渐变属性，如图 7-28 所示。单击 OK 按钮，得到如图 7-29 所示的渐变效果。

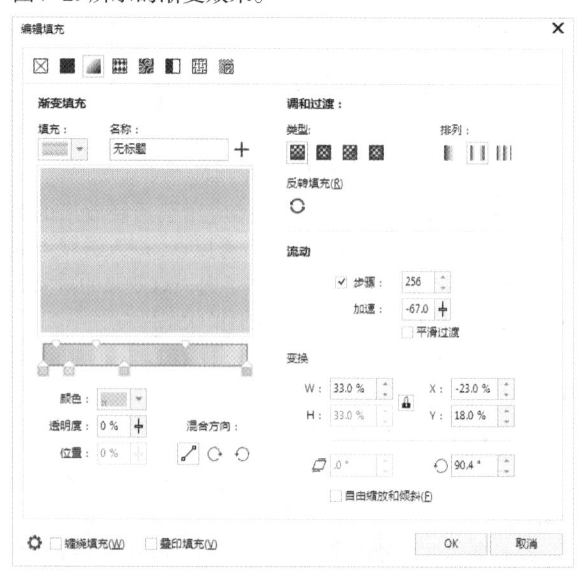

图 7-28　设置渐变属性

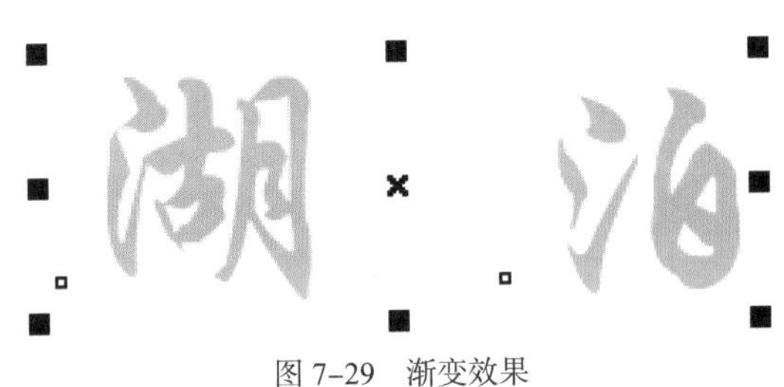

图 7–29　渐变效果

(3) 执行“对象/拆分段落文本”命令或按快捷键Ctrl+K，得到如图 7–30 所示的拆分美术文本效果。

图 7–30　拆分美术文本效果

(4) 从效果中选择立体化选项，在“湖”字上拖动鼠标到如图 7–31 所示的位置，以产生立体效果。

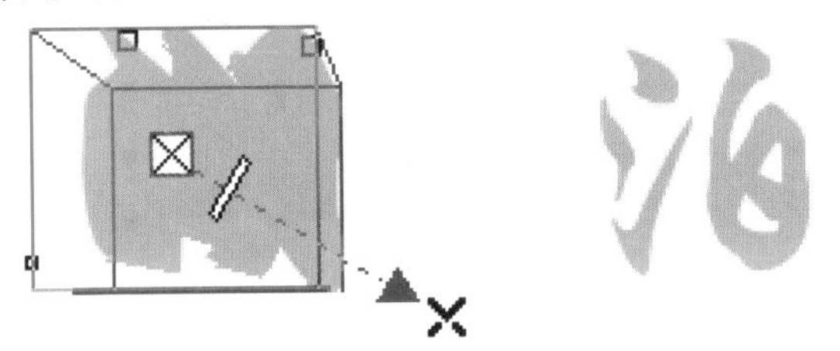

图 7–31　“湖”的立体效果

(5) 单击“填充”按钮◈，并在弹出的泊坞窗中设置渐变颜色，如图 7–32 所示，画面效果如图 7–33 所示。

图 7–32　设置渐变颜色

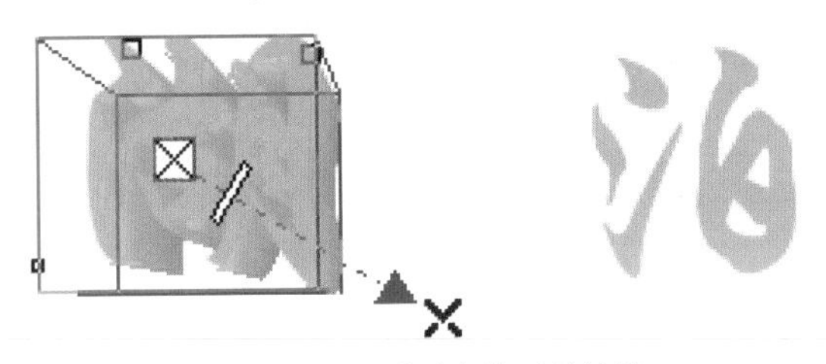

图 7–33　设置渐变颜色后的效果

(6) 双击“湖”字，即可进入旋转状态，将文字旋转到如图 7–34 所示的位置。

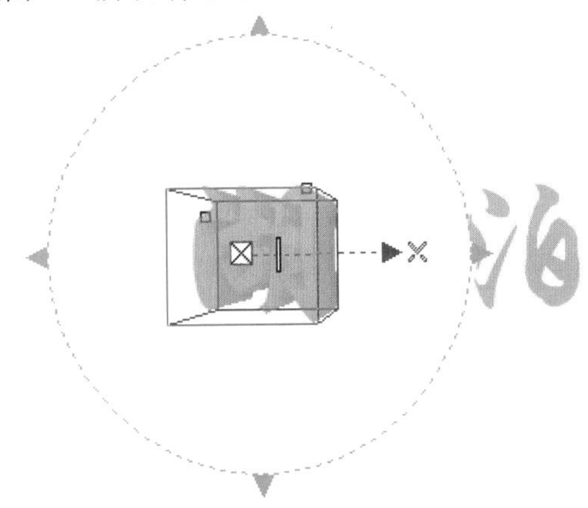

图 7–34　旋转“湖”字

(7) 使用“选择”工具选择“湖”字并按“+”键进行复制，得到如图 7–35 所示的效果。

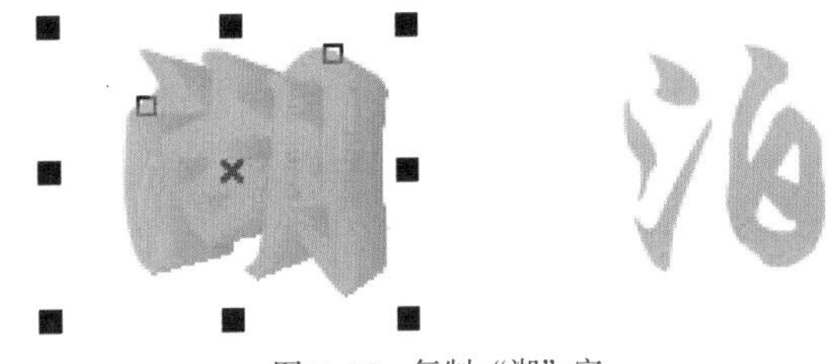

图 7–35　复制“湖”字

(8) 在默认 CMYK 调色板中右击白色，为复制后的文字添加白色描边，得到如图 7–36 所示的效果。

图 7–36　为“湖”字添加白色描边

(9) 使用同样的方法制作“泊”字的效果，如图 7–37 所示。

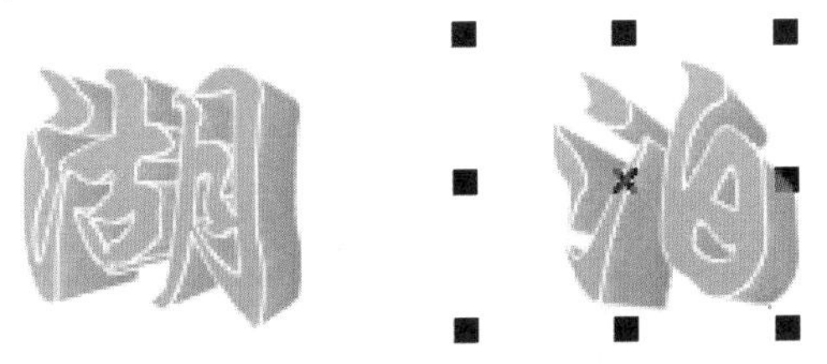

图 7–37　使用同样的方法制作“泊”字的效果

步骤 2：设置文本的背景。

(1) 在工具箱中选择“矩形”工具绘制出一个矩形将文字框住，如图 7–38 所示。

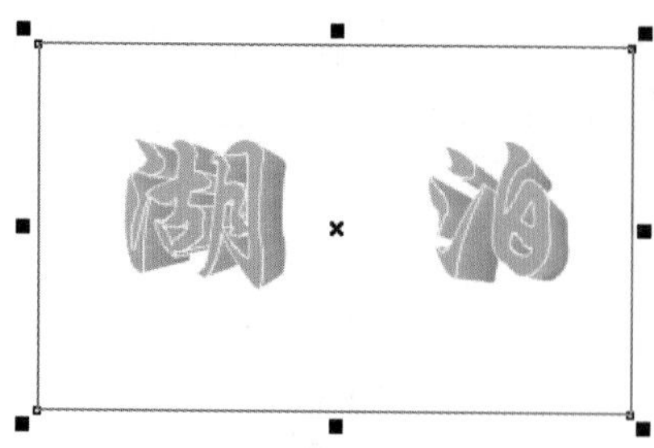

图 7-38　绘制矩形框选文字

(2) 在默认的CMYK调色板中单击天蓝色，将矩形填充为天蓝色，按快捷键Shift+PageDown将它放到最下面，如图7-39所示。

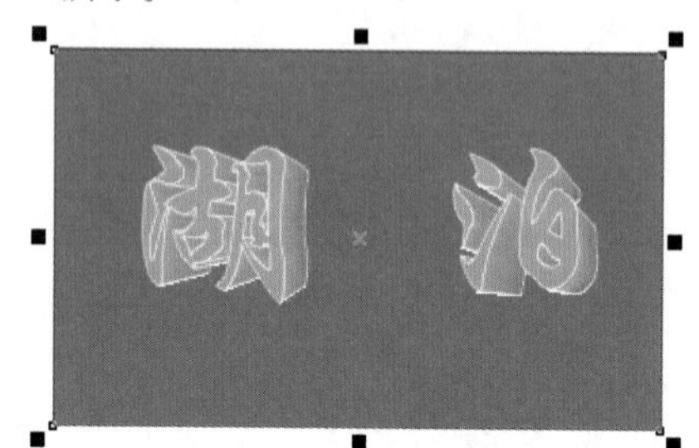

图 7-39　为矩形填充颜色

步骤3：制作附加背景——金鱼。

(1) 选择“艺术笔”工具，在属性栏中单击“喷涂”按钮，在“类别”列表中选择图案，然后绘制出一条如图7-40所示的曲线，松开鼠标左键后得到如图7-41所示的效果。

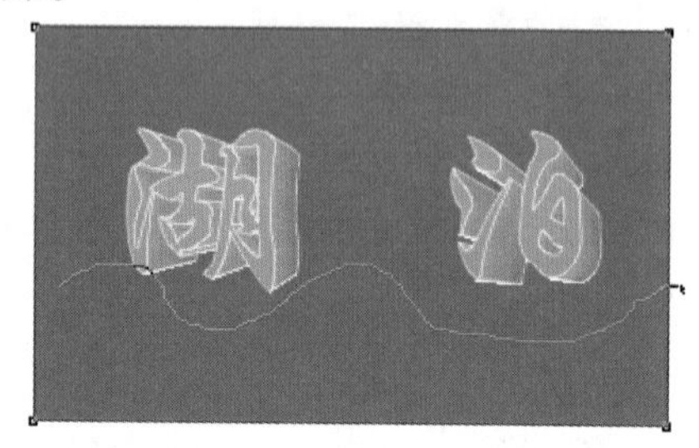

图 7-40　用“艺术笔”工具绘制曲线

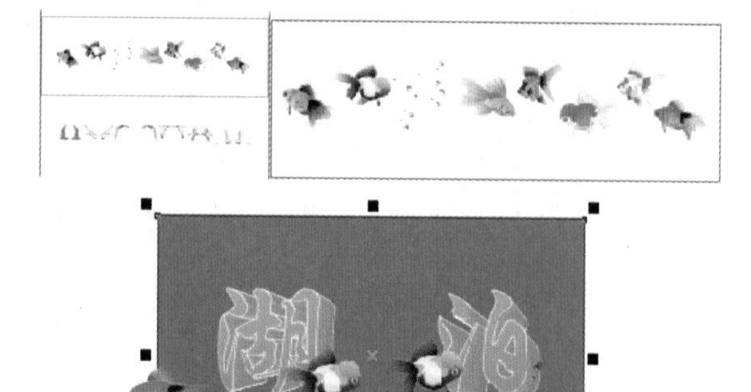

图 7-41　松开鼠标左键后得到的效果

(2) 在属性栏中将喷涂顺序设定为“随机”，如图7-42所示。按Enter键，得到如图7-43所示的效果。

图 7-42　属性栏设置

图 7-43　设置喷涂顺序后的效果

(3) 移动光标到左上角的控制点上，按下鼠标左键并向右下角拖动，将金鱼缩小，如图7-44所示。

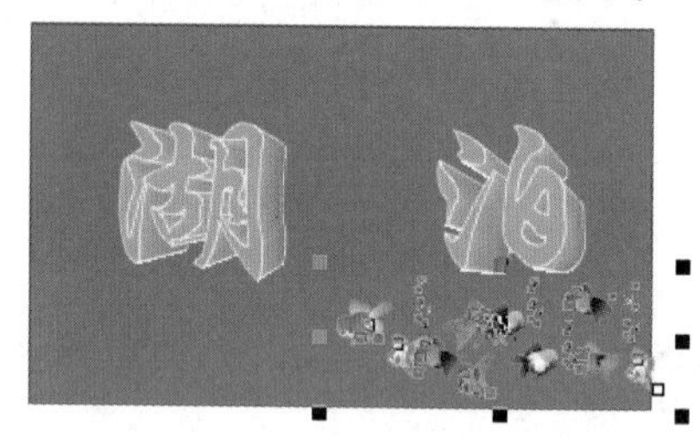

图 7-44　拖动并缩小金鱼

(4) 使用“选择”工具选择金鱼，拖动到适当位置右击向左移动并复制，如图7-45所示。

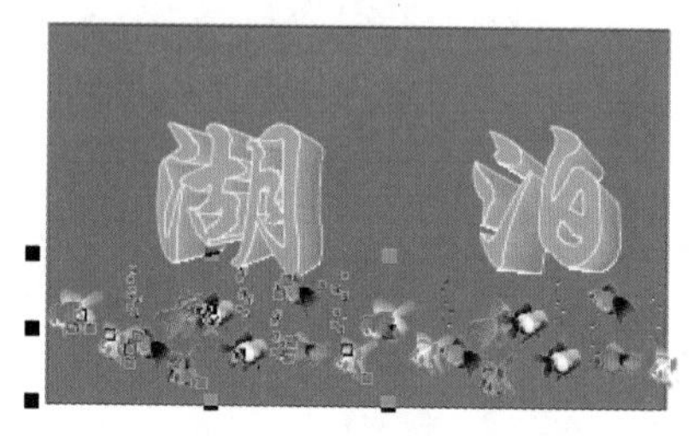

图 7-45　复制金鱼

(5) 执行“排列/拆分艺术样式组”命令，得到如图7-46所示的效果。

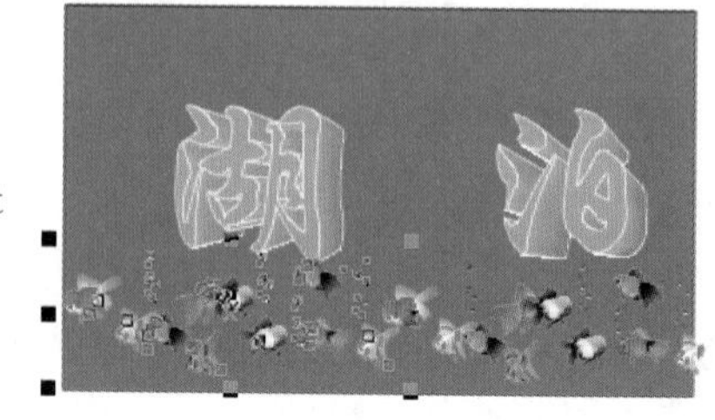

图 7-46　拆分后的金鱼

(6) 使用“选择”工具选择曲线路径并删除，再选择拆分后的金鱼，如图7-46所示。

(7) 执行“排列/取消组合”命令，选择一个金鱼向上移动到适当位置后右击进行复制，得到如图 7–47 所示的效果。

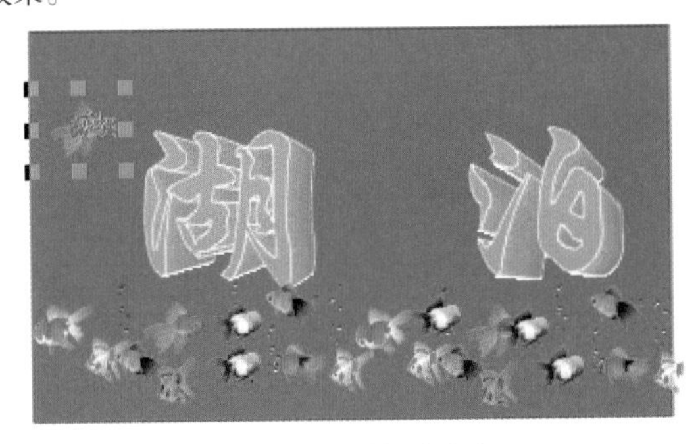

图 7–47　复制一个金鱼

(8) 使用同样的方法对鱼和气泡进行移动并复制，并用“选择”工具框选出所有鱼和气泡，按快捷键 Ctrl+G 将它们组合，如图 7–48 所示。

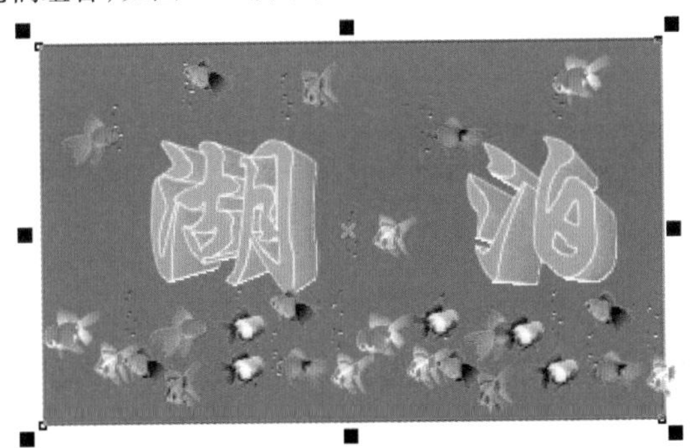

图 7–48　将金鱼和气泡进行组合

步骤 4：将图像置于图文框内部。

(1) 执行“对象/PowerClip/置于图文框内部”命令，这时光标变成粗箭头形状，如图 7–49 所示。再用箭头单击矩形。

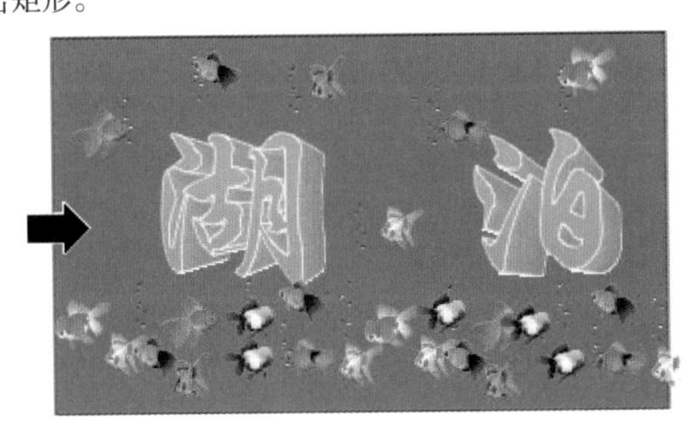

图 7–49　进行图框裁剪

(2) 按住 Ctrl 键单击矩形，进入编辑状态，将金鱼向下拖动到合适位置。

(3) 按住 Ctrl 键在矩形以外的地方单击完成编辑，至此，“湖泊”立体透视效果便制作完成，效果如图 7–50 所示。

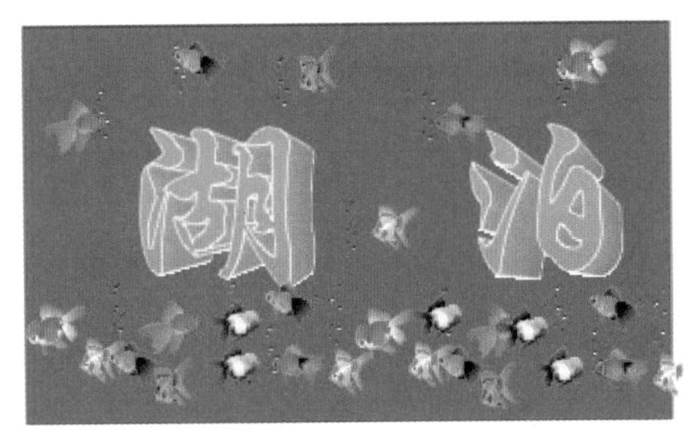

图 7–50　“湖泊”立体透视效果

7.8 综合案例二：制作包装盒图案

本例通过调整图形的透视效果，制作一个包装盒，最终效果如图 7–51 所示。

1. 制作思路

图 7–51　包装盒图案

(1) 建立几个矩形，使用透视效果使之形成一个盒子。

(2) 为盒子的每一面添加图片形成包装盒。

2. 制作步骤

步骤 1：制作盒子。

(1) 建立一个空白文档，设置为横向。

(2) 使用“矩形”工具绘制一个矩形，如图 7–52 所示。

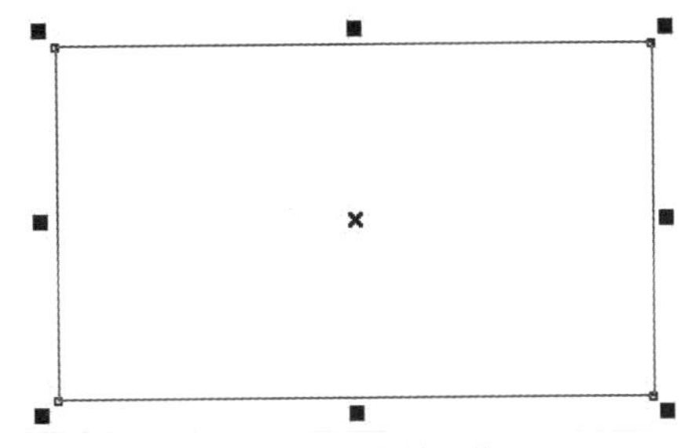

图 7–52　绘制矩形

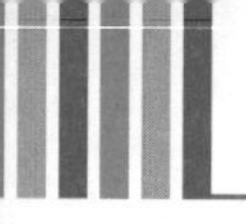

(3) 执行“对象/透视点/添加透视”命令，对矩形执行添加透视效果操作，如图7–53所示。

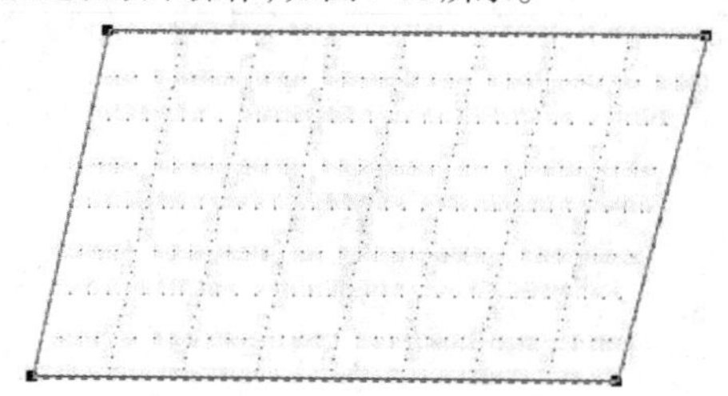

图 7–53　添加透视效果

(4) 使用“矩形”工具绘制两个矩形，并调整矩形的大小和位置，如图7–54所示。

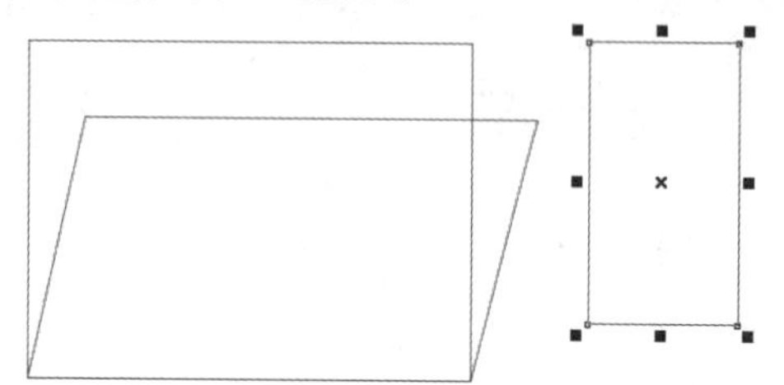

图 7–54　绘制两个矩形

(5) 使用相同的方法对后面的矩形进行透视操作，如图7–55所示。

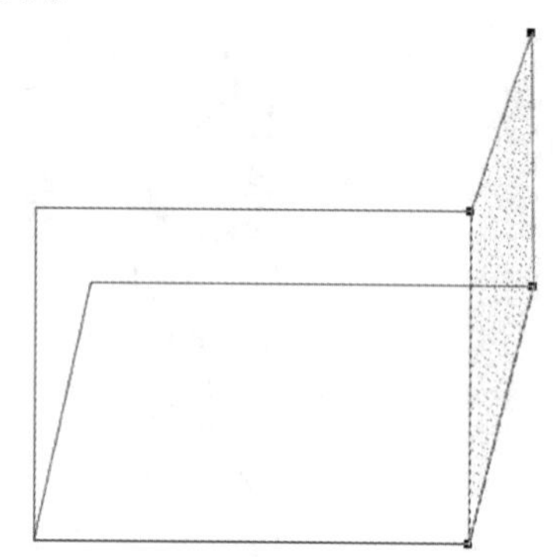

图 7–55　透视效果

(6) 使用“矩形”工具绘制另一个矩形，如图7–56所示。

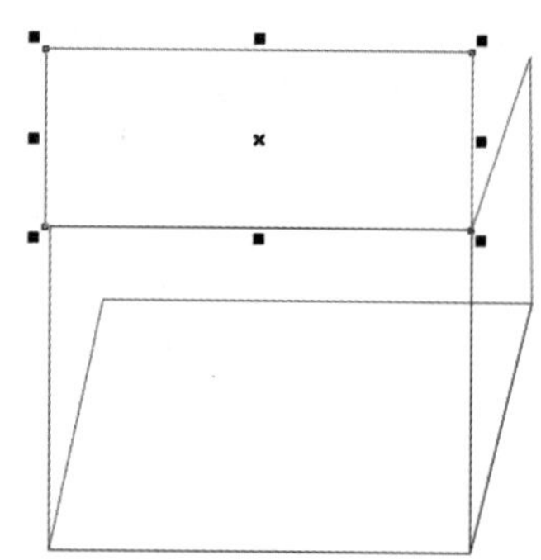

图 7–56　绘制另一个矩形

(7) 将透视后的矩形组合在一起，如图7–57所示。

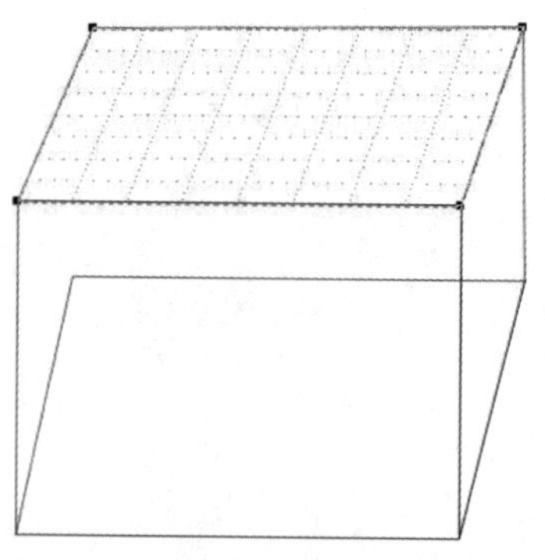

图 7–57　组合矩形

步骤2：添加图片。

(1) 在“文件”菜单下选择“导入”命令，如图7–58所示。

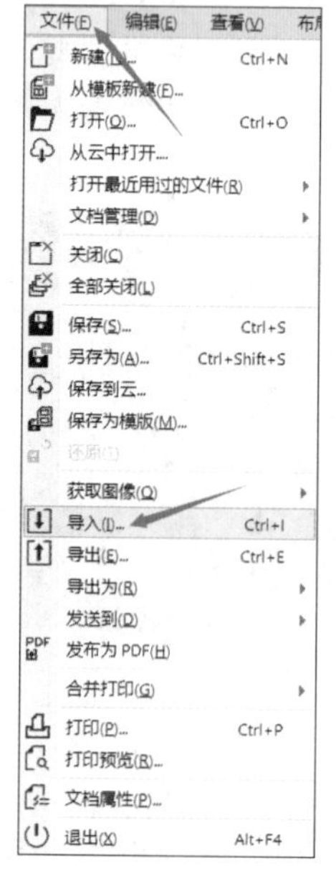

图 7–58　选择“导入”命令

(2) 在打开的“导入”对话框中选择一幅图片，如图7–59所示，单击“导入”按钮将图片导入到页面中。

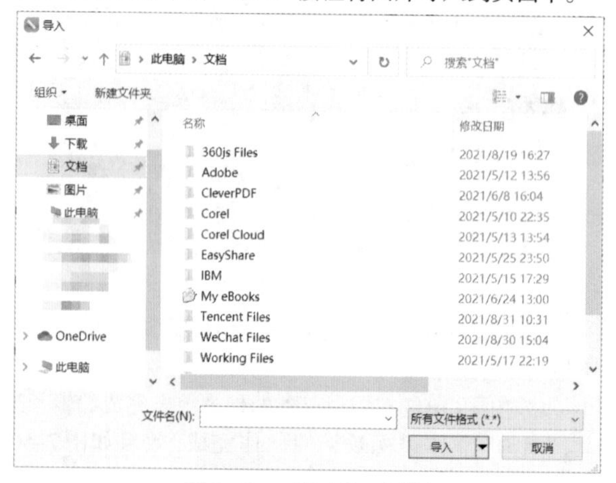

图 7–59　“导入”对话框

(3) 选取图片，执行“对象/PowerClip/置于图文框内部”命令。

(4) 当光标变成箭头形状时(见图 7-60) 单击透视后的矩形即可。

图 7-60　放置图片

(5) 使用相同的方法导入两张图片并将其分别置于图形中，如图 7-61 和图 7-62 所示。

图 7-61　放置第一张图片

图 7-62　放置第二张图片

(6) 包装盒图案制作完成，最终效果如图 7-51 所示。

7.9 本章小结

本章主要讲述了透镜效果的应用，介绍了透镜的类型以及利用透镜能产生什么样的效果。重点对“置于图文框内部”效果、如何添加透视效果以及如何制作条形码作了详细的讲解。此外，在设计的过程中还对“选择”工具、“图形”工具、“艺术笔”工具、“文本”工具等的特点及使用方法进行了讲解。

学习了本章，读者可以利用透镜制作出多种特殊的效果，也可以将透镜效果应用于任何矢量对象，如矩形、椭圆形、封闭路径或多边形等，还可以用于更改美术文本和位图的外观。应用透镜效果之后，透镜效果可以被复制，并应用于其他对象。对矢量对象应用透镜效果时，透镜本身会变成矢量图像；同样，如果将透镜置于位图之上，透镜也会变成位图。

“置于图文框内部”是通过将一个对象放置在另一个对象中来实现的一种效果，使一个对象适合于另一个对象的形状，即“裁剪”。被裁剪的对象叫作内容，“容纳”内容的对象叫作图文框(或容器)，实施了图框裁剪的对象合称为“图框裁剪组对象”。如果内容比容器大，那么内容将自动裁剪，只有适合容器的内容才是可见的。CorelDRAW 允许在其他对象或容器内放置矢量对象和位图，容器可以是任何对象，如美术文本或矩形。将对象放置到比该容器大的另一个容器时，对象就会被裁剪以适合容器的形状。这样就创建了“置于图文框内部”的效果。

透视效果可以使图形具有三维效果，因为三维景物在视觉上由物体的层次和大小体现。使对象看起来像沿一个或两个方向向后退，可以通过缩短对象的一边或两边来创建透视效果。透视效果可以添加到对象或组合对象中，还可以为轮廓图、调和、立体模型和用艺术笔创建的对象等添加透视效果，但不能将透视效果添加到段落文本、位图或符号中。

7.10 习题七

1. 填空题

(1) 透镜效果用于改变__________下方的对象的显示方式，而不改变对象的实际属性。

(2) 对矢量对象应用透镜效果时，透镜本身会变成__________；同样，如果将透镜置于位图之上，透镜也会变成__________。

(3) 透视效果使对象看上去在一个或两个方向上产生__________，从而创建出透视效果。

2. 选择题

(1) 编辑“置于图文框内部”效果的对象时，以下说法正确的是(　　)。

A.“容器”以线框的模式显示

B.“容器”可以被选择及修改

C.“容器”不能被选择及修改

D.用户可以选择及移动“内容”

(2) 在应用了“交互式透明”工具创建的透明效果的对象上应用透镜效果，以下说法正确的是(　　)。

A.原透明效果将丢失，也不显示新添加的透镜效果

B.原透明效果不丢失，也不显示新添加的透镜效果

C.原透明效果将丢失，将显示新添加的透镜效果

D.原透明效果不丢失，将显示新添加的透镜效果

3. 简答题

(1) 透镜的种类有哪些？

(2) 简述透镜的应用范围。

4. 操作题

学习了“置于图文框内部”效果后，结合2.7节的心形壁画设计案例，你对“置于图文框内部”有哪些新的认识？请设计一个有“透视”效果的心形壁画。

CorelDRAW的滤镜应用

教学目标

CorelDRAW在为用户提供强大的图形编辑功能的同时，还提供了处理位图效果的功能，如位图的滤镜和位图的颜色遮罩等。要实现这样的功能，有时就需要将矢量图形或其他对象转换为位图。本章第1节从位图的操作入手，先讲如何将矢量图转换为位图以及如何导入和导出位图等操作；第2节和第3节重点介绍CorelDRAW强大的滤镜功能，通过学习滤镜的各种功能，可以掌握各个滤镜的特点，并可以结合实际进行操作，为以后在图像处理过程中应用这些滤镜给位图添加各种特殊的画面效果打下坚实的基础。

重点与难点

- 位图颜色遮罩的使用方法
- 滤镜的特点及使用方法

8.1 位图的操作

8.1.1 矢量图和位图的转换

第1章中详细介绍了矢量图和位图的概念。矢量图是使用数学方法，按照点、线、面的方式形成的，在缩放时不会产生失真效果；位图则是使用物理方法，按照点阵的方式绘制出来的，是由称作“像素”的点阵组成的，位图在缩放和旋转时会产生失真现象。为了应用滤镜功能和位图的颜色遮罩功能，首先要把矢量图转换为位图。

1. 矢量图转换为位图

将矢量图转换为位图非常简单，执行“位图/转换为位图”命令，打开如图8-1所示的“转换为位图”对话框。

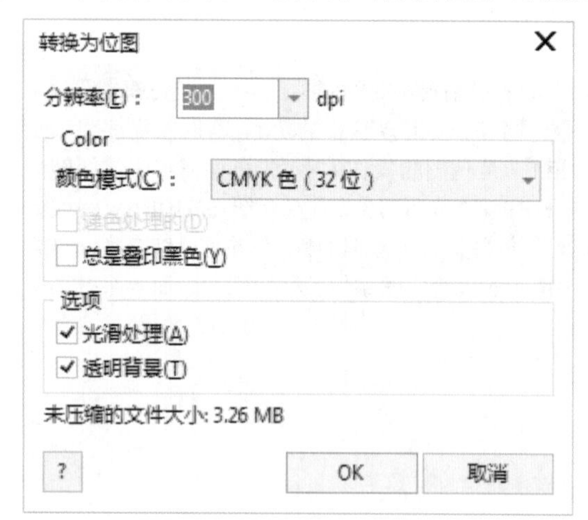

图 8-1 “转换为位图”对话框

在对话框中对分辨率、颜色模式、透明背景等进行设置。

(1)“分辨率”下拉列表框：用于设置转换后的位图的分辨率。单击右边的下拉按钮会弹出一个下拉列表，如图8-2所示。单击即可选择所需的分辨率。用户还可以通过直接输入数值来设置分辨率。

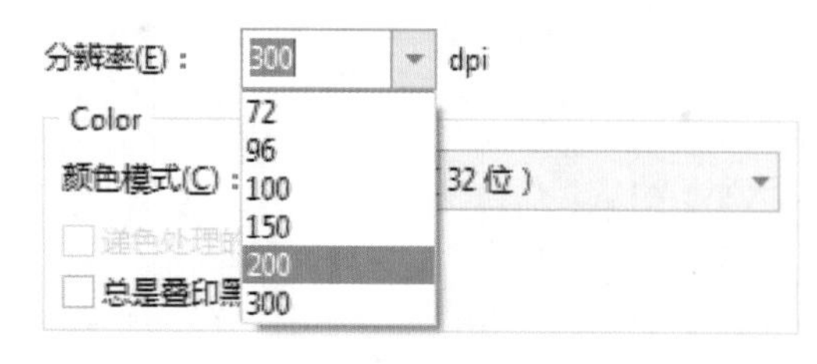

图 8-2 “分辨率”下拉列表

(2)“颜色模式”下拉列表框：用于设置转换后的位图的颜色模式。单击右边的下拉按钮会弹出一个下拉列表，如图8-3所示。单击即可选择所需的颜色模式。

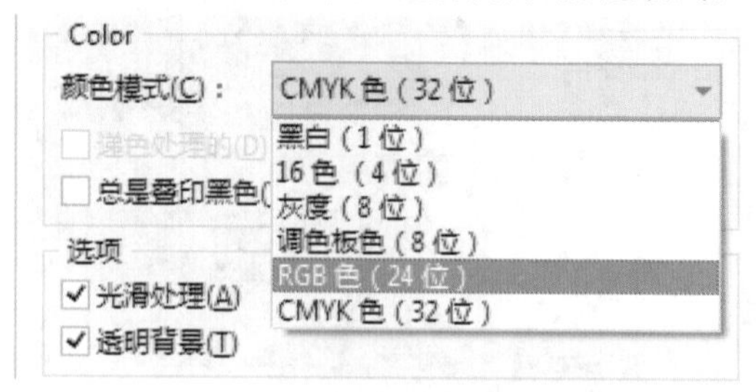

图 8-3 “颜色模式”下拉列表

(3)“透明背景”复选框：勾选该复选框后，所转换的位图的背景会变为透明；如果不勾选该复选框，则会有白色的背景。

2. 矢量图转换为位图的操作

(1) 打开矢量图形文件，使用“选择”工具选中矢量图形。

(2) 执行“位图/转换为位图”命令，打开如图8-1所示的对话框。

(3) 在“分辨率”下拉列表中选择一种分辨率，在“颜色模式”下拉列表中选择一种颜色模式，其中“应用ICC预置文件”应用的是国际色彩协会(ICC)预置文件，如果选中该项会使位图色彩空间的颜色标准化。

(4) 设置好后单击“确定”按钮，即可将矢量图转换为位图。

8.1.2 位图的导入

要想在CorelDRAW中为位图添加效果，可以从外部导入位图到CorelDRAW中，导入位图的步骤如下：

(1) 执行“文件/导入”命令，打开“导入”对话框，如图8-4所示。

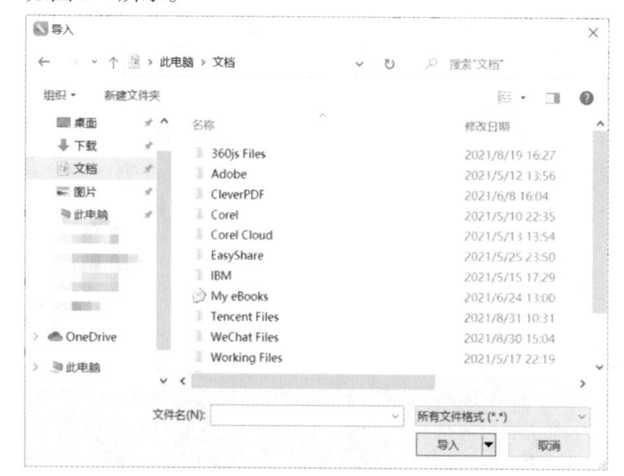

图 8-4 “导入”对话框

(2) 在“查找范围”中找到需要导入的位图所在的文件夹。

(3) 选中需要导入的文件后，单击“导入”按钮，光标会变为如图 8-5 所示的状态。

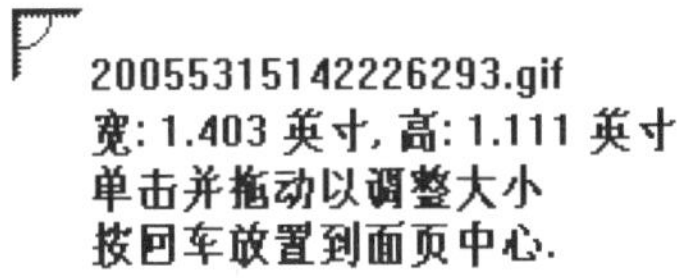

20055315142226293.gif
宽: 1.403 英寸, 高: 1.111 英寸
单击并拖动以调整大小
按回车放置到面页中心.

图 8-5　导入时的光标状态

(4) 在绘图页面中单击要放置位图的位置，即可将位图放置于此。

温馨提示：

如果要将位图放在绘图页面的中心，在出现图 8-5 所示的导入时的光标状态后直接按 Enter 键。

8.1.3　位图颜色遮掩

可以利用“位图遮罩”泊坞窗来决定位图上哪些区域的颜色可以隐藏，哪些区域的颜色可以显示，这项功能可以应用到图像的合成技术中。位图颜色遮掩的步骤如下：

(1) 执行“位图/位图遮罩”命令，打开“位图遮罩”泊坞窗，也可以执行“窗口/泊坞窗”命令，选择“位图遮罩”，打开“位图遮罩”泊坞窗，如图 8-6 所示。

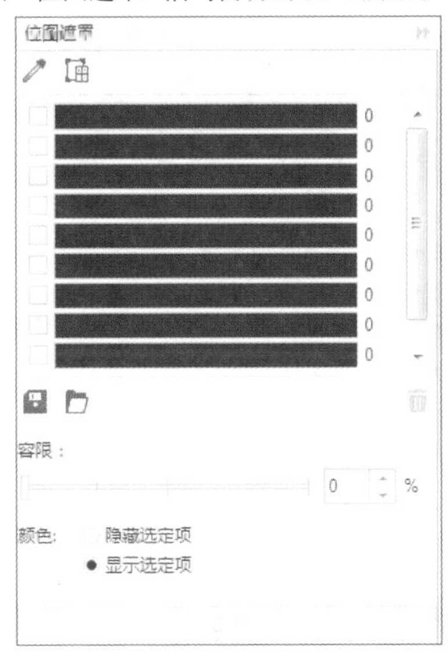

图 8-6　“位图遮罩”泊坞窗

(2) 在菜单栏中的颜色条目 上单击选中，然后单击 按钮，光标变为吸管形状，在位图上单击选择需要遮罩的颜色，选中的颜色会在颜色条目上出现。或者在对话框中单击编辑颜色 按钮，打开“选择颜色”对话框，如图 8-7 所示。在对话框中可以编辑需要遮罩的颜色。设置好后，单击 OK 按钮即可。

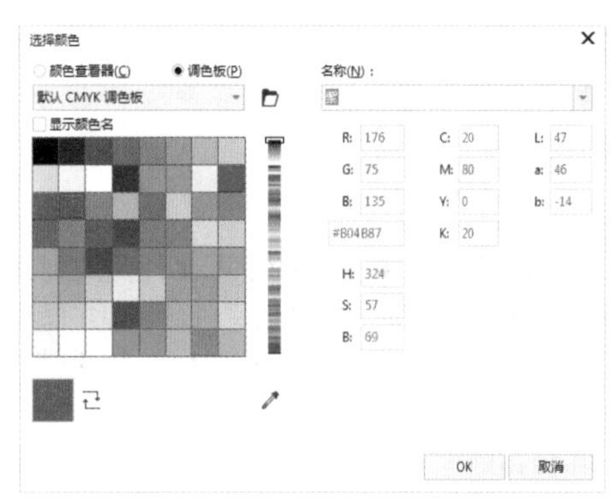

图 8-7　“选择颜色”对话框

在“位图遮罩”泊坞窗中单击 按钮，打开“保存绘图”对话框，如图 8-8 所示，可以将设置好的颜色遮罩作为样式保存。如果要再次使用，单击 按钮，打开“打开绘图”对话框，如图 8-9 所示，打开保存的颜色遮罩样式，在“位图遮罩”泊坞窗中直接使用即可。

图 8-8　“保存绘图”对话框

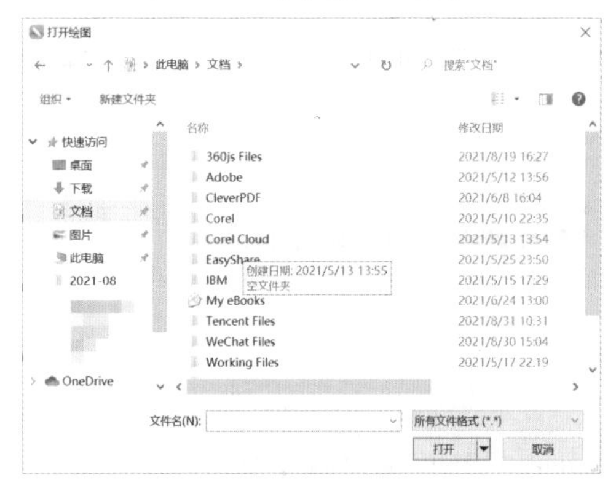

图 8-9　“打开绘图”对话框

拖动“容限”选项的滑块或直接输入数值，可以遮罩相近的颜色，容限值越大，遮罩的颜色范围越大。

(3) 设置好遮罩的颜色后，单击“应用”按钮。

(4) 用户如果想清除位图的颜色遮罩效果，可选中已建立颜色遮罩的位图，在“位图遮罩”泊坞窗中单击🗑按钮，可以清除位图的颜色遮罩效果。

8.1.4 位图的导出

如果用户需要将编辑好的位图文件应用到其他程序中进行编辑和处理时，可以把文件导出，并保存为多种不同的格式，如JPG、TIF、BMP、GIF等，以供其他应用程序使用。

导出位图的步骤如下：

(1) 使用“选择”工具选中要导出的位图。例如，要将图8-10所示的壁纸导出为JPG格式。

图 8-10 壁纸

(2) 执行“文件/导出”命令或在工具栏中单击“导出”按钮，打开“导出”对话框，设置好保存位置，在此，将其保存在“文档/壁纸素材”中，并在“保存类型”下选择所需的JPG格式，如图8-11所示。

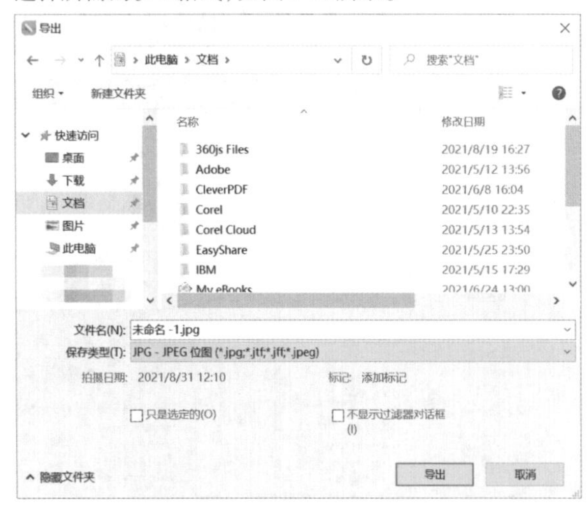

图 8-11 “导出”对话框

(3) 单击“导出”按钮，打开如图8-12所示的“转换为位图”对话框，设置大小、分辨率等各种参数，具体设置可以参考8.1.1节“转换为位图”对话框中的参数设置。单击“确定”按钮，打开如图8-13所示的对话框，单击OK按钮即可导出位图。

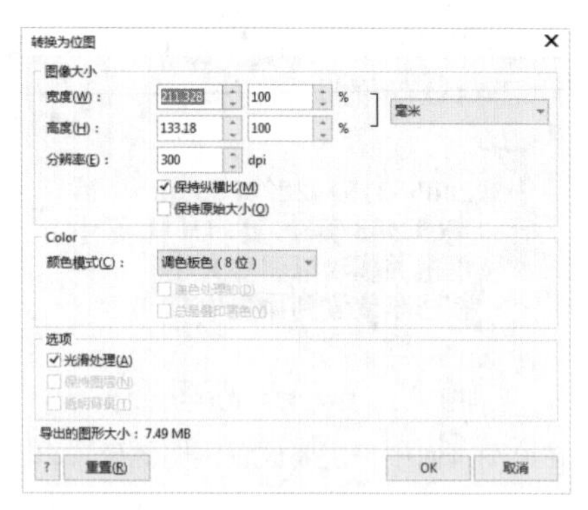

图 8-12 “转换为位图”对话框

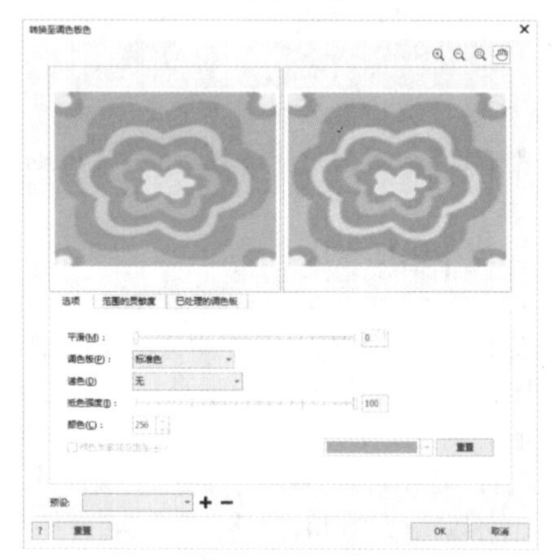

图 8-13 “转换至调色板色”对话框

8.2 滤镜的功能、分类与操作方法

CorelDRAW中的滤镜主要用来处理位图，从而添加一些普通编辑功能难以达到的效果。CorelDRAW中的滤镜大部分使用对话框的形式来接收用户输入的参数，同时提供预览框，以便用户观察使用滤镜之后的图像效果，具有操作简单、功能强大的特点。

CorelDRAW共包括15个滤镜组，分别是“三维效果”滤镜组、“调整”滤镜组、“艺术笔触”滤镜组、“模糊”滤镜组、“相机”滤镜组、“颜色转换”滤镜组、“轮廓图”滤镜组、“校正”滤镜组、“创造性”滤镜组、“自定义”滤镜组、“扭曲”滤镜组、“杂点”滤镜组、“鲜明化”滤镜组、“底纹”滤镜组和“变换”滤镜组。在必要时用户还可装载需要的插件式滤镜，可在“位图”菜单中装载“插件”滤镜组来使用。

滤镜的使用方法和操作步骤如下：

(1) 选中需要应用滤镜的位图。

(2) 在“效果”菜单中选中相应的滤镜命令，打开相应的滤镜对话框。

(3) 在对话框中设置具体参数，对位图应用滤镜效果。

CorelDRAW 提供了 70 多个滤镜，这些滤镜对话框的结构相似。下面以“三维旋转”滤镜的对话框为例介绍滤镜对话框中各个按钮的作用。图 8-14 所示是“三维旋转”滤镜对话框。

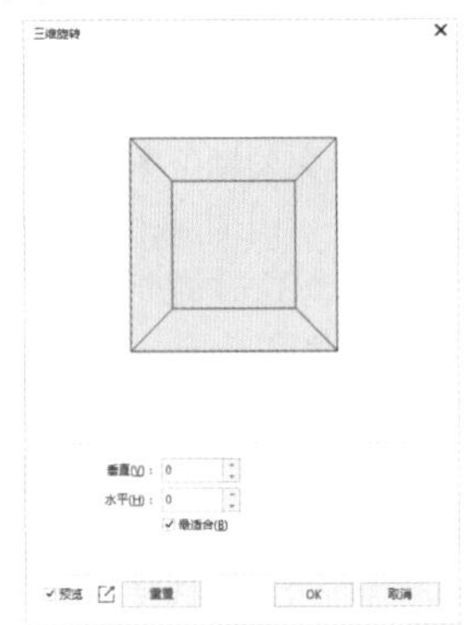

图 8-14　“三维旋转”滤镜对话框

【双窗口】按钮：在以后的每个滤镜对话框中均有预览位图效果的窗口，通过单击此按钮，可显示两个并排预览窗口，也可显示一个或不显示预览窗口。当出现双窗口时，每个窗口内都显示选中的位图，并且所选的范围相同。单击“预览”按钮，左边的窗口无变化，右边的窗口则显示出添加的效果。图 8-15 所示的对话框的右窗口即显示出添加的三维旋转效果。

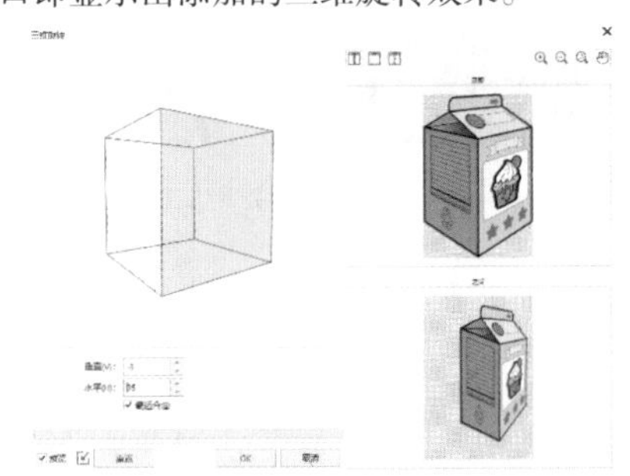

图 8-15　显示双窗口时的对话框

【单窗口】按钮：单击此按钮，滤镜对话框内会出现一个较大的预览窗口。单击“预览”按钮即可预览所添加的效果，如图 8-16 所示。

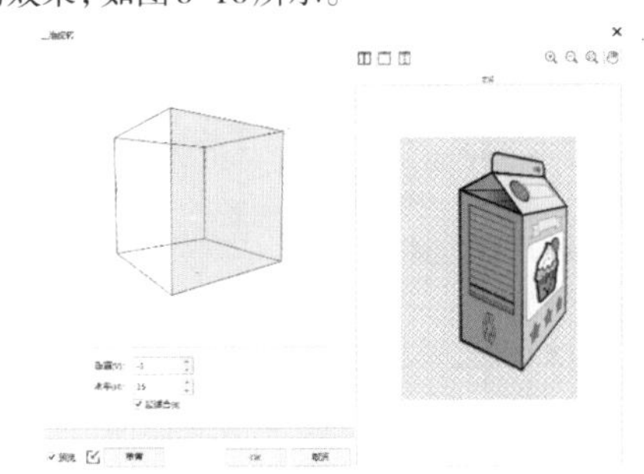

图 8-16　显示单窗口时的对话框

【重置】按钮：每个滤镜对话框的各种参数都有一个默认值，这个默认值是公认的且经常使用的参数，能满足大多数用户的要求。单击此按钮，所有的参数将会恢复原有的参数设置。当然用户也可以根据需要自行设置。

【帮助】按钮：单击此按钮，可以查阅 CorelDRAW 的帮助文件。

【OK】按钮：当添加效果且达到满意的效果后，单击此按钮即可。

8.3 常用滤镜组的使用与效果

8.3.1 “三维效果”滤镜组

“三维效果”滤镜组主要用于使位图产生三维特效，使图像具有空间上的深度感。本滤镜组共包括三维旋转、柱面、浮雕、卷页、挤远/挤近和球面 6 个滤镜。下面以三维旋转等 4 个滤镜为例介绍本滤镜组的使用方法。

1. “三维旋转”滤镜

使用该滤镜可以将选定的位图按照设置进行水平或垂直旋转。用户可对水平方向和垂直方向的旋转进行精确的设置，使位图产生不同的视觉效果。操作步骤如下：

(1) 选定位图后，执行“效果/三维效果/三维旋转”命令，打开如图 8-14 所示的对话框。

(2) 在 8.2 节中介绍过大部分滤镜对话框中都有的按钮的功能，因此在以后的学习中，仅介绍对话框中各个参数的功能和设置方法。

【垂直】数值框：在该框中输入具体的数值可以控制图像在垂直方向上的旋转角度。该数值的设置范围是 -75~75。输入正值时，图像将向纸内旋转，数值越大，旋转角度越大；数值越小，旋转角度就越小。输入负值时，图像将向纸外旋转，数值越大，旋转角度越大；数值越小，旋转角度就越小。另外，还可以使用数值框右侧的箭头来调整数值大小。

【水平】数值框：在该框中输入具体的数值可以控制图像在水平方向上的旋转角度。该数值的设置范围是 -75~75。输入正值时，图像将顺时针旋转，数值越大，旋转角度越大；数值越小，旋转角度就越小。输入负值时，图像将逆时针旋转，数值越大，旋转角度越大；数值越小，旋转角度就越小。另外，还可以使用数值框右侧的箭头来调整数值大小。

【最适合】复选框：勾选该复选框时，在预览窗口中显示的效果图将与原图位置一样。如果不勾选该复选框，预览窗口仅显示效果图的缩略图。

(3) 设置完成后，单击 OK 按钮即可。如图 8-17 和图 8-18 所示，图 8-17 为原图，图 8-18 为添加“三维旋转”

滤镜后的效果图。

图 8–17　原图

图 8–18　添加“三维旋转”滤镜后的效果图

2. “浮雕”滤镜

使用该滤镜可使选定的位图产生一种深度感。操作步骤如下：

(1) 选定位图后，执行“效果/三维效果/浮雕”命令，打开“浮雕”对话框，如图 8–19 所示。

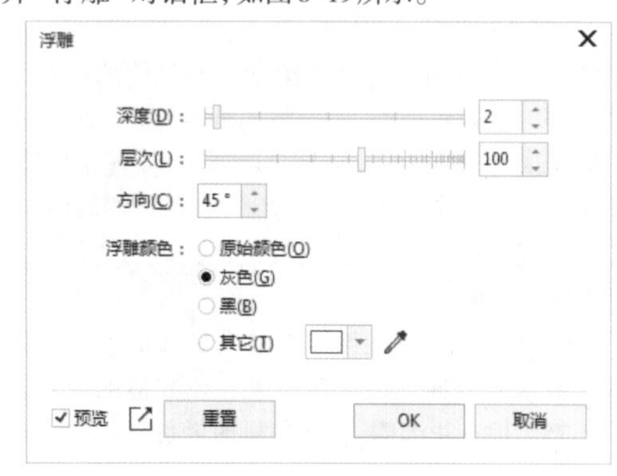

图 8–19　“浮雕”对话框

(2) 各个参数的功能和设置方法如下：

【深度】滑块：用于设置浮雕效果的深度。可以直接拖动滑块，也可以在标尺右侧的数值框中直接输入数值。数值的范围是 1~20，数值越大，浮雕效果越明显。

【层次】滑块：用于设置浮雕包含的背景色的数量。可以直接拖动滑块，也可以在标尺右侧的数值框中直接输入数值。数值的范围是 1~500，数值越大，位图的层次对比越强烈，浮雕效果越明显；数值越小，位图的层次对比越模糊，浮雕效果也就越不明显。

【方向】数值框：用于设置光线照在浮雕图像上的角度。可以直接拖动拨盘中的指针进行设置，也可以在右侧的数值框中直接输入数值进行设置，数值的范围是 0~360。

【浮雕颜色】选项组：用来设置浮雕的颜色，共包括原始颜色、灰色、黑色和其它 4 个选项。

【原始颜色】单选按钮：用于隐藏位图区域的颜色，并用原始图像中的颜色来勾勒位图的轮廓。

【灰色】单选按钮：用于隐藏位图区域的颜色，并用灰色来勾勒位图的轮廓，这时将产生一个完全是灰色的位图，但有适度的浮雕化突出。

【黑】单选按钮：用于隐藏位图区域的颜色，并用黑色来勾勒位图的轮廓，这时将产生一个完全是黑色的位图，也将会有适度的浮雕化突出。

【其它】单选按钮：可从中选择所需颜色来隐藏位图区域的颜色，并用这种颜色来勾勒位图的轮廓。

(3) 设置完成后，单击 OK 按钮即可。图 8–20 所示为添加“浮雕”滤镜后的效果图。

图 8–20　添加“浮雕”滤镜后的效果图

3. “卷页”滤镜

使用该滤镜可为位图添加一种类似卷起页面一角的效果。操作步骤如下：

(1) 选定位图后，执行“效果/三维效果/卷页”命令，打开“卷页”对话框，如图 8–21 所示。

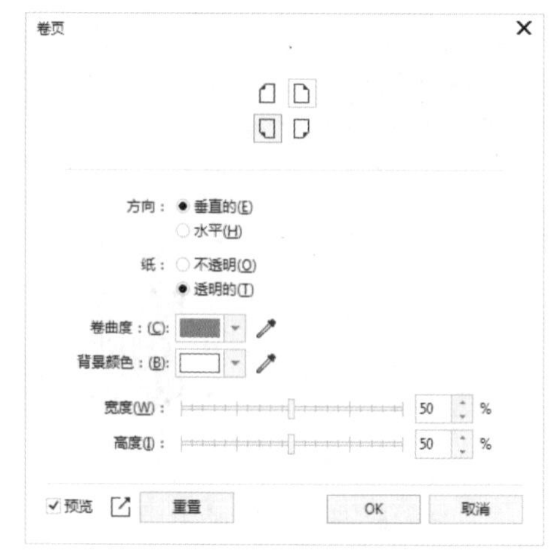

图 8–21　“卷页”对话框

(2) 在“卷页”对话框中可以设置滤镜，包括卷页的方向、纸卷曲度和背景颜色等。设置完成后，单击OK按钮即可。图8-22所示为添加“卷页”滤镜后的效果图。

图 8-22 添加“卷页”滤镜后的效果图

4. “挤远 / 挤近”滤镜

使用该滤镜可使位图位于相对中心弯曲，从而得到对称的效果。操作步骤如下：

(1) 选定位图后，执行“效果/三维效果/挤远/挤近”命令，打开如图8-23所示的对话框。

图 8-23 “挤远 / 挤近”对话框

(2) 参数的功能和设置方法如下：

【挤远/挤近】滑块：用于设置挤远/挤近值，添加挤压效果。可以直接拖动滑块，也可以在右侧的数值框中直接输入数值。

(3) 设置完成后，单击OK按钮即可。图8-24所示为添加“挤远/挤近”滤镜后的效果图。

图 8-24 添加“挤远 / 挤近”滤镜后的效果图

8.3.2 “艺术笔触”滤镜组

“艺术笔触”滤镜组可为位图添加特殊的美术效果。本滤镜组包含了炭笔画、单色蜡笔画、蜡笔画、立体派、印象派、调色刀、彩色蜡笔画、钢笔画、点彩派、木版画、素描、水彩画、水印画和波纹纸14种滤镜。下面以“炭笔画”等5个滤镜为例介绍本滤镜组的使用方法。

1. “炭笔画”滤镜

使用该滤镜可使位图具有类似用炭笔绘制出来的画面效果。操作步骤如下：

(1) 选定位图后，执行“效果/艺术笔触/炭笔画”命令，打开如图8-25所示的对话框。

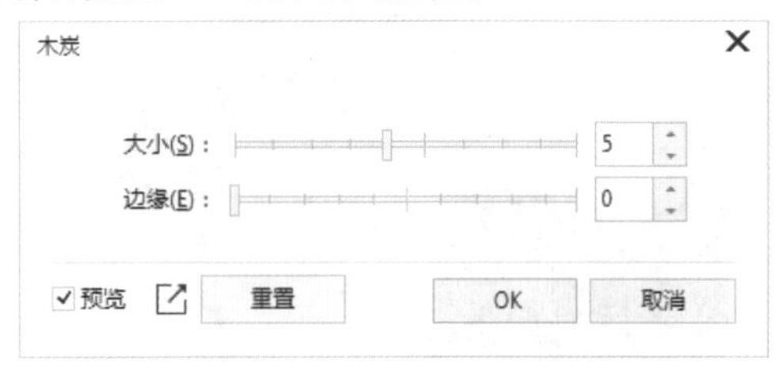

图 8-25 “木炭”对话框

(2) 各个参数的功能和设置方法如下：

【大小】滑块：用于设置炭笔的大小。

【边缘】滑块：用于设置炭笔的边缘。

(3) 设置完成后，单击OK按钮即可。图8-26所示为添加“炭笔画”滤镜后的效果图。

图 8-26 添加“炭笔画”滤镜后的效果图

2. “印象派”滤镜

使用该滤镜可使位图具有油画中印象派画作风格的效果。操作步骤如下：

(1) 选定位图后，执行“效果/艺术笔触/印象派”命令，打开如图8-27所示的对话框。

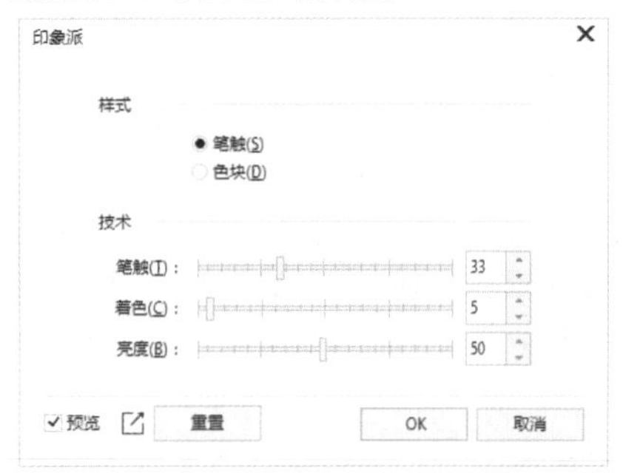

图 8-27 “印象派”对话框

(2)各个参数的功能和设置方法如下：

【笔触】单选按钮：选择此按钮后，可以在下方的“技术”栏中设置笔触、着色和亮度。

【色块】单选按钮：选择此按钮后，可以在下方的“技术”栏中设置色块大小、颜色变化和亮度。

(3)设置完成后，单击OK按钮即可。图8-28所示为添加“印象派”滤镜后的效果图。

图 8-28　添加“印象派”滤镜后的效果图

3. “素描”滤镜

使用该滤镜可使位图具有铅笔素描的效果。操作步骤如下：

(1)选定位图后，执行“效果/艺术笔触/素描”命令，打开如图8-29所示的对话框。

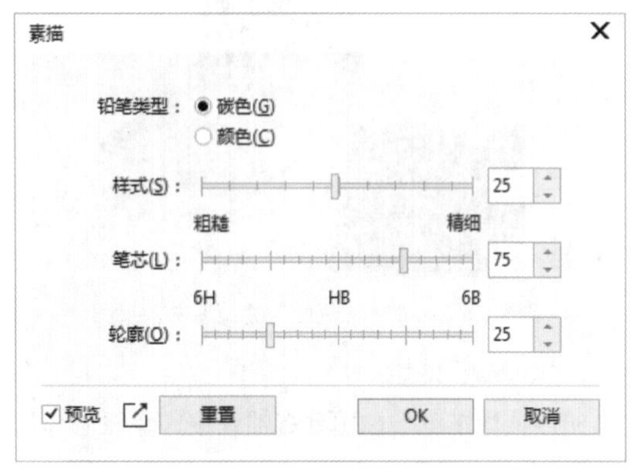

图 8-29　“素描”对话框

(2)各个参数的功能和设置方法如下：

【碳色】单选按钮：用于为位图添加石墨素描效果。选择此按钮后，即可在下方设置样式、笔芯和轮廓的值，这三项分别是设置素描效果的精细程度、素描铅笔的硬度和轮廓的硬度。

【颜色】单选按钮：用于为位图添加彩色素描效果。选择此按钮后，下方的“笔芯”选项将变为“压力”，拖动滑块或在数值框中输入数值来完成对彩笔压力值的设置。

(3)设置完成后，单击OK按钮即可。图8-30所示为添加“素描”滤镜后的效果图。

图 8-30　添加“素描”滤镜后的效果图

4. “水彩画”滤镜

使用该滤镜可使位图具有水彩画一样的效果。操作步骤如下：

(1)选定位图后，执行“效果/艺术笔触/水彩画”命令，打开如图8-31所示的对话框。

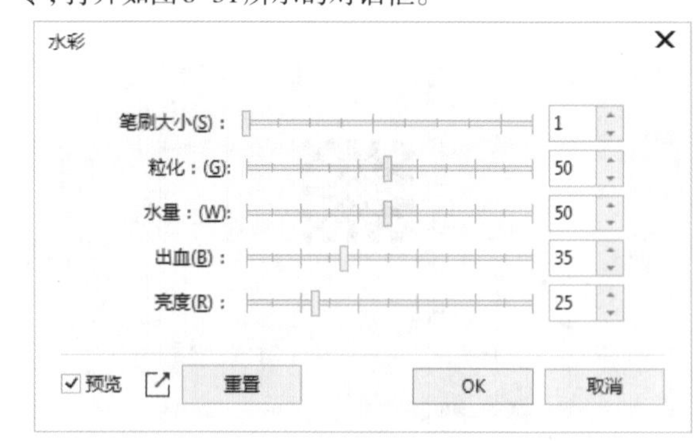

图 8-31　“水彩”对话框

(2)各个参数的功能和设置方法如下：

【笔刷大小】滑块：用于设置画刷大小。

【粒化】滑块：用于调整纸张的纹底。

【水量】滑块：用于调整笔刷的水量。

【出血】滑块：用于调整笔刷的出血量。

【亮度】滑块：用于调整水彩画的光照程度。

(3)设置完成后，单击OK按钮即可。图8-32所示为添加“水彩画”滤镜后的效果图。

图 8-32　添加“水彩画”滤镜后的效果图

5. “水印画”滤镜

使用该滤镜可使像素重组，并将位图转换为抽象的彩色水印效果。经过转换的图像看上去就像用彩色印记创建的抽象的概略图。操作步骤如下：

（1）选定位图后，执行“效果/艺术笔触/水印画”命令，打开如图8-33所示的对话框。

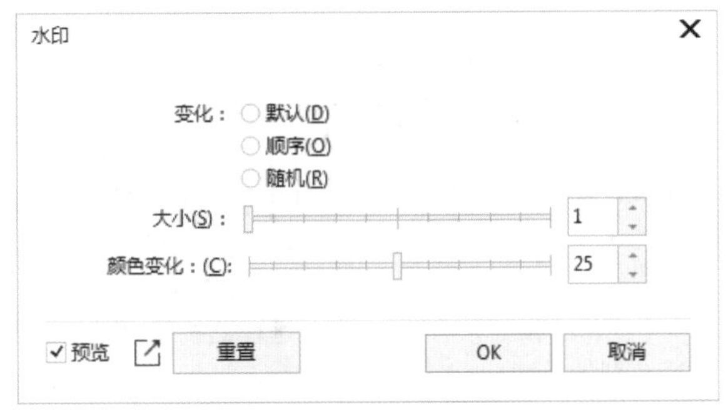

图 8-33　“水印”对话框

（2）各个参数的功能和设置方法如下：

【变化】选项组：用来设置图像转换为彩色印记后的排列样式。选择“默认”单选按钮，将按默认的模式创建彩色印记；选择“顺序”单选按钮，将按非常规则的模式创建彩色印记；选择“随机”单选按钮，将会随机排列彩色印记。

【大小】滑块：用来设置水印大小，数值的范围是1~50。

【颜色变化】滑块：用来设置相邻水印间的颜色对比度，数值的范围是1~50，数值越大，颜色的对比越强烈，转换后的图像色彩越丰富。

（3）设置完成后，单击OK按钮即可。图8-34所示为添加“水印画”滤镜后的效果图。

图 8-34　添加“水印画”滤镜后的效果图

8.3.3 “模糊”滤镜组

“模糊”滤镜组用于将位图中的像素软化并混合，从而产生平滑的图像效果。该滤镜组包含了定向平滑、羽化、高斯式模糊、锯齿状模糊、低通滤波器、动态模糊、放射式模糊、智能模糊、平滑、柔和与缩放11个滤镜。下面以“定向平滑”等5个滤镜为例介绍本滤镜组的使用方法。

1. “定向平滑”滤镜

使用该滤镜可使位图中渐变的区域变得平滑，但会保留其边缘的细节和纹理，它对图像的模糊效果是很细微的。操作步骤如下：

（1）选定位图后，执行“效果/模糊/定向平滑”命令，打开如图8-35所示的对话框。

图 8-35　“定向平滑”对话框

（2）参数的功能和设置方法如下：

【百分比】滑块：用来设置该滤镜的模糊程度，数值的范围是0~100，数值越大，模糊程度也就越高。

（3）设置完成后，单击OK按钮即可。

2. “高斯式模糊”滤镜

使用该滤镜时，系统将会通过使用高斯分布操纵像素信息，从而给位图增加模糊感。比较特殊的是高斯模糊使用钟形曲线来分布像素信息，其结果是像素的平滑混合。操作步骤如下：

（1）选定位图后，执行“效果/模糊/高斯式模糊”命令，打开如图8-36所示的对话框。

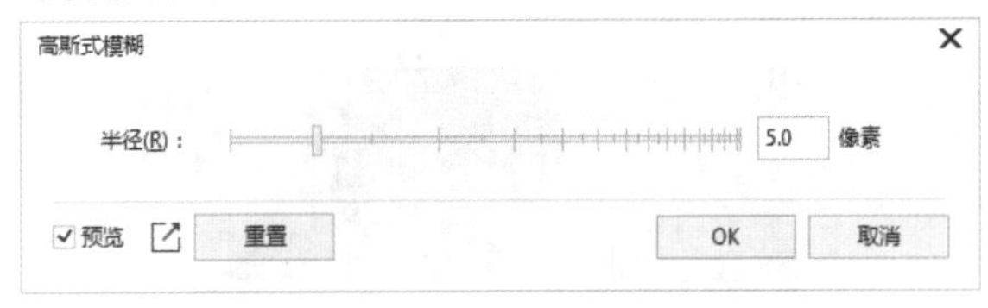

图 8-36　“高斯式模糊”对话框

（2）参数的功能和设置方法如下：

【半径】滑块：用来设置图像的模糊程度。设置的数值代表每次计算包含的像素值，其范围为1~250，数值越大，图像越模糊。

（3）设置完成后，单击OK按钮即可。图8-37所示为添加“高斯式模糊”滤镜后的效果图。

图 8-37　添加“高斯式模糊”滤镜后的效果图

3. “低通滤波器”滤镜

使用该滤镜可以去除位图中一些尖锐的边缘和细节，只留下一些平滑的梯度和低频的区域。操作步骤如下：

（1）选定位图后，执行“效果/模糊/低通滤波器”命令，打开如图8-38所示的对话框。

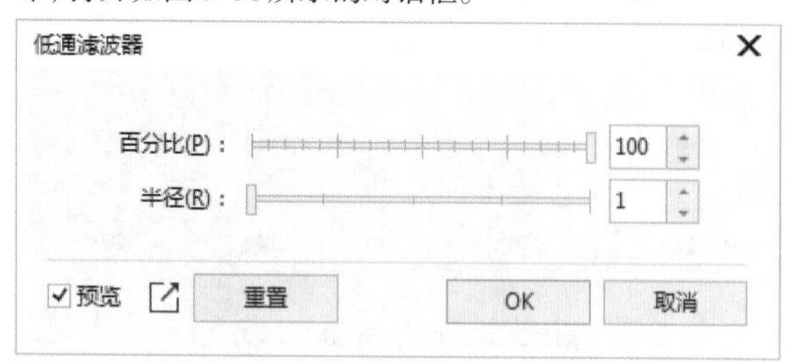

图 8-38　“低通滤波器”对话框

（2）各个参数的功能和设置方法如下：

【百分比】滑块：用来设置阴影区和高光区之间的过渡区域在转换过程中的减少程度，数值的范围是0~100，数值越大，阴影区和高光区之间的过渡区域在转换的过程中减少得就越多，模糊效果也就越明显。

【半径】滑块：用来设置应用该滤镜时连续受影响的像素的个数，数值的范围是1~20，数值越大，模糊效果越明显。

（3）设置完成后，单击OK按钮即可。图8-39所示为添加“低通滤波器”滤镜后的效果图。

图 8-39　添加“低通滤波器”滤镜后的效果图

4. “动态模糊”滤镜

使用该滤镜可使位图产生运动感，给位图提供一种刷过或者风吹过的模糊效果。操作步骤如下：

（1）选定位图后，执行“效果/模糊/动态模糊”命令，打开如图8-40所示的对话框。

（2）各个参数的功能和设置方法如下：

【距离】滑块：用来设置运动模糊效果的程度。该设置将决定所改动的像素范围，数值范围是1~999，数值越大，模糊的运动感越强。

【方向】数值框：用来设置运动模糊的方向。

【忽略图像以外的像素】单选按钮：选择此按钮，可以防止对落在图像外边的像素进行模糊。

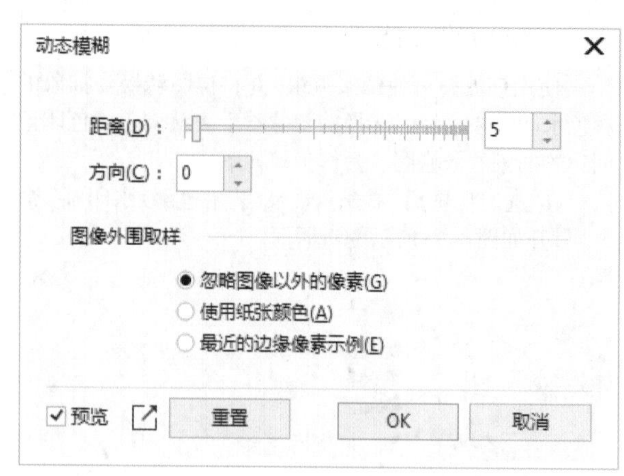

图 8-40　“动态模糊”对话框

【使用纸张颜色】单选按钮：选择此按钮，将从图像的颜色开始模糊。

【最近的边缘像素示例】单选按钮：选择此按钮，将从图像边缘的颜色开始模糊。

（3）设置完成后，单击OK按钮即可。图8-41所示为添加“动态模糊”滤镜后的效果图。

图 8-41　添加“动态模糊”滤镜后的效果图

5. “放射式模糊”滤镜

使用该滤镜可使图像产生同心旋转的模糊效果。操作步骤如下：

（1）执行“效果/模糊/放射式模糊”命令，打开如图8-42所示的对话框。

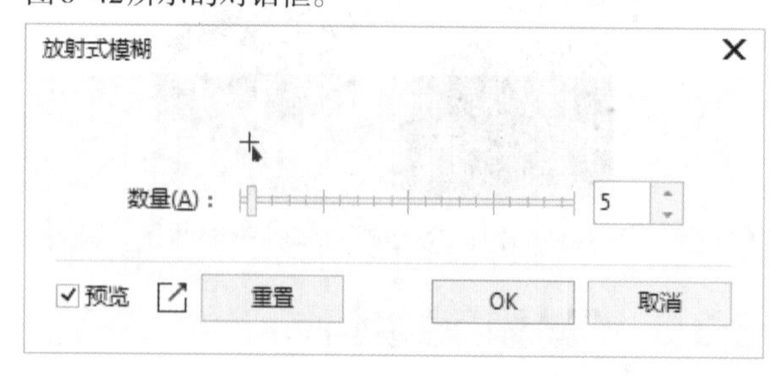

图 8-42　“放射式模糊”对话框

（2）参数的功能和设置方法如下：

【数量】滑块：用来设置径向模糊效果的程度。用来确定旋转中心。

（3）设置完成后，单击OK按钮即可。图8-43所示为添加“放射式模糊”滤镜后的效果图。

图 8-43　添加“放射式模糊”滤镜后的效果图

8.3.4　“相机”滤镜组

“相机”滤镜组主要用于模仿照相原理对位图产生散光等效果。该滤镜组包括着色、扩散、照片过滤器、棕褐色色调和延时滤镜。下面以“扩散”滤镜为例介绍本滤镜组的使用方法。

“扩散”滤镜用于使位图中的尖突部分随机地扩散，从而产生一种漫射的效果来增加图像的光滑度。操作步骤如下：

(1) 选定位图后，执行“效果/相机/扩散”命令，打开如图8-44所示的“扩散”对话框。

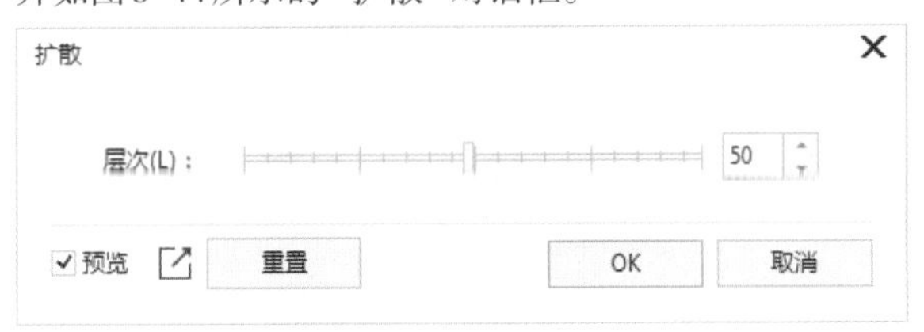

图 8-44　“扩散”对话框

(2) 参数的功能和设置方法如下：

【层次】滑块：用来设置扩散的强度，数值越大，效果越明显。

(3) 设置完成后，单击OK按钮即可。图8-45所示为添加“扩散”滤镜后的效果图。

图 8-45　添加“扩散”滤镜后的效果图

8.3.5　“颜色转换”滤镜组

“颜色转换”滤镜组主要用来转换位图中的颜色，使位图产生各种颜色变化，给人强烈的视觉效果。该滤镜组包括位平面、半色调、梦幻色调和曝光4种滤镜。下面以“梦幻色调”和“曝光”滤镜为例介绍本滤镜组的使用方法。

1. “梦幻色调”滤镜

使用该滤镜可使位图的颜色变换为更明快、更鲜艳的颜色，从而为图像添加一种高对比的效果。操作步骤如下：

(1) 选定位图后，执行“效果/颜色变换/梦幻色调”命令，打开如图8-46所示的对话框。

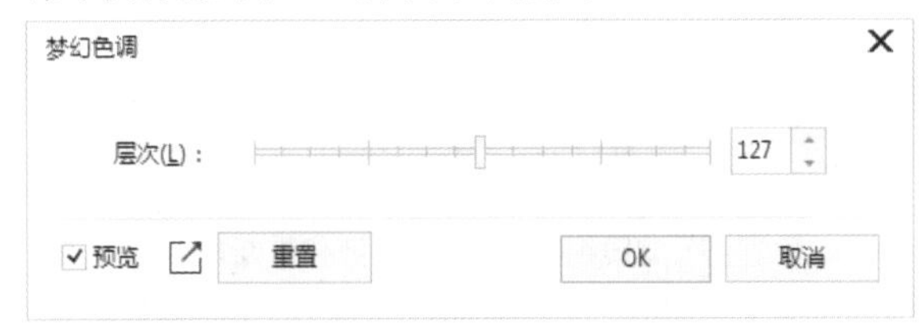

图 8-46　“梦幻色调”对话框

(2) 参数的功能和设置方法如下：

【层次】滑块：用来设置位图所包含的颜色中有多少要参与变换，数值的范围是0~255，数值越大，效果中颜色变化越强烈。

(3) 设置完成后，单击OK按钮即可。图8-47所示为添加“梦幻色调”滤镜后的效果图。

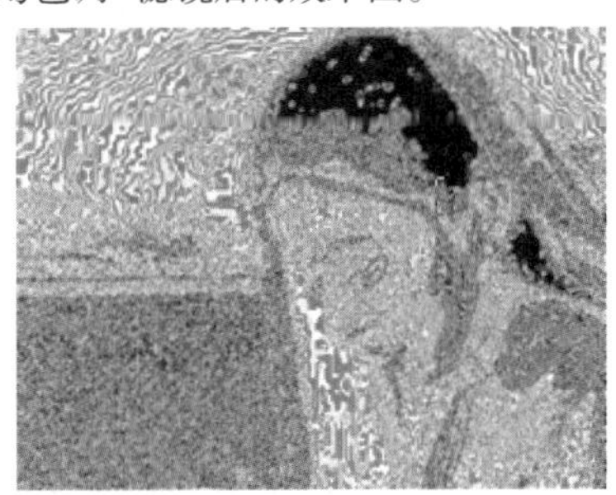

图 8-47　添加“梦幻色调”滤镜后的效果图

2. “曝光”滤镜

使用该滤镜可使位图中的颜色变换为类似于照相底片的颜色，从而产生高对比图像。操作步骤如下：

(1) 选定位图后，执行“效果/颜色转换/曝光”命令，打开如图8-48所示的对话框。

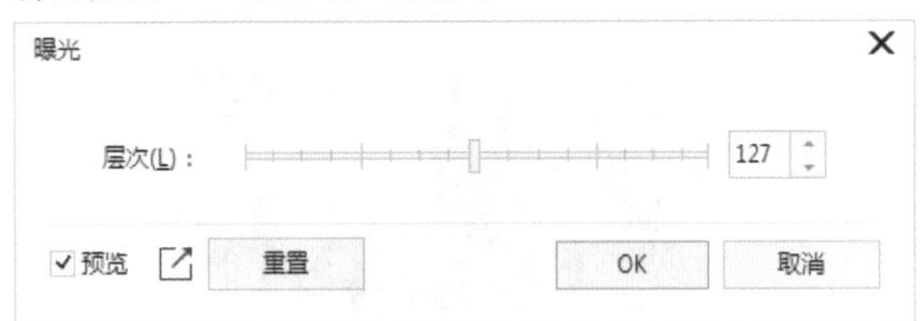

图 8-48　“曝光”对话框

(2) 参数的功能和设置方法如下：

【层次】滑块：用来设置曝光效果的强度，数值的范围是0~255，数值越大，颜色变化就越剧烈，对比也就越强烈。

(3) 设置完成后，单击OK按钮即可。图8-49所示为添加“曝光”滤镜后的效果图。

图 8-49　添加“曝光”滤镜后的效果图

8.3.6　“轮廓图”滤镜组

“轮廓图”滤镜组主要用来检测和重绘图像的边缘。该滤镜组包括边缘检测、查找边缘和描摹轮廓3种滤镜。下面以“边缘检测”和“查找边缘”滤镜为例介绍本滤镜组的使用方法。

1. “边缘检测”滤镜

使用该滤镜可以检测位图的边缘，然后将其转换为具有单色背景的线条，给位图添加不同的轮廓效果。操作步骤如下：

(1) 选定位图后，执行“效果/轮廓图/边缘检测”命令，打开如图8-50所示的对话框。

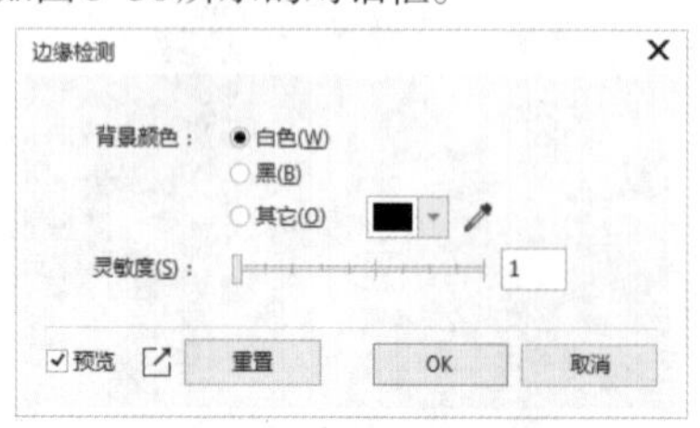

图 8-50　“边缘检测”对话框

(2) 各个参数的功能和设置方法如下：

【背景颜色】选项组：该选项组用于为边缘检测效果设置背景颜色。

【灵敏度】滑块：用于设置检测的灵敏度。

(3) 设置完成后，单击OK按钮即可。图8-51所示为添加“边缘检测”滤镜后的效果图。

图 8-51　添加“边缘检测”滤镜后的效果图

2. “查找边缘”滤镜

使用该滤镜可以检测物体的边缘，并将它们转换成柔和的曲线或纯色线条。操作步骤如下：

(1) 选定位图后，执行“效果/轮廓图/查找边缘”命令，打开如图8-52所示的对话框。

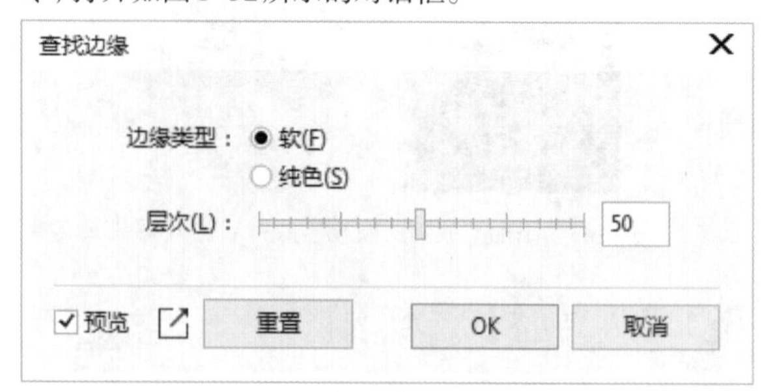

图 8-52　“查找边缘”对话框

(2) 各个参数的功能和设置方法如下：

【边缘类型】选项组：“软”单选按钮用于设置相对平滑的边缘轮廓；“纯色”单选按钮用于设置相对模糊的边缘轮廓。

【层次】滑块：用于设置该效果的强烈程度。

(3) 设置完成后，单击OK按钮即可。图8-53所示为添加“查找边缘”滤镜后的效果图。

图 8-53　添加“查找边缘”滤镜后的效果图

8.3.7　“创造性”滤镜组

“创造性”滤镜组用于模仿工艺品、纺织品的表面，从而产生马赛克、碎块的效果，还可以模仿雪、雾等天气效果。该滤镜组包括艺术样式、晶体化、织物、图文框、玻璃砖、马赛克、散开、茶色玻璃、彩色玻璃、虚光和旋涡11个滤镜。下面以“艺术样式”等7个滤镜为例介绍本滤镜组的使用方法。

1. “艺术样式”滤镜

该滤镜使用传统手工艺品的形状(如齿轮、七巧板等)作为图形的各个元素的框架，转换后的位图就像用这些基本形状平铺而成的一样。操作步骤如下：

(1) 选定位图后，执行“效果/创造性/艺术样式”命令，打开如图8-54所示的对话框。

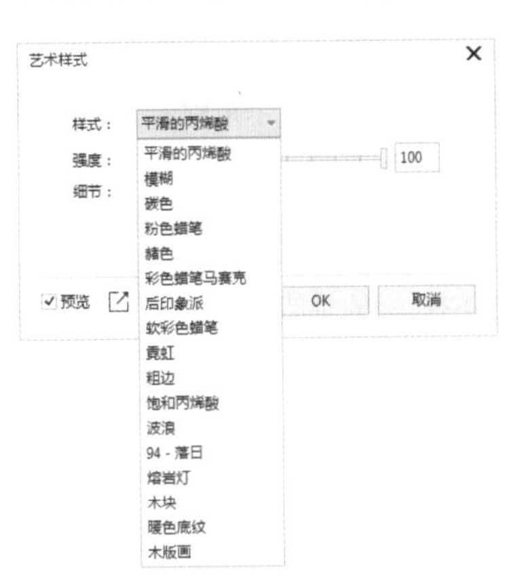

图 8-54　“艺术样式”对话框

(2) 各个参数的功能和设置方法如下：

【样式】下拉列表框：用于选择基本的拼图元素。

【强度】滑块：用于设置图像中被拼图元素覆盖的部分占总图像的百分比，数值的默认值为100，如果小于100，则没有被覆盖的部分将会是黑色。

(3) 设置完成后，单击OK按钮即可。图8-55所示为添加“艺术样式”滤镜后的效果图。

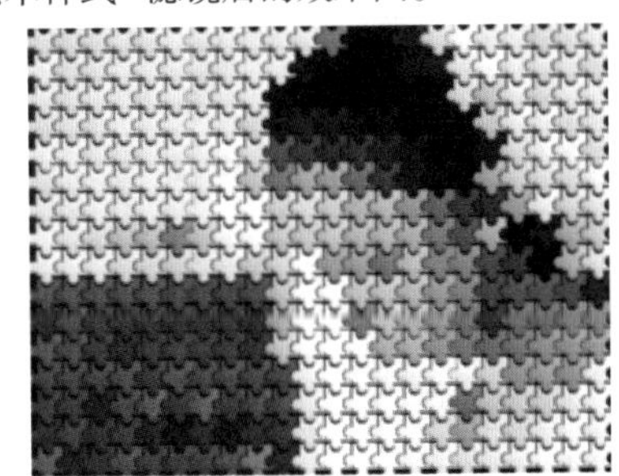

图 8-55　添加“艺术样式”滤镜后的效果图

2. “织物”滤镜

使用该滤镜可使位图产生像是印在织物上一样的效果。操作步骤如下：

(1) 选定位图后，执行“效果/创造性/织物”命令，打开如图8-56所示的对话框。

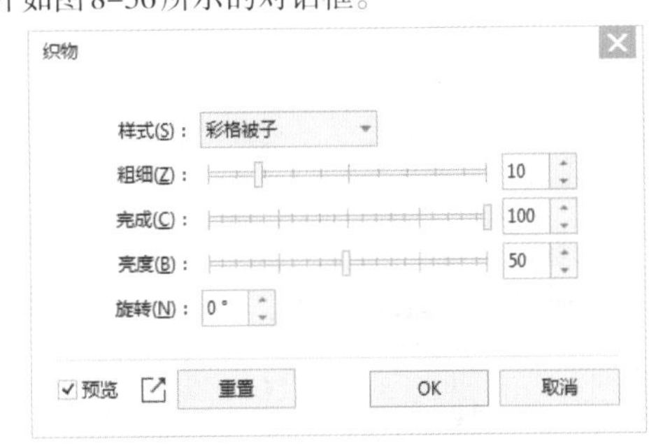

图 8-56　“织物”对话框

(2) 该滤镜效果的设置方法与“艺术样式”滤镜效果的设置方法非常相似，这里就不再详细介绍。图8-57所示为添加“织物”滤镜后的效果图。

图 8-57　添加“织物”滤镜后的效果图

3. “图文框”滤镜

使用该滤镜可将位图置入事先设定的框架中或别的图像中，产生封装的效果，就像给照片加了一个相框一样。操作步骤如下：

(1) 选定位图后，执行“效果/创造性/图文框”命令，打开如图8-58所示的对话框。

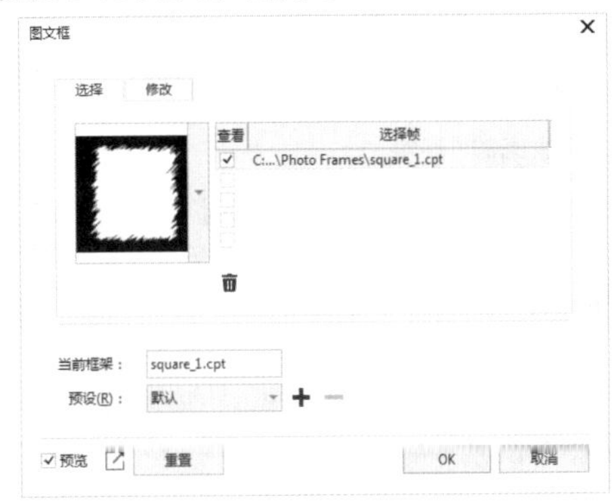

图 8-58　“图文框”对话框

单击“选择”选项卡，在“预设”下拉列表框中选择要添加的框架，或单击“预览”下拉列表框右侧的+、-按钮进行选择。选中所需框架后单击OK按钮即可。

如果没有需要的框架，可以切换到“修改”选项卡，如图8-59所示，对原有框架进行修改。

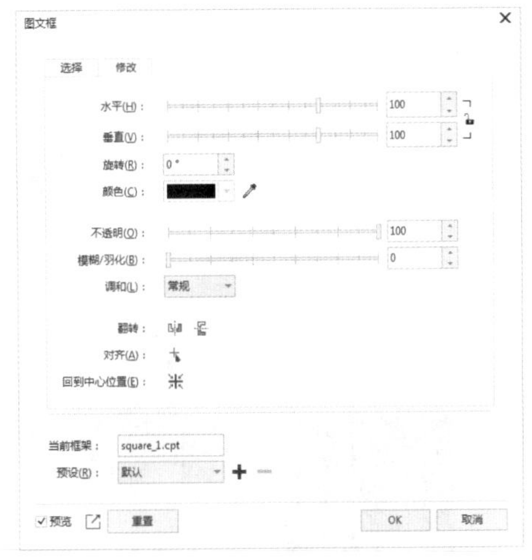

图 8-59　“修改”选项卡

(2) 各个参数的功能和设置方法如下：

【水平】和【垂直】滑块：设置框架的大小，单击滑块右侧的“锁头”可使框架的水平值和垂直值一致。

【旋转】数值框：设置框架的角度。

【颜色】下拉列表框：为框架设置颜色。

【不透明】滑块：设置透明度。

【模糊/羽化】滑块：设置框架边缘的模糊或羽化程度。

(3) 设置完成后，单击OK按钮即可。图8-60所示为添加“图文框”滤镜后的效果图。

图 8-60　添加“图文框”滤镜后的效果图

4. “玻璃砖”滤镜

使用该滤镜可使位图具有像是在厚玻璃砖中看到的效果。该效果将位图分为平铺的网格，随着平铺块的高度和宽度的增加，变形的程度也在增加。操作步骤如下：

(1) 选定位图后，执行“效果/创造性/玻璃砖”命令，打开如图8-61所示的对话框。

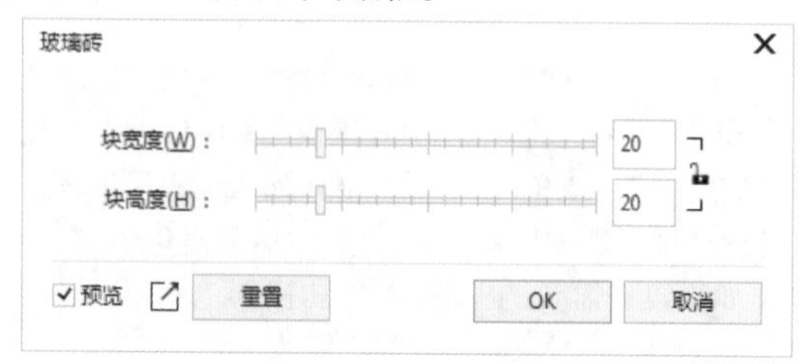

图 8-61　“玻璃砖”对话框

(2) 各个参数的功能和设置方法如下：

【块宽度】滑块：用来设置玻璃砖的宽度。

【块高度】滑块：用来设置玻璃砖的高度。

(3) 设置完成后，单击OK按钮即可。图8-62所示为添加“玻璃砖”滤镜后的效果图。

图 8-62　添加“玻璃砖”滤镜后的效果图

5. “马赛克”滤镜

该滤镜将位图分割成不规则的椭圆形彩色小片，可使位图产生一种由马赛克拼接而成的效果。操作步骤如下：

(1) 选定位图后，执行“效果/创造性/马赛克”命令，打开如图8-63所示的对话框。

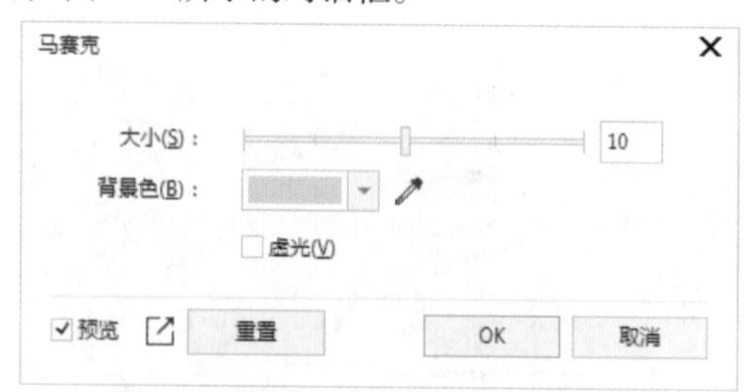

图 8-63　“马赛克”对话框

(2) 参数的功能和设置方法如下：

【大小】滑块：用于设置马赛克块的大小。

【虚光】复选框：可为图像添加一个环绕镜框。

(3) 设置完成后，单击OK按钮即可。图8-64所示为添加“马赛克”滤镜后的效果图。

图 8-64　添加“马赛克”滤镜后的效果图

6. “彩色玻璃”滤镜

“彩色玻璃”滤镜与“晶体化”滤镜的效果相似，但前者可以在生成的玻璃砖之间加一些彩色边缘，并且可以控制边缘的厚度和颜色。操作步骤如下：

(1) 选定位图后，执行“效果/创造性/彩色玻璃”命令，打开如图8-65所示的对话框。

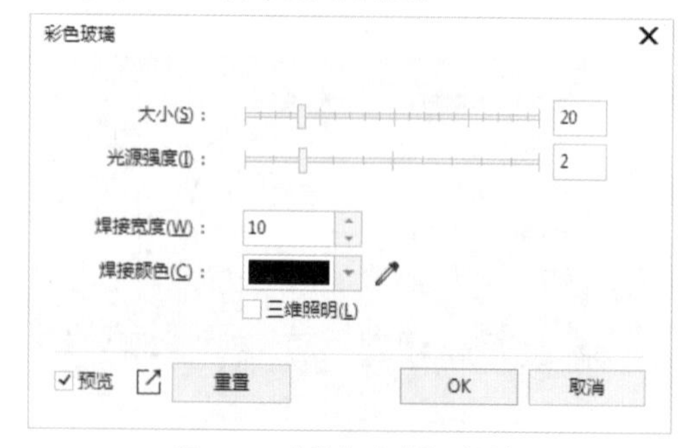

图 8-65　“彩色玻璃”对话框

(2) 设置完成后，单击OK按钮即可。图8-66所示为添加“彩色玻璃”滤镜后的效果图。

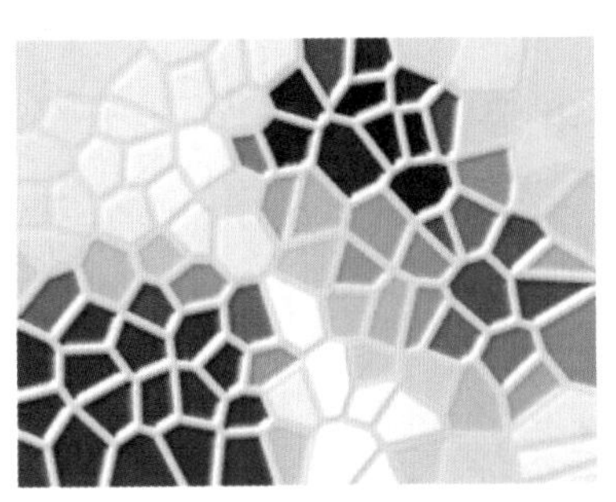

图 8-66　添加“彩色玻璃”滤镜后的效果图

7. “虚光”滤镜

使用该滤镜可以创建一个环绕在位图周围的框架，并且可以根据个人需要设置框架的边缘、形状和颜色等。操作步骤如下：

(1) 选定位图后，执行“效果/创造性/虚光”命令，打开如图 8-67 所示的对话框。

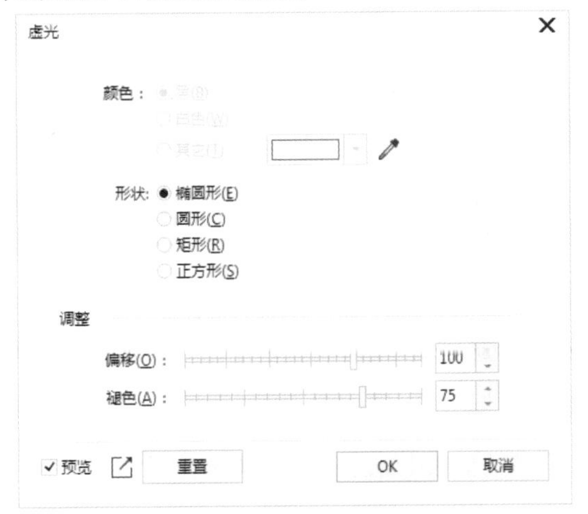

图 8-67　“虚光”对话框

(2) “调整”栏参数的功能和设置方法如下：

【偏移】滑块：用于设置虚光照明效果的框架的大小。

【褪色】滑块：用于设置图像中的像素与虚光框架的混合程度。

(3) 设置完成后，单击 OK 按钮即可。图 8-68 所示为添加“虚光”滤镜后的效果图。

图 8-68　添加“虚光”滤镜后的效果图

8.3.8　“扭曲”滤镜组

“扭曲”滤镜组可使位图产生各种几何变形，从而产生多种变形效果。该滤镜组包括块状、置换、网孔扭曲、偏移、像素、龟纹、旋涡、平铺、湿笔画、涡流和风吹效果 11 种滤镜。下面以“置换”等 5 个滤镜为例介绍本滤镜组的使用方法。

1. “置换”滤镜

使用该滤镜可使位图被波浪或星形等图形置换，产生特殊效果。操作步骤如下：

(1) 选定位图后，执行“效果/扭曲/置换”命令，打开如图 8-69 所示的对话框。

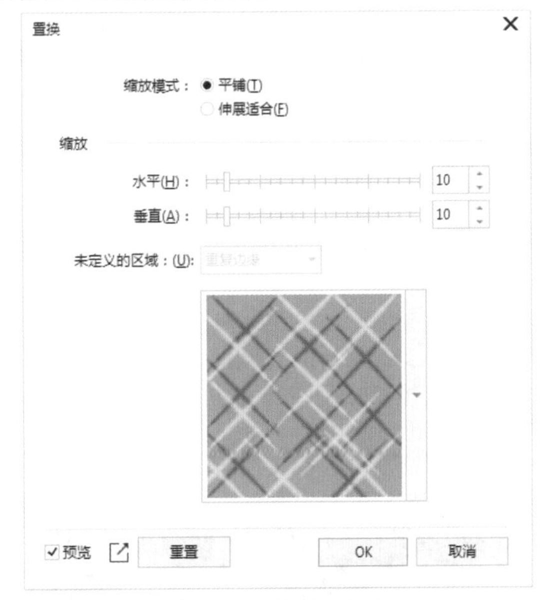

图 8-69　“置换”对话框

(2) 各个参数的功能和设置方法如下：

【缩放模式】选项组：用于将置换效果覆盖整个图像的模式设为平铺或伸展合适。

【水平】和【垂直】滑块：用于设置效果图案的大小。

(3) 设置完成后，单击 OK 按钮即可。图 8-70 所示为添加“置换”滤镜后的效果图。

图 8-70　添加“置换”滤镜后的效果图

2. “偏移”滤镜

使用该滤镜可以把原图分割成几部分，然后按不同的顺序再组合起来。操作步骤如下：

(1) 选定位图后，执行“效果/扭曲/偏移”命令，打开如图 8-71 所示的对话框。

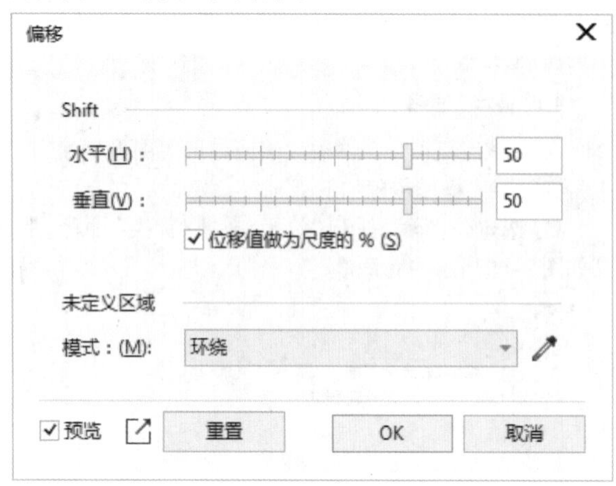

图 8-71 “偏移”对话框

(2) 各个参数的功能和设置方法如下：

【Shift】栏：“水平”滑块用于设置图像的横向偏移量；“垂直”滑块用于设置图像的竖向偏移量。

【未定义区域】栏：用于设置图像空白区域的填充颜色，从“模式”右侧的下拉列表框中选择“颜色”，再从调色板中选择颜色。

(3) 设置完成后，单击 OK 按钮即可。图 8-72 所示为添加“偏移”滤镜后的效果图。

图 8-72 添加“偏移”滤镜后的效果图

3. “龟纹”滤镜

该滤镜用于对各个像素进行颜色混合，使位图产生畸变，呈现波浪效果。操作步骤如下：

(1) 选定位图后，执行“效果/扭曲/龟纹”命令，打开如图 8-73 所示的对话框。

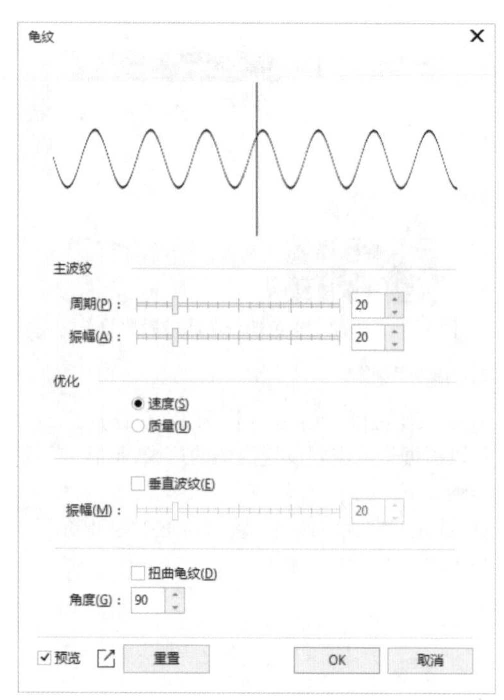

图 8-73 “龟纹”对话框

(2) 相关参数的功能与设置方法如下：

【周期】和【振幅】滑块：用于设置基本波浪的周期和振幅。

【优化】选项组：用于设置转换后的图像质量。选中“速度”单选按钮将会得到较好的图像质量，但处理速度较慢；选中“质量”单选按钮将会得到较快的处理速度，但图像质量会下降。

【垂直波纹】复选框：用于增加垂直方向上的波纹效果。

【扭曲龟纹】复选框：用于在主波纹上添加小的波动。

【角度】数值框：可使波浪产生整体偏转。

(3) 设置完成后，单击 OK 按钮即可。图 8-74 所示为添加“龟纹”滤镜后的效果图。

图 8-74 添加“龟纹”滤镜后的效果图

4. “湿笔画”滤镜

使用该滤镜可使位图有一种浸染效果，使图像看起来像油漆未干仍在向下流一样。操作步骤如下：

(1) 选定位图后，执行“效果/扭曲/湿笔画”命令，打开如图8–75所示的对话框。

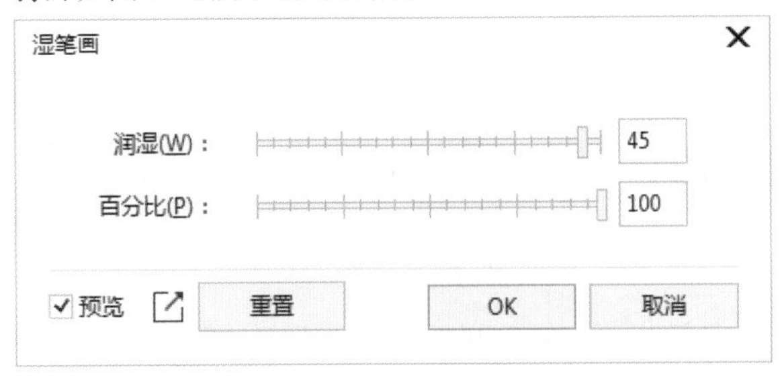

图 8–75　“湿笔画”对话框

(2) 各个参数的功能和设置方法如下：

【润湿】滑块：用于设置图像中的油滴数目。当输入的数值为正时，油滴从上往下流；当输入的数值为负值时，油滴从下往上流。

【百分比】滑块：用于设置油滴大小。

(3) 设置完成后，单击OK按钮即可。图8–76所示为添加“湿笔画”滤镜后的效果图。

图 8–76　添加“湿笔画”滤镜后的效果图

5. “涡流”滤镜

使用该滤镜可为位图添加由许多涡流状底纹组成的背景。操作步骤如下：

(1) 选定位图后，执行“效果/扭曲/涡流”命令，打开如图8–77所示的对话框。

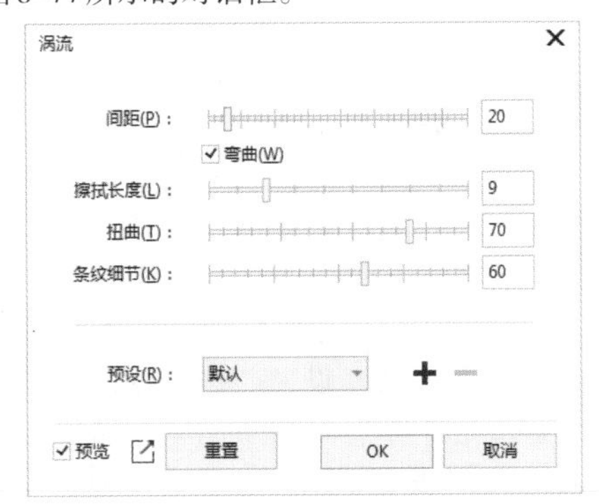

图 8–77　“涡流”对话框

(2) 各个参数的功能和设置方法如下：

【间距】滑块：用于设置各涡流的间距。

【擦拭长度】滑块：用于设置涡流的拉长程度。

【扭曲】滑块：用于设置涡流的扭曲程度。

【条纹细节】滑块：用于设置涡流中条纹的可见度。

【预设】下拉列表框：用于选择不同的涡流样式，还可单击右边的➕或➖按钮来添加或删除涡流样式。

(3) 设置完成后，单击OK按钮即可。图8–78所示为添加“涡流”滤镜后的效果图。

图 8–78　添加“涡流”滤镜后的效果图

8.3.9　“杂点”滤镜组

“杂点”滤镜组可以在位图中模拟或消除由于扫描或颜色过度所造成的颗粒效果，使位图变得柔和。该滤镜组包括添加杂点、最大值、中值、最小值、去除龟纹和去除杂点6种滤镜。下面以“添加杂点”等4个滤镜为例介绍本滤镜组的使用方法。

1. “添加杂点”滤镜

使用该滤镜可以在平淡的位图上添加底纹，从而添加颗粒状的效果，增加位图的材质感。操作步骤如下：

(1) 选定位图后，执行“效果/杂点/添加杂点”命令，打开如图8–79所示的对话框。

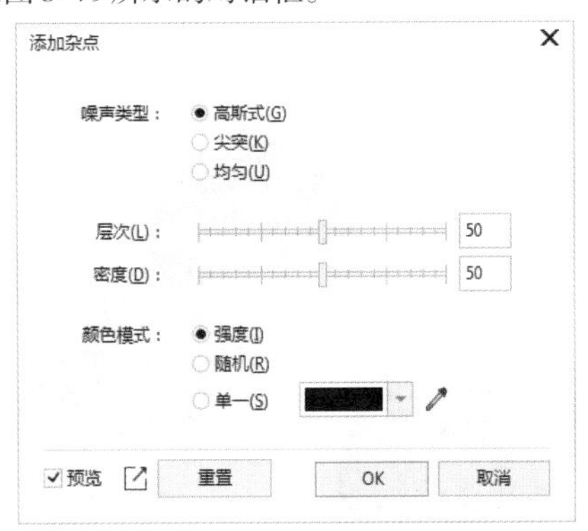

图 8–79　“添加杂点”对话框

(2) 各个参数的功能和设置方法如下：

【噪声类型】选项组：该选项组提供了3种杂点类型，“高斯式”表示沿着高斯曲线按优先顺序分布颜色，添加这种杂点后，颜色与原始颜色十分相近；“尖突”型的杂点分布在一条狭窄曲线的周围产生窄范围的浅色杂点；“均匀”型的杂点指随机地分布杂点。

【层次】滑块：用于设置杂点效果的强度。

【密度】滑块：用于设置杂点的多少。

【颜色模式】选项组：用于设置杂点的颜色。

(3)设置完成后，单击OK按钮即可。图8-80所示为添加红色杂点后的效果图。

图 8-80　添加红色杂点后的效果图

2. “最大值”滤镜

使用该滤镜可以使位图具有非常明显的杂点效果，从而使图像产生特殊的效果。操作步骤如下：

(1)选定位图后，执行“效果/杂点/最大值”命令，打开如图8-81所示的对话框。

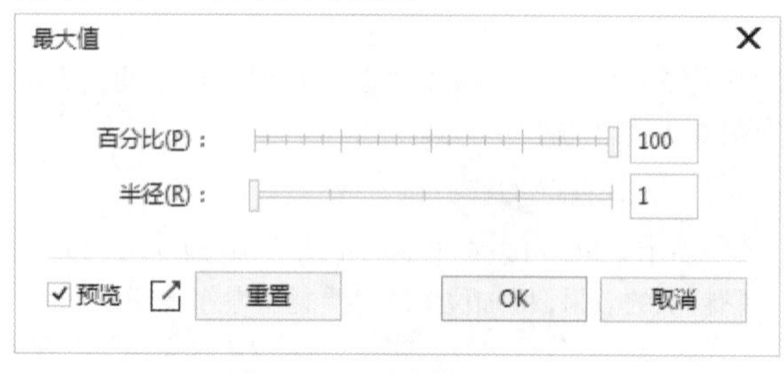

图 8-81　“最大值”对话框

(2)设置完成后，单击OK按钮即可。图8-82所示为添加“最大值”滤镜后的效果图。

图 8-82　添加“最大值”滤镜后的效果图

3. “中值”滤镜

使用该滤镜可将位图中像素的颜色值进行平均，它支持除40-位RGB、16-位灰度、调色板和黑白色之外的所有颜色模式。操作步骤如下：

(1)选定位图后，执行“效果/杂点/中值”命令，打开如图8-83所示的对话框。

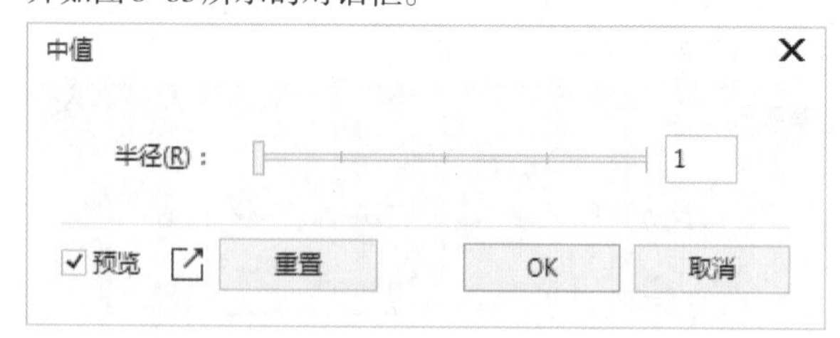

图 8-83　“中值”对话框

(2)设置完成后，单击OK按钮即可。图8-84所示为添加“中值”滤镜后的效果。

图 8-84　添加“中值”滤镜后的效果

4. “去除龟纹”滤镜

使用该滤镜可以去除不需要的波纹状图样。操作步骤如下：

(1)选定位图后，执行“效果/杂点/去除龟纹”命令，打开如图8-85所示的对话框。

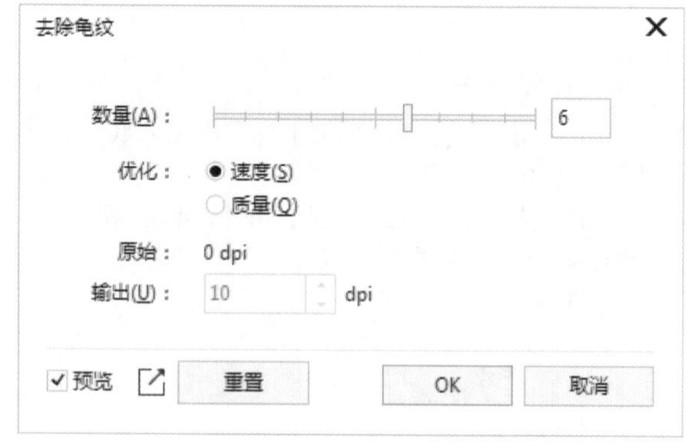

图 8-85　“去除龟纹”对话框

(2)各个参数的功能和设置方法如下：

【数量】滑块：用于设置需要去除杂点的数量。

【优化】选项组：用于设置转换后的图像质量。选中“速度”单选按钮将会得到较好的图像质量但处理速度较慢；选中“质量”单选按钮会得到较快的处理速度但图像质量会下降。

【原始】栏：用于显示原始图像的分辨率。

【输出】数值框：用于设置图像的分辨率。在“输出”数值框中可以设置输出图像的分辨率，该数值是由原始图像的分辨率决定的，不会超过原始图像的分辨率。

(3) 设置完成后，单击 OK 按钮即可。

8.4 插件滤镜的安装与使用

在 CorelDRAW 中，除了可以使用自带的 70 多种不同特性的滤镜外，还可以选择插件滤镜。插件滤镜指的是由其他公司创建的，与 CorelDRAW 兼容的滤镜。用户可以根据不同的需要选择不同类型的滤镜，然后将其载入到 CorelDRAW 的滤镜中，这样就可以像使用其他内置滤镜一样使用它们。

8.4.1 安装插件滤镜

通常由其他公司生产的插件滤镜都自带了安装程序，其安装方法与普通的应用程序类似，在插件滤镜安装向导的提示下，将插件滤镜安装到 \Program Files\Corel\ CorelDRAW Graphics Suite \ Plugins \ 目录中即可。

8.4.2 共享插件滤镜

在用户的计算机系统中，往往安装了各种图形处理软件。许多公司生产的插件滤镜可以在不同的图形处理软件中使用。在 CorelDRAW 中，不但可以使用自己 Plugins 目录下的插件滤镜，还可以使用其他目录下的插件滤镜。操作步骤如下：

(1) 选择“工具”菜单中的“选项”命令，打开“选项”对话框，在该对话框的 CorelDRAW 列表中，选择“插件”，如图 8-86 所示，在“插件文件夹”列表中列出了所有插件文件。

图 8-86　“选项”对话框

(2) 在该对话框中单击“添加”按钮，打开“选择文件夹”对话框，如图 8-87 所示。在“选择文件夹”对话框中选择滤镜的驱动器和文件夹后，单击 OK 按钮即可完成插件滤镜的添加并达到共享的目的。

图 8-87　“选择文件夹”对话框

8.5 综合案例一：制作浮雕字

1. 制作思路

本例通过对文字分别使用“彩色玻璃”和“浮雕”滤镜来制作浮雕字。首先设计背景；然后输入文字，设置文字，并分别对文字使用“彩色玻璃”和“浮雕”滤镜；最后对文字进行阴影化操作，形成浮雕字。

2. 使用的工具

“矩形”工具、“填充”工具、“文本”工具、“交互式阴影”工具等。

3. 制作步骤

(1) 新建一个空白文档，设置为横向摆放。

(2) 使用“矩形”工具在页面中绘制一个矩形。

(3) 使用“填充”工具，单击“编辑填充”按钮，打开“编辑填充”对话框，并单击“位图图样填充”按钮，如图8-88所示。

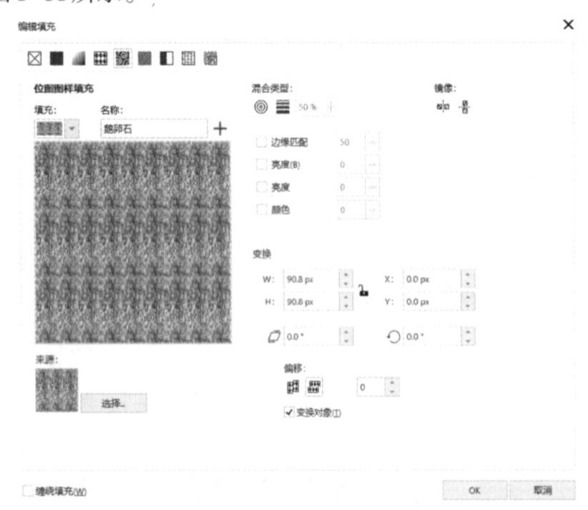

图 8-88　“编辑填充”对话框

(4) 在“填充”下拉列表中选择图样。在“变换”栏的W和H中输入90.8 px，勾选“变换对象”复选框。其他保持默认值，单击OK按钮，填充效果如图8-89所示。

图 8-89　填充矩形

(5) 选择“文本”工具，在页面中输入文字“实例教程”。设置字体为“黑体”，字号为150，其他设置为默认值，如图8-90所示。

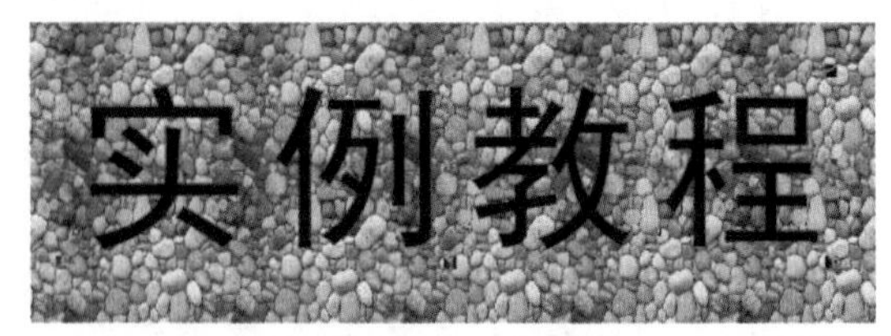

图 8-90　输入文字

(6) 选中文字，选择颜色栏中的蓝色进行填充，如图8-91所示。

图 8-91　填充颜色

(7) 选择文字，执行“位图/转换为位图”命令。在“转换为位图”对话框中，设置“分辨率”为150，如图8-92所示，最后单击OK按钮。

图 8-92　“转换为位图”对话框

(8) 执行“效果/创造性/彩色玻璃”命令，如图8-93所示。打开“彩色玻璃”对话框，如图8-94所示，设置“大小”为24，“光源强度”为5，设置“焊接宽度”为48，“焊接颜色”为青色。勾选“三维照明”复选框，设置完成后单击OK按钮，效果如图8-95所示。

图 8-93　“彩色玻璃”菜单

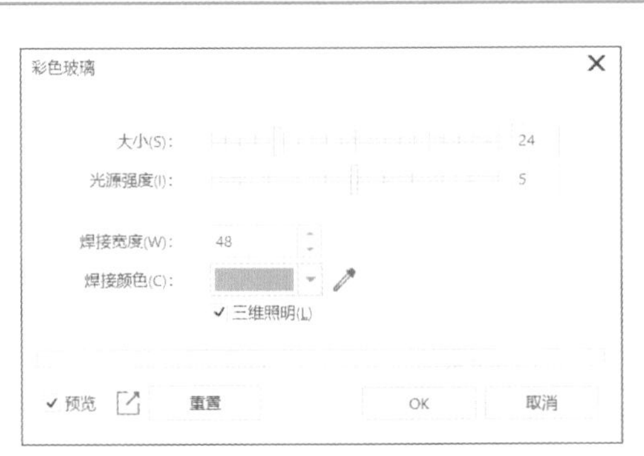

图 8-94　“彩色玻璃”对话框

图 8-95　彩色玻璃文字效果

(9) 执行“效果/三维效果/浮雕”命令，如图 8-96 所示。打开“浮雕”对话框，设置“深度”为 17，“层次”为 96，“方向”为 230°，如图 8-97 所示。在“浮雕颜色”选项组中设置“其它”为黄色，其他设置不变，设置完成后单击 OK 按钮，效果如图 8-98 所示。

图 8-96　“浮雕”菜单

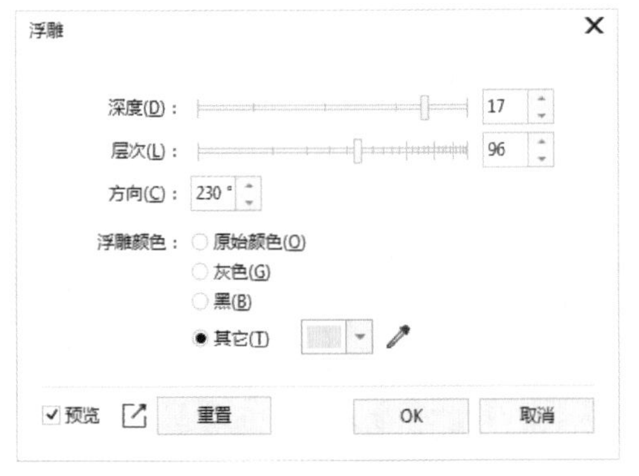

图 8-97　“浮雕”对话框

图 8-98　浮雕效果

(10) 使用“交互式阴影”工具在阴影属性栏中给文字设置阴影，阴影属性栏如图 8-99 所示。在属性栏中设置阴影参数，设置阴影颜色为黄色，浮雕字效果就形成了，如图 8-100 所示。

图 8-99　阴影属性栏

图 8-100　浮雕字效果

8.6 综合案例二：制作闪光字

1. 制作思路

本例通过对文字使用“交互式轮廓”工具和“交互式阴影”工具制作闪光字效果。首先建立文字；然后使用“交互式轮廓”工具绘制雏形；最后使用“交互式阴影”工具制作闪光字效果。

2. 使用的工具

“矩形”工具、“文本”工具、“交互式轮廓”工具和“交互式阴影”工具等。

3. 制作步骤

(1) 新建一个空白文档，设置为横向摆放。

(2) 使用“矩形”工具在页面中绘制一个页面大小的矩形，并选择颜色栏中的灰色对其填充，如图 8-101 所示。

图 8-101　填充矩形

(3) 使用“文本”工具，在页面中输入文字“实例教程”。设置字体为“华文彩云”，字号为 150，其他设置为默认值，效果如图 8-102 所示。

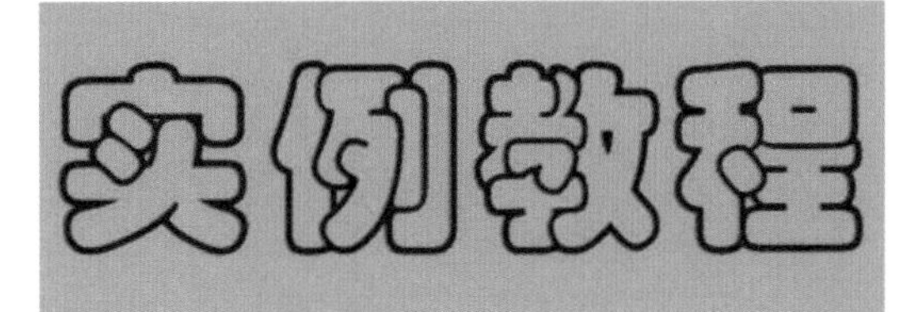

图 8-102　输入文字

(4) 选中文字，单击颜色栏中的青色进行填充，效果如图 8–103 所示。

图 8–103　填充青色

(5) 使用“交互式轮廓”工具，在轮廓属性栏中选择“外向流动”方式，轮廓属性栏如图 8–104 所示，设置轮廓色为青色，填充色为黄色，选择线性轮廓颜色，设置轮廓步数为 1，轮廓偏移量为 2.5，效果如图 8–105 所示。

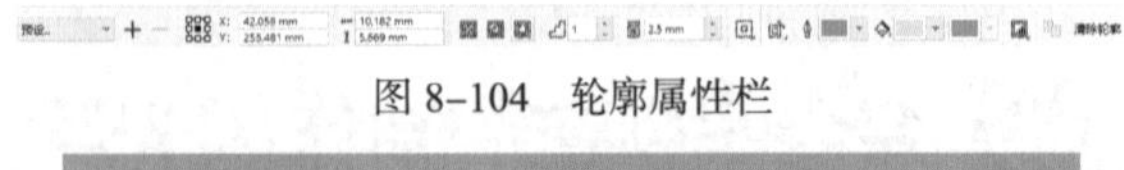

图 8–104　轮廓属性栏

图 8–105　交互式轮廓效果

(6) 选择文字，执行“位图/转换为位图”命令，如图 8–106 所示。在“转换为位图”对话框中设置分辨率为 150，如图 8–107 所示。

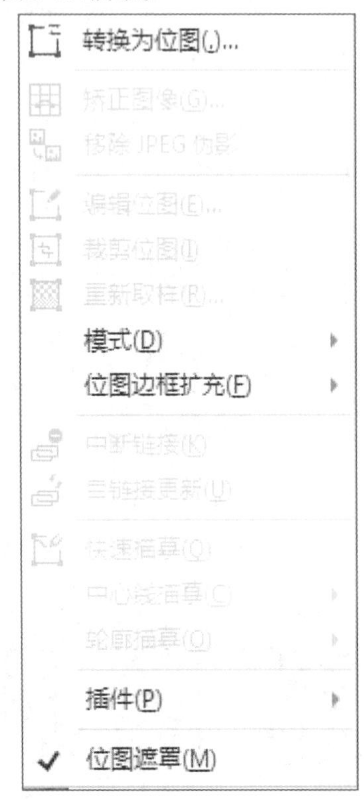

图 8–106　“转换为位图”菜单

图 8–107　“转换为位图”对话框

(7) 执行“效果/模糊/缩放”命令，如图 8–108 所示。打开“缩放”对话框，如图 8–109 所示，设置“数量”为 5，效果如图 8–110 所示。

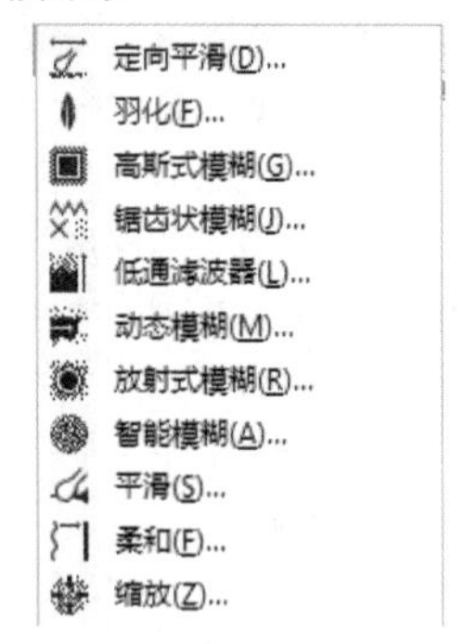

图 8–108　“缩放”菜单

图 8–109　“缩放”对话框

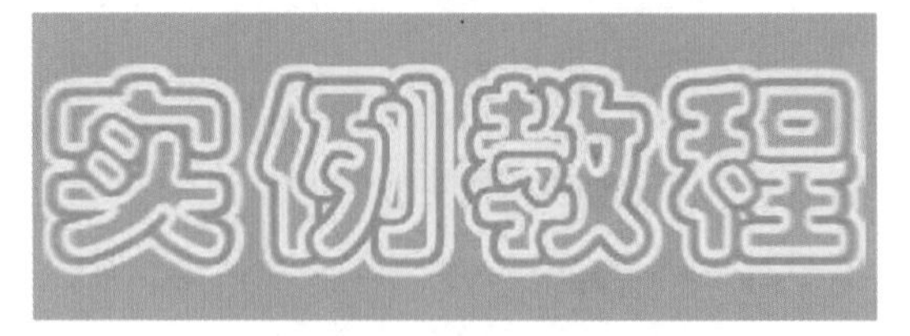

图 8–110　缩放文字效果

(8) 使用“交互式阴影”工具给文字添加阴影，阴影属性栏如图 8–111 所示，在其中设置颜色为黄色，效果如图 8–112 所示。

图 8–111　阴影属性栏

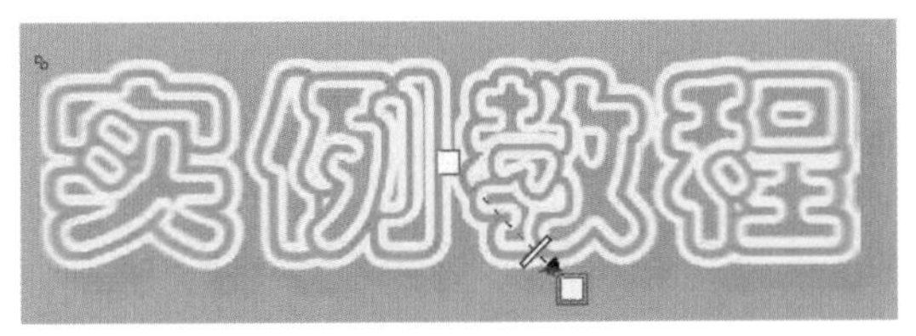

图 8-112　阴影效果

(9) 拖动鼠标，制作合适的阴影效果，这样闪光字就制作完成了，效果如图 8-113 所示。

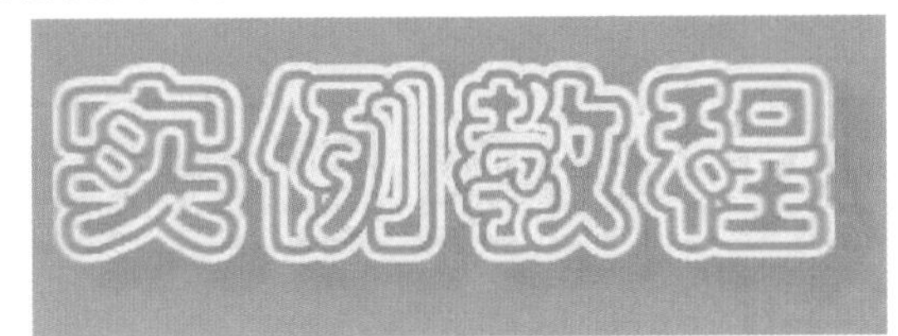

图 8-113　闪光字效果

8.7 本章小结

在 CorelDRAW 中，应用图形的特殊效果是进行图形处理的主要手段，通过本章内容的学习，可以掌握将矢量图转换为位图的方法，掌握导入、编辑和导出位图的方法，掌握利用位图颜色遮罩隐藏颜色和使用各种滤镜为图像添加各种效果的技术与方法。

CorelDRAW 中的 70 多种不同的滤镜提供了各种各样的效果供用户使用。例如，使用“三维旋转”滤镜可以将位图按照设置进行水平或垂直旋转，使位图产生与众不同的视觉效果；使用“浮雕”滤镜可以加强位图的深度感；使用“卷页”滤镜可以为位图添加一种卷起页面一角的效果；使用“炭笔画”滤镜可以为位图添加一种类似于用炭笔绘制出来的画面效果；使用“素描”滤镜可以为位图添加一种类似于铅笔素描的效果；使用“水彩画”滤镜可以为位图添加一种类似于水彩画的效果；使用“动态模糊”滤镜可以使位图产生运动感，给位图提供一种刷过或者风吹过的模糊效果；使用“放射式模糊”滤镜可以使图像产生同心旋转一样的模糊效果。另外，“创造性”滤镜组中还有模仿工艺品效果的“艺术样式”滤镜，有模仿纺织品的“织物”滤镜，有产生马赛克效果的“马赛克”滤镜等。本章只是举出一些比较典型的滤镜，还有许多滤镜效果等待大家自己去了解和应用。只有熟练掌握了这些特殊效果工具，才能在设计和创作工作中得心应手地应用这些特殊效果。希望大家可以通过多加练习来学习滤镜的使用方法，从而设计出各种漂亮的图像效果。

8.8 习题八

1. 多项选择题

(1) (　　) 是使用数学方法按照点、线、面的方式形成的，在缩放时不会产生失真现象；(　　) 是由称作“像素”的点阵组成的，图像在缩放和旋转变形时会产生失真现象。

A. 位图　　B. 网格

C. 矢量图形　　D. 辅助线

(2) 用户可以利用(　　) 来决定位图上哪些区域的颜色可以隐藏，哪些区域的颜色可以显示。

A. 透镜　　B. 位图颜色遮罩

C. 交互式网格　　D. 交互式透明

(3) 在利用“位图遮罩”泊坞窗处理位图时，(　　) 越高，所选的颜色范围就越广。

A. 对比度　　B. 容限

C. 透明度　　D. 分辨率

(4) CorelDRAW 中提供了(　　) 种不同的“艺术笔触”滤镜。

A. 8　　B. 8

C. 14　　D. 16

(5) 下列特殊效果中，与创造性效果有关的是(　　)。

A. 工艺　　B. 儿童游戏效果

C. 天气效果　　D. 置换效果

(6) 下列特殊效果中，与三维效果有关的是(　　)。

A. 柱面效果　　B. 蜡笔画效果

C. 印象派效果　　D. 浮雕效果

(7) 在“滤镜”对话框中，单击▣按钮，可以(　　)。

A. 更改滤镜的颜色　　B. 预览滤镜的效果

C. 设置滤镜的颜色　　D. 显示对照预览窗口

2. 操作题

(1) 导入一张位图，先为其添加下雨效果，然后为其添加卷页滤镜效果。

(2) 绘制一幅矢量图形，将其转换为位图，并将其处理为浮雕效果。

CorelDRAW的图层管理与版式控制

教学目标

在使用CorelDRAW中的工具绘制图形时，图形中的各个元素都是采用图层的方式进行处理的。管理图层时可以通过“对象”泊坞窗，对由多个元素组成的版面可以进行灵活设置。本章重点介绍图层“对象”泊坞窗及版面的大小、标签、背景等的具体设置和印前分色、拼版的处理。版式控制是在打印图形前必须要进行的工作。通过本章的学习，读者将会对作品印刷前的设置、分色、拼版等工作有一个初步的了解，为将来的实际应用打下坚实基础。

重点与难点

- 图层编辑
- 调整对象在“对象”泊坞窗中的位置
- 新建、删除图层及图层更名
- 版面的组织和管理
- 分色
- 拼版

9.1 “对象”泊坞窗

新建一个图形文件，系统会自动产生一个主页面，其中有网格层、导线层和桌面层3个默认图层。默认图层包括了网格、导线和超出绘图页面的对象。用户可以在一个主页面中添加一个或多个主图层。

执行“窗口/泊坞窗/对象”命令，打开“对象”泊坞窗，如图9–1所示。

图 9–1　“对象”泊坞窗

9.1.1 图层编辑

在CorelDRAW中，要对图层进行编辑，应使图层处于选中状态。

1. 激活并编辑图层

在工作区中添加一个新页面，并用“矩形”工具绘制一个矩形，用“星形”工具绘制一个星形，使所绘矩形处于选中状态，单击“对象”泊坞窗右上角的⚙按钮，会弹出如图9–2所示的隐藏菜单。

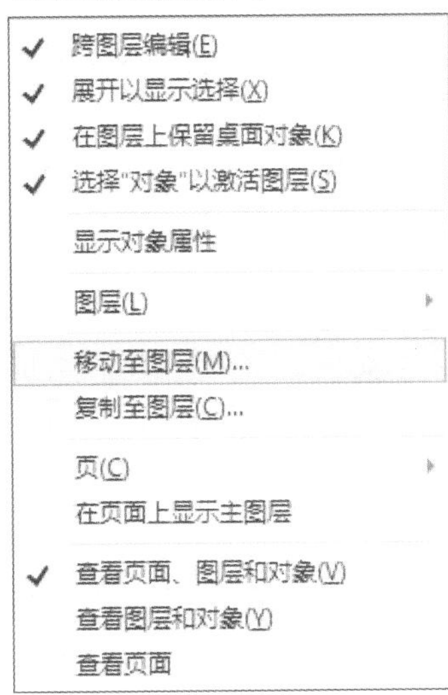

图 9–2　隐藏菜单

执行“图层/新图层”命令，并命名为“椭圆形”，在“对象”泊坞窗中，会看到如图9–3所示的新图层。

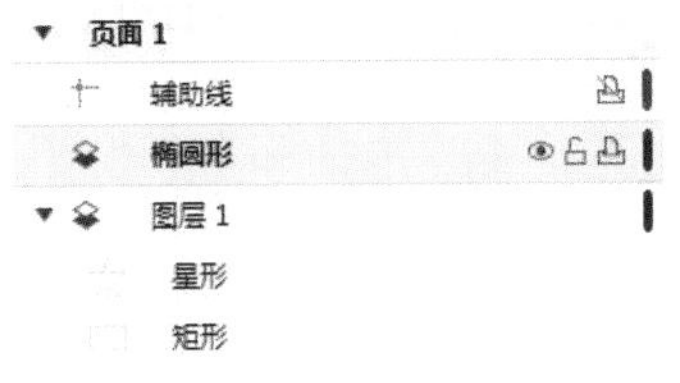

图 9–3　“椭圆形”图层

单击图层名称旁边的锁图标按钮🔓，如果图标处于打开状态即可激活图层，否则会出现如图9–4所示的操作错误对话框。激活图层后，只能对当前的图层进行编辑，而不能跨图层编辑。

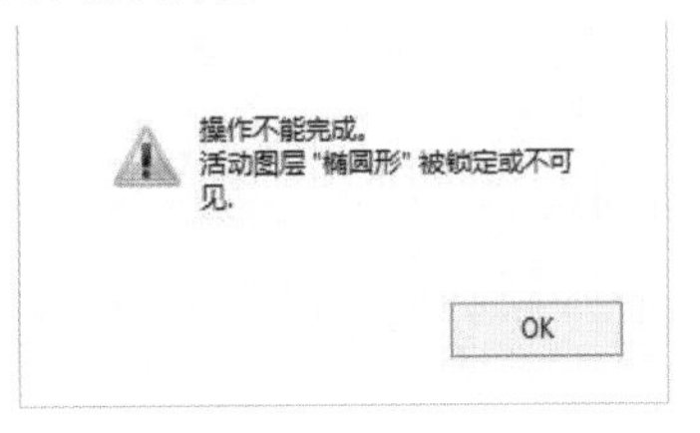

图 9–4　操作错误对话框

2. 图层中对象的移动

将选定的对象移动到新的图层上，其中包括将主页面中的图层移动或复制到其他页面以及将其他页面移动或复制到主页面中的图层。操作步骤如下：

(1) 在页面管理器中添加一个新页面，会在“对象”泊坞窗中看到一个新的页面，即“页面2”。

在页面2中添加一个图层2，并激活图形，单击“对象”泊坞窗右上角的⚙按钮，会弹出隐藏菜单，在其中选择“移动至图层”，如图9–5所示。

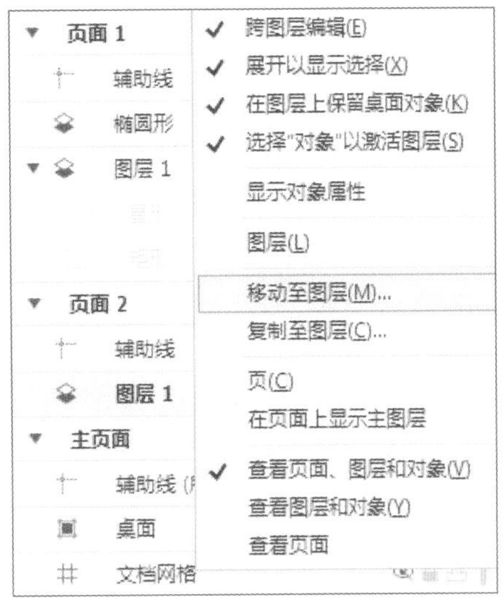

图 9–5　选择“移动至图层”

(2) 移动鼠标到图层2上，单击，即可将“星形”移动到图层2上，如图9–6所示。

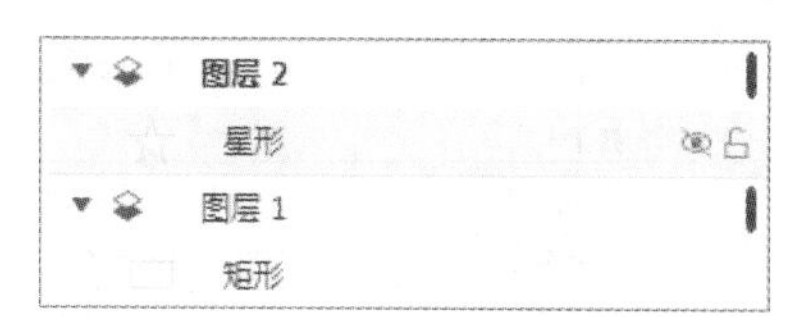

图 9-6　将“星形”移动到图层 2 上

3. 图层对象的复制

图层中对象的复制与对象的移动方法相似。操作步骤如下：

(1) 在页面 2 中添加一个新图层，并激活图层。

(2) 单击“对象”泊坞窗右上角的⚙按钮，在弹出的隐藏菜单中选择“复制至图层”。

温馨提示：

在 CorelDRAW 中，只能对激活图层中的对象进行编辑。

9.1.2　调整对象在“对象”泊坞窗中的位置

1. 对象的排列

对象的堆叠顺序是由对象被添加到图层中的次序来决定的，因此第一个对象占据最低的位置，而最后一个对象占据最高的位置。“顺序”命令可以更改任一给定的图层内的堆叠顺序。

执行“对象/顺序”命令，会弹出如图 9-7 所示的子菜单，包括到页面前面、到页面背面、到图层前面、到图层后面、向前一层、向后一层、置于此对象前、置于此对象后、逆序 9 个选项，每个选项都可以实现对象的排序。

图 9-7　对象的排序

选择“选择”工具，按住 Shift 键，然后可以单击选取多个要改变顺序的对象，打开“对象”菜单，选择“顺序”子菜单中相应的命令，即可实现对象的排序。

2. 对齐与分布

对齐与分布对于图形的编辑来说非常重要，利用这些选项分布对象，可以使它们彼此的间距相等。当对象的分布方式确定后，需要选取一个区域以便使对象分布可以在其中进行。无论是垂直分布还是水平分布，对象都可以分布到环绕对象的选择框的长度或宽度范围内，或是分布到绘图工作区的长度或宽度范围内。

用“选择”工具选中要分布的对象，打开如图 9-8 所示的菜单。在弹出的菜单中选择“对齐与分布”命令，可以看到如图 9-9 所示的泊坞窗。在弹出的泊坞窗中选择“分布”标签，其中提供了垂直分布和水平分布两种分布方式，垂直分布包括左、中、间距和右，水平分布包括顶部、中、底部和底部。

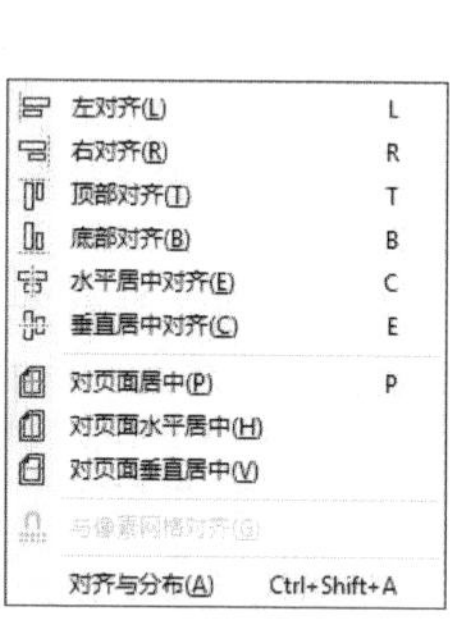

图 9-8　对象的对齐

图 9-9　“对齐与分布”泊坞窗

9.1.3　新建、删除图层及图层的重命名

1. 导入文件时创建新的图层

在“文件”菜单中选择“导入”命令，可以导入一个文件，该文件会出现在一个新图层中，图 9-10 所示是导入一个位图文件后在“对象”泊坞窗中可以看到的新创建的图层。

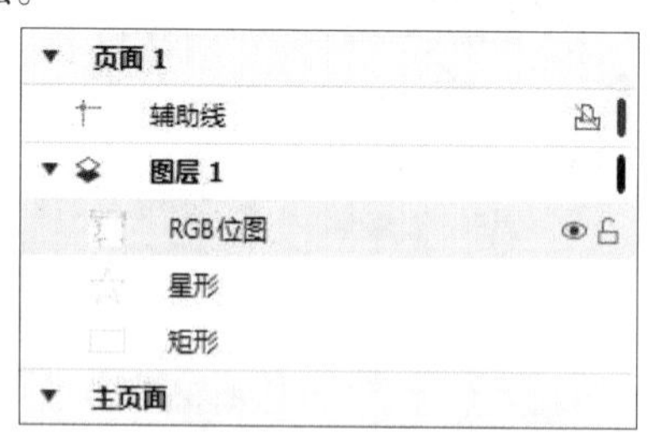

图 9-10　导入位图文件后的图层

2. 在“对象”泊坞窗中新建、删除图层和对图层重命名

可参考 9.1.1 小节中的方法新建和删除图层。

如果要对图层重命名，需要把光标移动到图层上面，双击，或右击，在弹出的快捷菜单中选择“重新命名”即可实现对图层的重命名。

9.2 版面的组织和管理

CorelDRAW应用程序允许指定绘图页面的大小、方向、测量单位和背景等。可以自定义或显示页面网格与辅助线，以帮助用户组织对象并将对象准确放置在合适位置。另外，还可以添加和删除页面。页面版面设置和工具完全可以自定义，并且可以用作其他绘图的默认值。

在CorelDRAW的“版面”菜单和“工具/选项”菜单中，提供了页面的设置和管理的相关命令，可以方便地对版面进行组织和管理。

执行“工具/选项”命令，在弹出的“选项”对话框中选择“文档”下的各个选项即可设置页面的大小、版面、标尺和背景等，如图9-11所示。

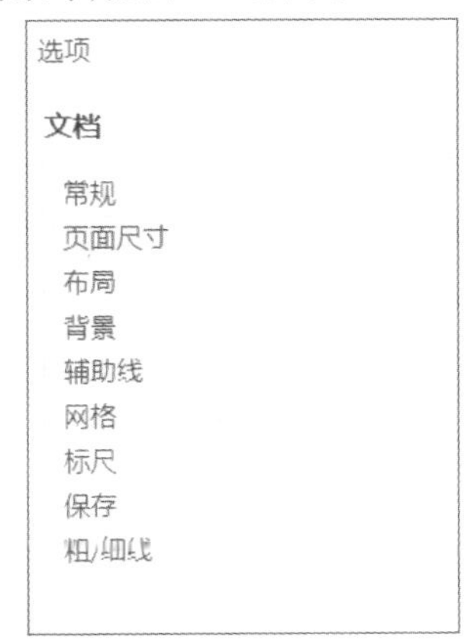

图 9-11　“选项”对话框

1. 页面大小设置

(1) 选择“文档”下的“布局”选项，并在打开的“布局”对话框中选择“页面大小”选项，可以看到如图9-12所示的对话框。对话框中有“页面大小”和“标记预设”两个。“页面大小”选项包括目前通用的A4纸张、信封和名片等几十种规格。“标记预设”则提供了更多的版式和规格，如图9-13所示。

图 9-12　“页面大小”选项

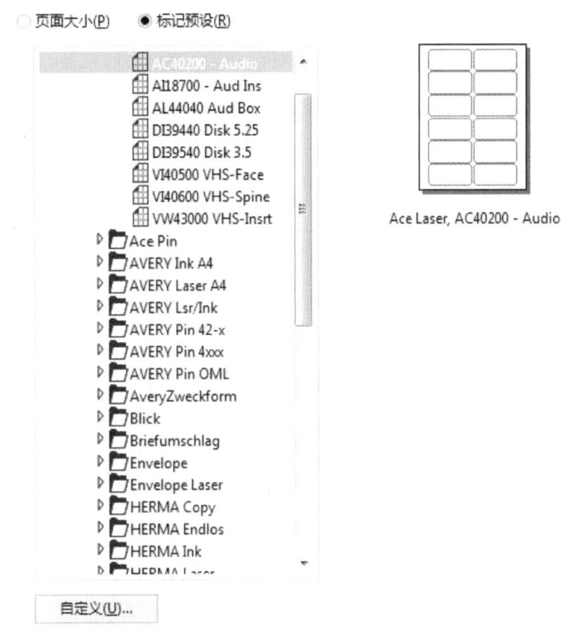

图 9-13　“标记预设”选项

(2) 在“大小和方向”栏中单击“添加页框”按钮，系统会自动添加一个与页面大小相同并紧贴页面的矩形框，如图9-14所示。

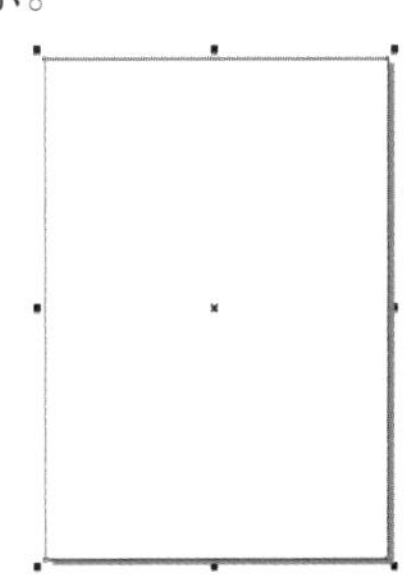

图 9-14　添加页框

2. 页面布局

选择“布局”对话框中的“页面布局”选项，“布局”对话框会变成如图9-15所示的版面，可以设置全页面、活页、屏风卡、帐篷卡、侧折卡、顶折卡和三折小册子等多种预置版面。大家可以根据需要选择对应的版面。例如，选择“帐篷卡”，单击“确定”按钮，可以设置为“帐篷卡”版面，如图9-16所示。

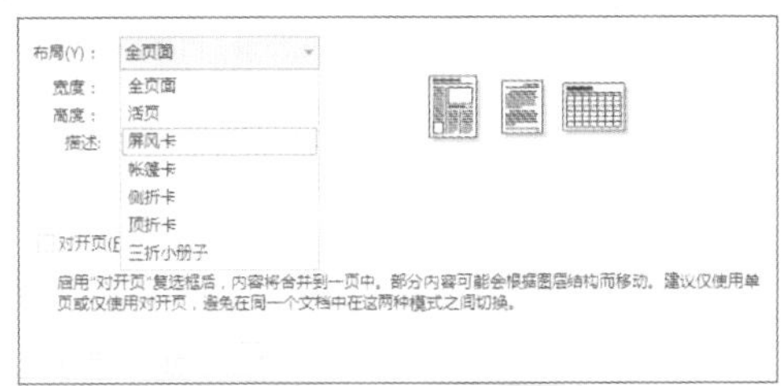

图 9-15　版面选项

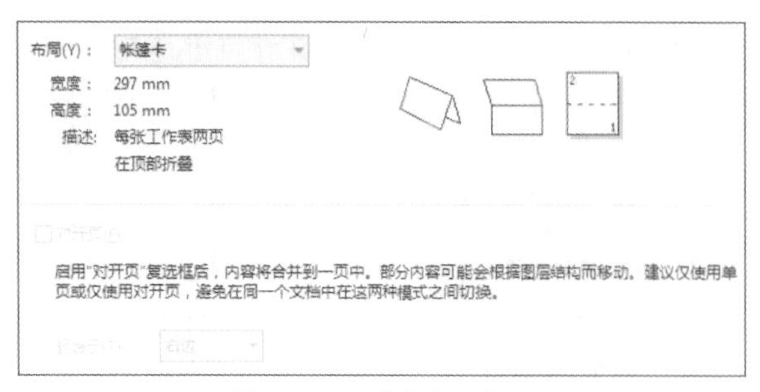

图 9-16　“帐篷卡”版面

3. 标尺设置

制作标尺时，需要设置标尺的尺寸、标尺与页面边界之间的间距参数等。操作步骤如下：

(1) 选择“选项”对话框中的“标尺”选项，“选项”对话框变成如图 9-17 所示的版面，在这里可以对页面标尺进行设置。

图 9-17　页面标尺

(2) 单击“编辑缩放比例”按钮，弹出如图 9-18 所示的“绘图比例”对话框，在这里可以通过设置绘图比例来设置标尺的大小。

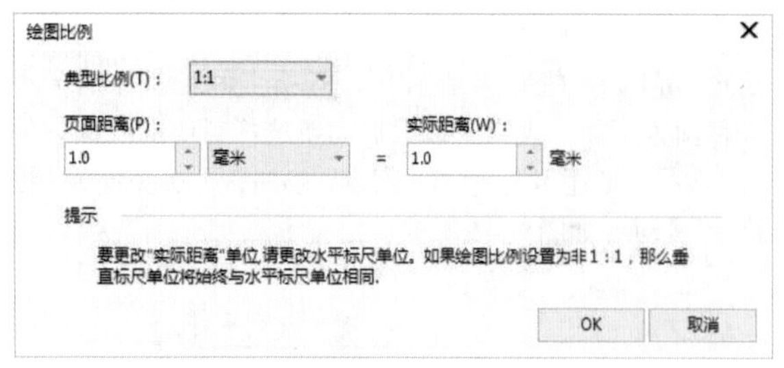

图 9-18　“绘图比例”对话框

4. 背景设置

用户可以设置页面的背景为纯色或位图。在选择位图作为背景时，默认情况下位图将被嵌入绘图中，另外，也可以打印或导出背景位图。操作步骤如下：

(1) 选择“选项”对话框中的“背景”选项，对话框变成如图 9-19 所示的版面，在此可以对页面的背景进行设置。

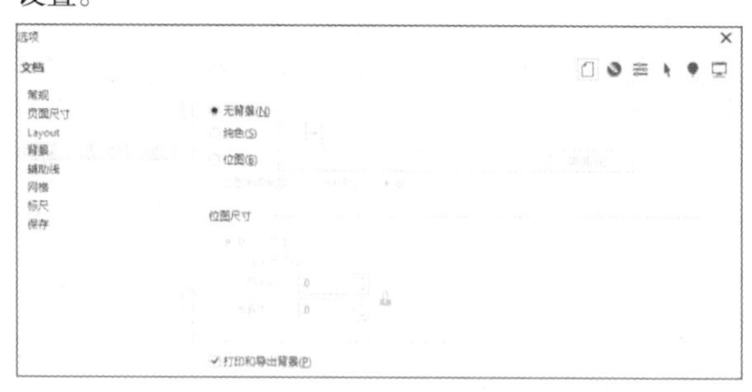

图 9-19　“背景”选项

(2) 分别选中“纯色”与“位图”选项，可以看到两种不同的背景。图 9-20 所示是设置纯色背景的效果。

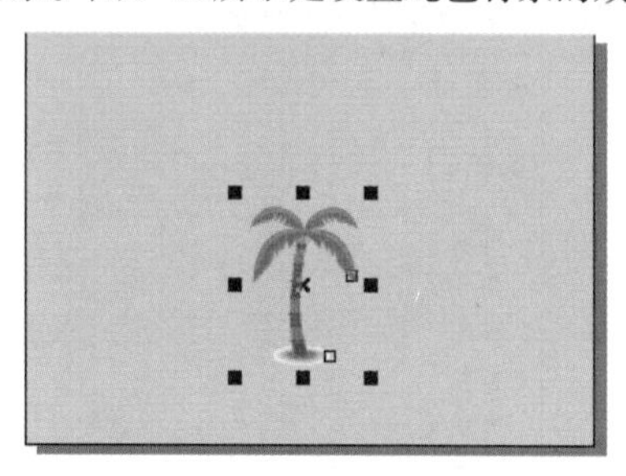

图 9-20　纯色背景

【嵌入】：将位图嵌入绘图中，以便对源文件进行的修改不会反映到位图背景中。

【默认尺寸】：支持用户使用位图的大小。

【自定义尺寸】：支持用户确定位图的尺寸。可以在“水平”和“垂直”数值框中直接输入数值。

5. 多页面设置

用户可以在 CorelDRAW 中添加页面，也可以命名和删除单个页面或所有页面，还可以在创建多页面后修改页面的顺序。

添加页面的操作步骤如下：

(1) 设置当前页面为纯色背景、横向，并导入一幅图，如图 9-21 所示。

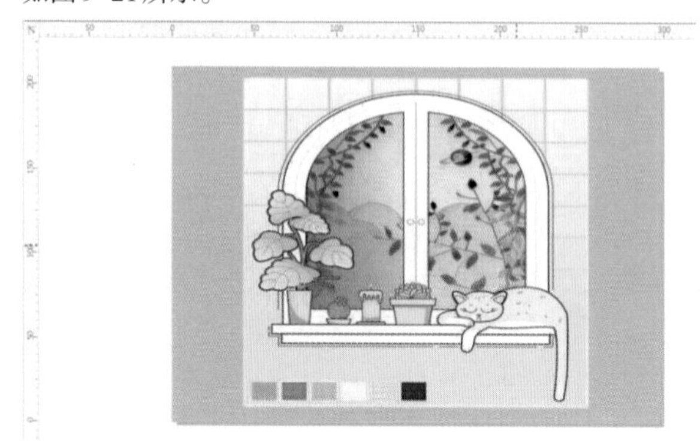

图 9-21　设置为纯色背景

(2)执行“布局/插入页面”命令，打开“插入页面”对话框。在“页”栏中输入要添加的页面数量，选择“之后”选项，确定是在当前页面后添加页面，如图9-22所示。单击OK按钮，完成对页面的添加，效果如图9-23所示。

图 9-22　“插入页面”对话框

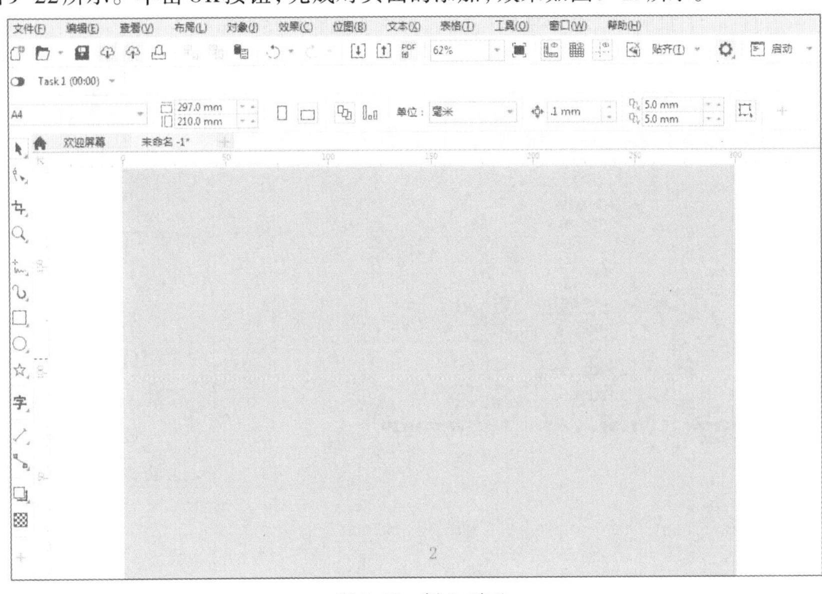

图 9-23　插入页面

(3)依次插入页面，并导入图形。在菜单栏中选择“查看”，然后在如图9-24所示的菜单中选择“页面排序器视图”，可以看到多页面视图。

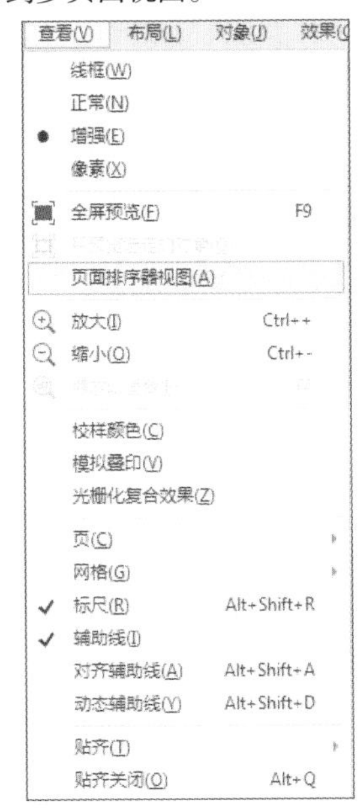

图 9-24　“查看”菜单

用户也可以单击导航器中的“添加”按钮✚快速添加页面。

在此视图中用户可以调整插入页面的顺序，还可以编辑所插入页面中的内容，完成用户的排版任务。

9.3 分色

在商业印刷中，分色就是将合成图像中的各个颜色拆分开来。拆分的目的是产生若干个独立的灰度图像，每个灰度图像对应原始图像中的一种主色。如果是CMYK图像，则必须产生四种分色，分别对应青色、品红色、黄色和黑色。

如果想预览图形对象的颜色分色，可以在“打印”对话框(见图9-25)中选择Color选项卡，在打印预览窗口中选择颜色的分色方式。

图 9-25　“打印”对话框

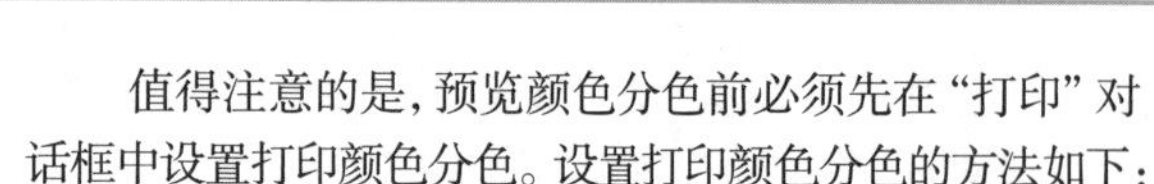

值得注意的是，预览颜色分色前必须先在“打印”对话框中设置打印颜色分色。设置打印颜色分色的方法如下：

(1) 在“打印”对话框中选择Color选项卡，如图9–26所示。

图 9–26　Color 选项卡

(2) 选中“分隔”单选按钮。单击“应用”按钮返回打印预览窗口。

(3) 在打印预览窗口预览颜色分色的方法为：执行“查看/分色片预览/自动/模拟输出/合成/分色”命令。下面是这3种显示方式的介绍。

【自动/模拟输出】：如果相连的打印机能够打印颜色分色，选择该选项将显示颜色分色。

【合成】：显示混合颜色。

【分色】：在每个页面上以颜色分色的形式显示图形对象。

用户可以使用页面导航器浏览每个页面上的颜色分色情况。

温馨提示：

将彩色作品送到彩色输出中心或印刷机构时，用户或者彩色输出中心必须创建分色片。由于常用的打印机每次只在一张纸上应用一种颜色的油墨，因此分色片是必不可少的，可以指定要打印的分色片，包括它们的打印顺序。

9.4 拼版打印

9.4.1 打印预览

打印预览可以显示打印的最终效果，用户可以在预览模式中调整文件的大小、颜色模式等选项。

针对9.2节做好的“帐篷卡”版面，执行“文件/打印预览”命令，即可进入打印预览模式，如图9–27所示。

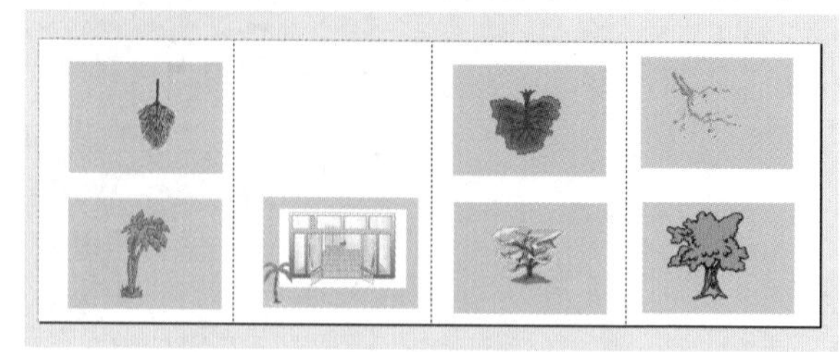

图 9–27　“帐篷卡”版面的打印预览模式

1. 大小设置

(1) 使用“选择”工具选中文件，并在标准栏的缩放框 42% 中设置页面的缩放大小。

(2) 移动光标，在对象的控制节点上按下鼠标左键并拖动，即可将对象进行缩放，如图9–28所示。

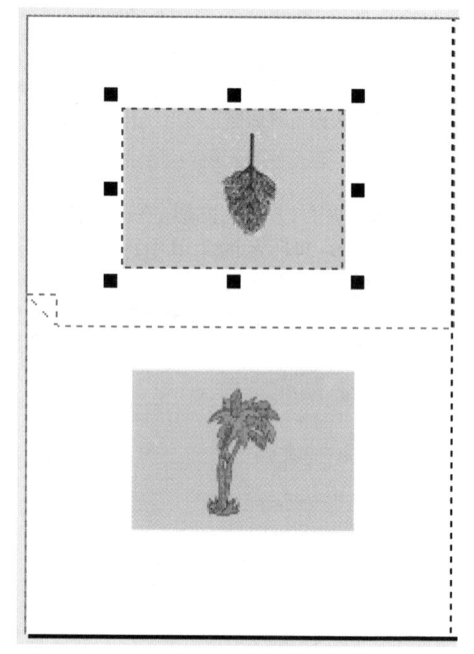

图 9–28　缩放对象

(3) 移动对象。使用“选择”工具将选中的对象移到页面的中心。

2. 版面布局

步骤1：处理版面布局。

处理版面布局的功能之一是允许用户在每张纸上打印文档的多个页面。用户可以选择预设版面布局来创建要在商业印刷机上打印的杂志和书籍之类的文档，制作邮件标签、名片、折页宣传册或贺卡等需要剪切或折叠的文档，也可以在一页上打印文档的多个缩略图，还可以编辑预设版面布局来创建自己的版面。

用户可以从三种预设的装订方法中选择一种，也可以自定义装订方法。选择了一种预设的装订方法后，除第一种拼版以外的所有拼版都会自动排列。

可以在拼版上手动或自动排列页面。自动排列页面时，可以选择图像的角度。如果横向或纵向有多个页面，可以指定页面之间的装订线的大小。例如，可以选择“自动装订线距离”选项，这将调整装订线大小，使文档的页面填充版面上的可用空间。

在桌面打印机上打印时，可以调整页边距以适合页面的非打印区域。如果页边距小于非打印区域，则打印机可能会裁剪某些页面的边缘或某些打印机标记。

步骤2：编辑版面布局。

(1)执行“文件/打印”命令。

(2)选择Layout选项卡。

(3)在“版面布局”列表框中选择一种版面布局。

(4)单击“编辑”按钮。

(5)编辑任意版面布局设置，如图9-29所示。

图 9-29　版面布局

(6)选择“保存版面”选项。

(7)在“另存为”对话框中输入版面布局的名称。

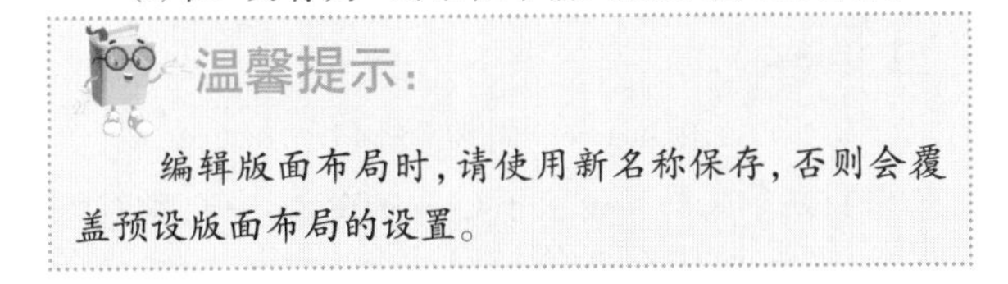
温馨提示：

编辑版面布局时，请使用新名称保存，否则会覆盖预设版面布局的设置。

9.4.2　打印选项的设置

执行“文件/打印”命令打开“打印”对话框，在“打印”对话框中设置不同的参数，将产生不同的打印效果。

1. “常规”选项卡

(1)打开“打印”对话框，默认情况下是“常规”选项卡，如图9-30所示。

图 9-30　“常规”选项卡

(2)在“常规”选项卡中可以设置打印范围、份数及打印类型等。

(3)设置好打印参数以后，单击“另存为”按钮，即可在CorelDRAW中保存当前打印页面的设置，以便下次调出使用。

(4)选择“打印”对话框中的Layout选项卡，如图9-31所示。

图 9-31　Layout 选项卡

(5)在Layout选项卡中可以设置图像位置和大小、出血限制、版面布局等属性。

【图像位置和大小】：设置每个绘图页面的拼接数目，通过此功能可以在输出较小尺寸的输出设备上输出较大尺寸的图像。

【出血限制】：设置出血的数值。

【版面布局】：设置版面布局方式，如“与文档相同(全页面)”。

2. Color 选项卡

执行“打印/Color”命令，切换到Color选项卡，如图9-32所示。在Color选项卡中可以确定是否分色打印图像。

图 9-32　Color 选项卡

在下方的“匹配类型”下拉列表框中列出了图形文件中常用的各种颜色，用户可以自己决定启用或者禁用的颜色。

3. “预印”选项卡

切换到“预印”选项卡，如图9-33所示。在“预印”选项卡中可以进行纸张/胶片设置、文件信息、完成、注册标记以及调校栏等属性的设置。

图 9-33　“预印”选项卡

【反转】：可以将出版物输出为负片，具体情况应该视输出中心使用的原始底片的类型而定。

【打印文件信息】：可以在输出页面的每一页上输入与文件有关的各种信息。

【裁剪/折叠标记】：可以让裁剪线标记印在输出标记上，这可以作为装订厂装订的依据。

【仅外部】：可以在同一张纸上打印出多个页面，并且能够将页面分割成多个单张页面。

4. PostScript 选项卡

切换到PostScript选项卡，如图9-34所示。PostScript选项卡用来设置输出的一些杂项。

图 9-34　PostScript 选项卡

5. “问题”选项卡

(1) 切换到“问题”选项卡，如图9-35所示。

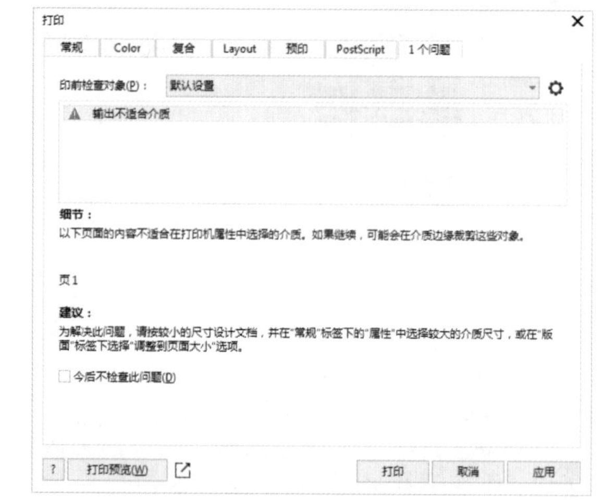

图 9-35　“问题”选项卡

(2) 该选项卡下显示了CorelDRAW中自动检测到的绘图页面中存在的打印冲突或者打印错误的信息。

(3) 所有参数设置完成后，单击“打印”按钮，即可打印文件。

温馨提示：

由于每次打印时出现错误的数量不一样，因此在“问题”选项卡出现的文字会不一样，如“2个问题”或“无问题”等信息。

9.5 本章小结

对于版式控制来说，Corel公司做得非常出色，本章详细地介绍了对象中的图层、页面、版面及打印等的设置方法。

绘图环境和打印环境的设置与选取是成功输出图形文档的关键，预先设置好绘图环境，不仅可以节省时间，而且能够使绘图过程变得容易。页面版面设置和工具完全可以自定义，并且可以用作其他绘图的默认值。

分色就是将合成图像中的各个颜色拆分开来。拆分的目的是产生若干个独立的灰度图像，每个灰度图像对应原始图像中的一种主色。

CorelDRAW应用程序允许指定绘图页面的大小、方向、测量单位和背景等。可以在绘图页面中自定义或显示页面网格与辅助线，以帮助用户组织对象并将对象准确放置在合适位置。例如，如果想要设计时事通讯，可以设置页面尺寸并创建辅助线，以便定位栏和标题文本；如果想要设计广告，则可以沿辅助线对齐图形和文本，并在网格内排列图形元素。标尺可以帮助用户使用所选单位，沿比例尺定位网格、辅助线和对象。也可以添加和删除页面。在输出图形时，需要选择打印页面、按照输出设备的要求选择打印选项。

9.6 习题九

1. 填空题

(1) 在CorelDRAW中添加页面时，可以________及________单个页面或所有页面，还可以在创建多个页面后改变页面的________。

(2) 新建一个CorelDRAW图形文件后，软件自动产生一个主页面，这个页面有________、________和________三个默认图层。

(3) 打印预览可以显示打印的最终效果，用户可以在预览模式中调整________和________等选项。

(4) 在“对象”泊坞窗中，红色图层为当前工作层，开始绘制一个绘图时，默认图层是________。

2. 多项选择题

(1) 在CorelDRAW中，对工作页面可进行的设置有(　　)。

A. 大小　　B. 标签
C. 版面　　D. 背景

(2) 将选定的对象移动到新的图层上时，其移动方式有(　　)。

A. 在不同图层之间任意移动
B. 将主页面的图层移动到其他页面
C. 将其他页面的图层移动到主页面中的图层
D. 只能移动激活图层中的对象

(3) 属于“打印”对话框的有(　　)。

A. “常规”选项卡　　B. “分色”选项卡
C. “大小”选项卡　　D. “预印”选项卡

3. 简答题

(1) 打印前应该做哪些准备工作？
(2) 什么是分色？
(3) 简述多页面管理的方法。

4. 操作题

(1) 设计一幅作品，并在打印预览模式中设置打印效果。

(2) 设计一个多页面文档，进行如下操作：

1) 打印文档的全部页。
2) 打印文档的奇数页。
3) 打印文档的偶数页。
4) 打印文档的指定页。

CorelDRAW 综合实战项目集锦

10.1 名片的制作

1. 制作思路

名片的制作

本例是制作一个名片。名片的标准尺寸有90mm×54mm、90mm×50mm和90mm×45mm；名片的版式有横版和竖版；常用的工艺有直角和圆角；印刷的工艺有烫金、UV、镂空等；色彩模式应为CMYK，分辨率应在300dpi以上。这里选择制作一个尺寸为90mm×54mm、版式为横板的名片。首先制作一个矩形，给矩形添加颜色；然后在矩形中输入文字；最后复制矩形用来制作名片的背面，修改颜色、文字等。

2. 使用的工具

“矩形”工具、“文本”工具和“填充”工具等。

3. 制作步骤

(1) 打开CorelDRAW，新建一个图形，设置宽度为90mm，高度为54mm，版式为横板，分辨率为300dpi。双击灰色边缘线框，如图10-1所示。在出现的文档选项界面中单击“添加页框”，单击OK按钮，便可出现带黑线的可填充边框，如图10-2所示。

图 10-1　双击灰色边缘线框

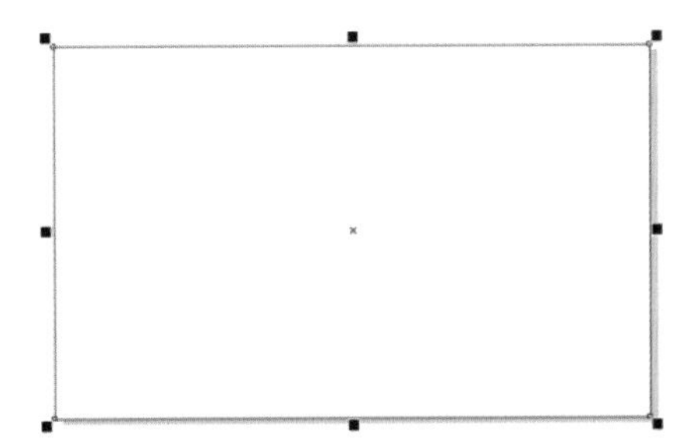

图 10-2　带黑线的可填充边框

(2) 为名片填充颜色。选中黑色边框，在右侧调色板区域选择想要设计的颜色，单击颜色即可将其填充为底色，如图10-3所示。

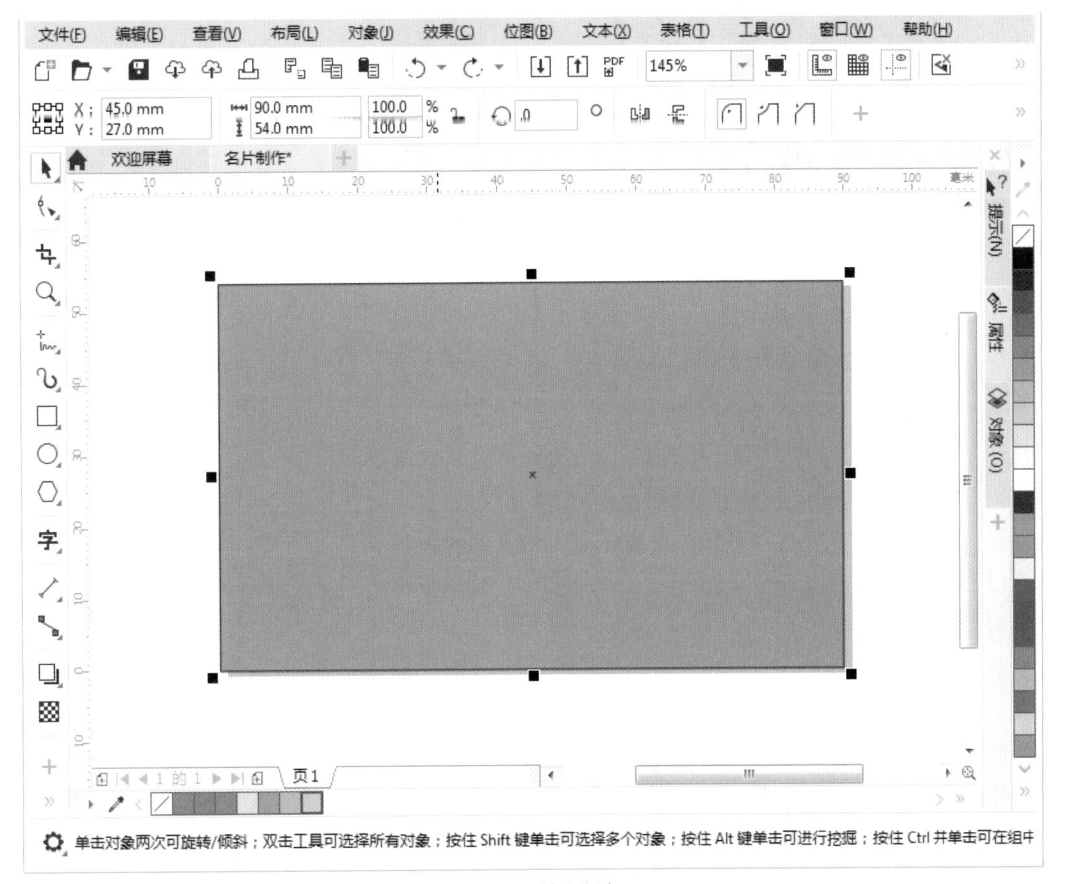

图 10-3　填充颜色

(3)在工具栏区域选择“文本”工具，在名片区域单击，输入文字，输入完成后，选择文字，设置合适的字体、字号、颜色等，如图10–4所示。

(4)正面制作完成后，制作背面。选中名片，执行“窗口/泊坞窗/变换”命令，在“变换”泊坞窗中的“位置”栏中选择右侧，将“副本”设置为1，单击“应用”按钮，即可复制刚才制作的名片，如图10–5所示。

(5)更换底色。使用“矩形”工具和“文本”工具对名片进行调整，更换底色，如图10–6所示。

(6)为了使名片更美观，使用“矩形”工具在下方绘制一个矩形长条，如图10–7所示。

图 10–4　输入文字

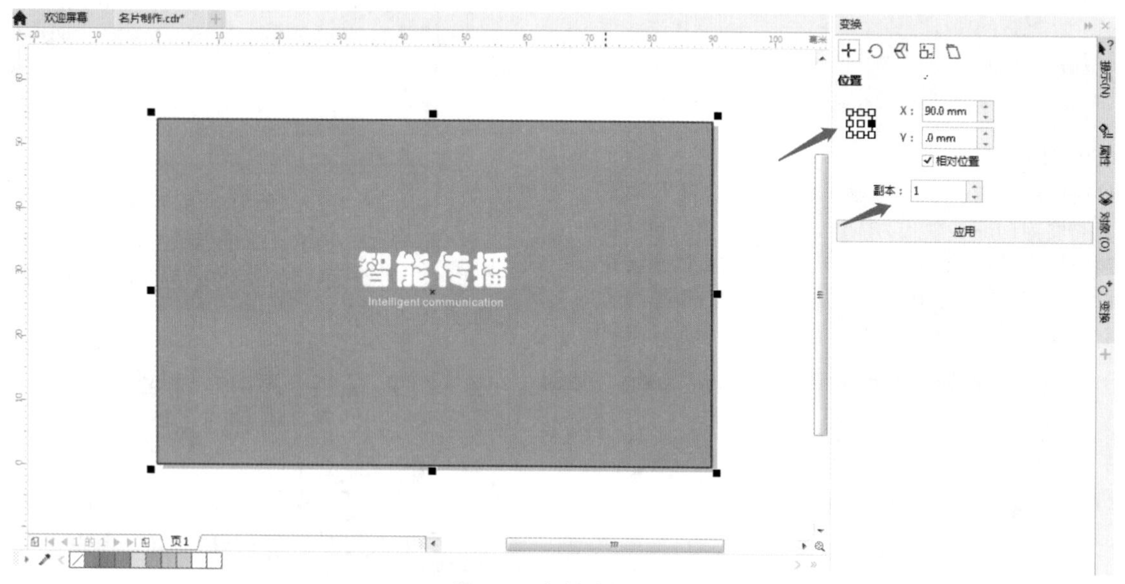

图 10–5　复制副本操作

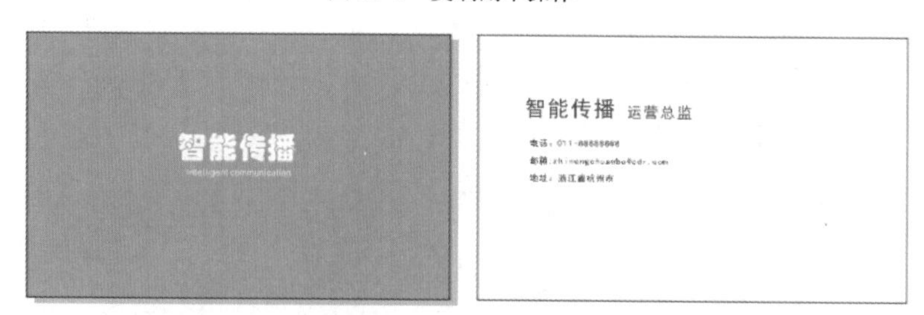

图 10–6　设计名片背面

图 10–7　名片

至此，名片制作完成。

10.2 扇子的制作

1. 制作思路

扇子的制作

本例制作一个扇子。首先制作一个圆盘作为扇子的雏形；然后依次添加扇骨；最后形成半圆形的扇子。

2. 使用的工具

“椭圆形”工具、“手绘”工具、“智能填充”工具、“形状”工具、“矩形”工具和“选择”工具等。

3. 制作步骤

(1) 打开CorelDRAW，新建一个图形，按住Ctrl键的同时，使用“椭圆形”工具在页面上绘制一个正圆形，如图10–8所示。复制该圆，向内拖动所复制的圆并将它缩小，制作两个同心圆；双击选中同心圆，按快捷键Ctrl+L将其组合为一个圆环，这便是扇子的雏形，如图10–9所示。

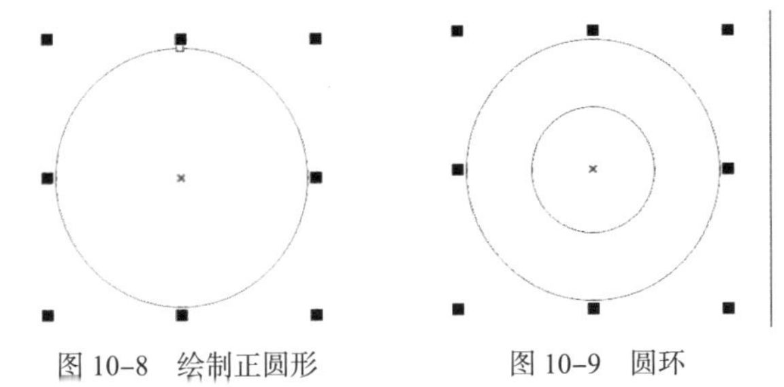

图 10–8　绘制正圆形　　图 10–9　圆环

(2) 为同心圆填充颜色，填充颜色选择红色，如图10–10所示。

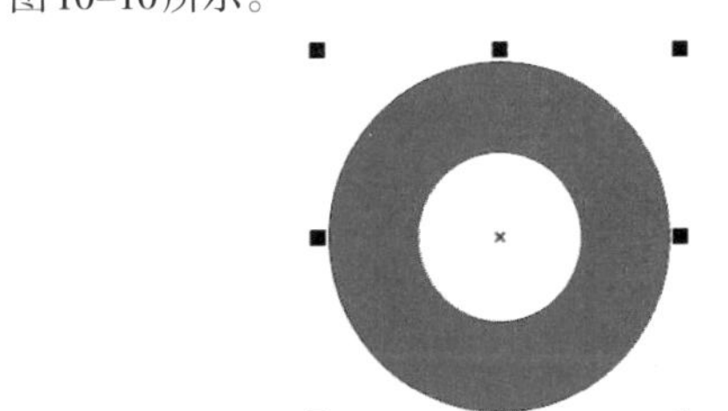

图 10–10　为同心圆填充颜色

(3) 制作扇子。先使用“手绘”工具栏中的“2点线”工具，定位到同心圆的中心位置，按住Ctrl键，绘制一条超出外圆边缘的直线，如图10–11所示。单击直线，将旋转中心定位到圆的中心，如图10–12所示。

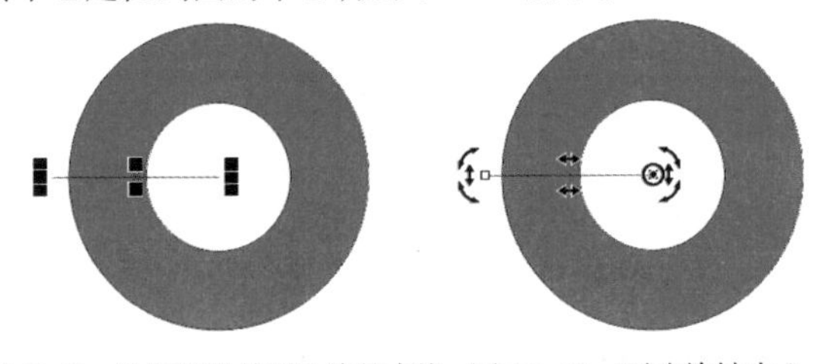

图 10–11　绘制超出外圆边缘的直线　图 10–12　更改旋转中心

(4) 将鼠标放置在“双箭头”处，拖动直线旋转一个角度，右击，呈现如图10–13所示的状态。选择“智能填充”工具，填充一个比红色略深一点的颜色作为扇子的“阴影色”，如图10–14所示。

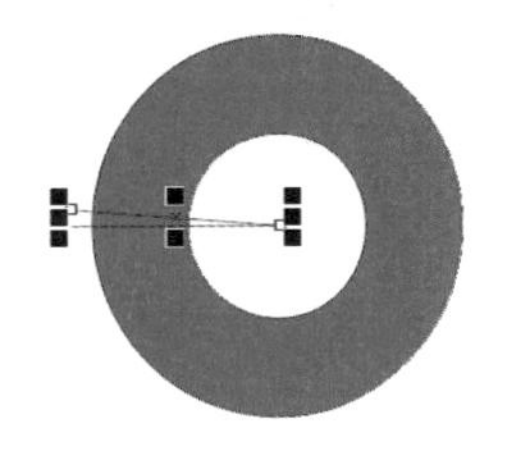

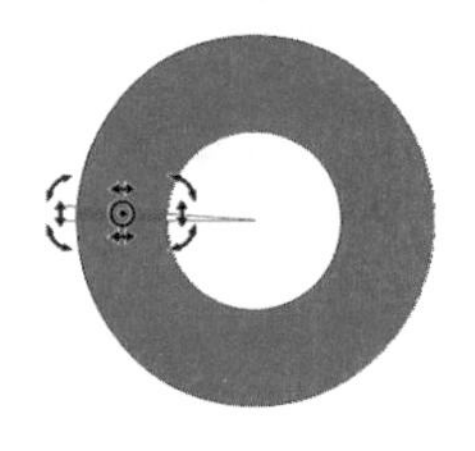

图 10–13　拖动直线旋转一个角度　　图 10–14　智能填充

(5) 删除其中的一条直线，选择“形状”工具，将另一条直线拖动至如图10–15所示的位置，并更改其轮廓属性，加宽直线的宽度，更改轮廓色，并将其线条端头改为“圆形端头”。按住Shift键选中线与阴影部分，右击，选择“组合”选项，再单击，再次将旋转中心更改到圆的中心位置，如图10–16所示。

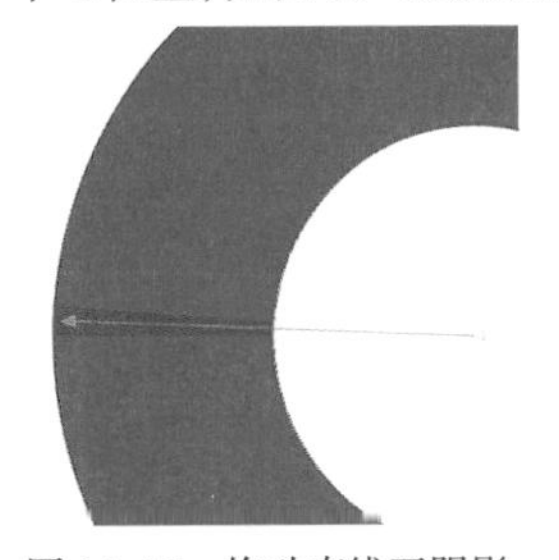

图 10–15　拖动直线至阴影中心处　　图 10–16　再次更改旋转中心

(6) 将光标放置在“双箭头”处，拖动图形旋转一定角度，右击，呈现如图10–17所示的状态。按住快捷键Ctrl+R重复操作，形成扇形的初始效果，如图10–18所示。

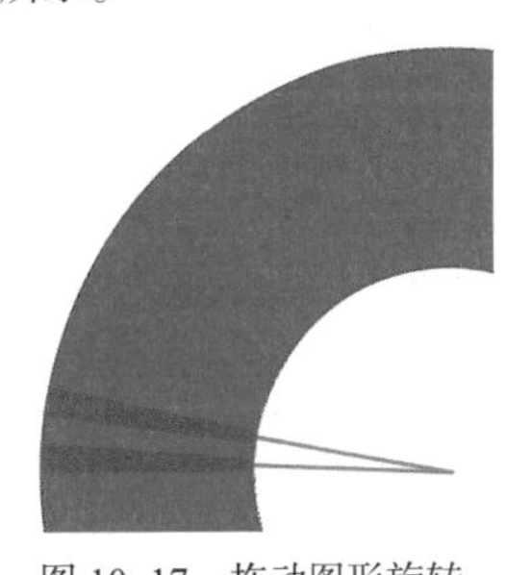

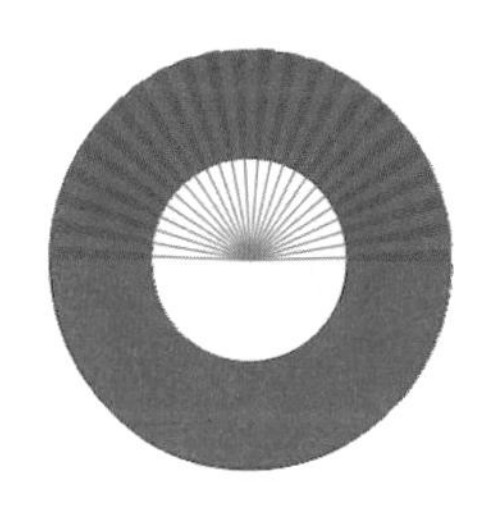

图 10–17　拖动图形旋转一定角度　　图 10–18　扇形的初始效果

(7) 选中“矩形”工具，绘制一个矩形，圈住圆的下半部分。按住Shift键并选中圆，使用“修剪”功能将圆的下半部分去除，删去矩形框，最终得到一个扇子，如图10–19所示。

图 10-19　扇子的最终效果

10.3 笔的制作

笔的制作

1. 制作思路

本例是制作一支笔。首先用“艺术笔”工具画出笔的雏形，然后对笔进行轮廓拆分，即可得到一支可以随意拆开和改变颜色的笔。

2. 使用的工具

“艺术笔”工具、“选择”工具和“填充”工具等。

3. 制作步骤

(1) 打开 CorelDRAW，新建文件。

(2) 在左边工具栏中选择“艺术笔”工具，如图 10-20 所示。

(3) 在上方的属性栏中选择“对象”选项，如图 10-21 所示。

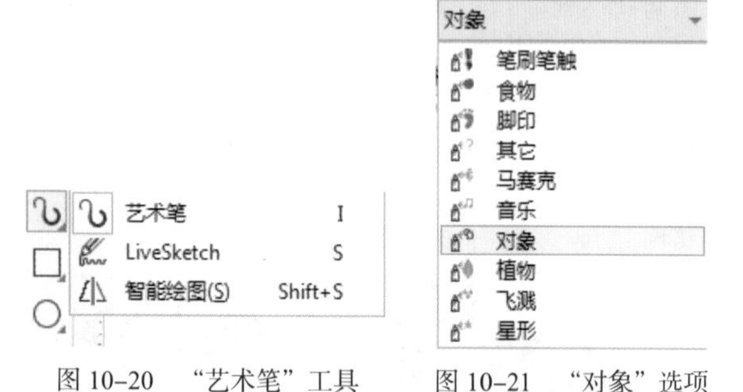

图 10-20　“艺术笔”工具　　图 10-21　“对象”选项

(4) 在“形状”选项中选择圆珠笔形状，如图 10-22 所示。

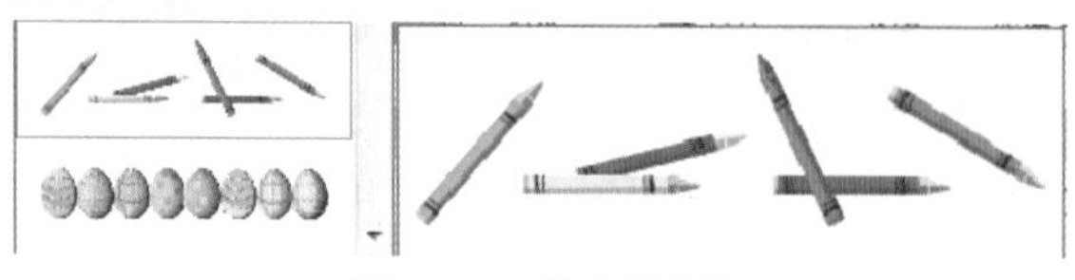

图 10-22　圆珠笔形状

(5) 使用“艺术笔”工具在空白位置绘制一条线，系统会直接在路径上绘制一支圆珠笔，如图 10-23 所示。但无法更改这支笔的颜色，这时要拆分艺术笔，如图 10-24 所示。

图 10-23　圆珠笔

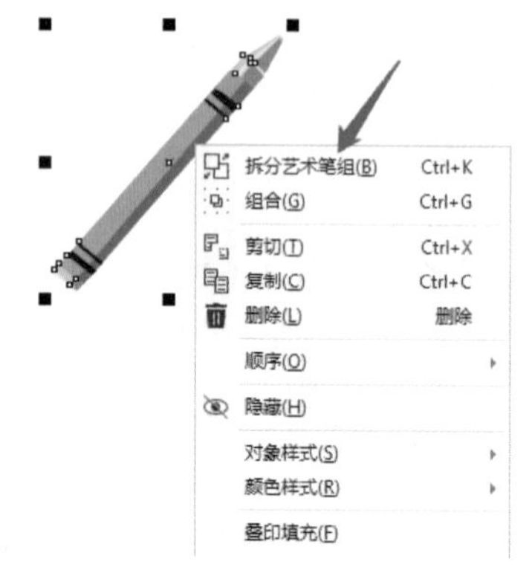

图 10-24　选择“拆分艺术笔组”

(6) 单击分离出来的线条，并删除它，如图 10-25 所示。

(7) 取消圆珠笔的组合，这时就得到一支可以随意拆开和改变颜色的笔了，如图 10-26 所示。

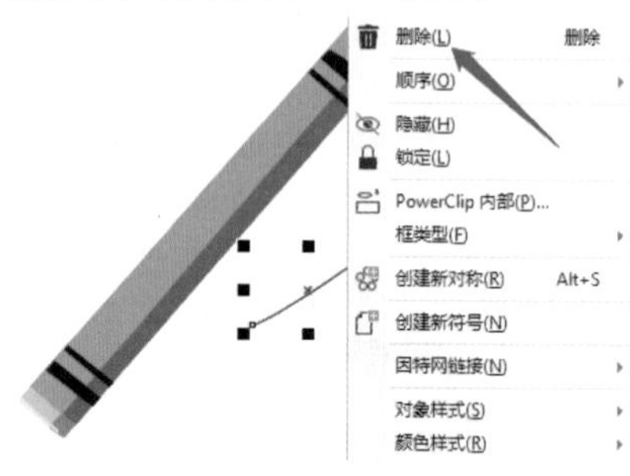

图 10-25　删除线条

图 10-26　最终的“笔”

10.4 齿轮的制作

齿轮的制作

1. 制作思路

本例是制作一个齿轮。首先制作一个圆盘；然后制作齿轮上的一个轮齿，使之依附在齿轮上，通过旋转、复制，布满圆盘；接着进行焊接，形成齿轮；最后给齿轮加上一个轮轴。

2. 使用的工具

“椭圆形”工具、“矩形”工具、“封套”工具和“选择”工具等。

3. 制作步骤

(1) 打开 CorelDRAW，新建一个图形，按 Ctrl 键的同时，使用“椭圆形”工具在页面上绘制一个正圆形，如图 10–27 所示；然后复制该正圆形并向内拖动将它缩小，制作同心圆；双击选中同心圆，按快捷键 Ctrl+L 将其组合为一个圆环，这就是齿轮的轮盘，如图 10–28 所示。

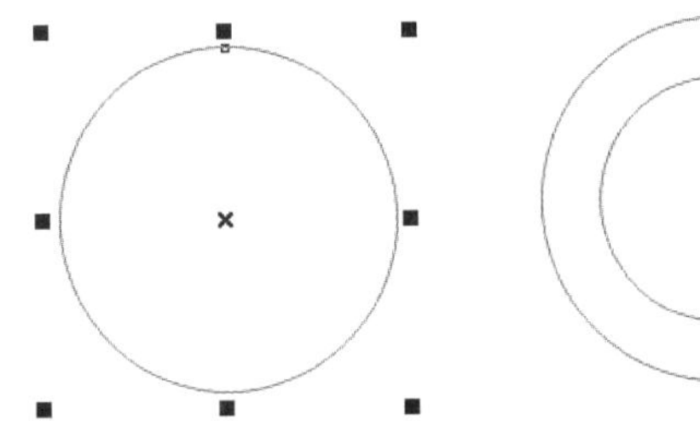

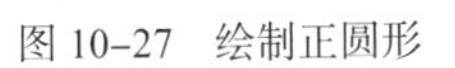

图 10–27　绘制正圆形　　　图 10–28　制作同心圆

(2) 制作一个轮齿。先使用“矩形”工具绘制一个小矩形，调整边角圆滑度将其圆角化；然后选择“封套”工具，在属性栏中单击“单弧模式”按钮进入单弧线编辑模式；最后将它的上端变得窄一些，如图 10–29 所示。

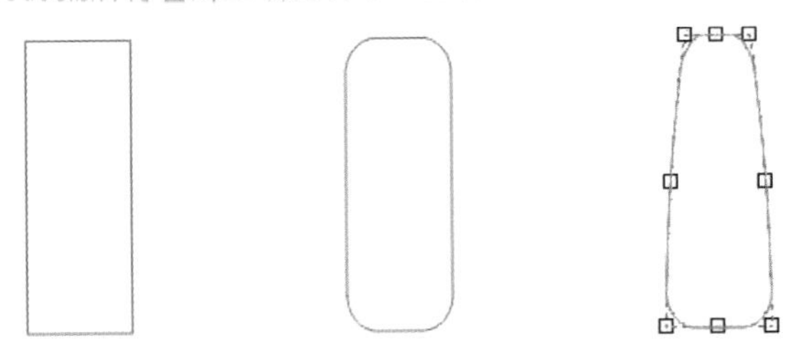

图 10–29　制作齿轮

温馨提示：

在使用“封套”工具向内拖动矩形封套上端左边的控制点时，按 Shift 键可以使右边相应的控制节点同时向内移动。

(3) 调整大小，将这个小轮齿放置在轮盘的顶部，并在“对齐与分布”对话框中将它们设置成沿垂直方向对齐，如图 10–30 所示。

(4) 把这个小轮齿沿着轮盘的轮廓进行旋转、复制，得到一个轮齿密集的齿轮；在旋转这个小轮齿之前，要确保它的旋转轴心和轮盘的中心在同一坐标点上。先使用“选择”工具单击这个轮盘，显现出它的中心；然后从视图边缘标尺的地方分别拖出一条水平和一条垂直的辅助线，使它们相交在轮盘的中心上；接着双击小轮齿，显现出它的旋转轴心，将此轴心移到辅助线相交的地方，如图 10–31 所示。

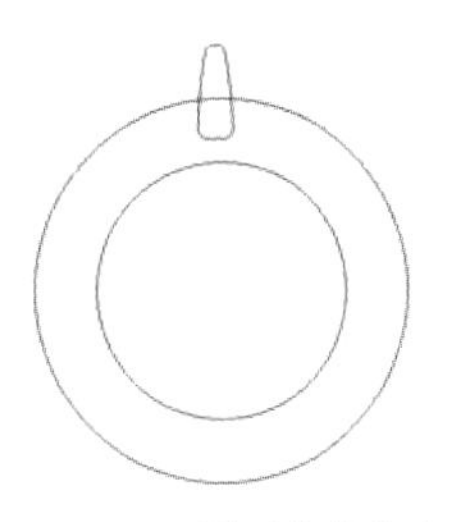

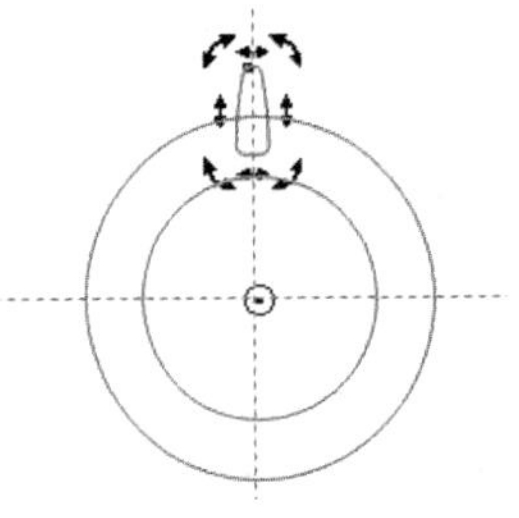

图 10–30　设置齿轮大小　　　图 10–31　设置旋转轴心

(5) 复制齿轮，按住 Ctrl 键的同时，使用鼠标左键拖动旋转齿，然后右击，复制轮齿；重复这一操作，直到产生一个完美的齿轮造型，如图 10–32 所示。

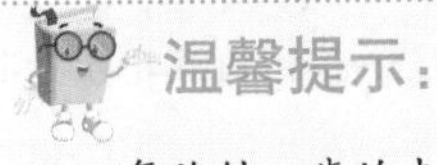

温馨提示：

每旋转一步的夹角为 15°。

(6) 选择“选择”工具，选中所有的轮齿和轮盘，单击属性栏中的“焊接”按钮进行焊接。至此，这个齿轮便制作完成，如图 10–33 所示。

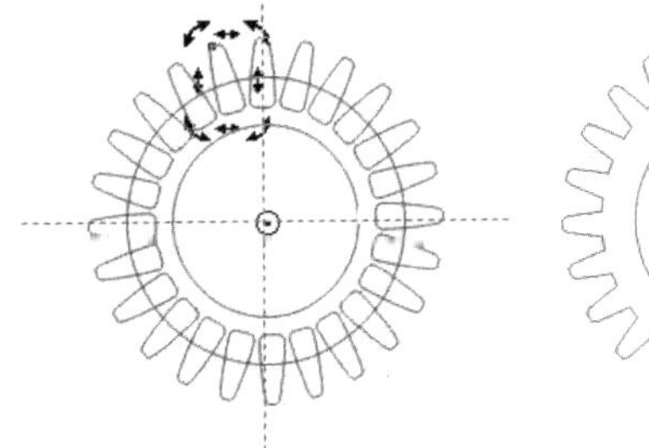

图 10–32　齿轮造型图　　　图 10–33　齿轮图形

(7) 在如图 10–33 所示的空的齿轮中间制作一个浮动的轴。先使用“椭圆形”工具画一个小圆，然后在“对齐与分布”对话框中将它们居中对齐；选中齿轮和这个小圆，单击属性栏中的“组合”按钮(或使用快捷键 Ctrl+L) 进行组合，这样齿轮和中间的轴就合成为一个图形了，如图 10–34 所示。

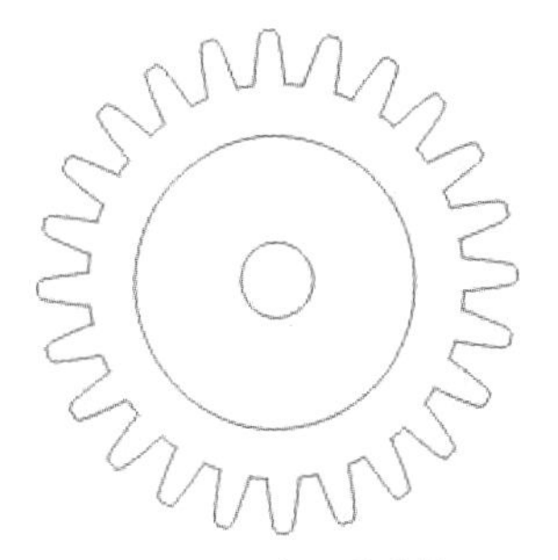

图 10–34　完整的齿轮

10.5 花朵的制作

花朵的制作

1. 制作思路

本例通过绘制花瓣和绿叶，制作花朵。首先绘制花朵中的花瓣；然后应用“变换”泊坞窗中的旋转功能将花瓣组合成花朵；接着使用“手绘”工具绘制花茎和绿叶；最后将这些部件组合成花朵。

2. 使用的工具

“椭圆形”工具、“手绘”工具、“形状”工具、“交互式填充”工具等。

3. 制作步骤

(1)在工具箱中选择“椭圆形”工具，绘制一个椭圆形，并单击属性栏中的“转换为曲线”按钮将其转换为曲线，如图10–35所示。

(2)使用“形状”工具选中椭圆形上需要调整的节点，在属性栏中选择“使节点成为尖突”按钮将该节点转换为“尖突节点”，以方便调节，如图10–36所示。

图 10–35　椭圆形

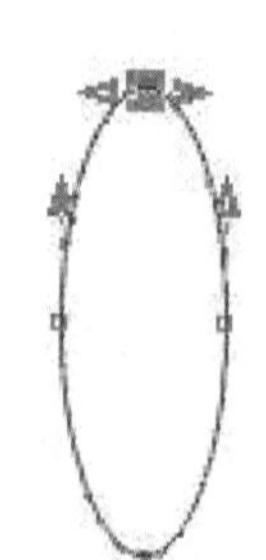

图 10–36　转换为尖突节点

(3)在椭圆形上双击，添加两个节点，然后调节椭圆形，将其调节成花瓣形状，如图10–37所示。

(4)使用“手绘”工具组中的“钢笔”工具给花瓣画上经脉，使其更加逼真，如图10–38所示。

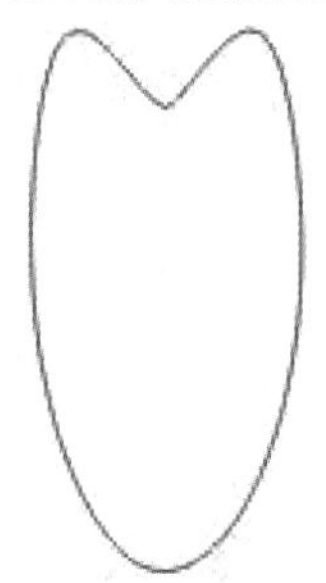

图 10–37　花瓣形状

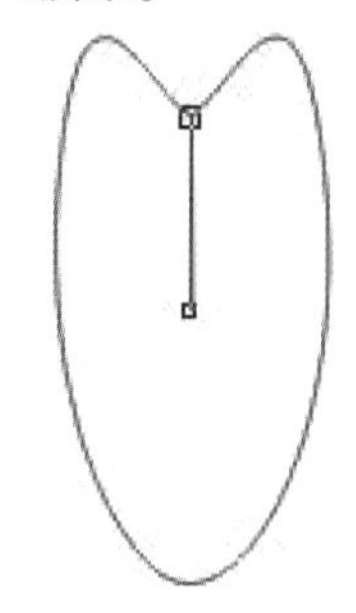

图 10–38　画上经脉

(5)圈选所有曲线并单击属性栏上的“组合”按钮，将花瓣组合起来。使用“交互式填充”工具为花瓣填充上渐变色，右击调色板中的色块填充线条色。并使用“轮廓”工具，改变花朵轮廓的颜色，如图10–39所示。

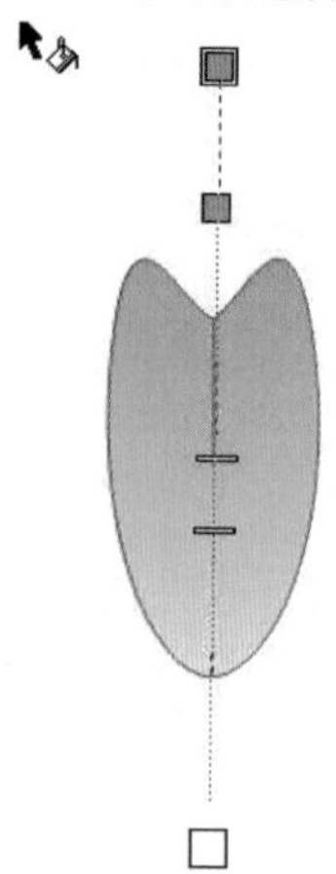

图 10–39　填充渐变色

(6)使用“选择”工具选择花瓣，执行“窗口/泊坞窗/变换/旋转”命令，在“变换”泊坞窗中调节花瓣的大小，旋转花瓣，设置旋转角度为40°，如图10–40所示。勾选“相对中心”复选框，再单击“应用”按钮。如果制作出的花朵形状不太理想，可以就花瓣的形状和花瓣的位置进行调整，如图10–41所示。

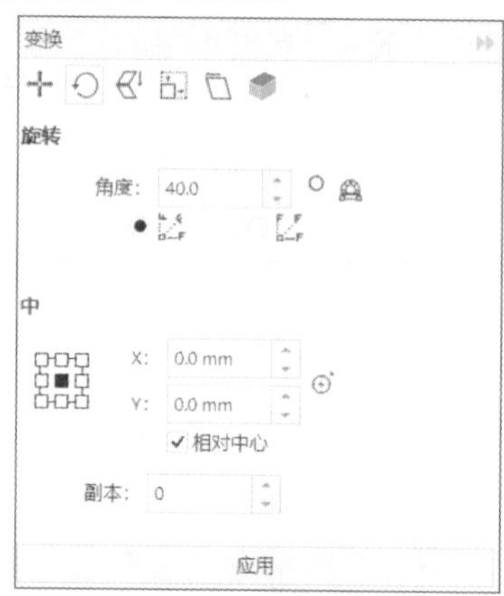

图 10–40　“变换”泊坞窗

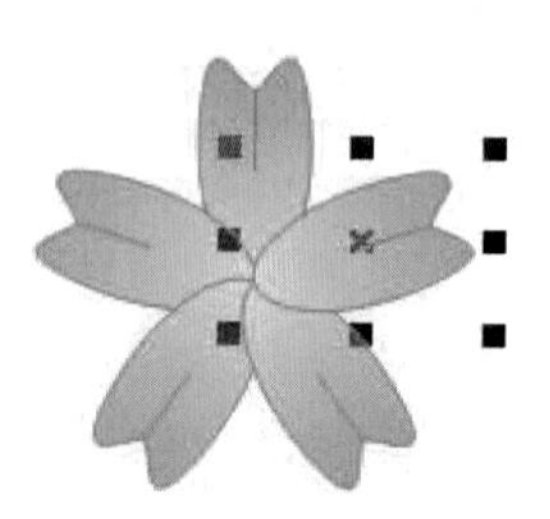

图 10–41　调节花瓣形状

(7)使用“手绘”工具在页面上制作花蕊，并使用“交互式填充”工具填充颜色，如图10–42所示。

(8)移动花蕊到花朵的中心位置，然后选中所有图

形，进行组合。一朵花就制作完成了，如图 10–43 所示。

图 10–42　花蕊

图 10–43　完整的花朵

(9) 绘制花的绿叶。先使用“贝塞尔”工具画出一条曲线，然后使用“形状”工具在叶尖处加一个节点，并进行调整，使叶尖处弧形向下，如图 10–44 所示。

(10) 使用“形状”工具调节中间的叶脉，并调整其幅度。

(11) 使用“交互式填充”工具填充叶片的颜色，如图 10–45 所示。

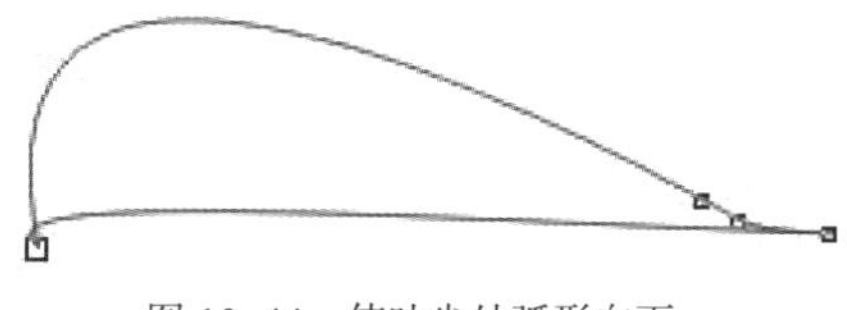

图 10–44　使叶尖处弧形向下

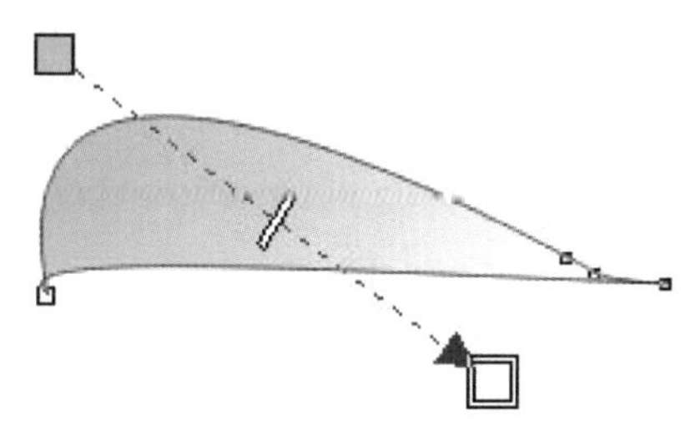

图 10–45　填充叶片的颜色

(12) 使用同样的方法绘制叶子的另一半，如图 10–46 所示。将其重叠，并调整填充了颜色后的叶子，如图 10–47 所示。使用“变换”工具制作另一片叶子。

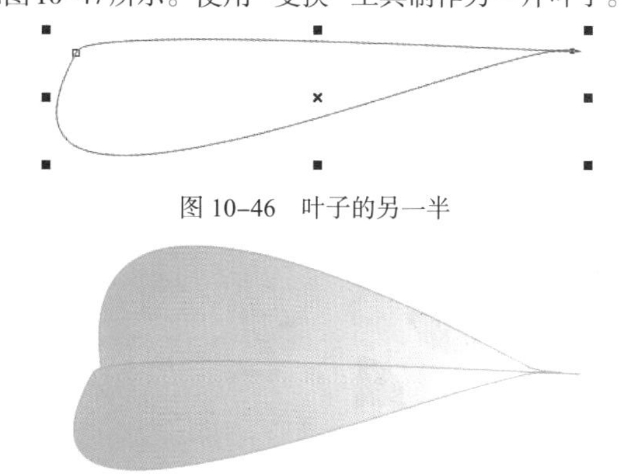

图 10–46　叶子的另一半

图 10–47　完整的叶子

(13) 使用“手绘”工具绘制花茎并填充颜色。最后分层放置花朵、叶片，加上花茎即可完成，如图 10–48 所示。

图 10–48　花朵图案

10.6 手提袋的制作

1. 制作思路

手提袋的制作

本例是制作一个手提袋。首先使用“贝塞尔”工具绘制出手提袋的基本形状，然后进行颜色填充。使用“贝塞尔”工具绘制手提袋的圆孔和绳，再进行手提袋外部的设计，最后输入文本。

2. 使用的工具

“贝塞尔”工具、“形状”工具、“文本”工具等。

3. 制作步骤

(1) 打开 CorelDRAW，新建一个空白文档。首先使用“贝塞尔”工具绘制一个封闭的矩形，如图 10–49 所示。

(2) 使用“贝塞尔”工具绘制出手提袋的基本形状，并使用“形状”工具进行调整，如图 10–50 所示。

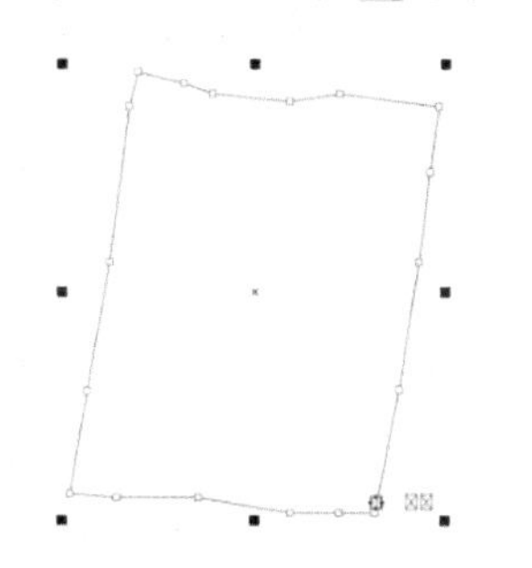

图 10–49　绘制矩形

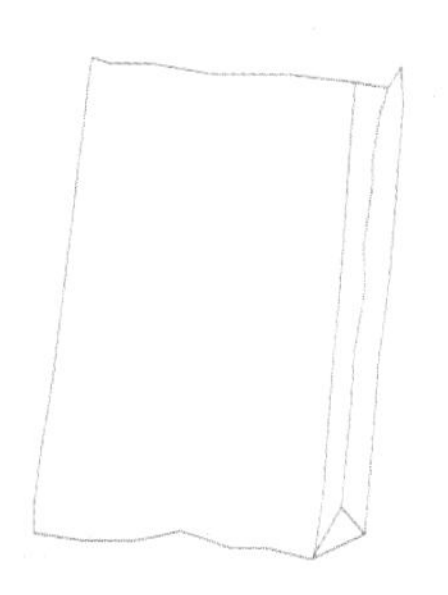

图 10–50　绘制手提袋

(3) 使用“椭圆形”工具绘制四个大小不同的椭圆形，并将其组合到一起，制作手提袋的圆孔，如图 10–51 所示。执行“对象 / 合并”命令，或者按快捷键 Ctrl+L 将椭圆形合并，并移动到手提袋上，右击进行复制，作为另一个圆孔，如图 10-52 所示。

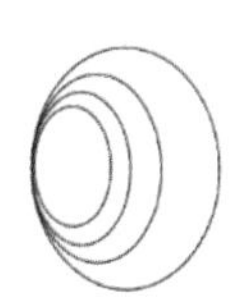

图 10-51　绘制 4 个椭圆形

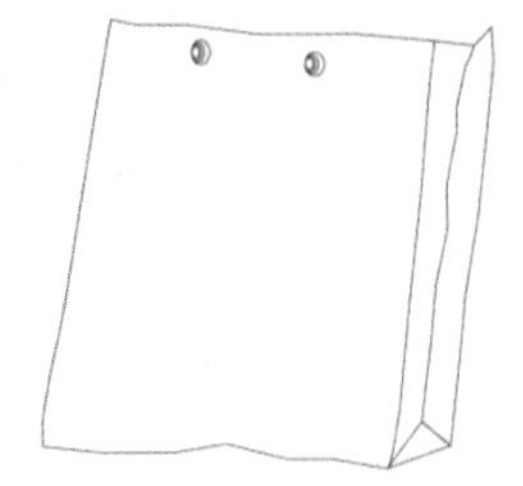

图 10-52　制作圆孔

(4) 使用“贝塞尔”工具绘制手提袋的绳，并调整细节和粗细。执行“对象/将轮廓转换为对象”命令，并对绳子进行外边框和内部的颜色填充，如图 10-53 所示。

(5) 将手提袋正面填充为蓝色，侧面填充为灰色和白色，并取消边框，避免看不见填充白色后的图案。可以绘制一个矩形，并填充为黑色。执行“对象/顺序/到图形后面”命令，这样就能看到填充白色后的图形，如图 10-54 所示。

图 10-53　绘制手提袋的绳

图 10-54　为手提袋填充颜色

(6) 在“字形”泊坞窗中选择图形，右击，选择“转换为曲线”，调整后添加到手提袋上，填充为白色，取消边框，如图 10-55 所示。

(7) 按住 Shift 键，同时选中手提袋和图形，选择属性栏中的“相交”按钮 ，删除图形，得到的图案如图 10-56 所示。

图 10-55　选择图形

图 10-56　相交后的图案

(8) 使用“文本”工具，在手提袋上输入文本，设置字体及字号，如图 10-57 所示。同时选中文本和白色图形后，选择属性工具栏中的“修剪”按钮 ，然后删除文本，效果如图 10-58 所示。

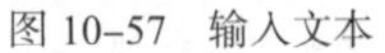

图 10-57　输入文本

图 10-58　修剪后的图案

10.7 球面模型的制作

球面模型的制作

1. 制作思路

本例通过对模型使用色眼透镜效果，从而形成球面模型。首先设置背景；然后建立一个邮票模型并绘制一个圆形，把邮票放在圆形中；最后对圆形范围实施色眼透镜效果，形成球面模型。

2. 使用的工具

“星形”工具、“矩形”工具、“交互式填充”工具和“椭圆形”工具等。

3. 制作步骤

(1) 新建一个空白文档，设置为横向摆放。

(2) 使用“矩形”工具在页面中绘制一个页面大小的矩形。

(3) 单击“交互式填充”工具按钮，选择“编辑填充”，打开“编辑填充”对话框，如图 10-59 所示。

(4) 在“编辑填充”对话框中，设置为双色图样填充，在下方下拉列表中，选择第一个图样。将“前部颜色”和“背面颜色”分别设成红色和青色。其他保持默认值不变，效果如图 10-60 所示。

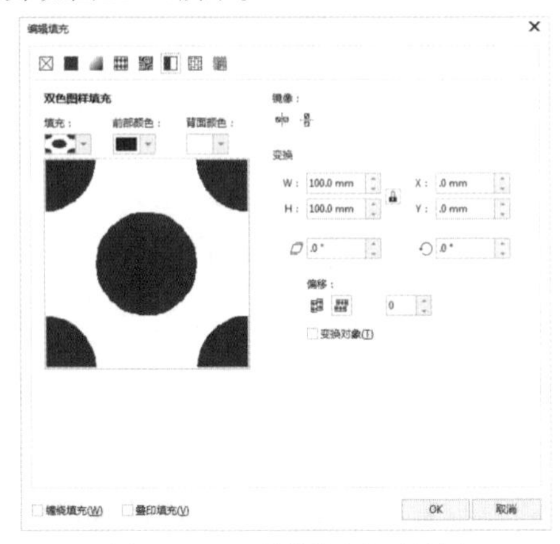

图 10-59　“编辑填充”对话框

图 10-60　矩形填充图

(5)单击“椭圆形”工具按钮，拖动绘制一个椭圆形。右击颜色栏中的“无边框”按钮，去掉椭圆形边框，如图10-61所示。

(6)选中椭圆形，执行“效果/透镜”命令，在“透镜”泊坞窗中的下拉列表框中选择“放大”选项，如图10-62所示。在“数量”数值框中输入1.5，其他保持默认值不变，放大效果如图10-63所示。

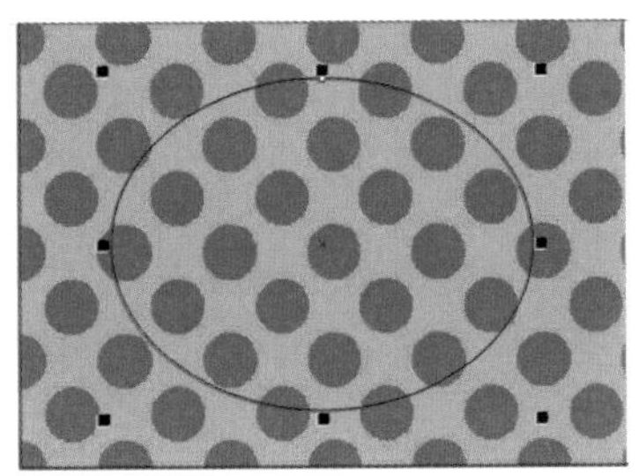

图 10-61　绘制椭圆形

图 10-62　“放大”选项

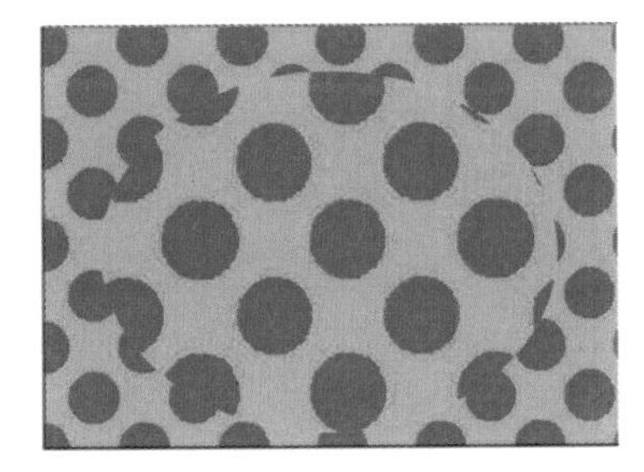

图 10-63　放大效果

(7)制作一个邮票，详见第2章综合案例“制作邮票”。将邮票放入矩形中，如图10-64所示。

图 10-64　将邮票放入矩形中

(8)单击“椭圆形”工具按钮，在邮票上绘制一个椭圆形，如图10-65所示。

(9)在打开的“透镜”泊坞窗的下拉列表框中选择“鱼眼”选项，在“比率”数值框中输入150，勾选“冻结”复选框，其他保持默认值不变，如图10-66和图10-67所示。

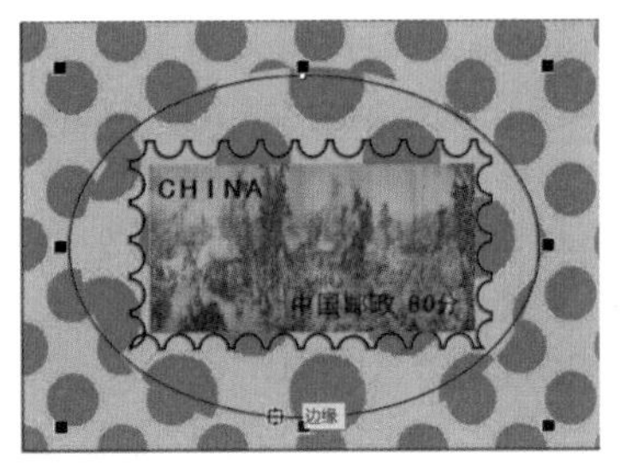

图 10-65　在邮票上绘制一个椭圆形

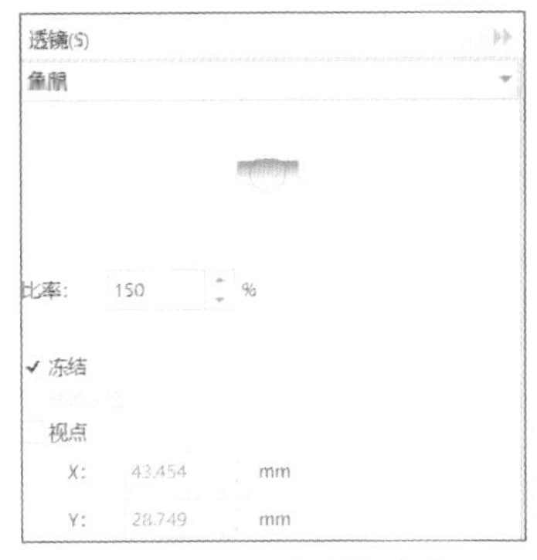

图 10-66　“鱼眼”选项

图 10-67　设置鱼眼效果后的邮票

(10)将椭圆形的轮廓线设置为无，去掉边框，球面邮票就制作完成了，效果如图10-68所示。

图 10-68　球面邮票

10.8 液晶显示器的制作

液晶显示器的制作

1. 制作思路

本例通过使用多种工具仿制一个液晶显示器。首先建立几个图形组合成液晶显示器的轮廓；然后设置颜色；最后进行精确调整，制成液晶显示器。

2. 使用的工具

“矩形”工具、“椭圆形”工具、“选择”工具、“交互式填充”工具和“交互式阴影”工具等。

3. 制作步骤

(1)新建一个空白文档，设置为横向摆放。

(2)单击“矩形”工具按钮，使用“矩形”工具在页面中绘制三个矩形。单击“椭圆形”工具按钮，在页面上绘制两个椭圆形，如图 10-69 所示。

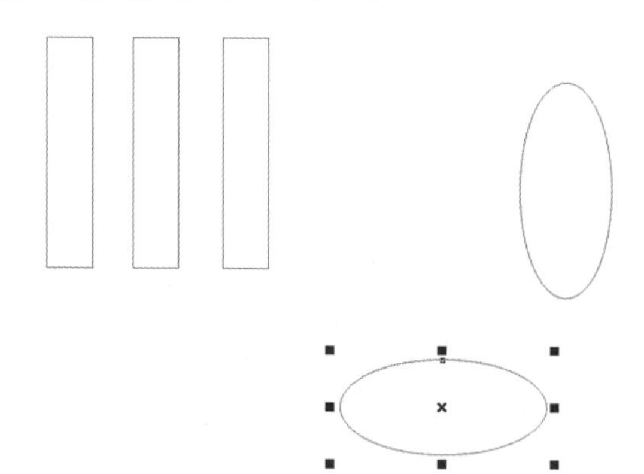

图 10-69　绘制矩形和椭圆形

(3)单击工具箱中的“形状”工具按钮，右击图形，选择“转换为曲线”，依次将所有的图形转换为曲线，如图 10-70 所示。

(4)使用“形状”工具调整页面中矩形和椭圆形的形状，直到获得需要的形状，如图 10-71 和图 10-72 所示。

图 10-70　转换为曲线

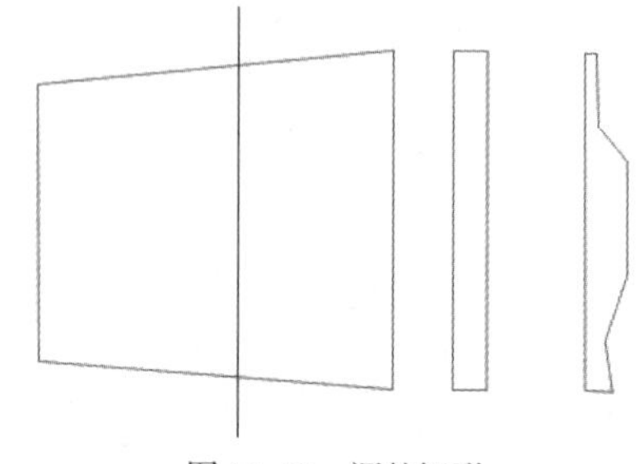

图 10-71　调整矩形

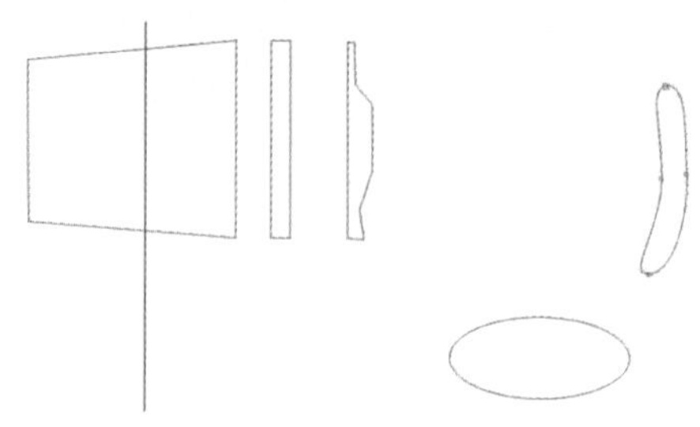

图 10-72　调整椭圆形

(5)单击工具箱中的“选择”工具按钮，依次选择图形，将图形摆放到合适的位置，形成显示器的大概轮廓，如图 10-73 所示。

(6)单击颜色栏中的浅黑色进行填充，如图 10-74 所示。

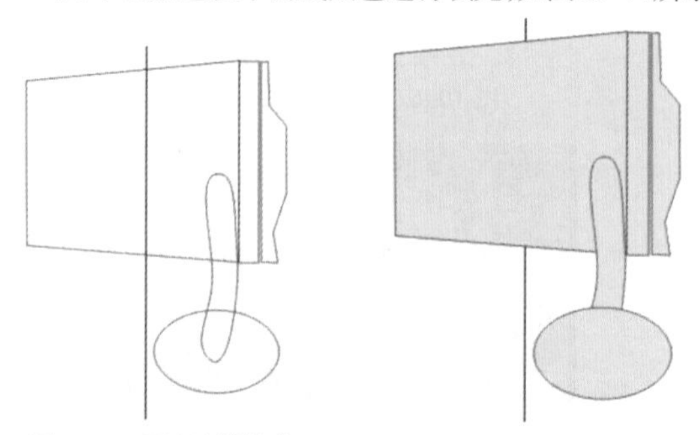

图 10-73　显示器轮廓　　图 10-74　填充颜色

(7)调整图形对象的前后位置，如图 10-75 所示。

(8)选择 5 个图形对象，单击属性栏中的“组合”按钮，将 5 个图形组合在一起，如图 10-76 所示。

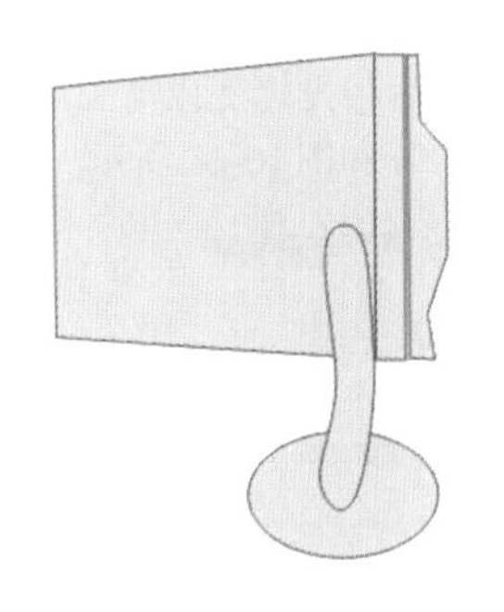

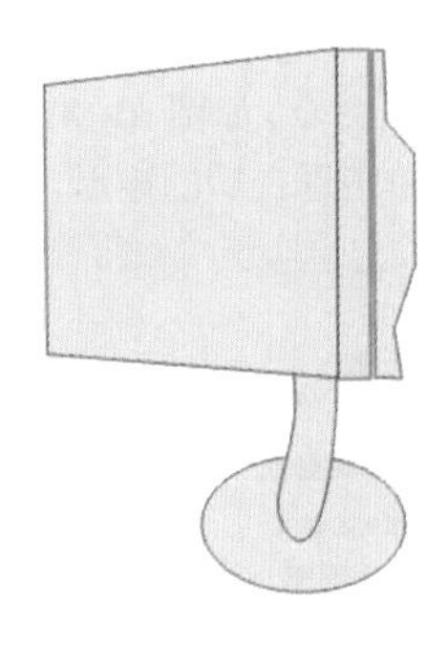

图 10-75 调整对象位置　　图 10-76 组合对象

(9)单击“填充”工具按钮,在弹出的工具选项中选择“渐变填充”,在打开的“编辑填充”对话框的“调和过渡”下的“类型”栏中单击“线性渐变填充”按钮,在“变换”栏中设置变换角度为20°,如图10-77所示。在“位置”设置框中输入数值0,单击“颜色”下拉按钮,在弹出的对话框中选择CMYK,输入数值0、0、60、0,然后单击OK按钮,如图10-78所示。在“位置”设置框中输入数值100,单击“颜色”下拉按钮,在弹出的对话框中选择CMYK,输入数值5、1、60、0,然后单击OK按钮,如图10-79所示。结果如图10-80所示。

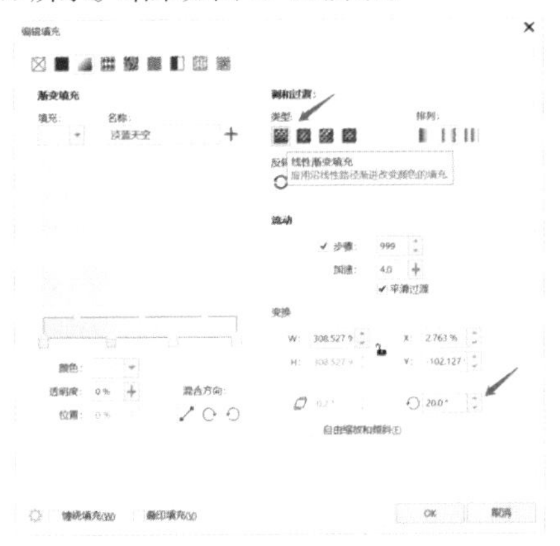

图 10-77 “渐变填充”对话框

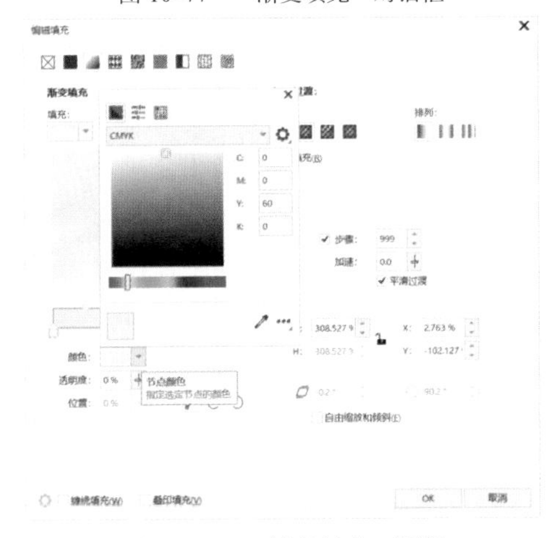

图 10-78 “选择颜色”对话框

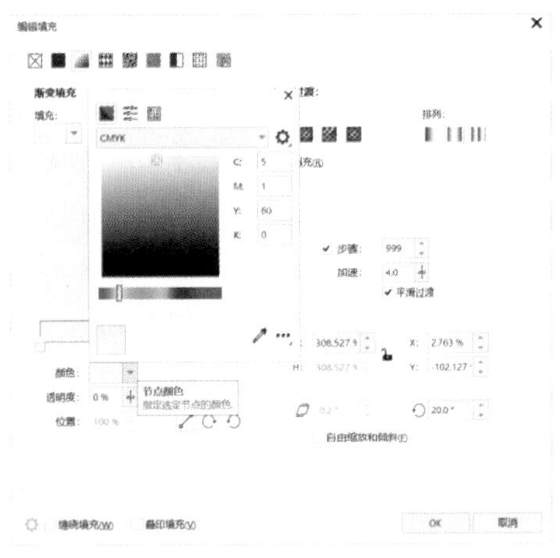

图 10-79

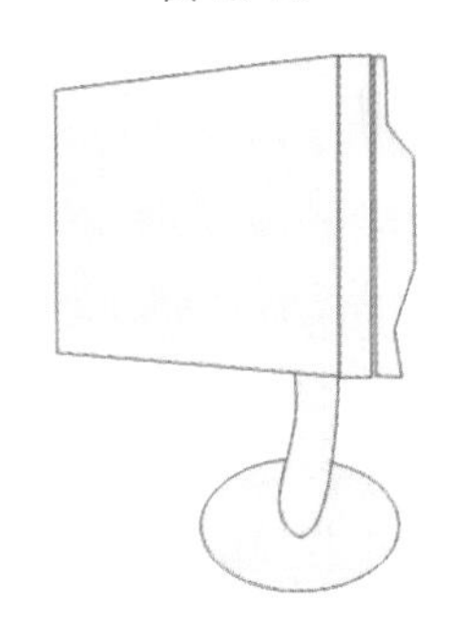

图 10-80 填充后图形

(10)选择图形对象,单击属性栏中的“取消组合”按钮,将对象打散。

(11)选中底座椭圆,单击工具箱中的“交互式阴影”工具(见图10-81),对椭圆形进行阴影操作,在预置列表中选择“平面右下”,如图10-82所示。然后对其进行羽化,执行“效果/模糊/羽化”命令,打开“羽化”对话框,并进行相应设置,如图10-83所示。其他设置保持默认,效果如图10-84所示。

(12)使用“矩形”工具在显示器上绘制一个矩形,如图10-85所示,然后执行“效果/透视点/添加透视”命令,对矩形应用透视效果,如图10-86和图10-87所示。

图 10-81 “交互式阴影”工具　　图 10-82 预置列表

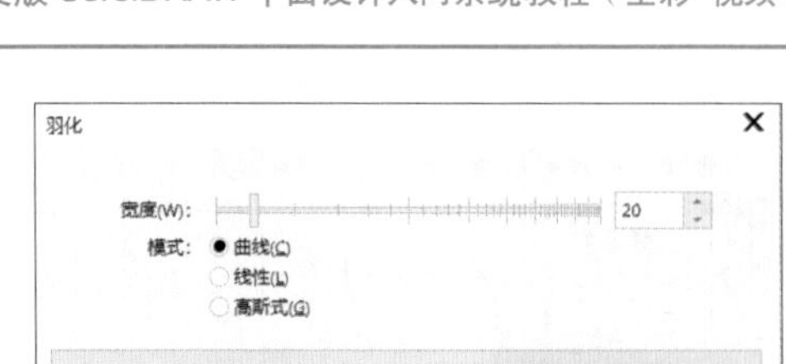

图 10-83　“羽化”对话框

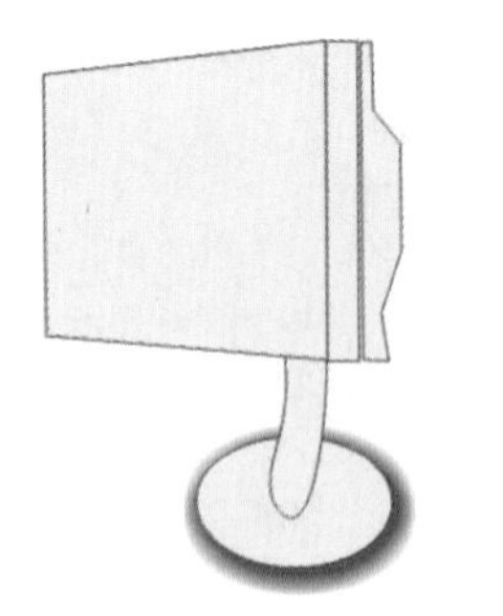

图 10-84　羽化效果

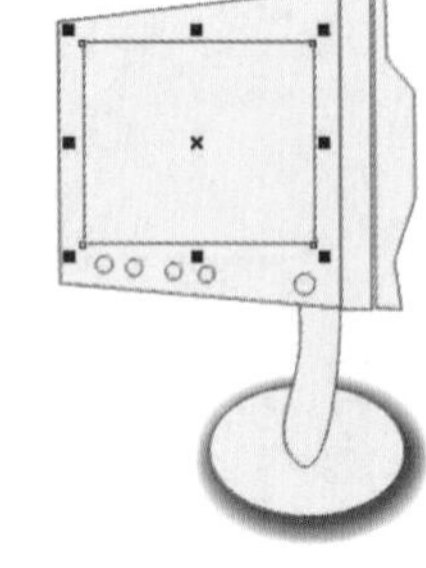

图 10-85　绘制矩形

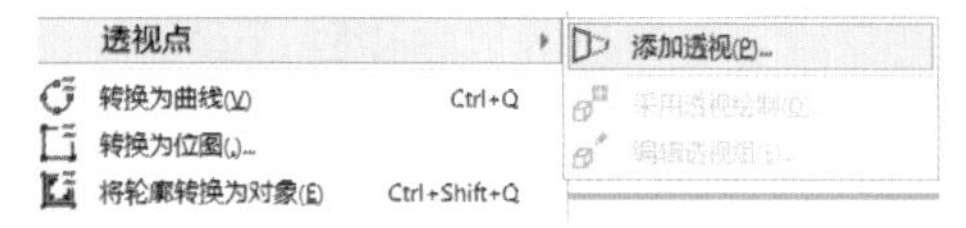

图 10-86　添加透视

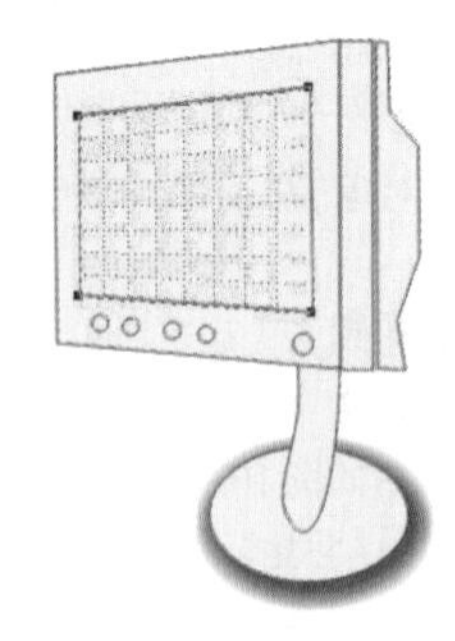

图 10-87　添加透视效果

(13) 使用“椭圆形”工具在显示器下面绘制电源开关与屏幕调节按钮，如图 10-88 所示。

(14) 执行“文件/导入”命令，在打开的“导入”对话框中选择图片，单击“导入”按钮，将图片导入到页面中，并在页面中调整大小和位置，如图 10-89 所示。

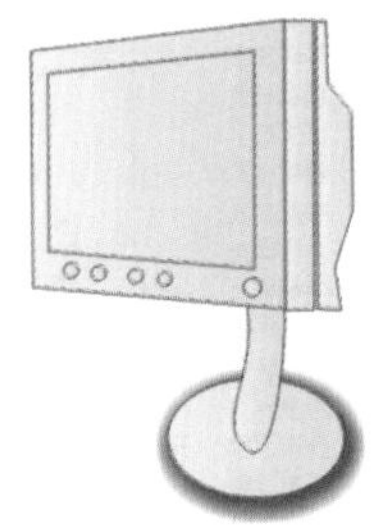

图 10-88　添加按钮

图 10-89　导入图片

(15) 选中图片，执行“对象/PowerClip/置于图文框内部”命令，如图 10-90 所示，然后当光标变成箭头形状时，单击透视后的矩形，如图 10-91 和图 10-92 所示。

图 10-90　置于图文框内部

图 10-91　放置在容器中

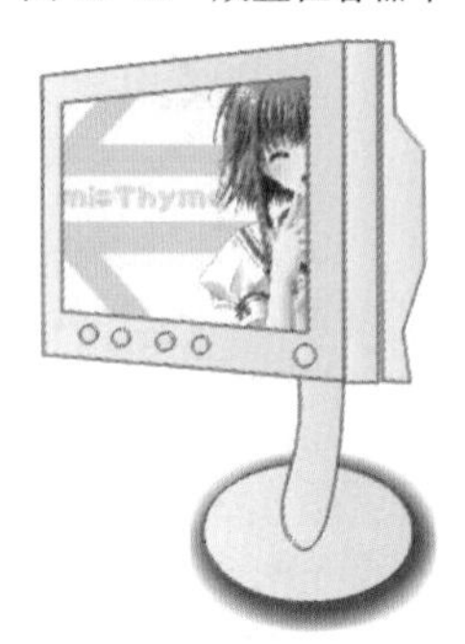

图 10-92　放置图片后

(16) 调整页面显示比例为 200%，观察绘制的效果，用“形状”工具作最后的调整，这样液晶显示器就绘制完成了，效果如图 10-93 所示。

图 10-93　液晶显示器

10.9 苹果的制作

苹果的制作

1. 制作思路

本例使用“形状”工具调整圆形，形成苹果图案。首先绘制一个圆形，使用“形状”工具调整成苹果形状；然后绘制高光效果；最后制作阴影，形成一个苹果图案。

2. 使用的工具

“椭圆形”工具、“形状”工具、“交互式填充”工具、“交互式透明”工具、“交互式阴影”工具。

3. 制作步骤

(1)新建一个空白文档，设置为横向摆放。

(2)按住 Ctrl 键，使用“椭圆形”工具绘制一个正圆，然后按快捷键 Ctrl + Q 把它转换为曲线，如图 10–94 所示。

(3)用“形状”工具在最下面节点的两边添加两个节点。将中间的节点向上移动一些，形成一个苹果底部特有的凹槽。再移动其他 3 个节点，使其看上去像一个苹果的轮廓，如图 10–95 所示。

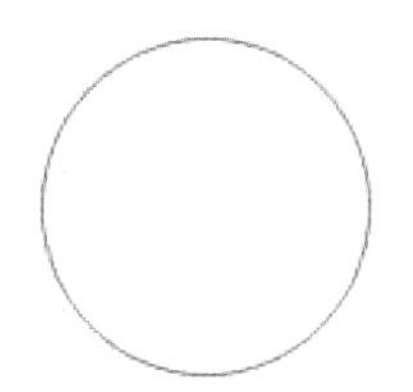

图 10–94　绘制一个正圆

图 10–95　苹果的轮廓

(4)将其填充为红色(见图 10–96)，在苹果左上方的位置绘制一个小圆，并填充为浅黄色(见图 10–97)。

图 10–96　填充为红色

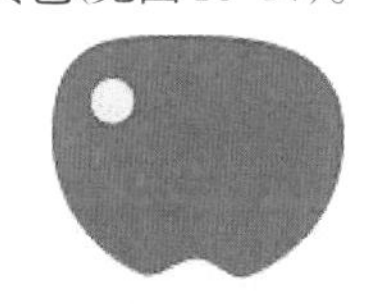

图 10–97　绘制小圆并填充为浅黄色

(5)选择这两个图形，右击，选择颜色板中的“无填充色块”选项，取消它们的轮廓颜色，如图 10–98 所示。

(6)选择“交互式填充”工具，将小圆拖动到大圆上，这样就绘制了苹果表面的高亮效果，如图 10–99 所示。

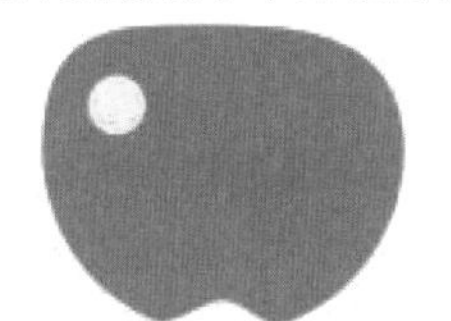

图 10–98　取消轮廓色

图 10–99　交互式填充

(7)选择苹果的红色轮廓图形，将其复制，然后将复制的图形拖到一边，如图 10–100 所示。

(8)将复制的图形重新填充为黑色，使用“交互式透明”工具单击图形右下方一点，并向左上方拖动，到达图形边缘时分开，形成一个黑色的半透明图形，如图 10–101 所示。

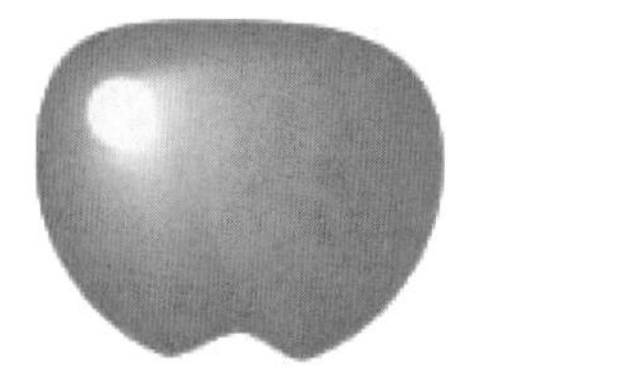

图 10–100　复制红色轮廓

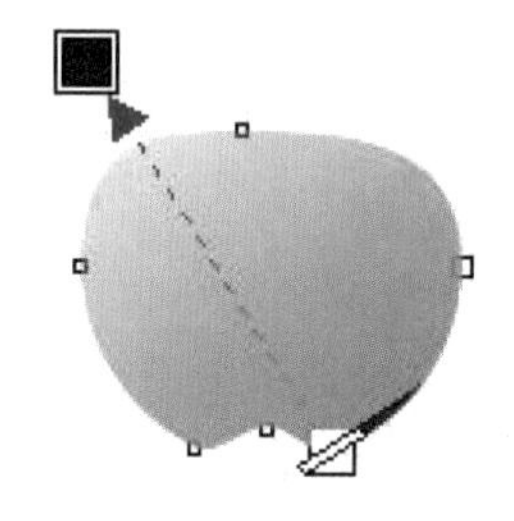

图 10–101　交互式透明

(9)选中半透明图形，右击，执行“顺序 / 置于此对象前”命令，将半透明图形放在渐变图形组的上面，即可得到预期效果，如图 10–102~ 图 10–104 所示。

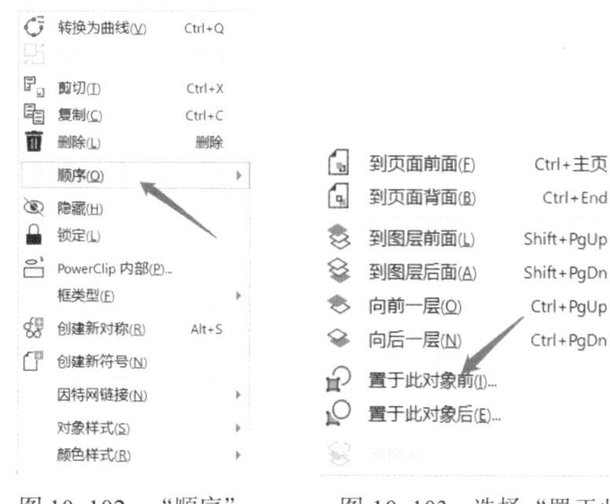

图 10–102　“顺序”菜单

图 10–103　选择“置于此对象前”选项

图 10–104　组合图形

(10)使用“手绘”工具画出苹果的叶柄，以及表现为顶端凹陷的图形，如图 10–105 和图 10–106 所示。

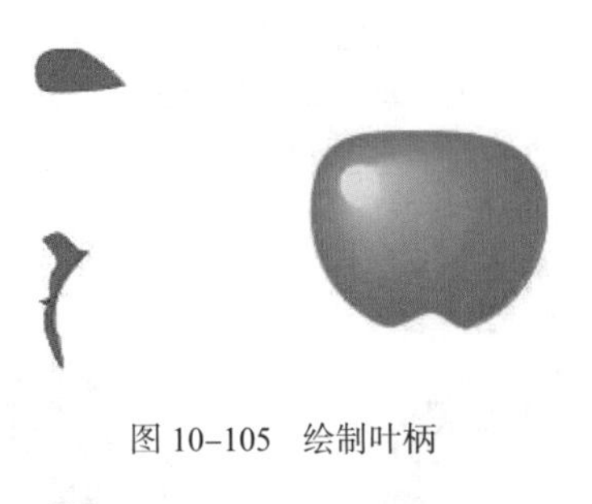

图 10-105　绘制叶柄

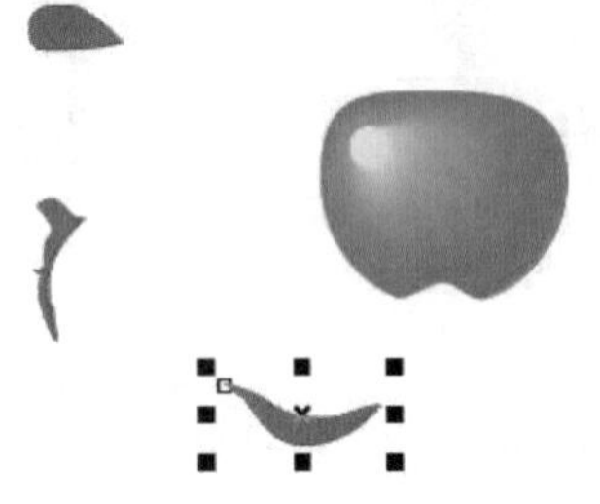

图 10-106　绘制凹陷图形

(11) 调整图形大小，去除各个图形的轮廓，将它们添加到苹果的顶部，如图 10-107~图 10-109 所示。

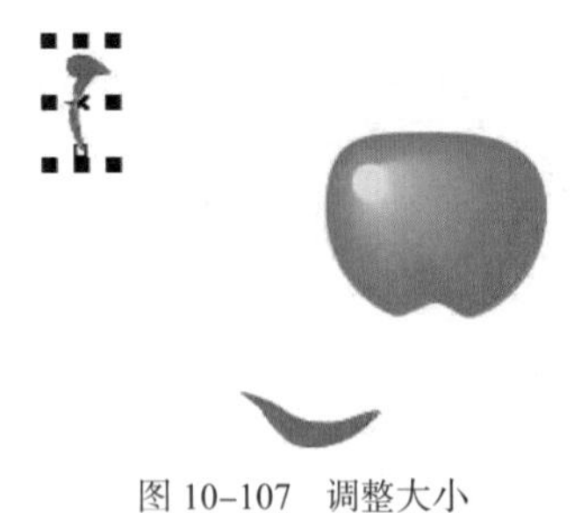

图 10-107　调整大小

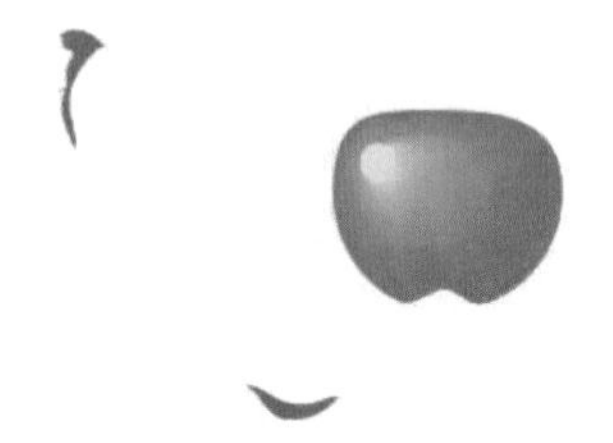

图 10-108　去除轮廓

图 10-109　组合后的图形

(12) 打开"透镜"泊坞窗，为这些图形加上 50% 透明度透镜效果，如图 10-110 所示。

图 10-110　"透镜"泊坞窗

(13) 选中所有的图形，将它们进行组合，最后选取"交互式阴影"工具，在预置列表中选择"透视右上"选项，形成一个阴影，如图 10-111 所示。

(14) 选中刚才制作好的苹果，进行复制，将复制体拖动到左边，调整大小并旋转，将其放到另一个苹果的后面。这样苹果图案就制作完成了，如图 10-112 所示。

图 10-111　添加阴影后的苹果

图 10-112　苹果图案

10.10 花瓶的制作

花瓶的制作

1. 制作思路

本例通过使用多种工具制作一个花瓶。首先绘制花瓶轮廓；然后使用"交互式填充"工具、"贝塞尔"工具等进行细节加工；最后得到立体的花瓶效果。

2. 使用的工具

“矩形”工具、“贝塞尔”工具、“选择”工具、“形状”工具和“交互式填充”工具等。

3. 制作步骤

(1)新建一个空白文档，设置为横向摆放。

(2)使用“矩形”工具在页面中绘制一个矩形。设置长为290mm、宽为180mm，然后填充为黑色，边框设置为“无”，锁定图层，如图10-113所示。

(3)使用“贝塞尔”工具绘制一个花瓶轮廓，然后使用“形状”工具对细节进行调整，如图10-114所示。

图 10-113 绘制矩形

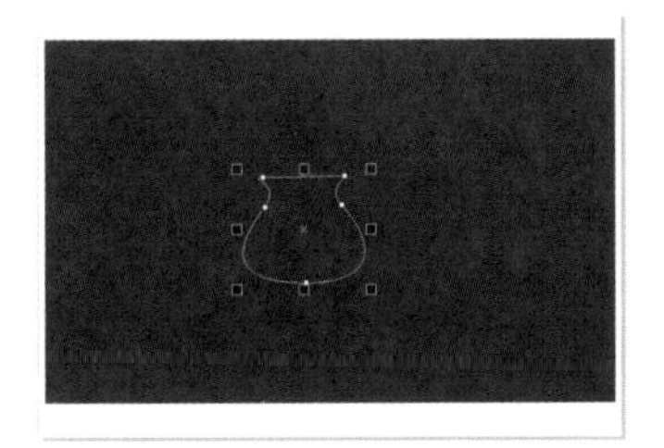

图 10-114 绘制花瓶轮廓

(4)使用“交互式填充”工具对花瓶轮廓进行填充，填充方式选择“线性渐变”，颜色可以根据喜好进行选择，这里使用的是淡粉色。填充后，轮廓线选择“无”，效果如图10-115所示。

(5)使用“椭圆形”工具绘制一个椭圆形，填充渐变颜色，使其与花瓶颜色一致，绘制的椭圆形大小不宜超过花瓶大小，如图10-116所示。

(6)将椭圆形移动至花瓶底部，调整至合适位置，然后执行“对象/顺序/置于此对象后”命令，在花瓶上单击，椭圆形即被置于花瓶图层的下方，然后将椭圆形轮廓设置为“无”，如图10-117所示。

图 10-115 线性渐变填充

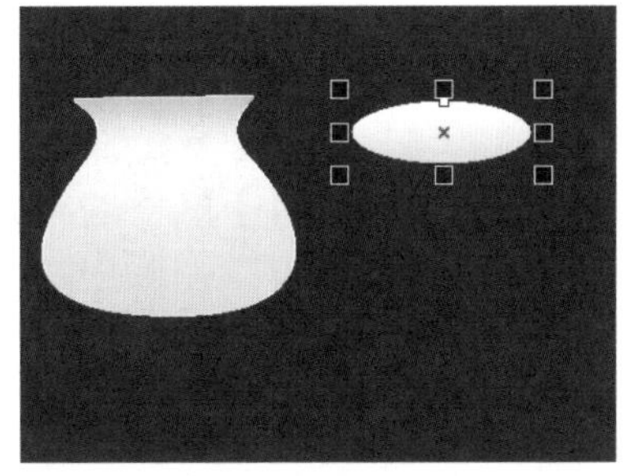

图 10-116 绘制椭圆形

图 10-117 花瓶底部的设计

(7)使用“椭圆形”工具绘制一个椭圆形，将其调整至合适大小并放于花瓶顶部，填充渐变颜色，使其与花瓶颜色一致，然后设置轮廓为白色，宽度为3.0pt，如图10-118所示。此时，花瓶的立体效果就显示出来了。

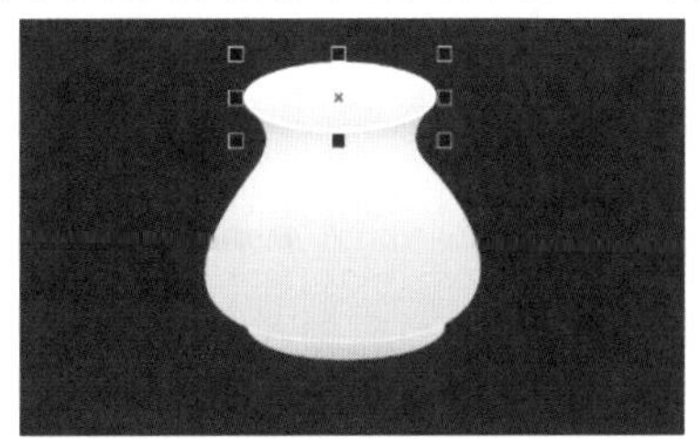

图 10-118 花瓶顶部的设计

(8)使用“贝塞尔”工具在花瓶顶部和左、右两边绘制高光，并加入准备好的花瓣素材，一个花瓶就制作完成了，效果如图10-119所示。

图 10-119 花瓶

第11章

CorelDRAW 工程应用实战项目集锦

11.1 广告路牌的制作

1. 制作思路

广告路牌的制作

本例通过使用多种工具制作一个以“瓯江山水诗路”为主题的广告路牌。首先绘制广告牌轮廓；然后使用“贝塞尔”工具、“阴影”工具等进行细节加工，最后得到立体的路牌广告效果。

2. 使用的工具

“矩形”工具、“贝塞尔”工具、“选择”工具、“形状”工具和“交互式阴影”工具等。

3. 制作步骤

(1) 使用“矩形”工具绘制一个长宽比为3∶7的矩形，然后复制图层，将两个矩形设置为不同的颜色。

(2) 使用“矩形”工具绘制一个长宽比为1∶9的矩形，设置填充颜色为渐变；继续使用“矩形”工具绘制一个长宽比为8∶2的矩形，设置填充颜色为灰色，并复制图层，然后将这两个图层设置为“到页面背面”，如图11–1所示。

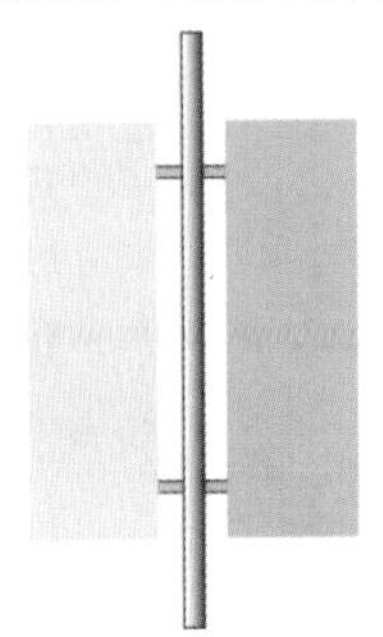

图 11–1 制作路牌

(3) 使用“贝塞尔”工具在路牌上绘制边框，然后设置填充颜色为渐变，选中图层，在“变换”泊坞窗中将边框垂直镜像，设置副本为1，水平移动至右边。

(4) 在路牌上输入广告标语“瓯江山水诗路欢迎您”“诗与远方，就在瓯江山水之间”，设置字体为行楷，大小为14pt，颜色设置为底纹填充。将山水素材导入到文件中，如图11–2所示。

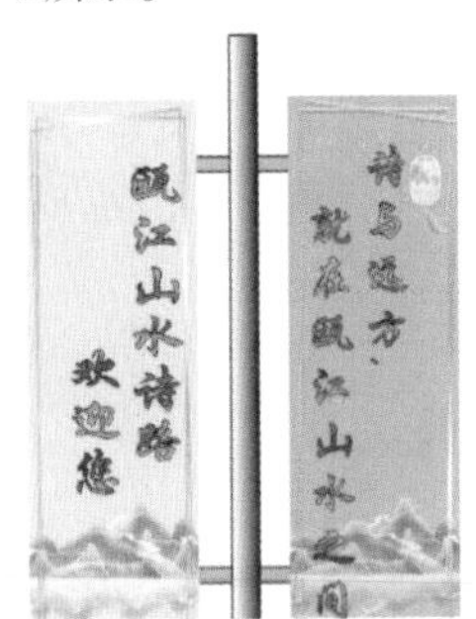

图 11–2 设置广告标语

(5) 添加山水素材位图使背景更丰富。调整位图透明度为35%，选择所有图层，选择“组合对象”选项，对创建的组合进行阴影绘制；选择“交互式阴影”工具，从组合的下方向左上方拖动，制作阴影部分，效果如图11–3所示。

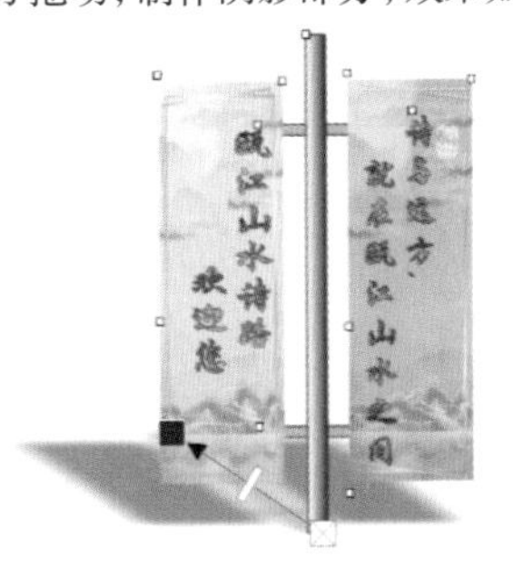

图 11–3 制作阴影效果

(6) 选中包括阴影部分在内的所有图层，选择“组合对象”选项，对创建的组合进行复制、粘贴，得到两个副本，调整两个副本的大小，即可完成广告路牌的制作，最终效果如图11–4所示。

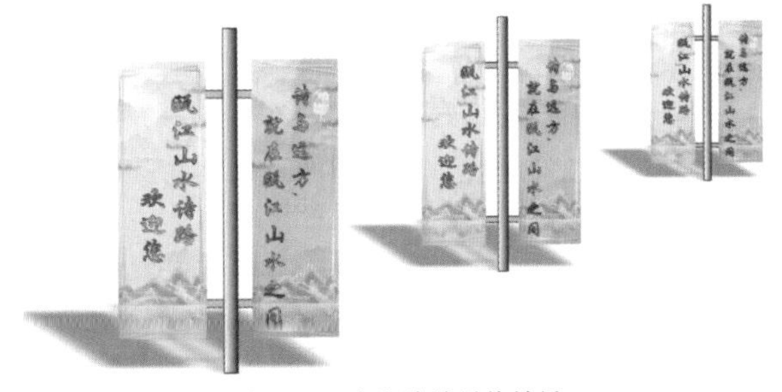

图 11–4 广告路牌最终效果

11.2 包装盒的制作

1. 制作思路

包装盒的制作

本例通过使用多种工具制作一个以“瓯江山水诗路”为主题的包装盒。首先绘制包装盒封面样式；然后使用“3点矩形”工具、“贝塞尔”工具等进行立体轮廓绘制；最后得到完整的包装盒效果。

2. 使用的工具

“矩形”工具、“贝塞尔”工具、“3点矩形”工具、“变换”工具和“交互式填充”工具等。

3. 制作步骤

(1) 选择“矩形”工具，按住Ctrl键绘制一个150mm×150mm的正方形，颜色填充为淡蓝色(C：22、M：4、Y：0、K：0)，然后使用“贝塞尔”工具绘制一个曲线图案(或使用左侧的“螺纹”工具绘制一个螺纹)，预设笔触选择 。选择绘制的图案进行复制，并使用缩放等功能进行排列组合，如图11-5所示。

图 11-5　包装盒上的花纹

(2) 对花纹图层进行复制、粘贴，铺满正方形图案，并选择“置于图文框内部”选项将其放入正方形内部，然后打开“属性”泊坞窗，调整其透明度为70%，如图11-6所示。

图 11-6　包装盒花纹的绘制及局部放大

(3) 使用“文本”工具输入“瓯江山水诗路纪念礼盒”，将字体调整为海报字体，设置合适大小，颜色设置为“游泳池”渐变填充，轮廓线为0.1pt。使用“贝塞尔”工具绘制山形波浪线，轮廓线选择“无”，设置为渐变填充。绘制烟雾效果，设置颜色为淡黄色，选中山和烟雾并置于矩形图文框中，打开“变换”泊坞窗，设置其透明度为50%，如图11-7所示。

图 11-7　包装盒设计

(4) 导入山水素材并选择“置于矩形图文框内部”选项，然后调整透明度为50%。使用“文本”工具输入“诗画江南，浪漫瓯江”标语，字体大小设置为20pt，置于包装盒左上角，选中该字体图层，然后执行“编辑/复制属性自”命令，选择“填充”选项，然后单击前面做好的“纪念礼盒”字样，将字体的填充属性复制至新图层，如图11-8所示。

图 11-8　包装盒设计

(5) 选择一个包装盒模型，导入到项目中，选择做好的包装盒封面，进行组合，选择“对象”选项，添加透视，将封面与包装盒的顶面贴合。如果遇到位图没有改变透视的情况，则取消组合并单独为位图添加透视，如图11-9所示。

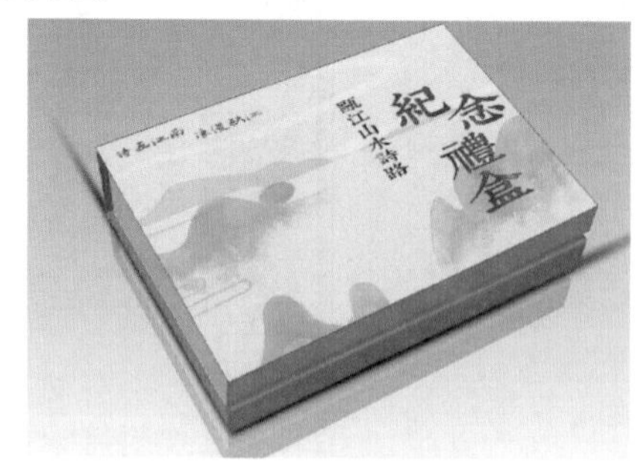

图 11-9　包装盒雏形

(6) 使用“3点矩形”工具绘制包装盒左侧和前面的部分，颜色要设置得比顶部颜色稍重一些；然后复制顶部的山水位图，添加透视效果，将其移动至前面和左侧的包装盒面上，调整至合适大小；最后单击包装盒中部向后拖动，使用“阴影”工具制造阴影效果，删除包装盒模型图层，一个包装盒项目就制作完成了，效果如图11-10所示。

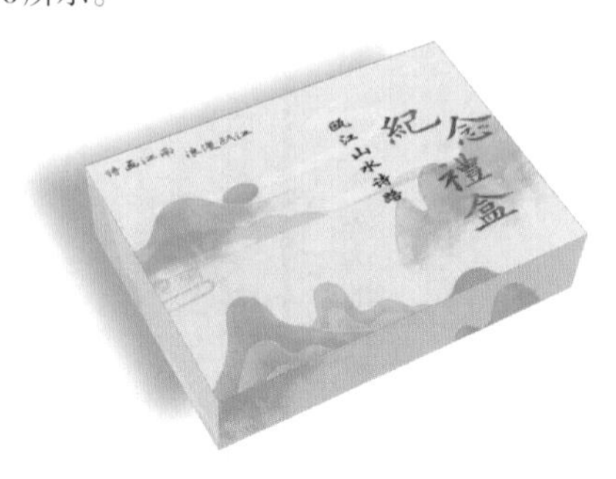

图 11-10　包装盒最终效果

11.3 VI 证件的制作

1. 制作思路

VI 证件的制作

本例通过使用多种工具制作一个以“智能传播团队”为主题的VI证件。首先绘制VI证件轮廓样式；然后使用“圆角矩形”工具、“网状填充”工具等进行细节绘制；最后得到完整的VI证件效果。

2. 使用的工具

“矩形”工具、“贝塞尔”工具、“网状填充”工具、“变换”工具和“2点线”工具等。

3. 制作步骤

(1) 首先绘制一个80mm×120mm的矩形，然后在按住Shift键的同时右击进行缩放，得到两个同心矩形(此处使用复制、粘贴功能也可实现)，将内部矩形颜色设置为紫色，边角设置为圆角。用“2点线”工具绘制一些线条，属性选择圆形端头，粗细为2.0~8.0pt不等，颜色设置为蓝色，将这些线条拖动至内部矩形左下角，并选择“置于图文框内部”选项，如图11-11所示。

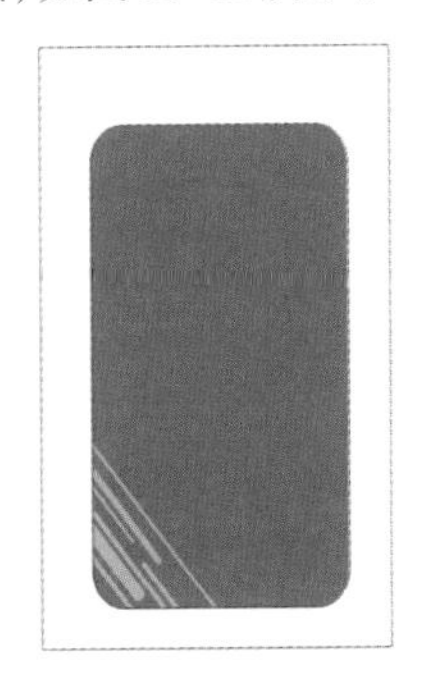

图 11-11　矩形的绘制

(2) 使用“贝塞尔”工具绘制一个彩带形状，并进行组合，将颜色设置为红色，放在内部矩形顶部。使用“文本”工具输入“智能传播团队”字样，将颜色设置为白色，放在彩带下方。然后绘制一个矩形作为照片框，属性设置为“无填充”，轮廓线为0.5pt，如图11-12所示。

图 11-12　证件细节绘制

(3) 使用“圆角矩形”工具绘制一个正方形，将颜色填充为灰色，然后使用“贝塞尔”工具进行人像的绘制，描摹出人体轮廓，将设计出的人像Logo放入照片框内，调整至合适大小。然后使用“文本”工具输入“姓名”“部门”字样，放在照片框下方，颜色设置为白色。绘制两条白色2点线放置于文本右侧，如图11-13所示。

图 11-13　证件细节绘制

(4) 使用“网状填充”工具将大矩形分割为几个小矩形，分割标准是留出靠外侧的一个环形空间以便制作阴影效果，如图11-14所示。选择除了最外侧节点之外的所有节点，将透明度调至100%，就能得到阴影效果。最后绘制一个黑色矩形框放在证件最上方制作穿孔效果，VI证件就制作完成了，最终效果如图11-15所示。

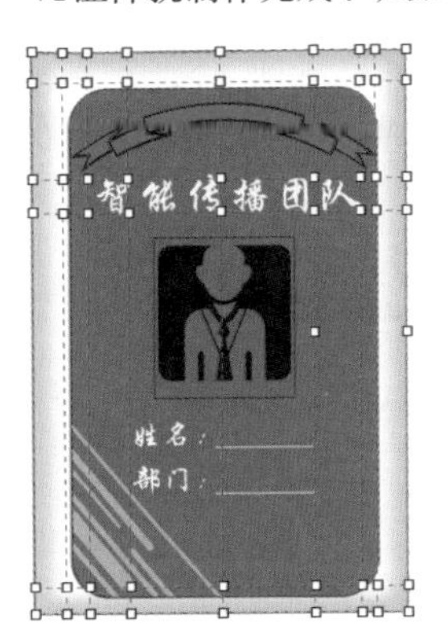

图 11-14　分割矩形

图 11-15　VI 证件最终效果

11.4 茶叶罐的制作

1. 制作思路

茶叶罐的制作

本例通过使用多种工具制作一个“西湖龙井”茶叶罐。首先绘制茶叶罐框架；然后使用“圆角矩形”工具、“修剪”工具、“贝塞尔”工具等进行细节绘制；最后得到完整的茶叶罐效果。

2. 使用的工具

“矩形”工具、“贝塞尔”工具、“修剪”工具、“变换”

工具和“交互式阴影”工具等。

3. 制作步骤

(1) 使用“矩形”工具绘制一个140mm×14mm的圆角矩形A，填充为白色；然后绘制一个147mm×37mm的圆角矩形B，填充为白色，按住Shift键，将矩形B下拉并再制，使用“智能填充”工具将矩形B填充为灰色。使用同样的方法绘制一个150mm×10mm的圆角矩形C并下拉再制，将矩形C填充为灰色，如图11-16所示。

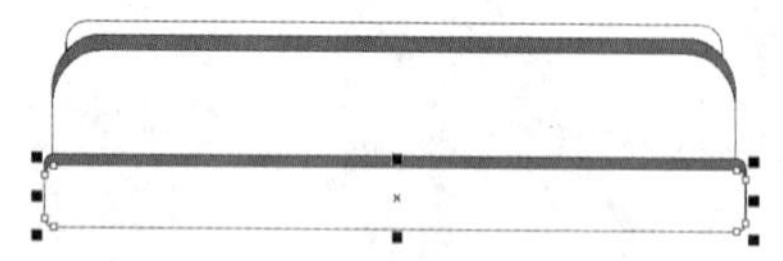

图 11-16　矩形的绘制与填充

(2) 对矩形C的副本进行操作，按住Shift键下拉并右击再制，然后将左、右两边的宽向内收缩1mm，选中矩形C、矩形C的副本及副本再制，单击按钮进行修剪，得到如图11-17所示的形状。

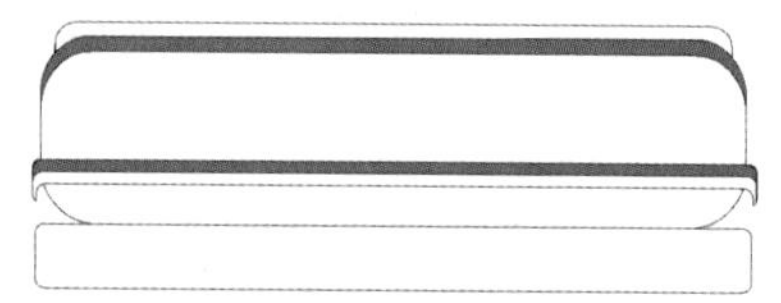

图 11-17　修剪

(3) 将修剪剩余部分的矩形转换为曲线，选中底部后下拉，将其作为茶叶罐的罐身，然后绘制一个矩形放在茶叶罐底部，选中两个底角制作圆角效果，并按住Shift键将矩形向上复制一份，使用“智能填充”工具进行填充，如图11-18所示。

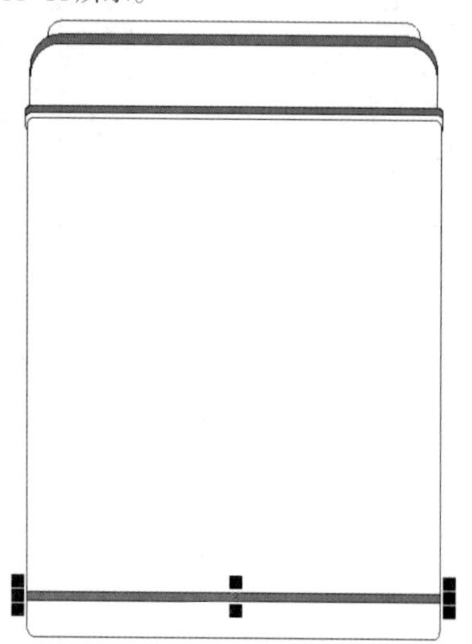

图 11-18　茶叶罐身设计

(4) 渐变涂色。执行“编辑填充/渐变填充”命令，将中间部分的颜色填充为亮色，越靠近茶叶罐边，颜色越重。色彩搭配可以自行选择，参考图11-19。

图 11-19　渐变填充

(5) 使用“艺术笔”工具绘制花纹并调整透明度，将其置于矩形图文框内，使用“阴影”工具为茶叶罐增加阴影效果，然后对茶叶罐进行文字编辑，最终效果如图11-20所示。

图 11-20　茶叶罐最终效果

11.5 条形码/二维码的制作

条形码/二维码的制作

1. 制作思路

本例通过使用“条形码”工具、“QR码”工具制作出日常生活中经常会用到的条形码及二维码。

2. 使用的工具

“条形码”工具、“QR码”工具等。

3. 制作步骤

(1) 条形码的制作。

1) 执行“对象/插入/条形码”命令，在打开的“条形码向导”页面中补充条形码信息，单击“完成”按钮，就会在当前项目中插入一个条形码素材，如图11-21所示。

图 11-21　条形码

2) 双击制作好的条形码，打开“条形码向导”页面，修改相关信息，但无法修改条形码的颜色。

(2) 二维码的制作。

1) 执行“对象/插入/QR码”命令，会在项目中生成一个二维码，如图11–22所示。

图 11–22　二维码

2) 打开“属性”泊坞窗，可以对二维码进行编辑，可以调整颜色、图案等属性。右击二维码，选择“转换为曲线”选项，可以对单个曲线进行调整和编辑，效果如图11–23所示。

图 11–23　二维码效果

11.6 海报的制作

1. 制作思路

海报的制作

本例通过使用多种工具制作一个“双十一促销”海报。首先绘制海报中出现的商品；然后使用“矩形”工具、“文本”工具等绘制细节标语；最后加入人像，得到完整的海报效果。

2. 使用的工具

“矩形”工具、“贝塞尔”工具、“文本”工具、“变换”工具等。

3. 制作步骤

(1) 使用“矩形”工具绘制一个250mm × 140mm的矩形，填充为向量图样，选择“蜜蜂”纹路填充；然后使用“贝塞尔”工具绘制一套衣裤，轮廓选择为0.5pt，对衣服的颜色进行适当的填充，如图11–24所示。

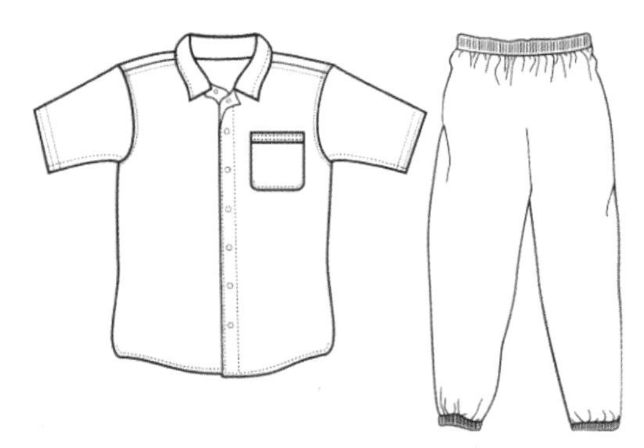

图 11–24　衣服的绘制

(2)使用“贝塞尔”工具绘制一些水果作为海报元素，或使用“艺术笔”工具进行绘制，笔触建议选择 ，如图11–25所示。

图 11–25　水果的绘制

(3) 使用“矩形”工具制作立方体，复制七个副本并使用“智能填充”工具对正方体进行颜色填充。使用“文本”工具输入促销标语，选中“贴齐对象”后通过“添加透视”工具将文字制作出附在正方体上的效果。使用“贝塞尔”工具绘制限时秒杀的Logo，如图11–26所示。

图 11–26　输入促销标语

(4) 使用“贝塞尔”工具进行人物绘制，可以先绘制一个纯色矩形，然后使用曲线进行人体勾勒，对人体进行颜色填充后删除矩形，如图11-27所示。

图 11-27　人物绘制

(5) 将绘制的元素放在背景图层中，调整位置与大小，一张“双十一促销海报”就制作完成了，效果如图11-28所示。

图 11-28　海报效果

11.7 书籍封面的制作

书籍封面的制作

1. 制作思路

本例通过使用多种工具制作一个以“瓯江山水诗路”为主题的书籍封面。因为是书籍，所以除了封面外还要有书脊，整体制作比较简单。

2. 使用的工具

“矩形”工具、“贝塞尔”工具、“文本”工具和“变换”工具等。

3. 制作步骤

(1) 使用“矩形”工具绘制一个297mm×210mm(A4尺寸)的矩形，然后填充颜色，这里选择的是渐变填充，根据书籍主题需要，在矩形顶部输入书籍的名称，中间输入编者信息，在底部输入出版社信息，注意留出页边距，然后制作阴影效果，如图11-29所示。

图 11-29　书籍封面制作

(2) 使用“贝塞尔”工具绘制曲线，绘制出梅花树枝的形状，透明度调至30%，然后选择“置于图文框内部”选项，单击矩形，再使用“贝塞尔”工具绘制几片简单的花瓣，选择“复制属性自”选项，然后单击刚刚绘制的梅花，将花瓣放在梅花树枝尽头，制作花瓣飘散的效果，如图11-30所示。

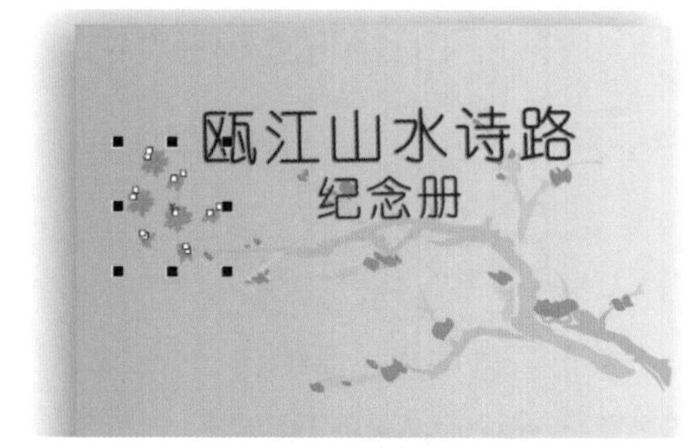

图 11-30　梅花的绘制

(3) 使用“贝塞尔”工具绘制一朵小红花，然后在“变换”泊坞窗中生成一个水平镜像的副本并缩小，如图11-31所示。

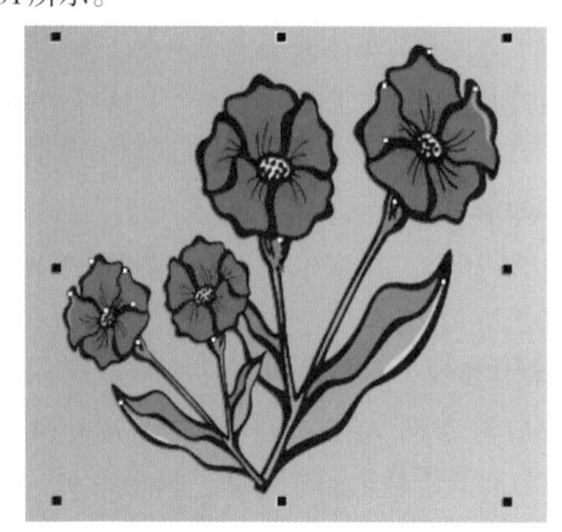

图 11-31　小花的绘制

(4) 使用“矩形”工具绘制一个20mm×297mm的矩

形作为书脊，使用“竖排文字”工具编辑书籍信息，包括书名、出版社等，然后制作书脊的阴影效果。整个书籍封面就制作完成了，如图 11-32 所示。

图 11-32　书籍封面效果

11.8 地图的制作

1. 制作思路

地图的制作

本例通过使用多种工具制作一个以“瓯江山水诗路”为主题的地图。首先绘制地图轮廓；然后使用线条绘制主干和支干；最后添加装饰物。

2. 使用的工具

“手绘”工具、“贝塞尔”工具、“文本”工具和“变换”工具等。

3. 制作步骤

(1) 绘制一个矩形，将其填充为淡黄色，然后参考地图绘制出浙江省东南部轮廓线，使用“手绘”工具进行绘制，然后单击闭合曲线，填充为淡绿色，轮廓线设置为 1.0pt，如图 11-33 所示。选择“置于图文框内部”选项，将绿色形状置于黄色矩形内部，效果如图 11-34 所示。

图 11-33　地图轮廓

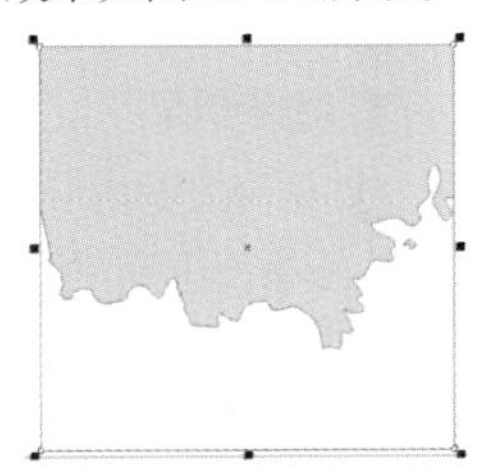

图 11-34　置于图文框内部

(2) 使用“手绘”工具绘制曲线。由于主干和支干的绘制都比较简单，所以使用“手绘”工具即可完成。主干轮廓线设置为重绿色，4.0pt；支干轮廓线设置为黑色，3.0pt，效果如图 11-35 所示。

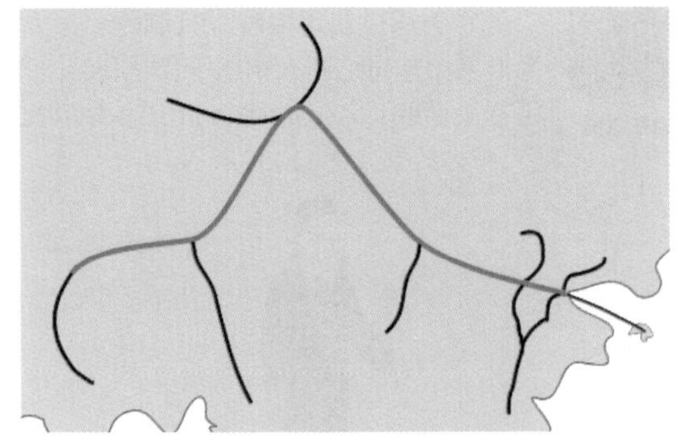

图 11-35　主干和支干的绘制

(3) 文本填充。使用“椭圆形”工具绘制一个小椭圆，填充为白色，轮廓线设置为 0.5pt，根据地图节点将其放置在合适的位置，然后使用“文本编辑”工具对地点名称进行编辑，效果如图 11-36 所示。

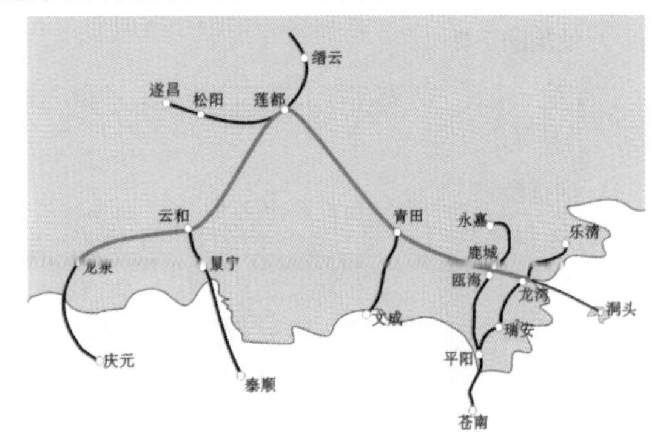

图 11-36　地图节点编辑

(4) 使用“裁剪”工具将多余的矩形部分裁剪掉，使用“手绘”工具绘制河流，使用“矩形”工具和“椭圆形”工具绘制植物，进行细节装饰。至此，地图绘制完成，效果如图 11-37 所示。

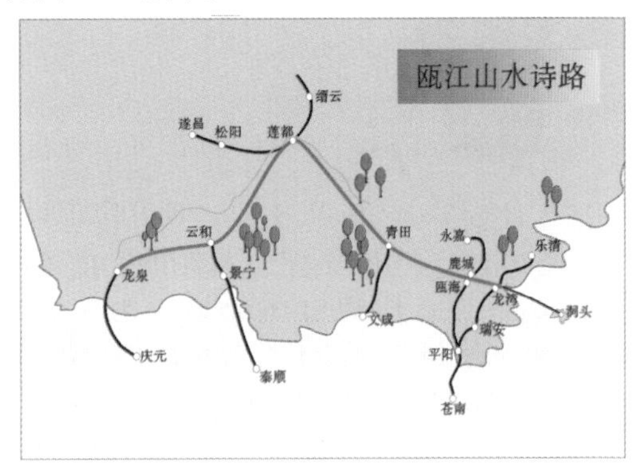

图 11-37　“瓯江山水诗路”地图

11.9 人物形象的制作

人物形象的制作

1. 制作思路

本例通过使用多种工具制作一个女主播形象。首先绘制人物躯干(即服装)；然后绘制头部和四肢；最后绘制五官并填充颜色，整体效果如图11–38所示。

图 11–38　女主播形象

2. 使用的工具

“手绘”工具、“贝塞尔”工具、“文本”工具和“颜色填充”工具等。

3. 制作步骤

(1) 使用“手绘”工具绘制人物躯干(即衣服)，将轮廓线设置为0.5pt，颜色设置为蓝色(C：90、M：70、Y：15、K：0)，勾勒出衣服形状，如图11–39所示。

(2) 绘制头部及四肢。其形状都比较常见，使用“手绘”工具简单绘制即可。填充颜色(C：0、M：10、Y：20、K：0)，将轮廓线设置为0.1mm，效果如图11–40所示。

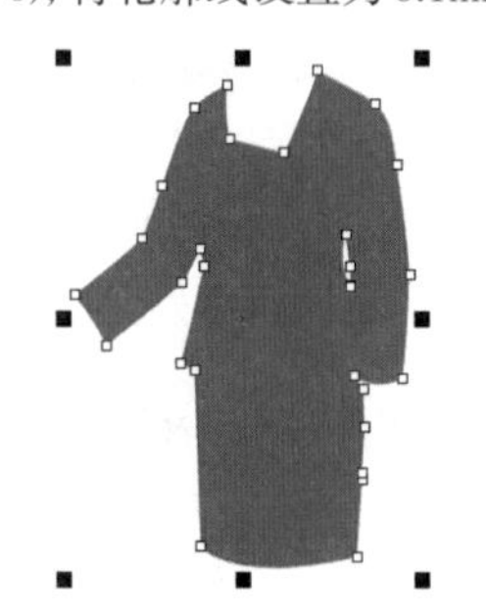

图 11–39　衣服的绘制

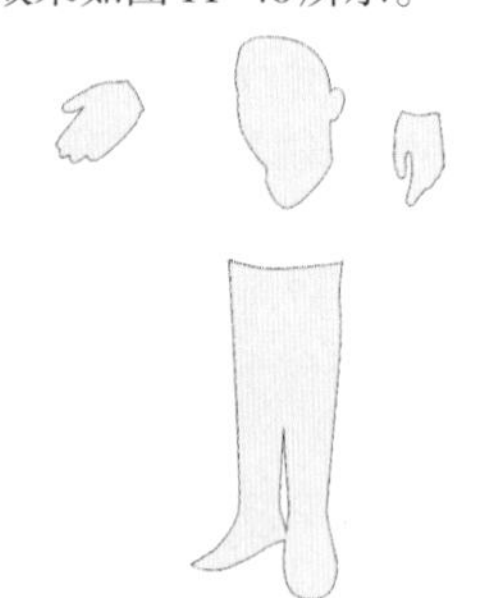

图 11–40　头部及四肢的绘制

(3) 绘制五官。使用“手绘”工具将眼睛的轮廓线设置为0.1mm，眉毛、鼻子、嘴巴的轮廓线设置为细线；然后根据脸部轮廓绘制头发，将颜色填充为棕色或黑色；最后绘制鞋子，只需要体现出鞋尖形状即可，如图11–41所示。

(4) 将绘制的人物元素组合在一起会得到如图11–42所示的效果。但是不难看出，脖子处的衔接很奇怪，此处可以使用“手绘”工具绘制一个领结作为装饰。在腿部及头部绘制曲线使人物形象更完整，最终效果如图11–38所示。

图 11–41　五官绘制

图 11–42　人物雏形

11.10 建筑物的制作

建筑物的制作

1. 制作思路

本例通过使用多种工具制作一个建筑物模型，最终效果如图11–43所示。

图 11–43　建筑物最终效果

2. 使用的工具

“矩形”工具、“贝塞尔”工具、“2点线”工具和“折线”工具等。

3. 制作步骤

(1) 使用“矩形”工具绘制一个26mm × 35mm的矩形，颜色填充为灰色(C：0、M：0、Y：0、K：60)，然后使用“2点线”工具勾勒出三条立方体的边框，制作出立体效果。使用“贝塞尔”工具绘制两个矩形，将左上角的直角拉为缺角效果制造立体感，将其中一个矩形缩小并置于第二个矩形后，颜色分别填充为白色和灰色，如

图 11-44 所示。

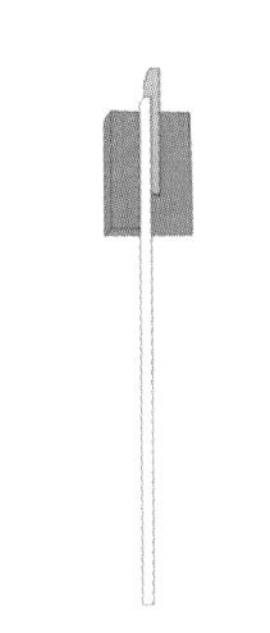

图 11-44　楼体的绘制

(2) 使用“矩形”工具绘制一个 14mm × 127mm 的矩形，将其填充为灰色，然后使用“贝塞尔”工具绘制曲线，填充为颜色更重的灰色。使用“矩形”工具绘制一个黑色矩形，然后使用“贝塞尔”工具绘制锯齿形状，填充为灰色，置于矩形图文框内部。使用〔按钮绘制此形状并复制、粘贴多份，附在楼体上制作楼层效果，整体效果如图 11-45 所示。

(3) 使用“矩形”工具绘制两个矩形，分别搭建为立方体的正面和侧面，使用“折线”工具制作折线使其体现出立体效果。使用“B样条”工具和“形状”工具制作管道，填充为白色。绘制黑色矩形，然后使用〔按钮绘制此形状并填充为白色，复制多份制作楼层效果，如图 11-46 所示。

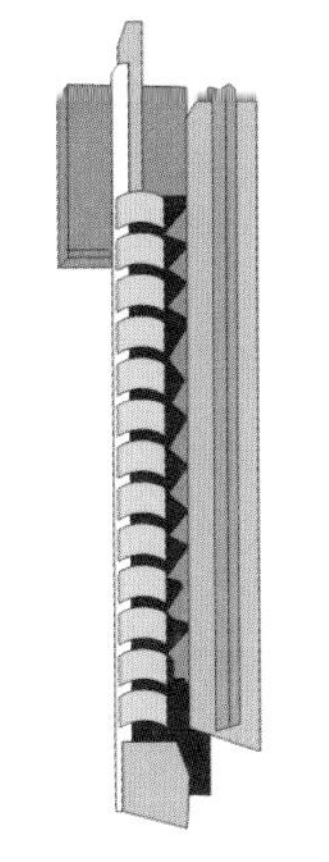

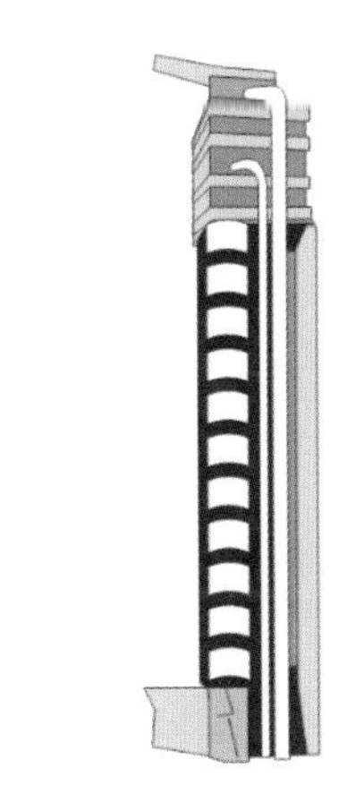

图 11-45　楼体的绘制　　图 11-46　中部楼体的绘制

(4) 绘制右部楼体。首先绘制两个灰色矩形，然后绘制细条矩形制作楼层效果，颜色填充比楼体颜色重，再用“2 点线”工具绘制直线对楼体进行分割，将直线顺序置于细条矩形后。绘制黑色矩形，通过“添加透视”工具将矩形扭曲并置于两楼体之间，然后使用〔按钮制作楼层效果。最后使用“折线”工具绘制楼顶效果，整体效果如图 11-47 所示。

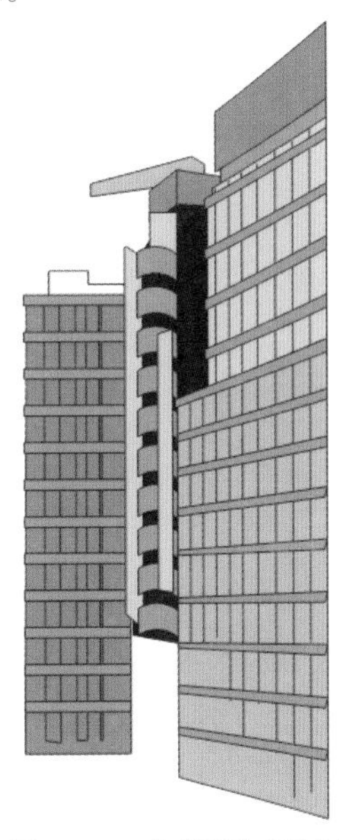

图 11-47　右部楼体的绘制

(5) 使用“智能绘图”工具绘制几棵树，将所有楼层组合在一起，最后的建筑物就制作完成了，如图 11-43 所示。